建筑工程预算

肖　茜　赵思炯　洪军明　主　编

中央广播电视大学出版社・北京

图书在版编目（CIP）数据

建筑工程预算／肖茜，赵思炯，洪军明主编. -- 北京：中央广播电视大学出版社，2017. 8
ISBN 978-7-304-08834-7

Ⅰ. ①建… Ⅱ. ①肖… ②赵… ③洪… Ⅲ. ①建筑预算定额 Ⅳ. ①TU723. 3

中国版本图书馆 CIP 数据核字（2017）第 202258 号

建筑工程预算
JIANZHU GONGCHENG YUSUAN
肖　茜　赵思炯　洪军明　主　编

出版·发行： 中央广播电视大学出版社
电话： 营销中心 010-66490011　　总编室 010-68182524
网址： http：//www. crtvup. com. cn
地址： 北京市海淀区西四环中路 45 号　　**邮编：** 100039
经销： 新华书店北京发行所

特约编辑： 曾繁荣　　**责任校对：** 曾繁荣
责任编辑： 夏　亮　　**责任印制：** 赵连生

印刷： 北京明月印务有限责任公司
版本： 2017 年 8 月第 1 版　　2017 年 8 月第 1 次印刷
开本： 787mm×1092mm　1/16　插页 11 面　**印张：** 24. 5　**字数：** 585 千字

书号： ISBN 978-7-304-08834-7
定价： 59. 00 元

前　言

“建筑工程预算”是工程造价专业的一门专业核心课程，对培养学生的职业技能具有关键作用，要学习并掌握这门课程，学生必须具备建筑识图、结构、建材、施工技术等相关课程的基础知识和技能，这些知识覆盖面广且具有一定深度，因此“建筑工程预算”是学习难度较大的一门课程。本书在工学结合的理念指导下，以《江西省建筑工程消耗量定额及统一计价表2004年》《建筑工程建筑面积计算规范》（GB/T50353-2013）、《16G101-1混凝土结构施工图平面整体表示方法制图规则和构造详图》等现行建设工程造价文件为基础，突出学生动手计算能力的培养，结合编者在实际工作和教学实践中的经验编写而成。本教材的主要特色如下：

（1）行业专家参与教材编写，从课程的设计思路、教学内容的制订、实训工程案例都由行业专家参与并指导。

（2）本教材的主要内容取自于实际工作中使用的施工图、预算定额等真实的资料，紧密地结合工程造价实际工作。

（3）本教材突出提高学生专业知识综合运用的能力，将识图、结构、建材、施工技术、工程计量等知识点整理并有机衔接，编写汇总成基础知识。

本教材由肖茜、赵思炯、洪军明担任主编。吴俊、雷智荣、龚永超、熊静、余珊珊任副主编。芦思文、杨少松、艾博雯也参与了本教材的编写工作。

江西昌大工程建设监理有限公司总监卓平山主审了教材，并提出建议与意见。

本教材在编写中使用了实际工作的大量资料，参考了有关教材，在此表示衷心的感谢。

由于编者水平有限，敬请广大师生与读者对书中不妥之处批评指正。

编　者

前言

目录 Contents

项目 1　建筑工程计价基础知识

内容提要

本项目主要介绍了建筑工程计价的两大主要工作内容，即工程计量和定额计价的基本定义，并且详细描述了这两项主要工作在建筑工程计价中的作用。

能力要求

知识要点	能力要求	相关知识
建筑工程计价基本概念	(1) 能够进行基本建设项目的划分； (2) 掌握工程造价的计价特征； (3) 理解建设项目的概念及划分，工程造价的构成	
建筑工程消耗量定额及统一基价表	(1) 理解消耗量的概念； (2) 掌握定额的分类； (3) 理解消耗量的编制方法； (4) 能够利用公式计算消耗量	人工、材料和机械台班消耗量的确定，人工单价、材料单价和机械台班价格的确定
施工图预算的概念、编制依据和方法	(1) 理解施工图预算的概念； (2) 掌握施工图预算的编制依据和方法； (3) 理解施工图预算编制的原理； (4) 掌握施工图预算编制的方法	
工程量计算的一般方法	(1) 理解工程量的含义； (2) 掌握工程计量的顺序； (3) 能够利用基本数据——“三线一面”计算工程量	

重难点

1. 重点：消耗量定额的概念和编制。
2. 难点：利用“三线一面”基本数据计算工程量。

任务1　建筑工程计价的基本概念

1.1.1　课程基本情况介绍

1.1.1.1　课程的性质

建筑工程预算是高等职业教育建筑工程造价专业开设的一门重要课程。该课程以建筑工程识图、建筑结构、建筑施工等课程为前导，以建筑工程计价为中心，来组织相关知识与技能的学习，是一门以培养学生实际工作能力为目标的项目化课程。

1.1.1.2　课程的学习目标

高等职业教育工程造价等专业涉及造价员、资料员、材料员、监理员等就业岗位，这些岗位与本课程相关的主要工作内容有：工程招投标、工程计量与价款支付、工程变更及工程价款调整、工程索赔和工程结算等。通过分析相关的岗位内容及岗位技能，确定该课程的学习目标如下。

（1）知识目标。

①掌握建筑工程、装饰装修工程定额的使用及换算方法。

②掌握建筑工程、装饰装修工程分部分项的工程量计算方法。

③掌握建筑工程、装饰装修工程分部分项定额预算书的编制方法。

（2）能力目标。

①能计算建筑工程、装饰装修工程的定额工程量。

②能准确套用定额计算建筑工程、装饰装修工程分部分项的直接工程费。

③能编制施工图预算报价文件。

（3）素质目标。

①具备良好的爱岗敬业、吃苦耐劳的职业素养和法律意识。

②具备良好的沟通、协调能力。

③具备良好的自我管理能力。

1.1.1.3　课程的作用

学生掌握本课程的相关知识和技能后，能够承担中小型建筑工程的施工现场计量与计价工作任务，即能在工程招投标、工程合同签订、工程计量与价款支付、工程变更、工程价款调整、工程索赔和工程结算等方面承担计量与计价工作。此外，学生还能胜任工程造价咨询、房产、监理、审计等机构的概（预）算编审、投标书编制、竣工结算等工作。这些职业能力都是建筑工程建设领域中非常重要的能力，对提高学生的就业竞争力有非常重要的作用。

1.1.2　建筑工程计价

1.1.2.1　建筑工程计价

建筑工程计价是指对建筑工程项目造价的计算。

（1）工程造价的两种含义。

一是从需求主体、投资者（或业主）的角度定义，它指建设一项工程预期开支或实际开支的全部固定资产投资费用。对于投资者（或业主），市场经济条件下的工程造价就是项目投资，是“购买”项目时要付出的价格，同时也是投资者在作为市场供给主体时“出售”项目时计价的基础。

固定资产是指企业为生产产品提供劳务、出租或者经营管理而持有的、使用时间超过12个月的，价值达到一定标准的，并且在使用过程中保持原有实物形态的资产，包括房屋、建筑物、机械、运输工具等。

二是从供给主体、承包人的角度定义，它指建设一项工程预计或实际在土地市场、设备市场、技术劳务市场，以及承包市场等交易活动中所形成的建筑安装工程的价格和建筑工程总价格。对于承包人，工程造价是他们作为市场供给主体出售商品和劳务的价格总和。

这两种含义的区别为：需求主体和供给主体在市场中追求的经济利益不同，因而管理的性质和目标也不同。从管理性质看，前者属于投资管理，后者属于价格管理，但相互交叉；从管理目标看，降低工程造价是投资者始终如一的追求，而承包人关注的是高额利润，因此其追求的是较高的工程造价。总之，它们源于一个统一体，又相互有区别。

不同的管理目标反映不同的经济利益，但又都受经济规律（供求规律和价值规律）的影响和调节。而我国政府部门承担双重管理角色：当政府提出降低工程造价时，是站在投资者的角度充当着市场需求主体的角色；当承包人提出提高工程造价，提高利润率，以获得更高的实际利润时，政府部门则要实现一个市场供给主体的管理目标。因此政府部门要制定各类定额、标准、规范、参数，对建设工程造价的计算依据进行控制，维护各方利益，规范建筑市场。

（2）工程造价的特点。

①大额性。工程造价的大额性由工程的形体庞大、耗资多、构造复杂等因素所致。

②个别性、差异性。任何一项工程都有特定的用途、技术经济要求和规模。不同的工程，其用途、功能、规模不同；结构、造型、空间分割不同；设备配置、内外装饰不同；处于不同地区、不同地段、不同时期，即使外观完全相同的两幢房子，也会因为地基的不同而不同，这就是个别性、差异性的体现。产品的差异性决定了工程造价的个别差异性，而且工程所在的地区不同，使这种差异性更加明显。

③动态性。任何一项工程从决策到竣工交付使用，都有一个较长的建设期，而且受多种不确定因素（如工程变更、设备材料价格、工资、利率变化等）影响。因此，工程造价在整个建设期处于不确定状态，直至竣工结算后才能最终确定工程的实际造价。这反映了工程造价的动态性特点。

④层次性。工程造价共分为五个层次：建设项目→单项工程→单位工程→分部工程→分项工程。

A. 建设项目。它一般是指在一个或几个场地上，按一个总体设计进行施工的各个工程项目的总和，由一个或几个单项工程组成。在工业建设中，建设一个工厂就是一个建设项目；在民用建设中，一般以一个学校、一所医院等为一个建设项目。

B. 单项工程。它是指在一个建设项目中，具有独立的设计文件，竣工后可以独立发挥生产能力或效益的工程。它是建设项目的组成部分。如工业建设中的各个车间、办公楼、食堂、住宅等，民用工程如学校教学楼、图书馆、食堂等都可以作为一个单项工程。

C. 单位工程。它在竣工后一般不能独立发挥生产能力或效益，但具有独立设计文件，是可以独立组织施工的工程。它是建设项目的组成部分。例如，一个生产车间的厂房修建、电气照明、给水排水、工业管道安装、机械设备安装、电器设备安装等，都是单项工程中所包括的不同性质工程内容的单位工程。

D. 分部工程。它是单位工程的组成部分。按照工程部位、设备种类及型号、使用材料的不同，可将一个单位工程分解为若干个分部工程。如房屋的土建工程，按其不同的工种、不同的结构和部位，可分为基础工程、砌体工程、混凝土及钢筋混凝土工程、木结构及木装修工程、金属结构制作及安装工程、混凝土及混凝土构件运输和安装工程、楼地面工程、屋面工程、装饰工程等。

E. 分项工程。它是分部工程的组成部分。按照不同的施工方法、不同的材料、不同的规格，可将一个分部工程分解为若干个分项工程。如砌体工程（分部工程），可分为砖砌体、毛石砌体两类，其中砖砌体又可按部位不同分为外墙、内墙等分项工程。

综上所述，工程的层次性决定了造价的层次性。工程建设项目造价的形成，首先是确定划分的项目，将项目由大到小细致划分，然后具体计算出每一个小项的工程量，从而确定每一个分项工程的价格，最后由小到大累加起来，从而确定分部工程、单位工程、单项工程、建设项目的相应价格。以上体现了工程造价的层次性。

⑤兼容性。工程造价具有两种含义，工程造价的构成因素具有广泛性和复杂性，同时盈利的构成也较为复杂，资金成本比较大，这些均体现了工程造价的兼容性。

（3）工程造价的职能。

①预测职能：由于工程造价的大额性和动态性，无论是投资者还是承包人都要对拟建工程进行预先测算。

②控制职能：表现为投资者对投资的控制（避免“三超”现象），承包人对成本的控制（决定企业的盈利水平）。

③评价职能：利用造价资料，可以进行投资合理性和投资效益的评价。

④调节职能：以工程造价为经济杠杆，国家对工程建设中的资源分配和资金流向等进行控制。

工程造价职能实现的条件如下。

①市场竞争机制的形成，使其真正成为有经济利益的市场主体。

②给建筑安装企业创造平等的竞争环境，使不同类型、不同所有制、不同规模、不同地区的企业，在同一项目的投标竞争中处于平等地位。

③要建立完善、灵敏的价格信息系统。

（4）工程造价的作用。

①工程造价是项目决策的依据。

②工程造价是制订投资计划和控制投资的依据。

③工程造价是筹集建设资金的依据。

④工程造价是评价投资效果的重要指标。

⑤工程造价是合理进行利益分配和调节产业结构的手段。

1.1.2.2 工程造价的计价特征

(1) 计价的单件性。

工程造价的个别性、差异性决定了计价的单件性。如不同的用途，不同的结构、造型和装饰，不同的体积、面积，施工时采用不同的工艺设备和不同的建筑材料。即使是用途相同的建设工程，技术水平、建筑等级和建筑标准也是有差别的。

(2) 计价的多次性。

建设工程的周期长、规模大，因此需要在建设程序的各个阶段进行计价。多次性计价是一个逐步深化、逐步细化、逐步接近最终造价的过程。

工程多次计价表见表1-1。

表1-1 工程多次计价

工程造价文件	投资估价	概算造价	修正概算造价	预算造价	合同价	结算价	实际造价
编制阶段	项目建议书和可行性研究阶段	初步设计阶段	技术设计阶段	施工图设计阶段	招投标阶段	合同实施阶段	竣工验收阶段
编制单位	有能力的建设单位、有资质的咨询单位	设计单位	设计单位	设计、施工、工程咨询机构	有招标能力的招标单位或受其委托有相应资质的招标代理机构、工程咨询单位、监理单位、中介机构	施工单位	建设单位

注：表中的前者控制后者，后者比前者精确，即更接近实际价格。

(3) 计价的组合性。

工程造价的计算是分部组合而成的。一个建设项目是一个工程综合体，这就决定了计价的过程是一个逐步组合的过程。其计算过程和计算顺序是：分部分项工程单价→单位工程造价→单项工程造价→建设项目总造价。

(4) 计价方法的多样性。

工程造价多次性计价有各不相同的计价依据，对造价的精度要求也不相同，这就决定了计价方法具有多样性。

学生应掌握工料单价法（定额计价）和综合单价法（清单计价）。

(5) 计价依据的复杂性。

计价依据的复杂性主要体现在以下几个方面。

①计算设备和工程量的依据，包括项目建议书、可行性研究报告、设计文件等。

②计算人工、材料、机械等实物消耗量的依据，包括投资估算指标、概算定额、预算定额。

③计算工程单价的价格依据，包括人工单价、材料价格、材料运杂费、机械台班费等。

④计算设备单价的依据，包括设备原价、设备运杂费、进口设备关税等。

⑤计算间接费和工程建设其他费用的依据，主要是相关的费用定额和指标。

⑥政府规定的税、费。

⑦物价指数和工程造价指数。

自主练习

一、单项选择题。

1. 工程造价的兼容性具体表现在（　　）。

A. 长期性和统一性

B. 具有两种含义和造价构成的广泛性、复杂性

C. 运动的绝对性和稳定的相对性

D. 运动的依存性和连锁性

2. 工程造价职能实现的条件，最主要的是（　　）。

A. 国家的宏观调控　　B. 市场竞争机制的形成

C. 价格信息系统的建立　　D. 定额管理的现代化

3. 工程造价管理有两种含义，一是投资费用管理，二是（　　）。

A. 工程价格管理　　B. 工程造价计价依据管理

C. 工程造价专业队管理　　D. 工程建设定额管理

4. 从投资者和承包人的角度来看，工程造价的两种含义包括（　　）。

A. 建设工程固定资产投资和建设工程承发包价格

B. 建设工程总投资和建设工程承发包价格

C. 建设工程总投资和建设工程固定资产投资

D. 建设工程动态投资和建设工程静态投资

5. 工程造价在整个建设期中处于不确定状态，直至竣工结算后才能最终确定工程的实际造价，这反映了工程造价的（　　）特点。

A. 兼容性　　B. 层次性　　C. 动态性　　D. 差异性

6. 工程造价由工程建设的特点所决定，其具有（　　）特点。

A. 大量性　　B. 巨大性　　C. 层次性　　D. 差别性

7. 工程造价多次性计价有各不相同的计价依据，对造价的精度要求也不相同，这就决定了计价方法具有（　　）。

A. 组合性　　B. 多样性　　C. 多次性　　D. 单件性

8. 工程造价的控制职能表现在（　　）。

A. 对投资的控制　　B. 对工程质量的控制

C. 对安全的控制　　D. 对进度的控制

9. 有效控制工程造价应体现在（　　）。

A. 以设计阶段为重点的建设全过程造价控制

B. 知识与信息相结合是控制工程造价最有效的手段

C. 直接控制，以取得令人满意的结果

D. 人才与经济相结合是控制工程造价最有效的手段

10. 在工程造价的计价过程中，（　　）是决策、筹资和控制造价的主要依据。

A. 投资估算　　B. 概算造价　　C. 修正概算造价　　D. 预算造价

11. 合同价指在（　　）阶段通过签订总承包合同、建筑安装工程承包合同、设备材料采购合同，以及技术和咨询服务合同确定的价格。

A. 施工图设计　　B. 工程招投标　　C. 合同实施　　D. 竣工结算

12. 工程造价的职能除一般商品价格职能外，还有自身特殊的（　　）职能。

A. 预计　　B. 决定　　C. 调整　　D. 评价

13. 施工图预算是在（　　）阶段，确定工程造价的文件。

A. 方案设计　　B. 初步设计　　C. 技术设计　　D. 施工图设计

14. 从投资者角度出发，工程造价指的是（　　）。

A. 工程承发包价格　　B. 全部固定资产投资费用

C. 建设项目总投资　　D. 建筑安装工程费用

15. 下列工程属于建设项目的是（　　）。

A. 一个工厂　　B. 一座厂房　　C. 一条生产线　　D. 一套动力装置

16. 工程决算是由（　　）编制的。

A. 建设单位　　B. 监理单位　　C. 施工单位　　D. 中介机构

17. 某工程的炼钢车间是（　　）。

A. 单项工程　　B. 分部工程　　C. 单位工程　　D. 分项工程

二、多项选择题。

1. 工程造价具有（　　）特点。

A. 个别性、差异性　　B. 动态性　　C. 概括性　　D. 大额性　　E. 层次性

2. 工程造价具有（　　）职能。

A. 调节　　B. 控制　　C. 评价　　D. 监督　　E. 预测

3. 建设项目总投资主要分为两大部分，由（　　）组成。

A. 固定资产投资　　B. 建筑安装工程费用　　C. 设备及工具、器具购置费

D. 预备费　　E. 流动资产投资

4. 下列项目属于分项工程的有（　　）。

A. 土石方工程　　B. C20 混凝土梁的制作　　C. 水磨石地面

D. 人工挖地槽土方　　E. 天棚工程

任务2　建筑工程消耗量定额及统一基价表的编制

1.2.1　建筑工程消耗量定额概述

1.2.1.1　建筑工程定额概念

建筑工程定额是指工程建设中，在正常的施工条件下，合理的施工工期、施工工艺完成

单位合格产品所规定的人工、材料、机械台班以及资金消耗的数量标准。这个数量标准反映了社会生产力发展的平均水平，以及完成工程建设的某项产品与各种生产消耗之间的特定数量关系。所谓正常施工条件，是指生产过程按生产工艺和施工验收规范作业，施工条件完善，劳动组织合理，施工机械正常运转，材料供应及时和资金到位等条件。

建筑工程定额是根据国家一定时期管理体系和管理制度，并根据定额的不同用途和适用范围，由国家指定的机构按照一定程序编制，并按照规定的程序审批和颁发执行的。在建筑工程中实行定额管理，是为了在施工中力求用最少的人力、物力和资金消耗，生产出更多、更好的建筑产品，从而取得最好的经济效益。

1.2.1.2 建筑工程定额的性质

（1）定额的科学性。

定额的科学性，表现为定额的编制是在认真研究客观规律的基础上，自觉遵循客观规律的要求，用科学方法确定各项消耗量标准。

（2）定额的法令性。

定额的法令性，是指定额一经国家、地方主管部门或授权单位颁发，各地区及有关施工企业单位都必须严格遵守和执行，不得随意变更定额的内容和水平。定额的法令性保证了建筑工程统一的造价与核算尺度。

（3）定额的群众性。

定额的拟订和执行，都要有广泛的群众基础。

定额的拟订，通常采取工人、技术人员和专职定额人员三者结合的方式。拟订定额时要从实际出发，反映建筑安装工人的实际水平，并保持一定的先进性，使定额容易为广大职工所掌握。

（4）定额的统一性。

从定额执行范围来看，有全国统一定额、地区统一定额和行业统一定额等；从定额制定、颁布和贯彻执行来看，有统一的程序、统一的原则、统一的要求和统一的用途。

（5）定额的稳定性和时效性。

建筑工程定额中的任何一种定额，在一段时期内都表现出稳定的状态。根据具体情况不同，稳定的时间有长有短，一般为5~10年。但是，任何一种建筑工程定额，都只能反映一定时期的生产力水平，当生产力向前发展，定额就变得陈旧了。因此，建筑工程定额在具有稳定性特点的同时，也具有显著的时效性。当定额不再能起到它应有作用的时候，建筑工程定额就要重新编制或重新修订了。

1.2.1.3 建筑工程定额的地位和作用

定额是管理科学的基础，是现代管理科学的重要内容和基本环节。

（1）定额在现代化管理中的地位。

①定额是节约社会劳动消耗，提高劳动生产率的重要手段。定额为劳动者和管理者规定了劳动成果和经济效益的评价标准，这个标准使广大劳动者和管理者都明确了自身的具体目标，从而增强了他们的责任感和事业心，使他们自觉地去节约劳动消耗，努力达到定额所规定的标准，提高劳动生产率。

②定额是组织和协调社会化大生产的工具。随着生产力的发展和生产社会化程度的不断提高，可以说任何一种产品都需要很多劳动者，甚至由许多企业共同来完成。要合理组织、彼此协调、有效指挥如此众多的企业和劳动者，需要有科学的管理，而定额正是科学管理的重要工具。

③定额是宏观调控的依据。市场经济不是自由经济，在市场经济发展中，政府应加强宏观指导和调控。定额能为政府提供预测、计划、调节和控制经济发展的可靠技术依据和计量标准。

④定额在实现按劳分配、兼顾效率与社会公平方面有重要的作用。定额规定了劳动成果和经营效益的数量标准，以此为依据就能公平地进行合理分配和对资源进行优化配置。

（2）建筑工程定额的作用。

建筑工程定额具有以下几点作用。

①有利于节约社会劳动和提高劳动生产率。这主要有以下三方面的原因：第一，定额可以促使劳动者节约社会劳动（工作时间、原材料等）和提高劳动效率，加速工作进度，增强市场竞争能力，从而多获利润；第二，定额可使企业加强管理、降低成本，把物化劳动和活劳动消耗控制在合理的限度内；第三，定额是项目决策和项目管理的依据。

②有利于建筑市场公平竞争。除施工定额（企业定额）外，其他定额都是公开透明的，这些公开透明的定额为市场供给主体和需求主体都提供了准确的数量标准信息，为市场公平竞争提供了有利条件。

③有利于规范市场行为。对投资者（或业主）来说，定额是投资决策和投资管理的依据，他们既可以利用定额对项目进行科学的决策，又可以利用定额对项目投资进行有效的控制。对建筑安装企业来讲，他们可根据定额进行有效的控制，也可根据定额进行合理的投标报价，争取获得更多的工程合同。以上双方以定额为依据，合理确定合同价。可见，定额对于完善固定资产投资市场和建筑市场，都有重要的作用。

④有利于完善市场信息系统，促进市场经济有序、健康地发展。信息是市场体系中的重要因素，它的可靠性、灵敏性和完备程序是市场成熟和市场效率的重要标志。而定额管理是对市场大量信息搜集、加工、传递和信息反馈的有效工具。因此，在我国建设项目管理中，以定额形式建立和完善建筑市场信息系统，正是以公有制经济为主体的社会主义市场经济的特色所在。

1.2.1.4 建筑工程定额的分类

（1）按定额反映的物质消耗内容分类。

按定额反映的物质消耗内容，建筑工程定额可分为劳动消耗定额、材料消耗定额和机械消耗定额。

①劳动消耗定额。劳动消耗定额简称劳动定额。它是指完成某一合格产品（工程实体或劳务）所规定该劳动消耗的数量标准。劳动定额的主要表现形式有两种：产量定额和时间定额，它们互为倒数关系。

②材料消耗定额。材料消耗定额简称材料定额。它是指完成某一合格产品所需消耗材料的数量标准。

材料是工程建设中使用的原材料、成品、半成品、构配件、燃料以及水电等资源的统称。材料作为劳动对象构成工程的实体，需求数量大（约占直接费的70%），种类繁多。材料消耗量的多少，消耗是否合理，不仅直接影响资源的有效利用，而且对工程造价、建设产品的成本控制都会产生重要的影响。因此，重视和加强材料的定额管理，制定出合理的材料消耗定额，合理组织材料保质保量的供应，是节省材料、降低造价、提高工程质量的重要途径。

③机械消耗定额。机械消耗定额又称为机械台班消耗定额，简称机械台班定额。它是指为完成某一合格产品所需的施工机械台班消耗的数量标准。它的表现形式类似于劳动定额，分为机械时间定额和机械产量定额两种。

机械消耗定额在定额册中的表示也类似于劳动定额。

（2）按定额的编制程序和用途分类。

按定额的编制程序和用途，建筑工程定额可分为施工定额、预算定额、概算定额、概算指标、投资估算指标和工期定额六类。

①施工定额。施工定额是建筑安装企业为组织生产和加强管理在本企业内部使用的定额。它是属于企业生产性质的定额，不是计价定额。施工定额由劳动定额、材料定额和机械台班定额三个相对独立的部分组成。为了适应施工企业组织生产和管理的需要，施工定额的项目划分得很细，是工程建设定额中分项最细、定额子目最多的一种定额。施工定额是工程建设定额体系中的基础性定额，是预算定额的编制基础，施工定额的劳动、材料、机械台班消耗数量标准是计算预算定额的劳动、材料、机械台班消耗数量标准的重要依据。

②预算定额。预算定额是计价定额，是在编制施工图预算时，确定工程造价和计算工程中劳动、材料、机械台班需要量使用的一种定额。它是确定工程造价的主要依据，在招投标承包中，它是计算标底的依据和投标报价的重要参考，也是概算定额和概算指标的编制基础。因此，可以说预算定额是计价定额中的基础性定额，在工程建设定额体系中占有很重要的地位。

③概算定额。概算定额是计价定额，是在编制技术设计（又称扩大初步设计）概算时确定工程概算造价，计算工程中劳动、材料、机械台班需要量的一种定额。它是预算定额的综合扩大并与技术设计的深度相适应的一种定额。

④概算指标。概算指标也是计价定额，是在初步设计阶段，确定初步设计概算造价，计算劳动、材料、机械台班需要量的一种定额。这种定额是在概算定额和预算定额的基础上编制的，比概算定额更加综合扩大，其综合扩大程度与初步设计的深度相适应。概算指标是控制项目投资的有效工具，也是编制投资计划的依据和参考。

⑤投资估算指标。投资估算指标也属于计价定额，是在项目建议书和可行性研究阶段编制投资估算，确定投资需要量的一种定额。这种定额以单项工程甚至完整的工程项目为估算对象，其概括程度高并与可行性研究阶段相适应。投资估算指标是以预算定额、概算定额、概算指标以及已完工程的预算、决算资料和价格变动等资料为依据编制的。

⑥工期定额。工期定额也属于计价定额，是指为各类建设工程所规定的施工期限（或建设期限）的一种定额。它包括建设工期定额和施工工期定额。

A. 建设工期（以月或天数计）。它是指建设项目或单项工程在建设过程中所需的时间总量。它是从开工建设时起到全部建成投产或交付使用时止所经历的时间，但不包括由于计划调整而停工、缓建所延误的时间。

B. 施工工期（以天数计）。它是指单项工程或单位工程从开工到完工所经历的时间，是建设工期的组成部分。

（3）按主编单位和管理权限分类。

按主编单位和管理权限，工程建设定额可分为全国统一定额、行业统一定额、地区统一定额和企业定额四种。

①全国统一定额。它是由国家建设行政主管部门，综合全国工程建设的技术和施工组织管理水平等情况编制的在全国范围内执行的定额。如全国统一安装工程定额。

②行业统一定额。它是由行业部门，考虑各行业部门的专业工程技术特点和施工组织与管理水平等情况而编制的在本行业和相同专业性质范围内使用的定额。如铁路建设工程定额、公路建设工程定额。

③地区统一定额。它是由各省、自治区、直辖市考虑本地区特点和施工组织管理水平对全国统一定额水平作适当调整和补充所编制的定额。

④企业定额。它是由各施工企业根据本企业的施工技术、组织管理水平，参照国家、部门或地区定额水平编制的，只在本企业内部使用的定额。企业定额是企业综合素质的重要标志，企业定额水平应高于国家、地区现行定额水平，才能满足施工企业的发展，并增强市场竞争力。

1.2.2 建筑工程消耗量定额的编制

1.2.2.1 预算定额的编制原则

（1）社会平均水平原则。

社会平均水平是反映社会必要劳动时间消耗的水平。社会必要劳动时间是指在现有的社会正常的生产条件，社会平均的劳动熟练程度和劳动强度下，制造某种使用价值所需要的劳动时间。所以预算定额的社会平均水平，就是在正常的施工条件、合理的施工组织和工艺条件、平均劳动熟练程度和劳动强度下，完成单位合格产品所需的劳动时间。

（2）简明适用原则。

预算定额编制应贯彻简明适用的原则，这样有利于定额的贯彻执行，便于定额编制人员掌握并增强可操作性。简明适用，就是对那些主要的、价值量大的、常用的项目和分项工程划分可细一些，对那些价值量较小、不常用的项目划分可粗一些。同时要合理确定计量单位、简化工程量的计算，尽量避免同一种材料用不同的计量单位，以减少单位换算工作量。

（3）坚持统一性和差别性相结合的原则。

坚持统一性是指计价定额的制定规划和组织实施，由国务院建设行政主管部门负责全国统一定额（或基础定额）的制定和修订工作，颁布有关工程造价管理的规章制度和办法等。这有利于培育全国统一建设市场、规范计价行为；有利于国家通过定额和工程造价管理实现对建筑安装工程价格的宏观调控。同时，通过全国统一定额（或基础定额），使建筑安装工程有一个统一的计价依据，也为设计和施工的经济效果考核提供了一个统一的尺度。

差别性就是在统一性的基础上，省、自治区、直辖市建设主管部门和各部门可以在自己的管辖范围内，根据本地区和本部门的具体情况，制定本地区和本部门定额、补充规定和管理办法，以适应我国幅员辽阔，地区之间、部门之间发展不平衡和差异性的实际情况。

1.2.2.2 建筑工程消耗量定额的确定

(1) 人工消耗量定额。

消耗量定额中的人工消耗量不分工种、技术等级，一律以综合工日表示。其内容包括基本用工、超运距用工、人工幅度差及辅助用工。

人工消耗量定额又称人工定额，是根据预算定额的编制原则，以劳动定额为基础计算出的人工消耗量标准。它是指在正常施工生产条件下和一定生产技术和生产组织条件下，按照社会平均水平的原则，确定生产单位合格产品所必须消耗的人工数量标准。因此，在讲述人工消耗量定额之前必须介绍劳动消耗定额知识。

①劳动消耗定额的表现形式。劳动消耗定额按用途不同，可分为时间定额和产量定额。

A. 时间定额。时间定额是指在一定的生产技术和组织条件下，某工种、某种技术等级的工人小组或个人完成单位合格产品所必须消耗的工作时间，包括有效工作时间（即：基本工作时间、辅助工作时间、准备和结束时间）、不可避免的中断时间、工人必需的休息时间，如0.978工日/m^3。

按我国现行的工作制度每一工日以8h计算，其表达式为：

$$单位产品时间定额=\frac{1}{每工日产量}$$

或

$$单位产品时间定额=\frac{小组成员工日数总和}{小组产量}$$

B. 产量定额。产量定额是指在一定的生产技术和组织条件下，某工种、某种技术等级的工人小组或个人在单位时间（工日）内完成合格产品的数量标准，如$\frac{1}{0.978}=1.02m^3/$工日。

产量定额是根据时间定额计算的，其计算式为：

$$每工日产量=\frac{1}{单位产品时间定额}$$

或

$$单位时间产量定额=\frac{工作时间内完成的产品数量}{必需消耗的工作时间}$$

时间定额和产量定额互为倒数关系，即

$$时间定额\times产量定额=1$$

或

$$时间定额=\frac{1}{产量定额}$$

或

$$产量定额=\frac{1}{时间定额}$$

如某砖墙劳动定额复式表示形式为：

$$\frac{时间定额}{产量定额}=\frac{0.978}{1.02}$$

②工作时间的研究和分类。研究施工中的工作时间，最主要的目的是确定施工时间定额和产量定额，前提是对工作时间按其消耗性质进行分类，以便研究工作时间的数量及其特点。

工作时间指的是工作班延续时间。工人工作时间可分为必需消耗时间和损失时间两大类，详见图1-1。

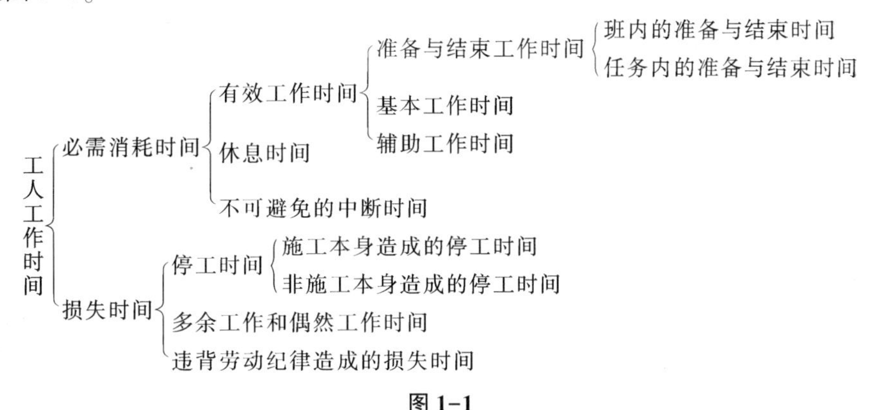

图1-1

A. 必需消耗时间。必需消耗的时间是指在正常施工生产条件下，工人为生产某一合格产品所消耗的工作时间，它包括：有效工作时间、休息时间和不可避免的中断时间。

a. 有效工作时间，是指与生产某一产品有直接关系的工作时间消耗量，它包括准备与结束工作时间、基本工作时间、辅助工作时间。

(a) 准备与结束工作时间，是指工人在执行任务前的准备工作和完成任务后结束工作所需要消耗的时间。该时间的长短与负担工作量的大小无关，但往往与工作内容有关。准备与结束时间又可分为班内的准备与结束时间、任务内的准备与结束时间两种。班内的准备与结束时间是每天上下班前后都必须做的工作所需的时间，如领退料具、布置工作地点、检查安全技术措施、调整和保养机械设备、清理现场、交接班等所需的时间。任务内的准备与结束时间，是指每接受一项工作任务和完成工作任务后所必须做的准备和结束工作所需的时间，如接受施工任务后，熟悉施工图纸，组织安排工人、运输机具进入施工现场，以及质量检查、交工验收、清理现场、人员退出现场等所需的时间。

(b) 基本工作时间，是指工人直接生产某一产品的施工工艺过程所消耗的时间。通过这些工艺过程能直接改变产品（材料）外形和性能，如钢筋煨变、焊接成型、混凝土制品等。基本工作时间按机械与人工作业情况又可分为：机动时间，由机械自动进行工作所消耗的时间，如开空压机、水泵等所消耗的时间；机手并动时间，由机械与工人同时工作所消耗的时间。如开塔吊、卷扬机等所消耗的时间；手动时间，由工人进行手工劳动所消耗的时间，如砌砖墙、用钢锯切断钢材等所消耗的时间。基本工作时间的长短与工作量的大小成正比。

(c) 辅助工作时间，是指为保证基本工作顺利完成而做的辅助性工作所消耗的时间。辅助性工作不直接导致产品的形态、性质、结构或位置发生变化，而且一般都是手工操作，如筛砂、淋石灰膏等。在机手并动的情况下，辅助工作是在机械运转过程中进行的，为了避免重复则不应计辅助工作时间的消耗。辅助工作时间的长短与工作量的大小有关。

b. 休息时间，是工人在工作过程中为恢复体力所必需的短暂休息和生理需要的时间消耗。该时间是为了保证工人能精力充沛地工作，所以要计入定额时间内。休息时间的长短与劳动条件有关，劳动繁重紧张、劳动条件差（如高温、高空作业），则休息时间应长些。

c. 不可避免的中断时间，是指由于施工工艺特点引起的工作中断所必须消耗的时间，应特别指出的是：与施工过程工艺特点有关的工作中断时间，应包括在定额时间内；但与施工特点无关的工作中断时间，是由劳动组合不合理所致，属损失时间，不能计入定额时间内。

B. 损失时间。由图 1-1 可见，损失时间包括停工时间、多余工作和偶然工作时间（又叫非工作时间）、违背劳动纪律造成的损失时间三部分。

a. 停工时间，是工作班内停止工作所造成的工时损失，它包括施工本身造成的停工时间和非施工本身造成的停工时间两种。

（a）施工本身造成的停工时间是由施工组织不善、材料供应不及时、工作面准备工作没做好、工作地点组织不良等情况所引起的停工时间。显然，这种停工时间不能考虑在定额时间内。

（b）非施工本身造成的停工时间是由水源、电源中断等外界因素所引起的停工时间，这种停工时间应合理考虑在定额时间内。

b. 多余工作和偶然工作时间（又叫非工作时间）。多余工作就是工人做了任务以外的而又不能增加产品数量的工作，如重砌质量不合格的墙体。多余工作的工时损失，一般是由工程技术人员和工人的差错所引起的，因此，不应计入定额时间内。偶然工作也是工人做了任务以外的工作，但能获得一定产品。如抹灰工不得不补上偶然遗留的墙洞等。从偶然工作性质上看，在定额中不应考虑它所占用的时间，但是由于偶然工作能获得一定产品，拟订定额时可以适当考虑它的影响。

c. 违背劳动纪律造成的损失时间是由于工人本身过失，在施工中违反劳动纪律所损失的时间。如因操作不当损坏设备、工具和工程返工，迟到、早退，工作时闲谈、看报、办私事等损失的时间，还包括个别工人违反劳动纪律而影响他人无法工作的时间损失。此项工时损失不允许发生，也不能计入定额时间内。

③劳动定额的编制方法。劳动定额的编制通常采用计时观察法、比较类推法、统计分析法和经验估计法四种。

A. 计时观察法。计时观察法是研究工作时间消耗的一种技术测定方法。该法是以研究工时消耗为对象，以观察测时为手段，通过密集抽样和粗放抽样等技术直接进行的时间研究的方法。其主要包括测时法、工作日写实法、写实记录法三种。

计时观察法的特点是，主要用于研究工时消耗的性质和数量，在研究中能够把现场工时消耗情况和施工组织技术条件联系起来加以考察，查明和确定各种因素对工时消耗数量的影响，找出工时损失的原因和研究缩短工时，减少损失的可能性。因此，计时观察法是制定劳动定额、机械台班使用定额和与时间有关的材料（动力、燃料等）消耗定额较广泛采用的方法。但计时观察法的局限性在于考虑人的因素不够。

B. 比较类推法。比较类推法又称典型定额法，它是以同类型工序、同类型产品定额典型项目的水平或技术测定的实耗工时为标准，经过分析比较，类推出同一组定额中相邻项目定额水平的方法。该法方便简单、工作量小，只要典型定额选择有代表性、切合实际，类推出的定额水平一般比较合理。这种方法适用于同类型产品规格多、批量小的施工过程。

C. 统计分析法。统计分析法是根据一定时间内实际生产中工时消耗和产品完成数量统计资料（施工任务单、考勤表及其他有关统计报表）和原始记录，经过整理并结合当前的施工组织、技术条件和生产条件，进行分析、对比制定定额的一种方法。该方法由于统计资料是实耗工时记录，在统计时没有剔除生产技术组织中的不合理因素，有可能在一定程度上也影响定额的准确性。

D. 经验估计法。经验估计法是由老工人、定额专业人员、工程技术人员根据实践经验，并参照有关图纸分析和现场观察、了解施工工艺过程和操作方法等情况，通过座谈讨论，制定定额的方法。该方法的特点是制定的工作过程较短，工作量较小，简便易行，但准确度取决于参加制定人员的经验，所以有一定局限性。

④人工工日消耗量指标的确定方法。人工工日消耗量指标的确定方法有两种：一种是以劳动定额为基础确定；另一种是用计时观察法确定。

A. 以劳动定额为基础确定人工工日消耗量指标的方法。人工工日消耗量指标由基本用工和其他用工组成，其他用工包括辅助用工、超运距用工和人工幅度差。即：

定额用工（人工工日消耗量）=基本用工+超运距用工+辅助用工+人工幅度差

a. 基本用工。它是指完成单位合格产品所必须消耗的技术用工。其工日消耗量按相应劳动定额工时定额计算，并以不同工种列出定额工日。

b. 其他用工。它是指基本用工以外的其他用工。它包括辅助用工、超运距用工和人工幅度差三种。

（a）辅助用工。它是指技术工种劳动定额内不包括而在施工中发生的，应考虑在预算定额内的用工。

（b）超运距用工。它是指预算定额规定的平均水平运距超过劳动定额所规定的水平运距而引起的材料超运距用工。

超运距=预算定额取定运距−劳动定额规定的运距

（c）人工幅度差。它是指在劳动定额作业时间之外，而在定额中未包括，但在正常施工条件下又不可避免地发生的各种工时损失，应考虑在预算定额内。其内容为：

Ⅰ. 各工种间的工序搭接及交叉作业之间相互配合所发生的停歇用工；

Ⅱ. 施工机械在单位工程之间转移及临时水、电线路移动所造成的停工；

Ⅲ. 质量检查和隐蔽工程验收工作所影响的停工；

Ⅳ. 班组操作地点转移的用工；

Ⅴ. 工序交接时对前一工序不可避免的修整用工；

Ⅵ. 施工中不可避免的其他零星用工。

人工幅度差=（基本用工+辅助用工+超运距用工）×人工幅度差系数

人工幅度差系数一般按10%~15%取定。

B. 用计时观察法确定消耗量指标的方法。当遇到劳动定额缺项（如采用新材料、新工艺施工）时，需要进行新编项目测定，可采用该方法测定和计算定额人工工日消耗量。

（2）材料消耗量的定额。

材料消耗定额是确定材料消耗量的定额。在建筑工程中，材料费所占比重很大，约占直接费的70%，管好、用好、节约好材料，是企业降低成本的主要途径。而要实现这个途径就要合理制定材料消耗定额。材料消耗定额水平如何，是否先进、合理，在很大程度上影响企业的生产技术管理水平和在市场中的竞争力。

①材料消耗的性质。材料消耗量（又称材料必需消耗量），是指在正常施工条件和合理使用材料的情况下，生产单位合格产品所必需消耗材料（含半成品、配件等）的数量标准，我们把这个数量标准称为材料消耗定额。

材料消耗量按其消耗性质可分为材料净用量和材料损耗量，即：

$$\text{材料消耗量}=\text{材料净用量}+\text{材料损耗量}$$

材料净用量是指直接用于建筑结构和安装工作中的材料，它用来编制材料净用量定额（简称材料净定额）。

材料损耗量是指在施工中不可避免的施工废料和不可避免的材料损耗，它用于编制材料损耗定额。

②材料消耗定额的制定方法。制定材料净用量定额和材料损耗定额的主要方法有现场技术测定法、实验室试验法、现场统计法和理论计算法四种。

A. 现场技术测定法。现场技术测定法主要是为编制材料损耗定额提供依据，也可以为编制材料净用量定额提供参考数据。其优点是能通过现场观察、测定，取得产品产量和材料消耗的情况，为编制材料定额提供技术根据。

B. 实验室试验法。实验室试验法是指在实验室里通过试验来测定材料消耗定额的一种科学方法。通过试验，对材料的结构、化学成分和物理性能以及按强度等级标定的混凝土、砂浆配比作出科学的结论，为编制材料消耗定额提供精确的计算数据。例如，在以各种原材料为变量因素的试验中，可求出不同标号混凝土的配合比，从而计算出每立方米混凝土的各种材料消耗量。但是，在实验室不可能反映施工现场各种客观因素对材料消耗量的影响，因此该法主要用来编制材料净用量定额。

C. 现场统计法。现场统计法是根据在较长时间里现场所积累的分部、分项工程的用料和产品完成情况等大量统计资料，经分析、计算来制定材料消耗定额的方法。该方法简单易行，容易掌握，适用范围广。但其准确性与统计资料的准确程度和定额编制人员的水平有很大关系。同时，由于统计资料难以分辨出材料净用量和损耗量，不能作为确定材料净用量定额和损耗定额的依据，只能作为材料消耗定额的依据。

D. 理论计算法。理论计算法是运用一定的理论计算公式来确定材料消耗量的方法，是一种科学的制定材料消耗定额的方法。该法常用于具有较规则的外观形态或可以度量的材料消耗量计算。例如，240厚砌砖工程中砖和砂浆净用量一般都采用如下公式计算。

a. 每立方米1砖墙的砖数净用量。

$$\text{砖数}=\frac{1}{(\text{砖宽}+\text{灰缝})\times(\text{砖厚}+\text{灰缝})}\times\frac{1}{\text{砖长}}$$

若标准砖尺寸为240mm×115mm×53mm，则

$$砖数=\frac{1}{（砖宽+灰缝）\times（砖厚+灰缝）}\times\frac{1}{砖长}$$

$$=\frac{1}{(0.115+0.01)\times(0.053+0.01)}\times\frac{1}{0.24}=529.1\ [块/(1m^3 砌体)]$$

$$砖总消耗量=\frac{529.1}{1-1.5\%}=537.16\ [块/(1m^3 砌体)]$$

b. 砂浆净用量。

$$砂浆体积(m^3)=砌体体积-砖数体积$$

$$砂浆净用量=1(砌体)-529.1(砖砌体)\times0.24\times0.115\times0.053=0.226(m^3)$$

$$砂浆总消耗量=\frac{0.226}{1-1.2\%}=0.229(m^3)$$

以上各式中砖和砂浆的损耗量可根据现场观察资料计算，并以损耗率表示出来。这样，以上各式的净用量加上损耗量，就等于材料消耗量。

③周转性材料摊销量的确定。周转性材料是指在施工中多次使用的材料，如模板、脚手架等。周转性材料摊销定额消耗量是通过多次使用、每次摊销的方法来确定的。在施工定额册中用分数表示，分子为一次摊销量，分母为一次使用量。

周转性材料摊销量常用下式计算：

$$一次摊销量(定额消耗量)=\frac{一次使用量\times(1+损耗率)}{周转次数}$$

（3）机械台班的消耗量定额。

机械台班定额是施工机械台班使用定额的简称。它是指在正常的施工条件和合理劳动组织和合理使用施工机械的情况下，完成单位合格产品或工程量所必需使用的机械台班的数量标准。

①机械台班定额的表现形式。机械台班定额和人工定额很相似，分为时间定额和产量定额。

机械时间定额是指生产单位合格产品所必需消耗的机械台班的数量。标准机械产量定额是指机械每台班时间内生产单位合格产品的数量标准。其表达式有以下几种。

A. 基本表达式。

$$机械时间定额=\frac{1}{机械产量定额}\quad(台班/m^3 或台班/t)$$

$$机械产量定额=\frac{1}{机械时间定额}\quad(m^3/台班或 t/台班)$$

机械时间定额和机械产量定额互为倒数关系。

B. 人工配合机械台班消耗定额表达式。

$$机械时间定额=\frac{班组成员总工日数}{机械台班产量}$$

$$机械产量定额=\frac{机械台班产量}{班组成员总工日数}$$

②机械工作时间的研究和分类。机械工作时间可分为必需消耗时间和损失时间两大类。详见图 1-2。

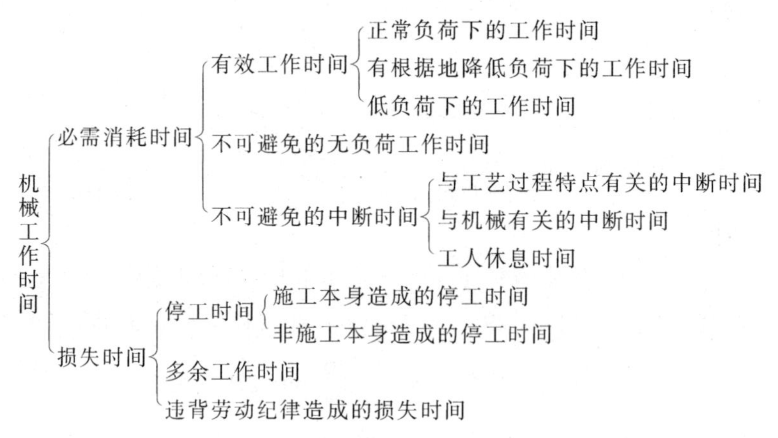

图 1-2

A. 机械必需消耗时间。机械必需消耗时间，包括有效工作时间、不可避免的无负荷工作时间和不可避免的中断时间三项。

a. 有效工作时间。有效工作时间包括正常负荷下的工作时间、有根据地降低负荷下的工作时间和低负荷下的工作时间。

（a）正常负荷下的工作时间，是机械在其说明书规定负荷下进行作业的时间。

（b）有根据地降低负荷下的工作时间，是在个别情况下由于技术上的原因，机械在低于其计算负荷下工作的时间。如汽车装运大体积而重量轻的货物时，不能充分利用汽车载重吨位而不得不降低其计算负荷。

（c）低负荷下的工作时间，是由工人或技术人员的过错所造成的施工机械在降低负荷的情况下工作的时间。例如，由工人装车的砂石量不足引起的，汽车在降低负荷的情况下工作的延续时间。此时间不能计入时间定额内。

b. 不可避免的无负荷工作时间。不可避免的无负荷工作时间，是由施工过程特点和机械运行特点所造成的机械无负荷工作时间。例如，吊车卸下货物后返回起吊起点的无负荷时间，汽车运装货物工作开始和结束时来回空行的时间等。

c. 不可避免的中断时间。不可避免的中断时间，是由与工艺过程的特点、机械维修和保养、工人休息有关的因素所造成的中断时间。它又分为以下三种。

（a）与工艺过程特点有关的不可避免的中断时间，又分为循环和定期两种。

循环的不可避免中断，是在机械工作的每一个循环中重复一次。如汽车装货与卸货时的停车中断时间。

定期的不可避免中断，经过一定时期重复一次。如灰浆泵在一地点工作完成后转移到另一工作地点时的工作中断时间。

（b）与机械有关的不可避免中断时间，是指使用施工机械的工人，在准备与结束工作时使施工机械暂停的中断时间，或者在维护保养施工机械时必须使其停止运转所产生的中断时间。

（c）工人休息时间，是指操作机械的工人休息时，使机械停工的时间。

B. 损失时间。损失时间是指施工机械在工作时间内与完成产品无关的损失时间。它包括停工时间、多余工作时间和违背劳动纪律造成的损失时间三类。

a. 停工时间，按其性质可以分为施工本身造成的停工时间和非施工本身造成的停工时间。

(a) 施工本身造成的停工时间，是指由于施工组织不善而引起的机械停工时间。如临时没有工作面，未能及时供给机械用水、燃料等引起的停工时间。

(b) 非施工本身造成的停工时间，是由外部影响及气候条件引起的停工时间。如水源、电源中断，暴风雨雪等影响。

b. 多余工作时间是指在正常施工条件下不应发生的时间消耗，或由于意外情况所引起的时间消耗，如质量不符合要求，返工造成的多余的时间消耗。

c. 违背劳动纪律造成的损失时间，是指工人迟到、早退或擅离岗位等违反劳动纪律的行为导致的机械停工时间。

③施工机械台班定额的编制方法。施工机械台班定额的编制就是确定机械台班定额消耗费。它主要是在正常的施工条件（工作现场的合理组织和合理的工人编制等）下，测定施工机械 1h 的纯工作正常生产率（N）和台班时间利用系数两个基本数据。

A. 确定机械 1h 纯工作正常生产率。机械纯工作时间，就是指机械的必需消耗时间。

机械 1h 纯工作正常生产率，就是指在正常施工条件下，具有必需的知识和技能的技术工人操作机械 1h 的生产量。

a. 循环动作机械纯工作 1h 的正常生产率（N_A）的确定。

$$N_A = n \cdot m$$

其中

$$n = \frac{60\times60\ (\mathrm{s})}{\text{一次循环的正常延续时间}}$$

$$\text{一次循环的正常延续时间} = \sum \text{循环各组成部分正常延续时间} - \text{交叠时间}$$

式中 N_A——循环动作机械 1h 纯工作的正常生产率；

n——循环动作机械 1h 纯工作的正常循环次数；

m——循环动作机械一次循环生产的产品数量（即一次循环产量，可由机械说明书或计时观察法取得）。

b. 连续动作机械 1h 纯工作的正常生产率（N_B）的确定。

$$N_B = \frac{m}{t}$$

式中 N_B——连续动作机械 1h 纯工作的正常生产率；

m——连续动作机械在时间 t 内完成的产量；

t——连续动作机械纯工作时间，h。

B. 确定施工机械的正常时间利用系数（K）。施工机械的正常时间利用系数，是指机械在正常施工条件下，工作班内的工作时间利用率。即施工机械在工作班内净用于工作上的时间与工作班法定时间 8h 的百分比，以 K 表示。计算公式如下：

$$K=\frac{\text{机械工作班内净工作时间 } t}{\text{机械工作班延续时间 } T}$$

C. 确定施工机械台班定额。

a. 施工机械产量定额的计算。

（a）循环动作机械产量定额（P_A）。

$$P_A=N_A\cdot T\cdot K=n\cdot m\cdot T\cdot K$$

（b）连续动作机械时间定额（P_B）。

$$P_B=N_B\cdot T\cdot K=\frac{m}{t}\cdot T\cdot K$$

b. 施工机械时间定额（P_T）的计算。

机械时间定额与产量定额互为倒数关系，计算产量定额的倒数便可以得到相应的时间定额。如循环动作机械时间定额按下式求得：

$$\text{机械时间定额 } P_T=\frac{1}{\text{机械产量定额 } P_A}$$

1.2.3 建筑工程统一基价表的编制

1.2.3.1 人工单价的确定

根据“国家宏观调控，市场竞争形成价格”的现行工程造价的确定原则，人工单价是由市场形成的，但目前国家或地方对市场价格制定了最低保护价和最高限制价。

（1）人工单价的概念。

人工单价也称工资单价，是指一个建筑安装工人工作一个工作日应得的劳动报酬。

工作日是指一个工人工作一个工作日，按我国劳动法规定，一个工作日的工作时间为8h，简称工日。

劳动报酬应包括一个人的物质需要和文化需要。具体来讲，其应包括人衣、食、住、行和生、老、病、死等基本生活的需要，以及精神文化的需要，还应包括人基本供养人口的需要。

（2）人工单价的组成。

人工单价应由基本工资、工资性补贴、辅助工资、福利费、劳动保护费等组成。

①基本工资：是指发放给生产工人的基本工资，是对工人穿衣、吃饭等各种支出的补偿。

②工资性补贴：是指按规定标准发放的物价补贴，煤、燃气补贴，交通补贴，住房补贴，流动施工津贴等。

③生产工人辅助工资：是指生产工人在年有效施工天数以外非作业天数的工资，包括职工学习、培训期间的工资，调动工作、探亲、休假期间的工资，因气候影响的停工工资，女工哺乳期间的工资，病假在六个月以内的工资及产假、婚假、丧假假期的工资。

④职工福利费：是指按规定标准计提的职工福利费，如书报费、洗理费、防暑降温及取暖费等内容。

⑤生产工人劳动保护费：是指按规定标准发放的劳动保护用品的购置费及修理费，徒工服装补贴，防暑降温费，在有碍身体健康环境中施工的保健费用等。

（3）人工单价的影响因素。

①社会平均工资水平提高。建筑安装工人人工单价必须和社会平均工资水平相适应。社会平均工资水平取决于经济发展水平。由于我国改革开放以来经济迅速增长，社会平均工资也有较大提高，从而引起人工单价的大幅度提高。

②生活消费指数提高。生活消费指数的提高会影响人工单价的提高。物价提高，生活消费指数就会增加，反之则降低。生活消费指数是随着生活消费品物价的变动而变化的。

③人工单价组成内容的增加。政府推行的社会保障和福利政策也会影响人工单价的变动，例如住房消费、养老保险、医疗保险、失业保险费等列入人工单价，会使人工单价提高。

④劳动力市场供需的变化。劳动力市场如果需求大于供给，人工单价就会提高，反之则降低。

1.2.3.2 材料单价的确定

（1）材料预算价格的概念及组成内容。

①概念。材料预算价格是指材料由其来源地或交货地点到达施工工地仓库的出库价格。见图 1-3。

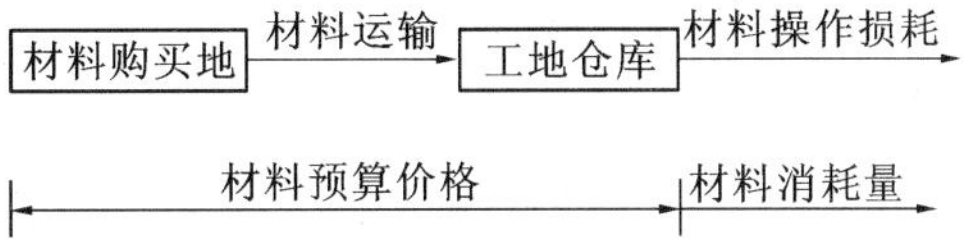

图 1-3

②组成内容。材料预算价格是施工过程中耗费的构成工程实体的原材料、辅助材料、构配件、零件、半成品的费用的总和。其内容包括：材料原价（或供应价格）、材料运杂费、运输损耗费、材料采购及保管费、检验试验费。

（2）材料价格的确定。

①材料原价。材料原价是指材料的出厂价、市场批发价、零售价以及进口材料的调拨价等。对于材料原价，若同一种材料购买地及单价不同，则应根据不同的供货数量及单价，采用加权平均的方法确定。

②材料运杂费。材料运杂费是指材料从来源地运至工地仓库或指定堆放地点所发生的全部费用。其内容包括运输费及装卸费等。

材料运杂费应按照国家有关部门和地方政府交通运输部门的规定计算，也可按市场价格计算。同一种材料如有若干个来源地，其运杂费可根据每个来源地的运输里程、运输方法和运价标准用加权平均法计算。

$$加权平均运杂费=\frac{\sum(各来源地运杂费\times各来源地材料数量)}{\sum 各来源地材料数量}$$

③运输损耗费。运输损耗费是指材料在运输及装卸过程中不可避免的损耗费用。

$$运输损耗费=（材料原价+材料运杂费）\times 运输损耗率$$

④材料采购及保管费。材料采购及保管费是指在组织采购、供应和保管材料过程中所需要的各项费用。其内容包括采购费、仓储费、工地保管费、仓储损耗。其计算式为：

材料采购及保管费=（材料原价+材料运杂费+运输损耗费）×采购及保管费率

采购及保管费率一般综合定为2.5%左右，各地区可根据不同情况确定其费率。如有的地区规定：钢材、木材、水泥为2.5%，水电材料为1.5%，其余材料为3.0%。

⑤检验试验费。检验试验费是指对建筑材料、构件和建筑安装物进行一般鉴定、检查所发生的费用，包括自设实验室进行试验所耗用的材料和化学药品等费用。其不包括新结构、新材料的试验费和建设单位对具有出厂合格证明的材料进行检验，对构件做破坏性试验及其他特殊要求检验试验的费用。

检验试验费=材料原价×检验试验费率

⑥材料预算价格计算综合举例。

材料预算价格的计算公式为：

材料预算价格=（材料原价+材料运杂费+运输损耗费）×（1+采购及保管费率）+材料原价×检验试验费率

⑦影响材料预算价格变动的因素。

A. 市场供需变化。材料原价是材料预算原价价格中最基本的组成部分。市场供大于求，价格就会下降；反之，价格就会上升。从而影响材料预算价格的涨落。

B. 材料生产成本的变动直接涉及材料预算价格的波动。

C. 流通环节的多少和材料供应体制也会影响材料预算价格。

D. 运输距离和运输方法的改变会影响材料运输费用的增减，从而影响材料预算价格。

E. 国际市场行情会对进口材料价格产生影响。

（3）机械台班单价的确定。

①施工机械台班单价的概念及组成内容。施工机械台班单价是指一台施工机械在正常运转条件下，一个工作班中所发生的全部费用。

施工机械台班单价按照有关规定由七项费用组成，这些费用按其性质，划分为第一类费用、第二类费用和其他费用三类。

A. 第一类费用（又称固定费用或不变费用）。这类费用不因施工地点、条件的不同而发生大的变化。其内容包括折旧费、修理费、经常修理费、安拆费及场外运输费。

B. 第二类费用（又称变动费用或可变费用）。这类费用常因施工地点和条件的不同而有较大的变化。其内容包括机上人员工资和动力燃料费。

C. 其他费用。其他费用指上述两类以外的其他费用。其内容包括车船使用税、养路费、牌照费、保险费及年检费等。

②施工机械台班单价的确定。

A. 第一类费用的确定。

a. 折旧费。折旧费是指施工机械在规定使用期限内，每一台班所摊的机械原值及支付货款利息的费用。其计算如下：

$$台班折旧费=\frac{施工机械预算价\times（1-残值率）+贷款利息}{耐用总台班}$$

其中：

施工机械预算价=原价×（1+购置附加费率）+手续费+运杂费

$$残值率=\frac{施工机械残值}{施工机械预算价格}\times 100\%$$

$$耐用总台班=修理间隔台班\times 修理周期$$

耐用总台班即施工机械从开始投入使用到报废前所使用的总台班数。

b. 大修理费。大修理费是指施工机械按规定修理间隔台班必须进行的大修，以恢复其正常使用功能所需的费用。

$$台班修理费=\frac{一次修理费\times（修理周期-1）}{耐用总台班}$$

c. 经常修理费。经常修理费是指施工机械除修理以外的各级保养及临时故障排除所需的费用；为保障施工机械正常运转所需替换设备、随机使用工具、附加的返销和维护费用；机械运转与日常保养所需的油脂、擦拭材料费用和机械停置期间的正常维护保养费用等，一般可用下式计算：

$$施工机械经常修理费=台班修理费\times K$$

式中，K 为施工机械台班经常修理系数。如载重汽车的 K 值，6t 以内为 5.61，6t 以上为 3.93；自卸汽车的 K 值，6t 以内为 4.44，6t 以上为 3.34；塔式起重机的 K 值为 3.94 等。

d. 安拆费及场外运费。安拆费是指施工机械在施工现场进行安装、拆卸所需的人工费、材料费、机械费、运转费以及安装所需的辅助设施费用。

场外运费是指施工机械整体或分件，从停放场地运至施工现场或由一个工地运至另一个工地，运距在 25km 以内的机械进出场运输及转移费用，包括施工机械的装卸、运输、辅助材料及架线等费用。

B. 第二类费用的确定。

a. 机上人员工资。机上人员工资是指机上操作人员及随机人员的工资及津贴等。

b. 燃料动力费。燃料动力费是指施工机械在运转作业中所耗用的电力、固体燃料、液体燃料、水和风力等资源费。

c. 台班养路费及台班车船使用税。按照国家有关规定应缴纳养路费及车船使用税，其计算公式如下：

$$台班养路费=\frac{核定吨位\times 每月每吨养路费\times 12}{年工作台班}$$

$$台班车船使用税=\frac{每年每吨车船使用税}{年工作台班}$$

d. 保险费。保险费是指按有关规定应缴纳的第三者责任险、车主保险等。

1.2.4 计算实例

【例 1-1】 某工程采用人工挖Ⅱ类土，人工手推小车运土。经计时观察法测定，每挖 $1m^3$ 土必须消耗时间（定额时间）记录如下：基本工作时间为 60min，辅助工作时间为工作班时间的 2%，准备与结束工作时间占工作班时间的 2%，不可避免的中断时间为工作班时间的 1%，工人必须休息时间为工作班时间的 20%。求其时间定额和产量定额。

【解】 设工作班时间为 X，则

$$X=60+2\%X+2\%X+1\%X+20\%X$$

$$X=6\ 000\div75=80\ (\text{min})$$

$$时间定额=80\div60\div8=\frac{1}{6}\ (工日/m^3)$$

$$产量定额=\frac{1}{时间定额}=6\ (m^3/工日)$$

【例1-2】某工程现浇混凝土梁，已知木模板一次使用量为1.775m³（不含支撑料），周转6次，每次周转损耗率为5%，求该木模板一次摊销量。

【解】$$木模板一次摊销量=\frac{一次使用量\times(1+损耗率)}{周转次数}=\frac{1.775\times(1+5\%)}{6}$$

$$=\frac{1.863\ 75}{6}=0.31\ (m^3)$$

【例1-3】某建筑工地需用32.5级硅酸盐水泥，由甲、乙、丙三个生产厂供应，甲厂供应500t，单价为300元/t；乙厂供应600t，单价为320元/t；丙厂供应300t，单价为330元/t，求加权平均原价。

【解】①总金额法。

$$加权平均原价=\frac{\sum(各来源地数量\times相应单价)}{\sum 各来源地数量}$$

$$=(500\times300+600\times320+300\times330)\div(500+600+300)=315\ (元/t)$$

②数量比例法。

$$加权平均原价=\sum(各来源地材料原价\times各来源地数量百分比)$$

各单位数量占总量百分比为：

$$甲单位数量百分比=500\div(500+600+300)\times100\%=35.7\%$$

$$乙单位数量百分比=600\div(500+600+300)\times100\%=42.9\%$$

$$丙单位数量百分比=300\div(500+600+300)\times100\%=21.4\%$$

$$加权平均原价=300\times35.7\%+320\times42.9\%+330\times21.4\%=315\ (元/t)$$

【例1-4】某工地需要某种规格品种的地砖2 000m²，甲地供货1 000m²，运杂费为6.00元/m²；乙地供货500m²，运杂费为7.00元/m²；丙地供货500m²，运杂费为8元/m²。求加权平均运杂费。

【解】$$地砖加权平均运杂费=(6\times1\ 000+7\times500+8\times500)\div(1\ 000+500+500)$$

$$=6.75\ (元/m^2)$$

【例1-5】某工地需要某种规格品种材料的材料原价为12.50元/m²，运杂费为5.36元/m²，运输损耗率为1.5%。计算该材料的运输损耗费。

【解】$$运输损耗费=(材料原价+材料运杂费)\times运输损耗率$$

$$=(12.50+5.36)\times1.5\%=0.27\ (元/m^2)$$

【例1-6】某工地使用32.5级硅酸盐水泥，材料由甲、乙、丙三地供应（表1-2），试计算其预算价格。

表 1-2　32.5 级硅酸盐水泥供应

货源地	数量/t	出厂价/（元/t）	运杂费/（元/t）
甲	600	300	22
乙	400	310	20
丙	300	290	25

注：运输损耗率为 1.5%，采购及保管费率为 2.5%，检验试验费率为 2%。

【解】（1）材料原价。

材料原价 =（600×300+400×310+300×290）÷1 300 = 300.77（元/t）

（2）运杂费。

运杂费 =（600×22+400×20+300×25）÷1 300 = 22.077（元/t）

（3）运输损耗。

运输损耗 =（300.774+22.077）×1.5% = 4.84（元/t）

（4）采购及保管费。

采购及保管费 =（300.774+22.077 4+4.84）×2.5% = 8.19（元/t）

（5）检验试验费。

检验试验费 = 300.77×2% = 6.02（元/t）

（6）材料预算价格。

材料预算价格 = 300.774+22.077+4.84+8.194+6.02 = 341.897（元/t）

任务 3　施工图预算的概念、编制依据和方法

1.3.1　施工图预算的概念

施工图预算是建设工程在施工图设计阶段的价格文件。从理论上讲，施工图预算的组成应与设计概算相对应，包括单位工程预算、单项工程综合预算和建设项目总预算。广义的施工图预算包括设计预算（即施工图预算）、招标标底、投标报价和合同预算。在实际工作中，一般只编制单位工程预算，然后根据工程施工图设计的进度或工程承发包的范围，按业主发包的工程内容或承包的工程内容进行汇总。施工图预算分建筑工程预算和设备安装工程预算。建筑工程预算按工程性质又可分为建筑和装饰工程预算、电气照明工程预算、给水排水工程预算、通风空调工程预算、工业管道工程预算、特殊构筑物工程（如炉窖、烟囱、水塔）预算、园林绿化工程预算等；设备安装工程预算又可分为机械设备及安装工程预算、电气设备及安装工程预算、热力设备及安装工程预算、静置设备及安装工程预算、自动化控制装置及仪器工程预算等。因此可以说，施工图预算是建筑安装工程在施工图设计阶段以单位工程为对象编制的价格文件。

1.3.2 施工图预算的编制依据和方法

1.3.2.1 施工图预算的编制依据

编制施工图预算必须深入现场进行充分调研，使预算的内容既能反映实际，又能满足施工管理工作的需要。同时，必须严格遵守国家建设的各项方针政策和法令，做到实事求是，不弄虚作假，并注意不断研究和改进编制的方法，提高效率，准确且及时地编制出高质量的预算，以满足工程建设的需要。

具体来讲，施工图预算的编制依据主要有以下几点：

（1）施工图纸及其说明和标准图集。

经过审定的施工图纸及其说明和设计说明中制定采用的标准图集，全面、完整地反映工程的具体内容、详细尺寸和施工要求，它是编制施工图预算的主要依据。

（2）施工组织设计或施工方案。

施工组织设计或施工方案所确定的施工方法、施工进度、场地布置、机械选择等内容，为编制施工图预算提供不可或缺的资料，这些资料是计算工程量、选用定额、计算直接费的主要依据。如土方开挖方法（人工或机械）、土方运输方案（全进全出或余土外运）、脚手架的选择（竹的或钢管的）、混凝土的来源（现场搅拌或商品混凝土）等都直接影响工程量的计算和定额的套用。

（3）预算定额及与其相配套的工程量计算规则。

预算定额及其工程量的计算规则，不仅规定了分部分项工程的划分和分项工程的工程内容，而且还规定了分项工程的工程量计算规则和完成分项工程所需消耗的人工、材料、机械消耗量标准。因此它是分解单位工程，罗列分部分项工程子目名称，计算其工程消耗量和分析其人工、材料、机械消耗量的主要工具。

（4）人工、材料、机械费用的价格信息。

人工、材料、机械台班预算价格是构成预算价格的主要因素。尤其是材料费在工程成本中占的比重大，而且在市场经济条件下，人工、材料、机械台班的价格是随时变化的。为使预算造价尽可能地符合实际，合理确定人工、材料、机械台班预算价格是编制施工图预算的重要依据。

（5）建筑安装工程费用定额。

建筑安装工程费用定额是各省、市、自治区和各专业部门规定的费用定额及计算程序。

（6）预算工作手册及其有关工具书。

预算工作手册及有关工具书的主要内容有：几何图形的体积、面积、长度等的计算公式，金属材料的规格及其理论重量表，常用计量单位及其换算表，特殊结构件、特殊断面的体积、面积等工程量计算或速算方法，预制混凝土定型构件的单位体积表。这些公式、表格在编制施工图预算、计算工程量时是必不可少的。

1.3.2.2 施工图预算的编制原理

施工图预算就是计算建筑安装工程的价格。任何产品的价格均由成本和盈利两部分组成。其中成本可分为直接成本和间接成本，盈利则包括利润和税金。施工图预算的编制就是依次计算建筑安装工程的直接成本（直接费）、间接成本（间接费）、利润和税金。

直接成本主要由人工费、材料费和施工机械使用费组成，其中绝大部分属可变成本，随工程量的变化而变化。因此，直接成本按其实物工程量所消耗的人工、材料、机械台班量逐项计算，即

$$直接费=\sum(分项工程工程量\times相应定额人工、材料、机械消耗量\times相应人工、材料、机械单价)$$

间接成本均为固定成本，不随工程量变化而变化。但它是实实在在的，是为工程顺利进行所付出的代价。由于施工企业一般都同时进行若干工程的施工，间接成本的每项开支很难具体划归为哪一具体工程所用，因此一般只能按不同工程的工作量多少来分摊。

为了分摊合理，一般情况下土建工程是按完成工程直接费多少来分摊的：先测算出一定时期内（一般为一年）总的间接费用开支与完成总的定额直接费的比率，然后按实际完成的定额直接费和测算得到的间接费率，计算出应分摊的间接费。其计算公式如下：

$$应分摊的间接费=实际完成定额直接费\times间接费率$$

$$间接费率=\frac{年度间接费开支}{年度完成定额间接费}\times100\%$$

其中，装饰、电气、管道、通风和设备安装等工程，由于其直接费中的材料价格差异很大，如：同样安装一盏荧光灯，简易的灯具，每套 20～30 元；豪华的每套 200～300 元；有些进口超薄型的甚至更贵，可达每套 400～500 元。这样，如果间接费按定额直接费来分摊，势必造成苦乐不均，不尽合理。因此一般情况下，装饰、安装等工程间接费是按照完成定额人工费多少来分摊的，剔除了材料价格对间接费分摊的影响。即：先预算全年间接费开支与全年完成定额人工费的比率，然后按实际完成的定额人工费和预算得到的间接费率，计算出应分摊的间接费。其计算公式如下：

$$应分摊的间接费=实际完成定额人工费\times间接费率$$

$$间接费率=\frac{年度间接费开支}{年度完成定额人工费}\times100\%$$

以上间接费分摊是按实际完成的工作量（直接费或人工费）来计算的。实际上，间接费开支还与工程的复杂和难易程度有关。因此，更为合理的分摊方法是先将工程按复杂程度和施工难易程度区别为不同类别，然后按照不同类别工程分别测算出有极差的间接费与直接费（或人工费）比率，即间接费率作为计算间接费的标准。

利润是施工企业的期望收益，一般也可以按工作量的一定百分率计算。其计算公式如下：

$$利润=(直接费+间接费)\times利润率$$

或

$$利润=人工费\times利润率$$

税金是指上缴国家财政的流转税，包括营业税和城市维护建设税及教育附加费，其计算公式如下：

$$税金=(直接费+间接费+利润)\times税金费率标准$$

最后将直接费、间接费、利润和税金汇总即得施工图预算造价，即

施工图预算造价=直接费+间接费+利润+税金

1.3.2.3 施工图预算编制的方法

施工图预算的编制方法有实物法、单价法和综合单价法三种。

（1）实物法。

用实物法计算建筑安装工程价格，首先，将单位建筑安装工程按照定额的分部分项工程划分方法，罗列出分项工程名称，并计算出分项工程的工程量；其次，根据定额的分项工程人工、材料、机械消耗量标准，计算出分项工程人工、材料、机械消耗量，经汇总得出整个建筑安装工程的人工、材料、机械的总消耗量；然后，将人工、材料、机械消耗量乘以相应的人工、材料、机械单价，求得单位工程的直接费和其中的人工费、材料费和机械费；最后，根据规定（或约定）的方法计算出间接费、利润和税金，并汇总出建筑安装工程的价格。

实物法的计算步骤和公式如下：

建筑安装工程人工、材料、机械总消耗量= $\sum$（分项工程的工程量 × 相应定额人工、材料、机械消耗量）

建筑安装工程直接费= $\sum$（建筑安装工程人工、材料、机械总消耗量 × 相应的人工、材料、机械单价）

建筑安装工程间接费、利润、税金= $\sum$（规定的计费基础×相应费率）

建筑安装工程价格=直接费+间接费+利润+税金

实物法不常用，一般多见于家庭装潢工程。

（2）单价法。

用单价法计算建筑安装工程价格，首先，需编制单位估价表（即确定分项工程的单价），也就是将分项工程的定额人工、材料、机械消耗量乘以相应的人工、材料、机械单价，计算的分项工程的人工费、材料费、机械费及其合计所得的直接费，即分项工程单价；其次，计算分项工程工程量；然后，将分项工程工程量乘以相应的分项工程单价，即得分项工程工程直接费，经汇总可得整个单位工程直接费。后面的步骤同实物法。

单价法的计算步骤和公式如下：

建筑安装工程分项工程单价= $\sum$（分项工程定额人工、材料、机械消耗量 × 相应人工、材料、机械单价）

建筑安装工程直接费= $\sum$（分项工程的工程量×相应的分项工程的单价）

建筑安装工程间接费、利润、税金= $\sum$（规定的计费基础×相应费率）

建筑安装工程价格=直接费+间接费+利润+税金

单价法是我国目前应用较多的一种计价方法。

（3）综合单价法。

综合单价法，又称工程量清单法。用综合单价法计算建筑安装工程价格，首先是编制综合单价。如果说单价法中的分项工程单价仅包含人工费、材料费和机械费，是不完全的单价；那么综合单价法中的分项工程综合单价则是包含了人工费、材料费、机械费、间接费、利润和税金等所有费用的分项工程的完全单价。

综合单价法与单价法的主要区别在于：综合单价法将单位工程的间接费、利润和税金等费用用一个应计费用分摊率将其分摊到各分项工程中，从而形成了分项工程的完全单价。用综合单价法计价，更直观、更简便，只需将分项工程工程量乘以相应分项工程综合单价，经汇总即成为建筑安装工程价格。

综合单价法的计算步骤和公式如下：

$$\text{建筑安装工程分项综合单价} = \sum(\text{分项工程定额人工、材料、机械消耗量} \times \text{相应人工、材料、机械单价}) \times (1 + \text{相应的应计费用的分摊率})$$

$$\text{建筑安装工程价格} = \sum(\text{分项工程的工程量} \times \text{相应分项综合单价})$$

综合单价法是国际上建筑安装工程计价的流行方法，也是我国建筑安装工程计价方法的改革目标。《建设工程工程量清单计价规范》（GB 50500—2013）提倡（规定）在建设工程施工发包与承包计价（包括招标标底、投标标底、合同定价和施工结算）中，使用综合单价法。

应注意的是，工程量清单计价的综合单价包含了人工费、材料费、机械费、管理费和利润，而未包括规费和税金。

1.3.2.4 施工图预算编制的步骤

（1）搜集资料。

搜集施工图预算的全部编制依据，包括：施工图纸、施工方案、预算定额及其工程量计算规则、价格和费用信息及其他有关资料，为编制施工图纸预算做技术准备。

（2）审查和熟悉施工图纸。

施工图纸是编制预算的基本依据，只有认真阅读图纸，了解设计意图，对建筑物的结构类型、平面布置、立体造型、材料和构配件的选用以及构造特点等做到心中有数，才能“把握全局、抓住重点”，构思出工程分解和工程量计算顺序，准确、全面、快速地编制预算。熟悉施工图纸时应注意以下三点：

①清点、整理图纸。按图纸目录中的编号，逐一清点、核对，发现缺图要及时追索补齐或更正。对于本工程有关的各种标准图集、通用图集，一定要准备齐全。

②阅读图纸。阅读图纸应遵循先粗后细、先全貌后局部、先建筑后结构、先主体后构造的原则，逐一加深，在头脑中形成一个清晰的、完整的和相互关联的工程实物形象。

③审核图纸。阅读图纸时要仔细核对建筑图与结构图，基本图与详图，门窗表与平面图、立体图、剖面图之间的数据尺寸、标高等是否一致，是否齐全。发现图纸上不合理或前后矛盾的地方，或标注不清楚的地方，应及时与设计人员联系，以求完善，避免返工。

（3）熟悉施工组织设计或施工方案。

施工方法、施工机械的选择、施工场地的布置等都直接影响定额的选用和工程造价的计算。熟悉施工组织设计（或施工方案）的要点如下：

①土方工程。人工挖土还是机械挖土；挖沟槽还是大开挖（土方）；挖土的工作面、放坡系数、排水等措施；土方处置方式是余土外运，还是全进全出（挖土时全部运走，填土时再按需运回）。

②打桩工程。深基础开挖的保护措施是采用钻孔灌注桩和深层搅拌桩，还是用地下连续墙。

③混凝土工程。混凝土构件是现浇的还是预制的。若是预制的，是现场预制，还是工厂预制；若是现浇的，是现浇现拌混凝土，还是现浇泵送混凝土；若是泵送混凝土，是泵车输送，还是管道泵输送；泵管（水平泵管和垂直泵管）需使用（租赁）的天数。

④脚手架工程。选择竹脚手架还是钢管脚手架。

（4）熟悉预算定额及其工程量计算规则。

熟悉预算定额的分项分部工程划分方法及分项工程的工作内容，以便正确地将拟建工程按预算定额的分部分项工程划分方法进行分解；熟悉预算定额使用方法规定，以便正确选用定额、换算定额和补充定额；熟悉工程量计算规则，以便准确计算工程量。

（5）分解工程与列项目。

在熟悉施工图纸和熟悉预算定额的基础上，根据预算定额的分部分项工程划分方法，将拟建工程进行合理分解，列出所有拟建工程所包含的预算定额分项工程的名称。换句话说，就是将施工图与预算定额相对照，将施工图所反映的工程内容用预算定额分项工程来表达，即为列项目。列项目要求做到不重复、不遗漏，全面、准确。定额中没有的，施工图中有的项目，应先补充定额，再列出补充定额的分项工程名称。列项目一般可按预算定额的分部分项工程排列顺序进行罗列，初学者更应如此，否则容易出现漏项或重复。有实际施工经验者可以按施工顺序进行罗列。

（6）计算工程量。

计算工程量，就是按照预算定额规定的工程量计算规则，根据施工图所标注的尺寸数据，逐项计算所列分项工程的工程量。

工程量是施工图预算的主要数据，计算工程量是预算编制工作中最繁重而又需细致的一道工序。其工作量大、花费精力和时间多，既要求准确又要求迅速、及时。因此必须认真对待，精益求精，并在实际工作中总结和摸索出一些经验和规律来，做到有条不紊、不遗漏、不重复，同时又便于核对和审核。

（7）选用定额。

工程量计算完毕并经汇总、核对无误后就可以选用定额，俗称套定额“对号入座”。无法“对号入座”的，可视情况不同，采用“强行入座”“生搬硬套”，或换算定额后再套用；实在不行的，可补充定额。

（8）确定人工、材料、机械台班单价和费率标准。

根据工程施工进度和市场价格信息，确定人工、材料、机械台班的单价和间接费、利润、税金的费率标准，它们是编制预算的价格依据。

（9）编制工程预算书。

工程预算书的编制工作目前一般多由软件来完成，其操作步骤如下：

①新建工程→编制工程概况；

②套定额→软件自动弹出单价估价表；

③逐项输入工程量→电脑自动进行人工、材料、机械分析，并且计算汇总出直接费；

④逐项输入间接费、利润、税金的费用标准→自动计算出间接费、利润、税金，并且汇总出总造价；

⑤软件自动生成（显示）费用表（总造价），预算书（直接费），人工、材料、机械消

耗量和技术经济指标（平方米造价）等；

⑥编制说明和封面；

⑦校对，确定无误后打印，装订。

（10）复核、编制说明、装订签章。

复核是指施工图预算编制完成后，由本部门的其他预算专业人员对预算书进行的检查、核对。复核的内容主要包括：分项工程项目有无遗漏或重复，工程量有无多算、少算或错算，定额选用、换算、补充是否合适，单价、费率取值是否合理、合规等。通过复核及时发现错误，及时纠正，确保预算的准确性。

编制说明，无统一的内容格式，一般应包括：工程概况（范围）、编制依据及编制中已考虑和未考虑的问题。

施工图预算经复核无误后，可装订、签章。装订的顺序一般为封面、编制说明、预算费用表、预算表、工料分析表、补充定额和工程量计算表。装订时可根据不同用途，详略适当，分别装订成册。

预算书封面内容包括：工程名称、工程地点、建设单位名称、设计单位名称、施工单位名称、审计单位名称、结构类型、建筑面积、预算总造价和单位建筑面积造价、预算编制单位、编制人、复核人及编制日期。

在装订成册的预算书上，预算编制人员和复核人员应签字并加盖有资格证号的印章，经有关负责人审阅签字后，最后加盖公章，至此即完成了全部预算编制工作。

任务4　工程量计算的一般方法

1.4.1　工程计量概述

1.4.1.1　工程量的含义

工程量是指按照事先约定的工程量计算规则计算所得的，以物理计量单位或自然单位表示的分部分项工程的数量。物理计量单位是指须经量度的，具有物理属性的单位，如长度（m）、面积（m^2）、体积（m^3）、质量（t或kg）；自然计量单位是指个、只、套、组、台、樘、座等。

应该注意的是，工程量≠实物量。实物量是实际完成的工程数量，而工程量是按照“工程量计算规则”计算所得的工程数量，“工程量计算规则”是建筑安装工程交易各方进行思想交流和意思表达的共同语言。为了简化工程量计算，在“工程量计算规则”中往往对某些零星的实物量作出了不扣除或应扣除、不增加或应增加的规定；更有甚者，还可以改变其计量单位，如现浇混凝土及钢筋混凝土的模板工程量，一般按混凝土与模板的接触面积，以平方米计算，但现浇混凝土小型池槽，却按构件外围体积，以立方米计算。

1.4.1.2　工程量计算规则

工程量计算规则，是规定在计算分项工程数量时，从施工图上摘取数据应遵循的原则。不同的定额有不同的工程量计算规则。定额中的人工、材料、机械消耗量是综合考虑了分项工程所包含的工作内容以及分项工程的工程量计算规则后予以确定的，因此在计算工程量时，必须按照与所采用的定额相匹配的工程量计算规则进行计算。

1957年原国家建委在颁发全国统一的《建筑工程预算定额》的同时，颁发了全国统一的《建筑工程预算工程量计算规则》。1958年以后，预算管理权限下放给了地方，定额及其工程量计算规则也由地方自主规定，造成了目前全国各地区、各部门定额与工程量计算规则不统一的局面。

为了统一全国预算工程量计算规则，建设部于1995年组织规定了《全国统一建筑工程基础定额（土建工程）》（GJD-101—1995）和《全国统一建筑工程预算工程量计算规则（土建工程）》（GJDGZ-101—1995）（以下简称《全国统一计算规则》）。它有利于打破地区封锁和部门垄断，有利于规范和繁荣建筑市场，促进企业竞争；统一全国预算工程量计算规则，与国际通行做法接轨，是未来工程量计量的发展趋势。

《江西省建筑工程消耗量定额及统一基价表（2004年）》与《全国统一计算规则》基本相同，仅个别分项工程的计算规定还是有所不同的，应予注意。建设部制定的《建设工程工程量清单计价规范》（GB 50500—2013）附有“工程量计算规则”，它适用于招标、投标工程的招标标底、投标报价编制和合同价款调整，以及施工竣工结算。《建筑工程工程量清单计价规范》中的“工程量计算规则”与《全国统一计算规则》存在较大差异。

1.4.1.3　工程量计算的依据

工程量计算的依据一般有：施工图纸及设计说明、施工组织设计或施工方案、定额说明及其工程量计算规则。

1.4.2　工程计量的顺序

工程计量的特点是工作量大、头绪多，可用“繁”和“烦”两个字来概括。工程计量要求做到既不遗漏又不重复，既要快又要准确，就应按照一定的顺序，有条不紊地依次进行。这样既能节省看图时间，加快计算速度，又能提高计算的准确性。

1.4.2.1　单位工程中各分项工程计量的顺序

（1）按施工顺序计算法。

按施工顺序计算法，就是按照工程施工工艺流程的先后次序来计算工程量。如一般土建工程，按平整场地、挖土、垫层、基础、填土、墙柱、梁板、门窗、楼梯屋面、内外墙装修等的顺序进行。这种计算顺序法要求对施工工艺流程相当熟悉，适用于工人或作为现场施工管理人员的预算人员。

（2）按定额顺序计算法。

按定额顺序法计算，就是按照预算定额章、节、子目的编排顺序来计算工程量。这种计算顺序对施工经验不足的预算初学者尤为合适。

（3）按统筹法原理设计顺序计算。

实践表明，任何事物都有其内在的规律性。对工程量进行分析，可以看出各分项工程之间有着各自的特点，也存在一定的联系。如外墙地槽挖土、垫层、带型基础、墙体等工程量计算都离不开外墙的长度；墙体工程量要扣除门窗洞口所占的体积，则墙体工程量与门窗工程量有着一定的关联。运用统筹法原理就是根据分项工程的工程量计算规则，找出各分项工程工程量计算的内在联系，统筹安排计算顺序，做到利用基数（常用数据）连续计算；一次算出，多次使用；结合实际，机动灵活。这种计算顺序适用于具有一定预算工作经验的人，其实质上是对预算工作精益求精的探索。不同的定额，不同的工程，应有不同的计算顺序，要因地制宜，灵活善变。

1.4.2.2　分项工程中各部位工程的计算顺序

一项分项工程分布在施工图的各个部位上，如砖基础的分项工程，包括外墙砖基础、内墙砖基础。其中外墙砖基础有横的、竖的，各段首尾相连围成圈；内墙砖基础更是横七竖八、纵横交错。计算砖基础的工程量，需要逐段计算后相加汇总。为了防止遗漏和重复，必须按照一定的顺序来计算。

（1）按顺时针方向计算法。

按顺时针方向计算法，就是从平面图左上角开始向右进行，绕一周后回到左上角为止。这种顺时针方向转圈，依次分段计算工程量的方法，适用于计算外墙的挖地槽、垫层、基础、墙体、圈过梁，楼地面，天棚，外墙面粉刷等工程量，见图1-4。

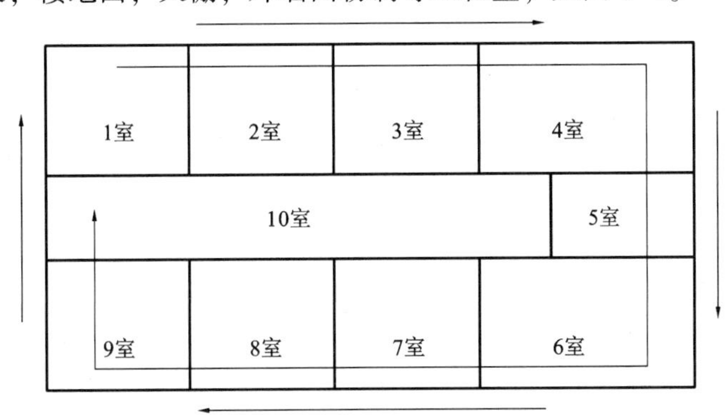

图1-4

（2）按先横后竖，从上到下，从左到右计算法。

此法适用于计算内墙的挖地槽、垫层、基础、墙体、圈过梁等工程量，见图1-5。

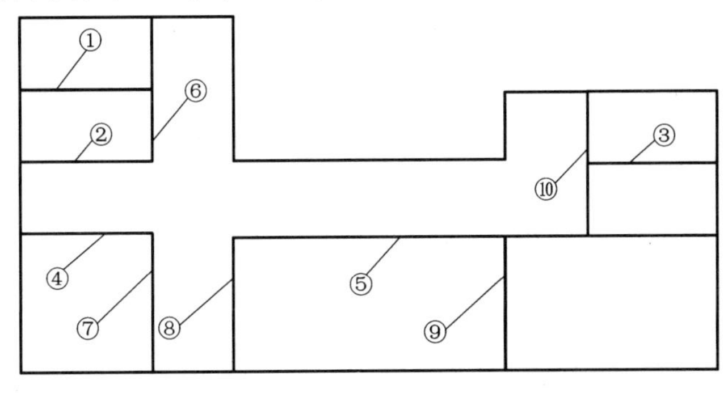

图1-5

（3）按构件代号顺序计算法。

此法适用于计算钢筋混凝土柱、梁、屋架及门、窗等的工程量。如图1-6所示，可依次计算柱Z1×4、Z2×4和梁L1×2、L2×2、L3×6。

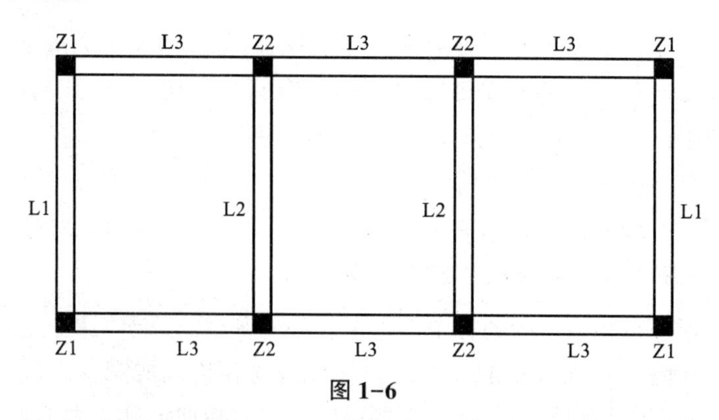

图 1-6

1.4.3 利用基本数据——"三线一面"计算工程量

1.4.3.1 "三线一面"的概念

"三线一面"的"三线"是指外墙中心线长度（$L_{中}$）、外墙外包线长度（$L_{外}$）和内墙净长线长度（$L_{内}$）；"一面"是指底层建筑面积（$S_{底}$）。

建筑工程的许多分项工程的工程量计算都与这"三线一面"有关，因此将"三线一面"称为基本数据。计算出"三线一面"后，再计算分项工程工程量时，可多次应用这些基本数据，以减少大量翻阅图纸的时间，达到简捷、准确、高效的目的。

1.4.3.2 "三线一面"的用途

（1）外墙中心线（$L_{中}$）的用途。

凡计算外墙及外墙下的体积或水平投影面积的工程量均可利用外墙中心线计算。如外墙挖基础地槽、基础垫层、基础混凝土、基础模板、砖基础、基础梁混凝土、基础梁模板、圈梁混凝土、圈梁模板、墙身等。不必分段用统长、净长来计算，而可以直接利用外墙中心线（$L_{中}$）来计算。

（2）内墙净长线（$L_{内}$）的用途。

外墙及外墙下的体积或水平投影面积的工程量计算完毕后，余下的内墙及内墙的体积或水平投影面积的工程量，需用净长线（$L_{净}$）计算。

$$V_{内}=L_{净}\cdot S$$

$$S_{内}=L_{净}\cdot B$$

值得注意的是，不同分项工程（如垫层、混凝土基础、砖基础和砖墙）有不同的净长线，见图 1-5。

（3）外墙外包线（$L_{外}$）的用途。

外墙外包线，用于计算外墙面勒脚、腰线、抹灰、勾缝、外墙脚手架、散水等工程量。

（4）底层建筑面积（$S_{底}$）的用途。

底层建筑面积，用于计算平整场地、室内填土、楼地屋面的垫层、找平面、面层、保温层、防水层和天棚的骨架和面层等工程量。

1.4.4 计算实例

【例 1-7】根据图 1-7 计算墙体的"三线一面"。

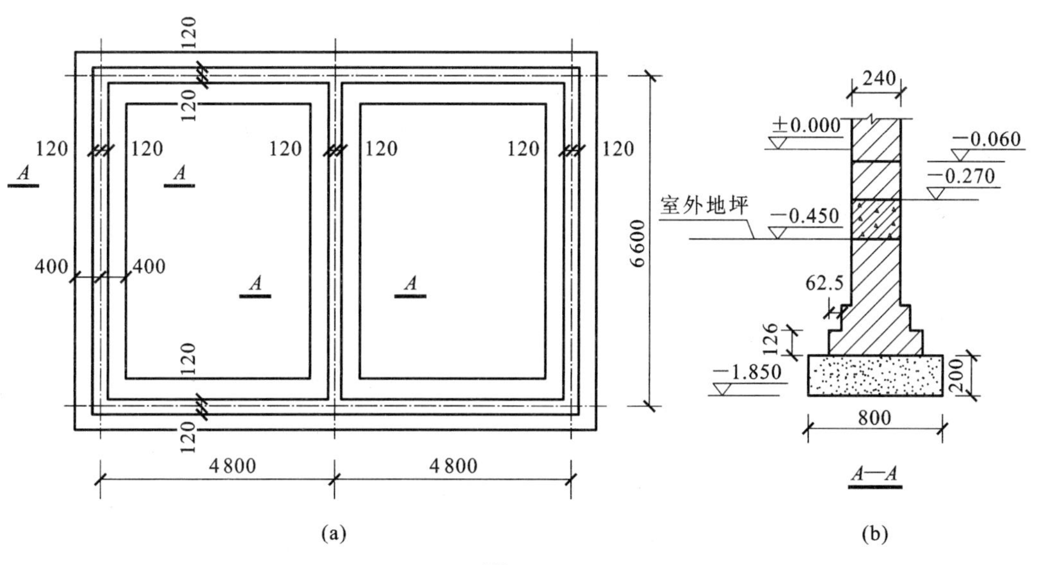

图 1-7

【解】

$$L_{中}=(9.6+6.6)\times 2=32.4\ (m)$$

$$L_{外}=(9.84+6.84)\times 2=33.36\ (m)$$

$$L_{内}=6.6-0.24=6.36\ (m)$$

$$S_{底}=9.84\times 6.84=67.3\ (m^2)$$

【例 1-8】根据图 1-8 计算下列基础数据。

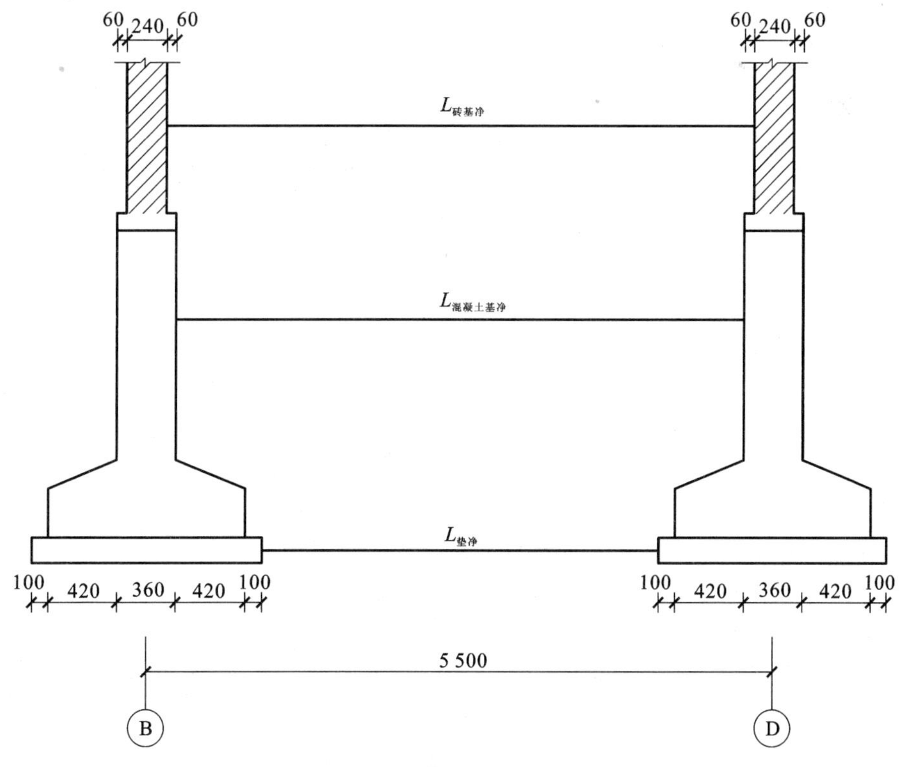

图 1-8

【解】

$$砖基础 L_{内}=5.5-0.24=5.26\ (m)$$

$$混凝土基础 L_{内}=5.5-0.36=5.14\ (m)$$

$$基础垫层 L_{内}=5.5-1.4=4.1\ (m)$$

自主练习

一、单项选择题。

1. 工程建设定额按生产要素消耗内容可分为（　　）。

A. 施工定额

B. 预算定额

C. 劳动消耗定额、材料消耗量定额、机械台班消耗量定额

D. 建筑定额

2. 建筑结构构件的断面有一定形状和大小，但是长度不定时，可以（　　）为计量单位。

A. 平方米　　B. 立方米　　C. 延长米　　D. 吨

3. 建筑结构构件的厚度有一定规格，但是长度和宽度不定时，可以（　　）为计量单位。

A. 平方米　　B. 立方米　　C. 延长米　　D. 吨

4. 建筑结构构件的长度、厚（高）度和宽度都变化时，可以（　　）为计量单位。

A. 平方米　　B. 立方米　　C. 延长米　　D. 吨

5. 某建筑设计室外地坪标高为-0.45m，建筑屋檐口底标高为+25.2m，屋面标高为+25.6m，屋顶有-2.6m高的水箱间，则该建筑物的檐高为（　　）。

A. 26.05m　　B. 28.2m　　C. 25.65m　　D. 28.65m

6. 定额如有两个系数时可（　　）。

A. 用连乘法计算　　B. 用连加法计算

C. 按大的系数计算　　D. 按小的系数计算

7.《江西省建筑工程消耗量定额及统一基价表（2004年）》除定额注明高度外，均按檐高（　　）内编制。

A. 20m　　B. 25m　　C. 30m　　D. 35m

8. 建筑工程费用按“人工费+机械台班费”或“人工费”为计算基数，人工费、机械台班费指的是（　　）。

A. 直接工程费中的人工费和机械台班费

B. 直接人工费及施工技术措施费中的人工费和机械台班费

C. 直接工程费及施工措施费中的人工费和机械台班费

D. 直接工程费中的人工费和机械台班费，其中机械台班费包括大型机械设备进出场及安拆费

9. 定额中的建筑物檐高是指（　　）至建筑物檐口底的高度。

A. 自然地面　　B. 设计室内地坪

C. 设计室外地坪　D. 原地面

二、多项选择题。

1. 工程建设定额的特点有（　　）。

A. 科学性　B. 系统性　C. 权威性　D. 相关性　E. 稳定性

2. 定额按编制程序和用途可分为（　　）。

A. 施工定额　B. 预算定额　C. 概算定额　D. 补充定额

3. 单位工程的基本构成要素是指（　　）。

A. 分部工程　B. 分部项目　C. 分项工程　D. 结构构件

4. 预算定额编制的原则为（　　）。

A. 按社会平均水平确定预算定额的原则　B. 简明适用原则

C. 坚持统一性和差别性相结合的原则　D. 独立自主原则

5. 人工工日消耗确定的方法有（　　）。

A. 定额法　B. 现场测定法　C. 经验估算法　D. 理论计算法

6. 材料消耗量的确定方法有（　　）。

A. 理论计算法　B. 现场测定法　C. 经验估算法　D. 定额法

7. 材料按其消耗量方式分为（　　）。

A. 周转使用的、构成工程实体的材料

B. 一次性消耗的、不构成工程实体的材料

C. 一次性消耗的、构成工程实体的材料

D. 多次性的周转材料，一般不构成工程实体

8.《江西省建筑工程消耗量定额及统一基价表（2004年）》是（　　）。

A. 编制设计概算、施工图预算、竣工结算、编审工程标底的依据

B. 调解、处理工程造价纠纷，鉴定工程造价的依据

C. 工程量清单计价、投标报价、界定工程成本价的基础

D. 编制投资估算的依据

9.《江西省建筑工程消耗量定额及统一基价表（2004年）》（　　）。

A. 适用于本省区域内的工业与民用建筑的新建、扩建、改建工程

B. 适用于各个地区范围的工业与民用建筑的新建、扩建、改建工程

C. 不适用于修建和其他专业工程

D. 不适用于国防、科研等有特殊要求的工程

10.《江西省建筑工程消耗量定额及统一基价表（2004年）》中材料、成品、半成品的取定价格包括（　　）。

A. 市场供应价　B. 检验试验费

C. 运杂费、运输损耗费　D. 采购及保管费

11.《江西省建筑工程消耗量定额及统一基价表（2004年）》中材料、成品、半成品的定额消耗量均包括（　　）。

A. 场内运输损耗　B. 场外运输损耗

C. 施工操作损耗　D. 加工厂内损耗

12. 消耗量定额换算一般有（　　）。

A. 乘系数换算　　　　B. 按比例换算

C. 材料配合比不同的换算　　　　D. 其他换算

13. 材料消耗量的计算公式为（　　）。

A. 材料消耗量=材料净用量×（1+损耗率）

B. 材料消耗量=材料净用量+材料损耗量

C. 材料消耗量=材料净用量×（1+材料损耗率）

D. 材料消耗量=材料净用量+施工损耗量

项目 2　钢筋工程量计算

内容提要

本项目主要介绍了工程计量过程中钢筋工程工程量的计算，并详细描述了 16G101 系列的钢筋详图的识读。

能力要求

知识要点	能力要求	相关知识
钢筋基础知识	（1）具备识读 16G101 图集的能力； （2）掌握各种钢筋工程代号； （3）理解保护层厚度与环境类别的关系； （4）掌握抗震和非抗震结构中锚固长度的区别； （5）掌握钢筋的搭接种类	抗震等级、锚固长度、绑扎搭接、机械搭接、焊接、钢筋环境
钢筋预算长度计算	（1）掌握基础钢筋计算； （2）掌握柱钢筋计算； （3）掌握梁钢筋计算； （4）掌握板筋计算； （5）掌握剪力墙筋计算	通长、支座、直锚、弯锚、措施钢筋

重难点

1. 重点：掌握钢筋工程量的计量方法。
2. 难点：能够使用 16G101 图集完成建筑施工图中钢筋工程量的计算。

任务 1　钢筋基础知识

2.1.1　钢筋保护层厚度

钢筋保护层厚度（C）是指最外层钢筋外边缘至混凝土表面的距离（表 2-1）。

表 2-1　钢筋保护层厚度　（单位：mm）

环境类别	板、墙、壳	梁、柱、杆	环境类别	板、墙、壳	梁、柱、杆
一	15	20	二 a	20	25
二 b	25	35	三 a	30	40
三 b	40	50			

2.1.2　钢筋的锚固长度

钢筋的锚固长度是指不同构件交接处，彼此相互锚入的长度。

钢筋的锚固长度取决于抗震等级、钢筋强度、混凝土强度。

L_{ab}——非抗震基本锚固长度（见表 2-2）。

L_{abE}——抗震基本锚固长度（见表 2-3）。

L_{a}——非抗震受拉锚固长度（见表 2-4）。

L_{aE}——抗震受拉锚固长度（见表 2-5）。

表 2-2　受拉钢筋基本锚固长度 L_{ab}

钢筋种类	混凝土强度等级								
	C20	C25	C30	C35	C40	C45	C50	C55	≥C60
HPB300	39*d*	34*d*	30*d*	28*d*	25*d*	24*d*	23*d*	22*d*	21*d*
HRB335、HRBF335	38*d*	33*d*	29*d*	27*d*	25*d*	23*d*	22*d*	21*d*	21*d*
HRB400、HRBF400 RRB400	—	40*d*	35*d*	32*d*	29*d*	28*d*	27*d*	26*d*	25*d*
HRB500、HRBF500	—	48*d*	43*d*	39*d*	36*d*	34*d*	32*d*	31*d*	30*d*

表 2-3　抗震设计时受拉钢筋基本锚固长度 L_{abE}

钢筋种类		混凝土强度等级								
		C20	C25	C30	C35	C40	C45	C50	C55	≥C60
HPB300	一、二级	45*d*	39*d*	35*d*	32*d*	29*d*	28*d*	26*d*	25*d*	24*d*
	三级	41*d*	36*d*	32*d*	29*d*	26*d*	25*d*	24*d*	23*d*	22*d*
HRB335 HRBF335	一、二级	44*d*	38*d*	33*d*	31*d*	29*d*	26*d*	25*d*	24*d*	24*d*
	三级	40*d*	35*d*	31*d*	28*d*	26*d*	24*d*	23*d*	22*d*	22*d*
HRB400 HRBF400	一、二级	—	46*d*	40*d*	37*d*	33*d*	32*d*	31*d*	30*d*	29*d*
	三级	—	42*d*	37*d*	34*d*	30*d*	29*d*	28*d*	27*d*	26*d*
HRB500 HRBF500	一、二级	—	55*d*	49*d*	45*d*	41*d*	39*d*	37*d*	36*d*	35*d*
	三级	—	50*d*	45*d*	41*d*	38*d*	36*d*	34*d*	33*d*	32*d*

2.1.3　钢筋的接头长度

钢筋的接头可分为绑扎接头、机械连接、焊接三大类。

计算钢筋工程量时，设计未规定搭接长度的，钢筋按 8m 长计一个搭接长度，其搭接长度按以下规定计算。

（1）绑扎接头长度 L_{l}，见表 2-6；抗震绑扎接头长度 L_{lE}，见表 2-7。

表 2-4　受拉钢筋锚固长度 L_a

钢筋种类	混凝土强度等级																
	C20	C25		C30		C35		C40		C45		C50		C55		>C60	
	d≤25	d≤25	d>25	d≤25	d>25	d≤25	d>25	d≤25	d>25	d≤25	d>25	d≤25	d>25	d≤25	d>25	d≤25	d>25
HPB300	39d	34d	—	30d	—	28d	—	25d	—	24d	—	23d	—	22d	—	21d	—
HRB335，HRBF335	38d	33d	—	29d	—	27d	—	25d	—	23d	—	22d	—	21d	—	21d	—
HRB400，HRBF400 RRB400	—	40d	44d	35d	39d	32d	35d	29d	32d	28d	31d	27d	30d	26d	29d	25d	28d
HRB500，HRBF500	—	48d	53d	43d	47d	39d	43d	36d	40d	34d	37d	32d	35d	31d	34d	30d	33d

表 2-5　受拉钢筋抗震锚固长度 L_{aE}

钢筋种类及抗震等级		混凝土强度等级																
		C20	C25		C30		C35		C40		C45		C50		C55		>C60	
		d≤25	d≤25	d>25	d≤25	d>25	d≤25	d>25	d≤25	d>25	d≤25	d>25	d≤25	d>25	d≤25	d>25	d≤25	d>25
HPB300	一、二级	45d	39d	—	35d	—	32d	—	29d	—	28d	—	26d	—	25d	—	24d	—
	三级	41d	36d	—	32d	—	29d	—	26d	—	25d	—	24d	—	23d	—	22d	—
HRB335 HRBF335	一、二级	44d	38d	—	33d	—	31d	—	29d	—	26d	—	25d	—	24d	—	24d	—
	三级	40d	35d	—	30d	—	28d	—	26d	—	24d	—	23d	—	22d	—	22d	—
HRB400 HRBF400	一、二级	—	46d	51d	40d	45d	37d	40d	33d	37d	32d	36d	31d	35d	30d	33d	29d	32d
	三级	—	42d	46d	37d	41d	34d	37d	30d	34d	29d	33d	28d	32d	27d	30d	26d	29d
HRB500 HRBF500	一、二级	—	55d	61d	49d	54d	45d	49d	41d	46d	39d	43d	37d	40d	36d	39d	35d	38d
	三级	—	50d	56d	45d	49d	41d	45d	38d	42d	36d	39d	34d	37d	33d	36d	32d	35d

注：1. 受拉钢筋的锚固长度 L_a、L_{aE} 计算值不应小于 200。

2. 四级抗震时，$L_{aE}=L_a$。

表 2-6　纵向受拉钢筋搭接长度 L_l

钢筋种类及同一区段内搭接钢筋面积百分率		混凝土强度等级																
		C20	C25		C30		C35		C40		C45		C50		C55		C60	
		$d\leqslant25$	$d\leqslant25$	$d>25$	$d\leqslant25$	$d>25$	$d\leqslant25$	$d>25$	$d\leqslant25$	$d>25$	$d\leqslant25$	$d>25$	$d\leqslant25$	$d>25$	$d\leqslant25$	$d>25$	$d\leqslant25$	$d>25$
HPB300	≤25%	47*d*	41*d*	—	36*d*	—	34*d*	—	30*d*	—	29*d*	—	28*d*	—	26*d*	—	25*d*	—
	50%	55*d*	48*d*	—	42*d*	—	39*d*	—	35*d*	—	34*d*	—	32*d*	—	31*d*	—	29*d*	—
	100%	62*d*	54*d*	—	48*d*	—	45*d*	—	40*d*	—	38*d*	—	37*d*	—	35*d*	—	34*d*	—
HRB335 HRBF335	≤25%	46*d*	40*d*	—	35*d*	—	32*d*	—	30*d*	—	28*d*	—	26*d*	—	25*d*	—	25*d*	—
	50%	53*d*	46*d*	—	41*d*	—	38*d*	—	35*d*	—	32*d*	—	31*d*	—	29*d*	—	29*d*	—
	100%	61*d*	53*d*	—	46*d*	—	43*d*	—	40*d*	—	37*d*	—	35*d*	—	34*d*	—	34*d*	—
HRB400 HRBF400 RRB400	≤25%	—	48*d*	53*d*	42*d*	47*d*	38*d*	42*d*	35*d*	38*d*	34*d*	37*d*	32*d*	36*d*	31*d*	35*d*	30*d*	34*d*
	50%	—	56*d*	62*d*	49*d*	55*d*	45*d*	49*d*	41*d*	45*d*	39*d*	43*d*	38*d*	42*d*	36*d*	41*d*	35*d*	39*d*
	100%	—	64*d*	70*d*	56*d*	62*d*	51*d*	56*d*	46*d*	51*d*	45*d*	50*d*	43*d*	48*d*	42*d*	46*d*	40*d*	45*d*
HRB500 HRBF500	≤25%	—	58*d*	64*d*	52*d*	56*d*	47*d*	52*d*	43*d*	48*d*	41*d*	44*d*	38*d*	42*d*	37*d*	41*d*	36*d*	40*d*
	50%	—	67*d*	74*d*	60*d*	66*d*	55*d*	60*d*	50*d*	56*d*	48*d*	52*d*	45*d*	49*d*	43*d*	48*d*	42*d*	46*d*
	100%	—	77*d*	85*d*	69*d*	75*d*	62*d*	69*d*	58*d*	64*d*	54*d*	59*d*	51*d*	56*d*	50*d*	54*d*	48*d*	53*d*

表 2-7　纵向受拉钢筋抗震搭接长度 L_{lE}

钢筋种类及同一区段内搭接钢筋面积百分率			混凝土强度等级																
			C20	C25		C30		C35		C40		C45		C50		C55		C60	
			$d\leqslant25$	$d\leqslant25$	$d>25$	$d\leqslant25$	$d>25$	$d\leqslant25$	$d>25$	$d\leqslant25$	$d>25$	$d\leqslant25$	$d>25$	$d\leqslant25$	$d>25$	$d\leqslant25$	$d>25$	$d\leqslant25$	$d>25$
一、二级抗震等级	HPB300	≤25%	54d	47d	—	42d	—	38d	—	35d	—	34d	—	31d	—	30d	—	29d	—
		50%	63d	55d	—	49d	—	45d	—	41d	—	39d	—	36d	—	35d	—	34d	—
	HRB335 HRBF335	≤25%	53d	46d	—	40d	—	37d	—	35d	—	31d	—	30d	—	29d	—	29d	—
		50%	62d	53d	—	46d	—	43d	—	41d	—	36d	—	35d	—	34d	—	34d	—
	HRB400 HRBF400	≤25%	—	55d	61d	48d	54d	44d	48d	40d	44d	38d	43d	37d	42d	36d	40d	35d	38d
		50%	—	64d	71d	56d	63d	52d	56d	46d	52d	45d	50d	43d	49d	42d	46d	41d	45d
	HRB500 HRBF500	≤25%	—	66d	73d	59d	65d	54d	59d	49d	55d	47d	52d	44d	48d	43d	47d	42d	46d
		50%	—	77d	85d	69d	76d	63d	69d	57d	64d	55d	60d	52d	56d	50d	55d	49d	53d
三级抗震等级	HPB300	≤25%	49d	43d	—	38d	—	35d	—	31d	—	30d	—	29d	—	28d	—	26d	—
		50%	57d	50d	—	45d	—	41d	—	36d	—	35d	—	34d	—	32d	—	31d	—
	HRB335 HRBF335	≤25%	48d	42d	—	36d	—	34d	—	31d	—	29d	—	28d	—	26d	—	26d	—
		50%	56d	49d	—	42d	—	39d	—	36d	—	34d	—	32d	—	31d	—	31d	—
	HRB400 HRBF400	≤25%	—	50d	55d	44d	49d	41d	44d	36d	41d	35d	40d	34d	38d	32d	36d	31d	35d
		50%	—	59d	64d	52d	57d	48d	52d	42d	48d	41d	46d	39d	45d	38d	42d	36d	41d
	HRB500 HRBF500	≤25%	—	60d	67d	54d	59d	49d	54d	46d	50d	43d	47d	41d	44d	40d	43d	38d	42d
		50%	—	70d	78d	63d	69d	57d	63d	53d	59d	50d	55d	48d	52d	46d	50d	45d	49d

任务2 钢筋工程量计算规则

2.2.1 独立基础钢筋计算

（1）基础底筋一般构造，见图2-1。

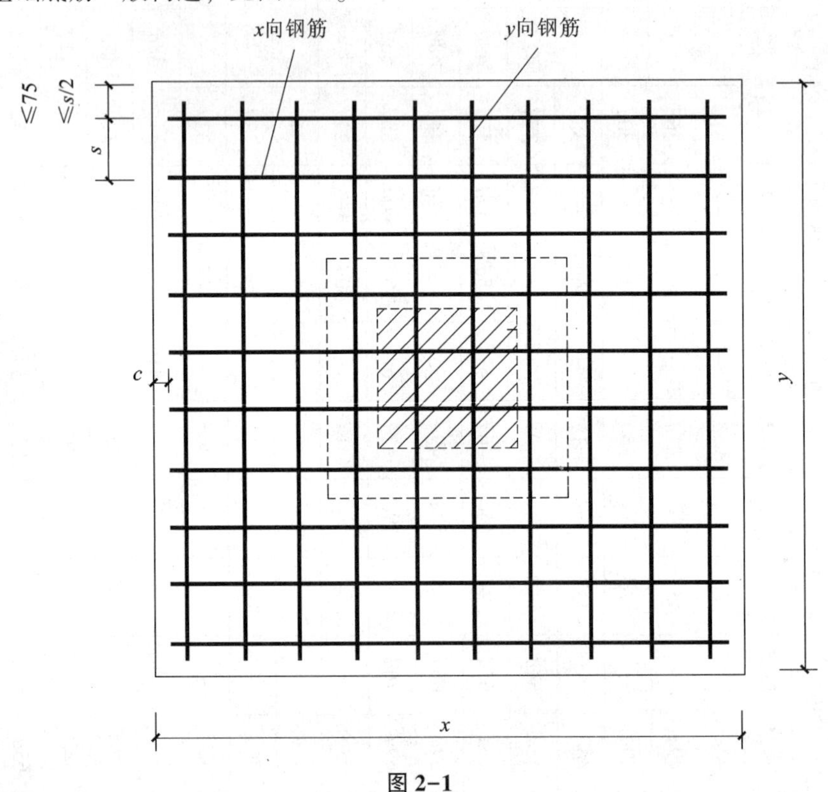

图2-1

钢筋计算公式（以 x 向钢筋为例）：

$$长度=x-2c$$

$$根数=\frac{y-2\times \min(75,\ s/2)}{s}+1$$

（2）长度缩减10%的构造。

当底板长度为≥2 500cm 时，除外侧钢筋外，底板配筋长度可取相应方向底板长度的0.9倍，交错放置。

钢筋计算公式：

①各边外侧钢筋不缩减：1号钢筋长度 $=x-2c$；

②两向（x，y）其他钢筋：2号钢筋长度 $=0.9y$。

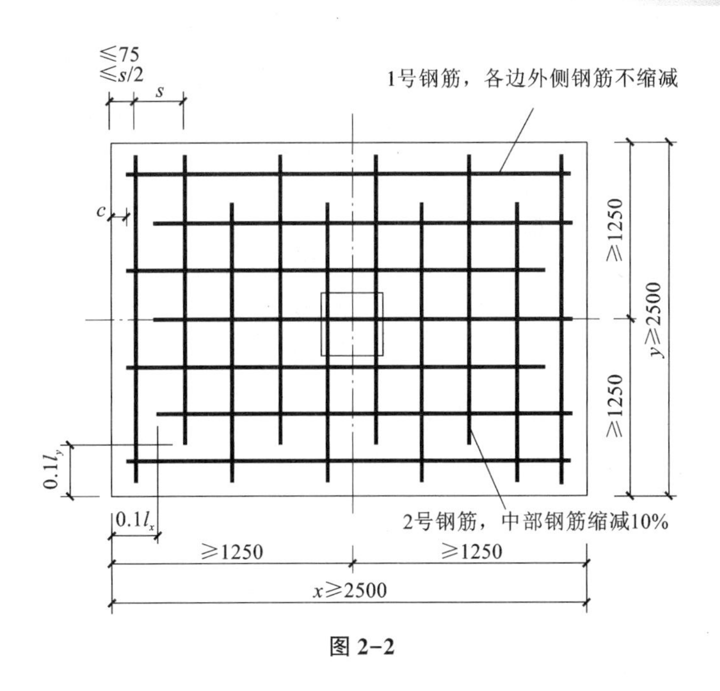

图 2-2

2.2.2 柱的钢筋计算

柱的钢筋分为纵向受力钢筋和箍筋，见图 2-3。

（1）柱纵筋计算。

柱纵筋见图 2-4。

柱纵筋计算长度=插筋长度+柱长-梁高+柱顶锚固长度+每层搭接长度

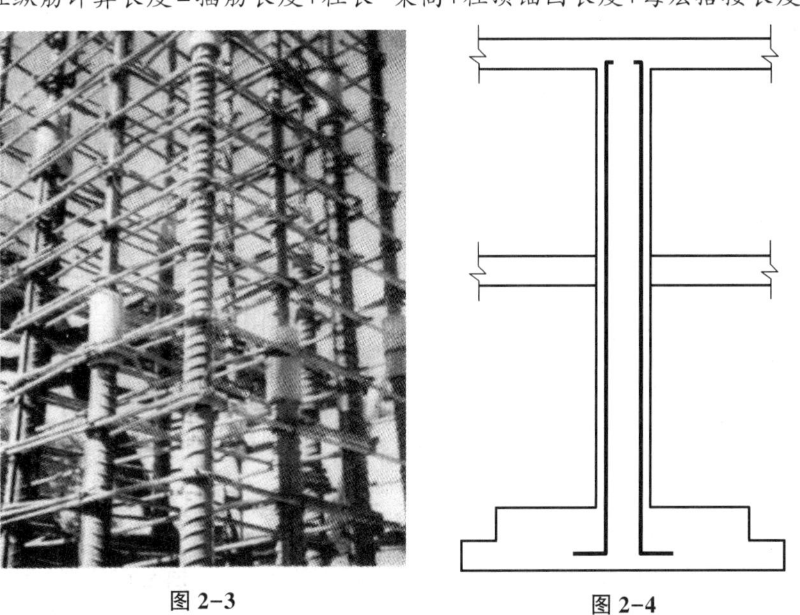

图 2-3　　图 2-4

①柱插筋的长度计算（图 2-5）。

柱插筋长度=基础厚度-保护层+基础弯折 a

a 的取值为：当竖直长度大于等于 l_{aE} 时，底部弯折 a 的取值为 $6d$，且大于等于 150；当竖直长度小于 l_{aE} 时，底部弯折 a 的取值为 $15d$。

②柱纵筋机械接头，钢筋电渣压力焊接接头以个计算，柱纵筋绑扎接头长度见表 2-6 和表 2-7。

③柱顶锚固长度 l_{aE} 的计算。

A. 中柱直锚。当梁高 $-c \geq l_{aE}$ 时，柱顶锚固采用直锚方式，伸至柱顶，见图 2-6。

$$锚固长度=梁高-c$$

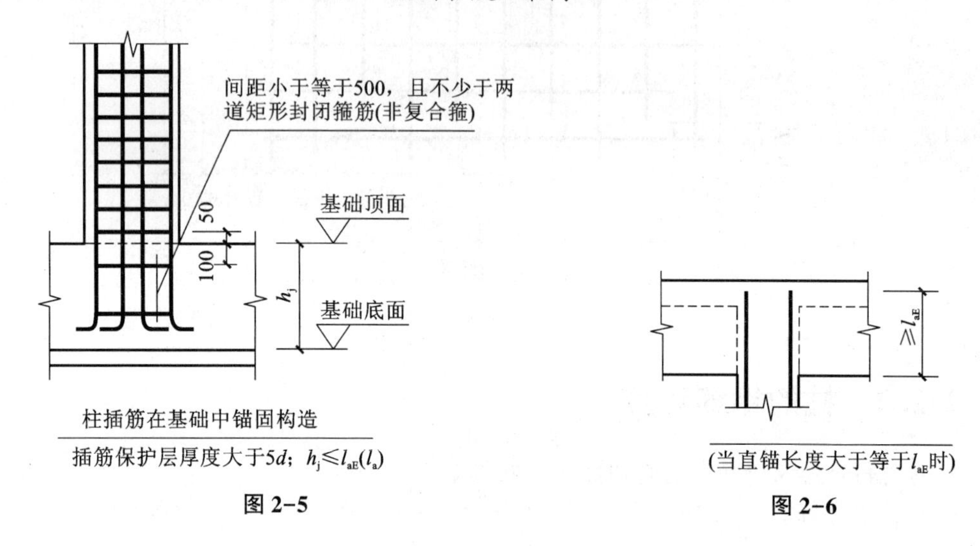

图 2-5　　　　图 2-6

B. 中柱弯锚。当梁高 $-c < l_{aE}$ 时，柱顶锚固采用弯锚方式，见图 2-7。

$$锚固长度=梁高-保护层厚度+12d$$

C. 边柱、角柱外侧纵筋柱顶锚固长度 B 节点见图 2-8。

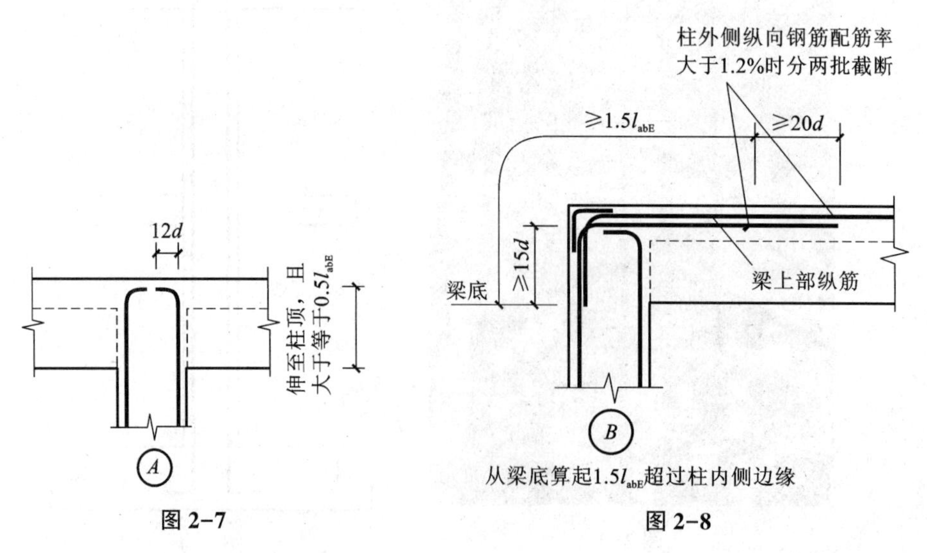

图 2-7　　　　图 2-8

D. 边柱、角柱外侧纵筋柱顶锚固长度 C 节点见图 2-9。从梁底算起 $1.5l_{abE}$ 未超过柱内侧边缘，外侧筋柱顶锚固长度取

$$l=\max(1.5l_{abE}，梁高-c+15d)+10d$$

（2）箍筋计算。

箍筋长度的计算如图 2-10 所示。

$$箍筋长度=(b+h)\times 2-8c+\max(10d,75)\times 2+1.9d\times 2$$

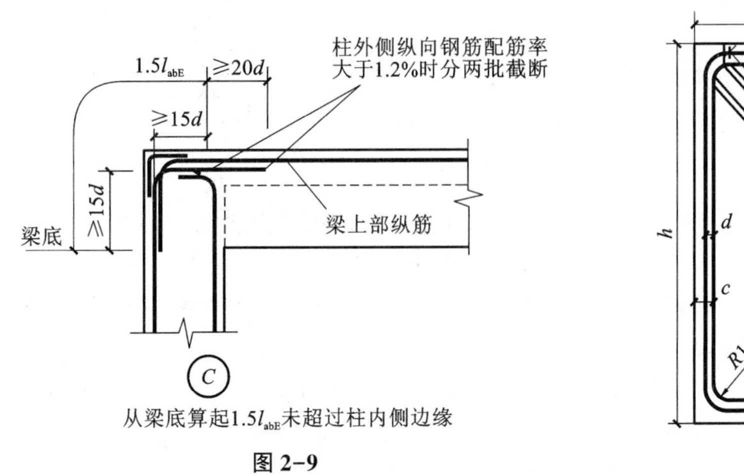

图 2-9

图 2-10

箍筋根数的计算如图 2-11 所示。

$$箍筋根数=\frac{加密区长度}{加密间距}+\frac{非加密区长度}{非加密区间距}+1$$

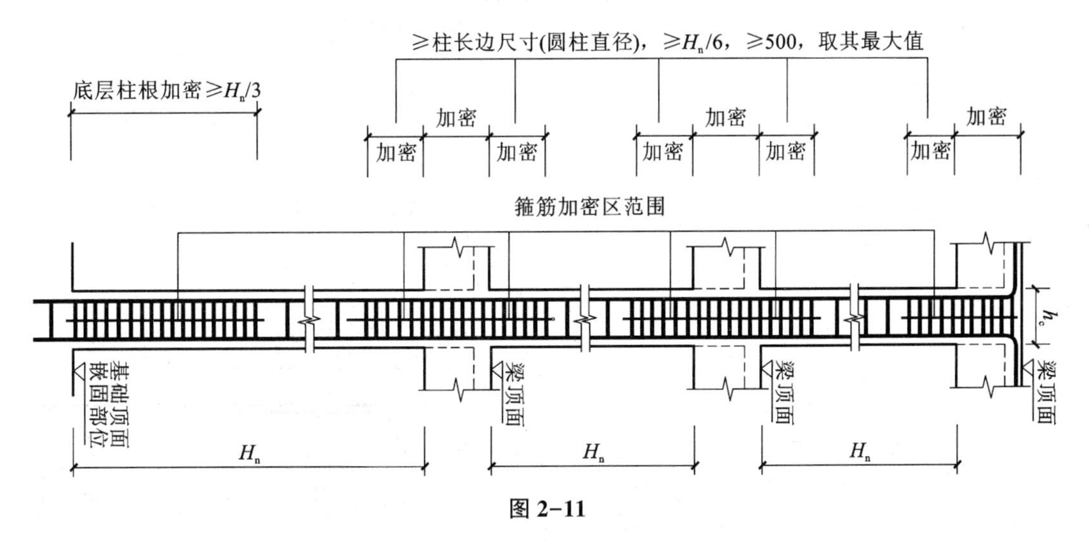

图 2-11

2.2.3 梁的钢筋

（1）梁平法施工图表示方法。

平面注写分为集中标注与原位标注，集中标注表达通用数值，原位标注表达特殊数值（图 2-12）。

①符号“;”表示将上部与下部筋分隔开来。例如，“3 ⌀ 22；3 ⌀ 20”表示梁的上部配置 3 ⌀ 22 的通长筋，梁的下部配置 3 ⌀ 20 的通长筋。

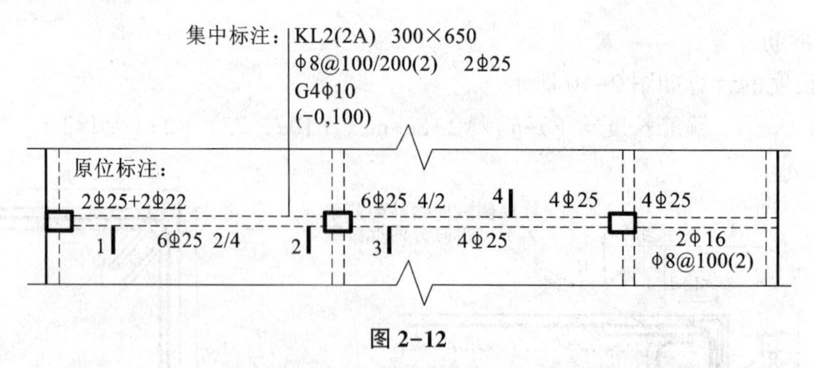

图 2-12

②符号“/”表示将各排纵筋分隔开来。例如，梁支座上部纵筋注写为“6 ф 25 4/2”，则表示上一排纵筋为 4 ф 25，下一排纵筋为 2 ф 25。

③符号“+”表示将两种直径纵筋相连。例如，梁支座上部有四根纵筋，2 ф 25 放在角部，2 ф 22 放在中部，在梁支座上部应注写“2 ф 25+2 ф 22”。

④符号“+（）”表示同排纵筋中既有通长筋又有架立筋。例如，2 ф 22 用于双肢箍；2 ф 22+（4 ф 12）用于六肢箍，其中 2 ф 22 为通长筋，4 ф 12 为架立筋。

⑤梁下部纵筋分为伸入支座和不伸入支座两种情况，当梁支座下部纵筋不全部伸入支座时，将梁支座下部纵筋减少的数量写在括号里。例如，梁下部纵筋“6 ф 25 2（-2）/4”，表示上排纵筋为 2 ф 25，不伸入支座；下排纵筋为 4 ф 25，全部伸入支座。

再如，梁下部纵筋“2 ф 25+3 ф 22（-3）/5 ф 25”，表示上排纵筋为 2 ф 25 和 3 ф 22，其中 3 ф 22 不伸入支座；下排纵筋为 5 ф 25，全部伸入支座。

（2）梁纵筋锚固构造。

①端支座直锚见图 2-13。当梁的端支座截面尺寸满足直锚要求时，采用直锚，锚固长度取 max（L_{aE}，$0.5h_c+5d$）。

②端支座弯锚见图 2-14。当梁的端支座截面尺寸不满足直锚要求时，采用弯锚，锚固长度取（$h_c-c+15d$）。

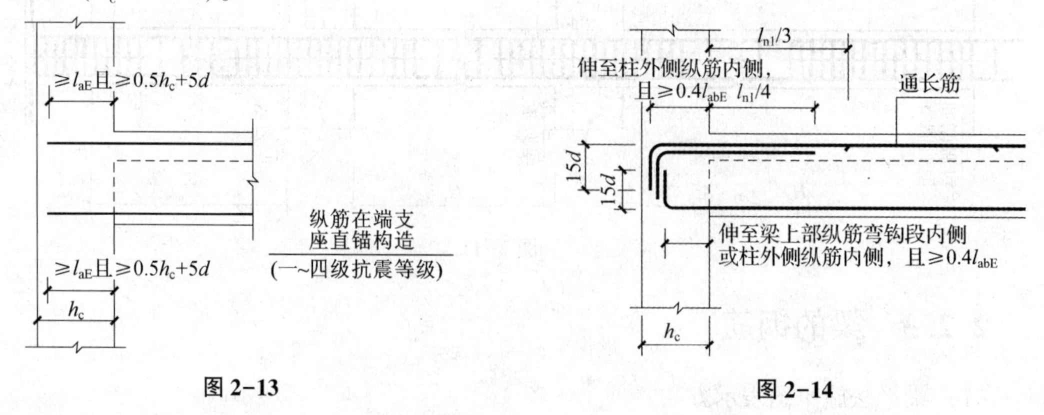

图 2-13　　　　图 2-14

（3）框架梁上下通长筋长度（图 2-15）。

弯锚：l=通跨净长 $l_n+2\times(h_c-c+15d)$

直锚：l=通跨净长 $l_n+2\max(l_{aE}, 0.5h_c+5d)$

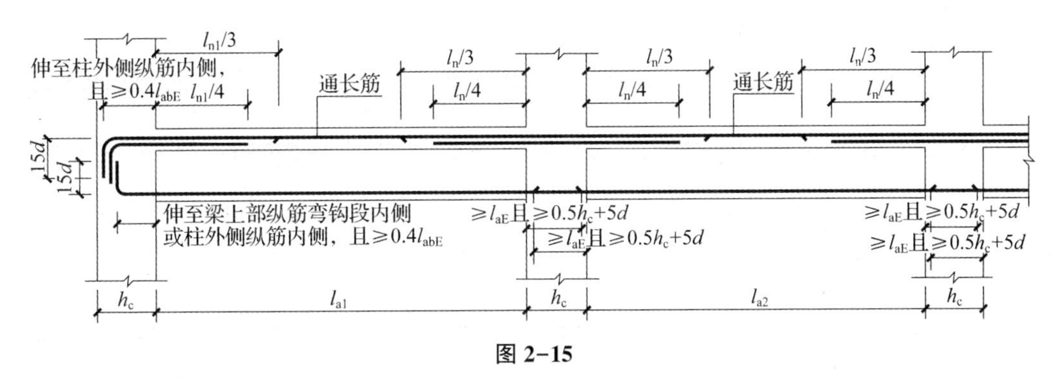

图 2-15

（4）梁支座负筋的长度。

①端支座。

上面一排：
$$l=\frac{l_n}{3}+(h_c-c+15d)\text{（弯锚）}$$

下面一排：
$$l=\frac{l_n}{4}+(h_c-c+15d)\text{（弯锚）}$$

②中间支座。

上面一排：
$$l=2\times\frac{l_n}{3}+h_c\text{（}l_n\text{ 取左右跨中的较大值）}$$

下面一排：
$$l=2\times\frac{l_n}{4}+h_c$$

（5）梁架立筋。

$$\text{架立筋长度}=l_{n1}-\frac{l_{n1}}{3}-\frac{l_n}{3}+2\times150$$

（6）梁下部纵筋非通长筋。

梁下部非通长筋纵筋分为伸入支座和不伸入支座两种情况。

①框架梁下部非通长筋长度（伸入支座），见图 2-16。

$$l=\text{跨净长 }l_n+(h_c-c+15d)\text{（弯锚）}+\max(l_{aE},\ 0.5h_c+5d)\text{（直锚）}$$

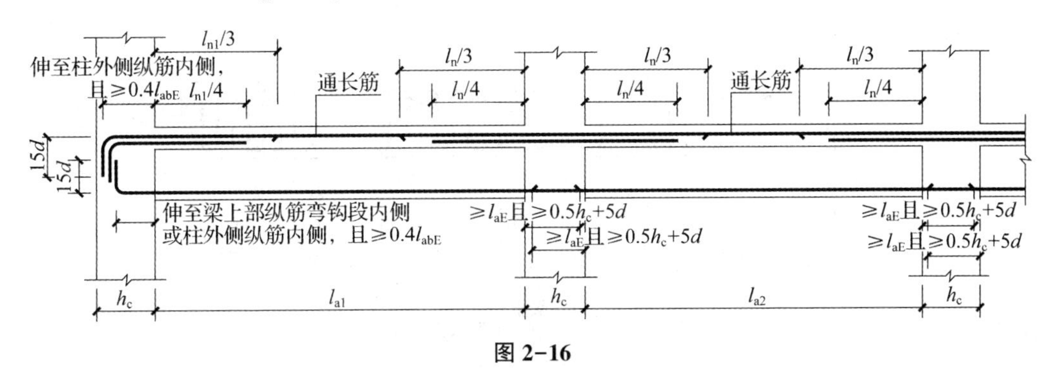

图 2-16

②框架梁下部非通长筋长度（不伸入支座），见图 2-17。

$$l=\text{跨净长 }l_n-2\times0.1l_n=0.8l_n$$

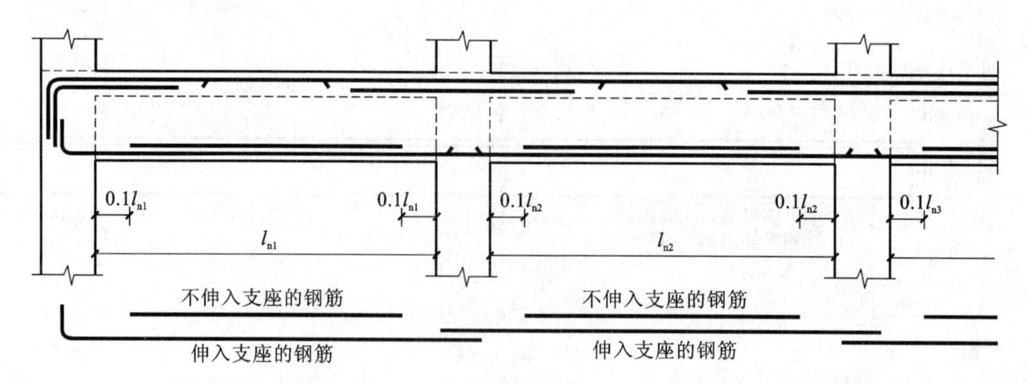

图 2-17

（7）梁侧面纵向构造钢筋。

当梁腹板高度 h_w≥450mm 时，须配置侧面纵向构造钢筋，并以 G 开头表示，当梁侧面配置纵向受扭钢筋时，以 N 开头表示。

例如，“G4 φ 10”，表示梁的两个侧面共配置 4 φ 10 的纵向构造钢筋，每侧各配置 2 φ 10；再如，“N6 φ 22”，表示梁的两个侧面共配置 6 φ 22 的纵向受扭钢筋，每侧各配置 3 φ 22。

梁侧面构造钢筋长度=通跨净长 $l_n+2\times15d$（搭接长度按 $15d$ 计算）

梁侧面受扭钢筋锚固长度与方式同框架梁下部。

（8）框架梁箍筋。

箍筋加密区与非加密区的不同间距用“/”表示，箍筋肢数写在括号里。

例如，“φ 10@ 100/200（4）”，表示箍筋为 Ⅰ 级钢筋，直径为 10mm，加密区间距为 100mm，非加密区间距为 200mm，均为四肢箍。

再如，“φ 8@ 100（4）/150（2）”，表示箍筋为 Ⅰ 级钢筋，直径为 8mm，加密区间距为 100mm，四肢箍，非加密区间距为 150mm，两肢箍。

①一级抗震箍筋加密区长度（图 2-18）为

$$l_1=\max(2h_b, 500)$$

$$箍筋根数=2\times\left(\frac{l_1-50}{加密区间}+1\right)+\frac{l-2l_1}{非加密区间距}-1$$

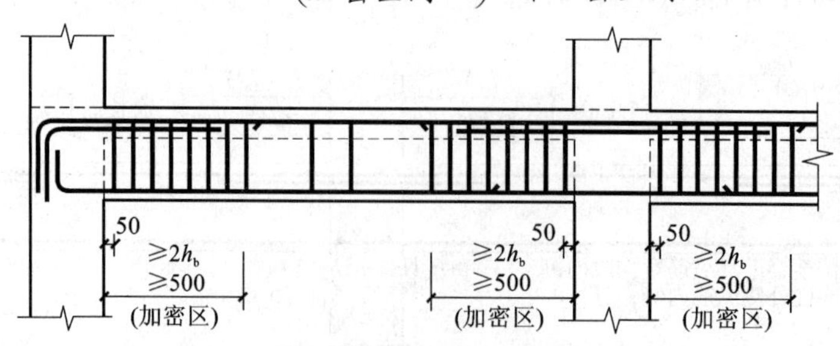

图 2-18

②二～四级抗震箍筋加密区长度（图 2-19）为

$$l_1=\max(1.5h_b, 500)$$

$$箍筋根数=2\times\left(\frac{l_1-50}{加密区间距}+1\right)+\frac{l-2l_1}{非加密区间距}-1$$

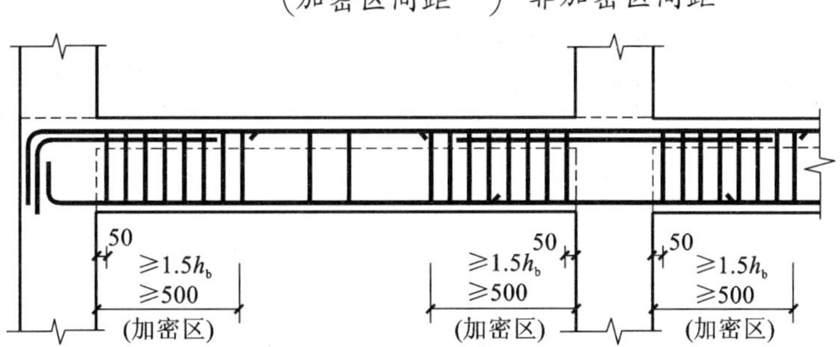

二~四级抗震等级框架梁KL、WKL

注：弧形梁沿梁中心线展开，箍筋间距沿凸面线量度，h_b为梁截面高度。

图 2-19

框架梁以主梁为支座时，这一端可不设加密区，见图 2-20。

(9) 拉筋（图 2-21）。

$$拉筋长度\ l=b-2c+\max(10d，75)\times2+1.9d\times2$$

当梁宽小于等于 350mm 时，拉筋直径为 6mm；当梁宽大于 350mm 时，拉筋直径为 8mm。拉筋间距为非加密区箍筋间距的两倍。梁侧面纵向构造筋和拉筋见图 2-21。

(10) 框架梁附加箍筋。

框架梁附加箍筋配筋值由设计标注，见图 2-22。

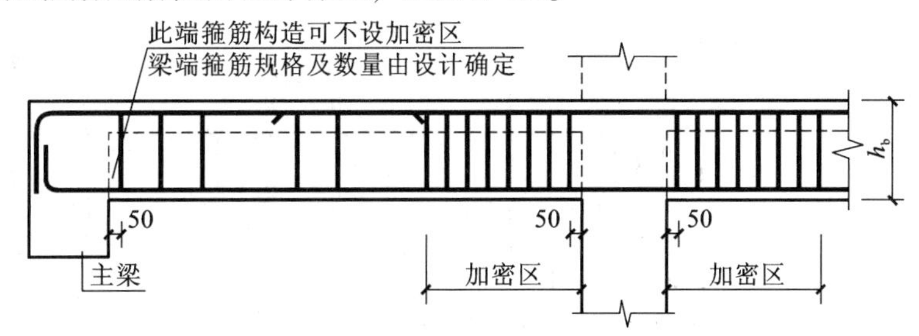

加密区：抗震等级为一级，大于等于2.0h_b且大于等于500；
抗震等级为二~四级，大于等于1.5h_b且大于等于500

抗震框架梁KL、WKL(尽端为梁)箍筋加密区范围

图 2-20

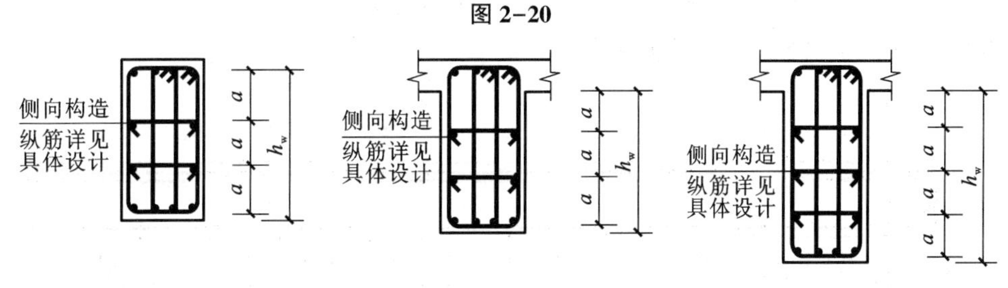

图 2-21

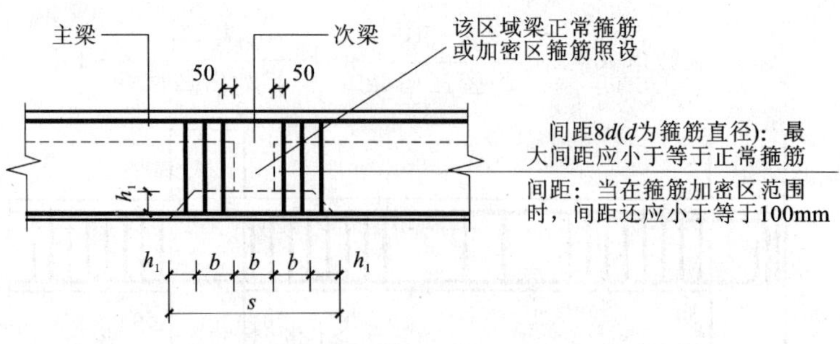

图 2-22

(11) 框架梁吊筋。其构造见图 2-23。

$$吊筋\ l=次梁宽+2\times50+\frac{2\times（主梁高-2c）}{\sin45°（60°）}+2\times20d$$

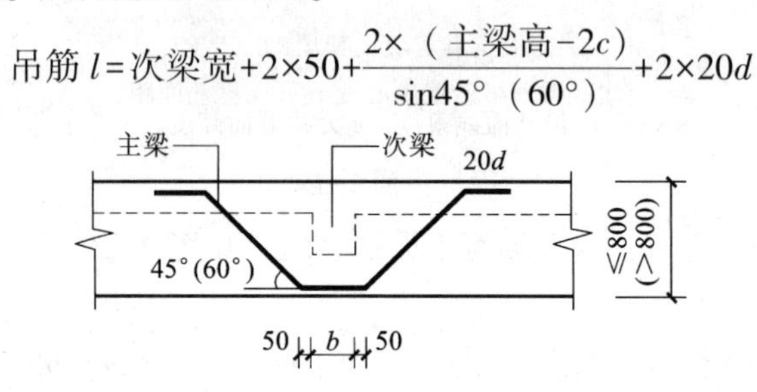

图 2-23

(12) 非框架梁。其配筋构造见图 2-24。

①上部通长筋长度，一般取弯锚，锚固长度取（$h_c-c+15d$）；

②下部筋长度，只有直锚，锚固长度取 $12d/15d$。

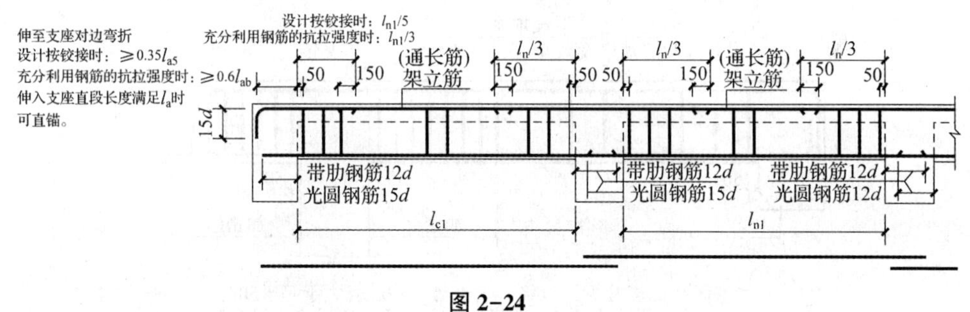

图 2-24

(13) 框架屋面梁上部纵筋锚固长度。

端支座锚固长度$=h_c-c+\max$（梁高$-c$，$15d$）

抗震屋面框架 WKL 纵向钢筋构造见图 2-25。

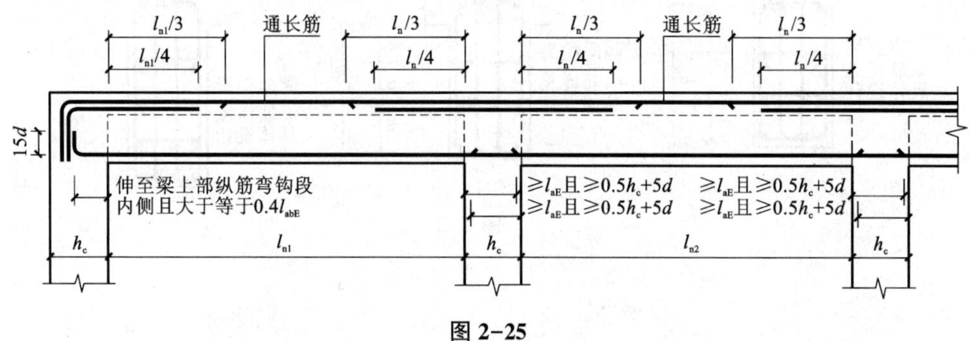

图 2-25

2.2.4 板的钢筋

(1) 板底筋长度计算见图 2-26。

$$l=l_n+2\times\max(0.5h_a,\ 5d)+2\times6.25d$$

$$根数=\frac{净跨-起步距离\times2}{间距}+1$$

其中，h_a 为梁宽，起步距离按平法取 1/2 板筋间距。

(2) 板面筋长度计算见图 2-26。

$$面筋长度=h_a-c+15d+l_n$$

$$根数=\frac{净跨-起步距离\times2}{间距}+1$$

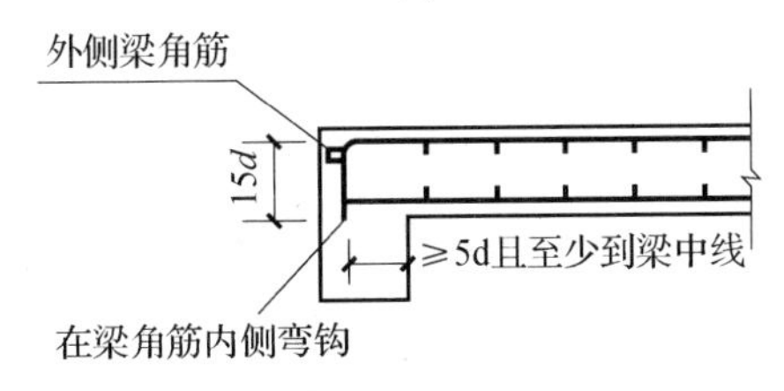

图 2-26

(3) 支座负筋（板端）的长度计算。

①支座负筋（板端）的长度计算见图 2-27。

$$支座负筋（板端）长度\ l=标注长度+（板厚-2\times保护层厚度）+15d$$

$$根数=\frac{净跨-起步距离\times2}{间距}+1$$

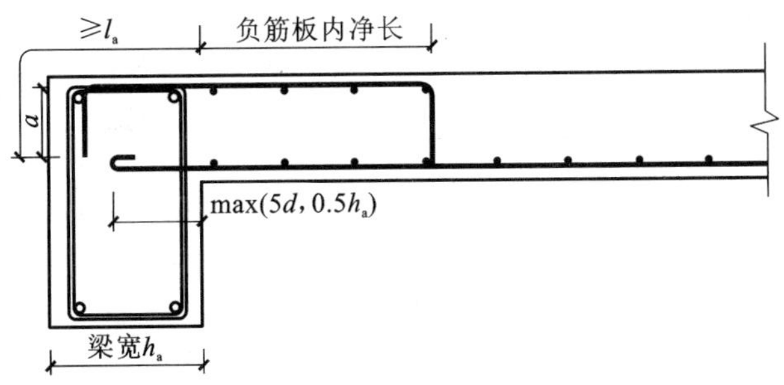

图 2-27

②支座负筋（中间）的长度计算见图 2-28。

$$支座负筋（中间）长度\ l=标注长度+2\times（板厚-2\times保护层厚度）$$

$$根数=\frac{净跨-起步距离\times2}{间距}+1$$

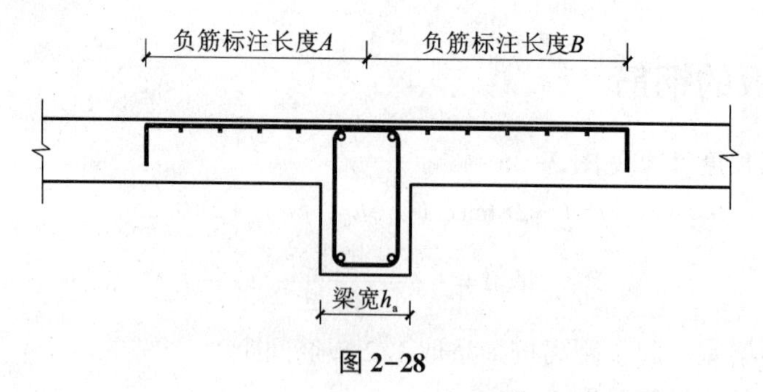

图 2-28

（4）分布筋的长度计算见图 2-29。

$$分布筋的长度\ l=轴线长度-负筋标注长度-起步距离\times2+2\times150$$

$$根数=\frac{支座负筋标注长度-（梁宽-保护层）}{间距}+1$$

（5）温度筋的长度计算见图 2-29。

$$温度筋的长度\ l=轴线长度-负筋标注长度+2\times连接长度$$

$$根数=\frac{轴线长度-负筋标注长度}{间距}+1$$

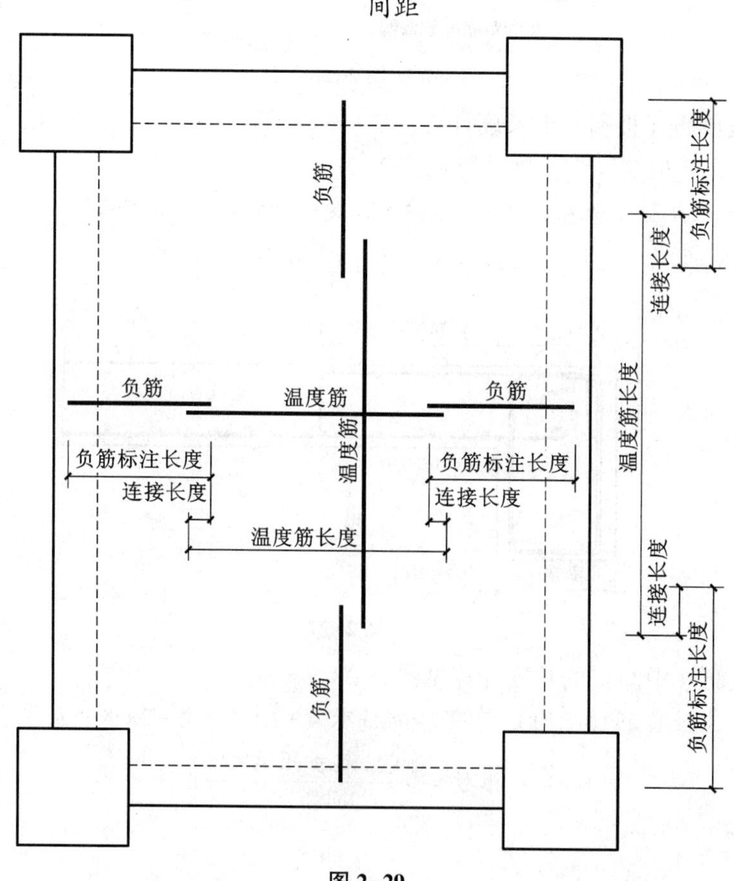

图 2-29

2.2.5 剪力墙钢筋

剪力墙由墙身、墙柱、墙梁共同组成。

(1) 墙柱的分类。

①第一个角度：端柱 DZ 与暗柱 AZ（图 2-30）。

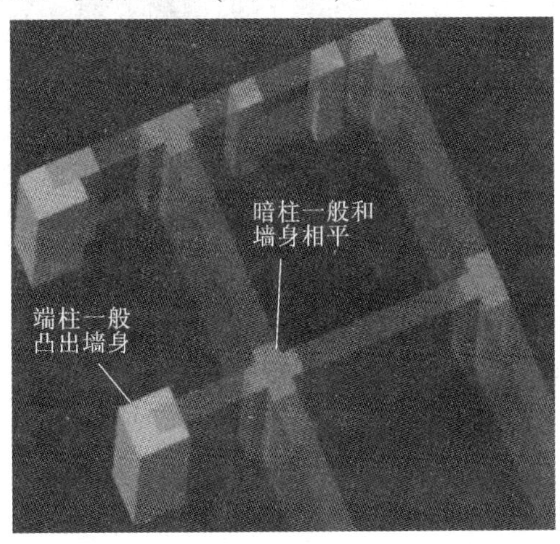

图 2-30

②第二个角度：约束性柱 YDZ 与构造性柱 GDZ（图 2-31）。

A. 约束性柱应用在剪力墙底部加强部位及其以上一层墙肢；

B. 在实际施工图中，结构层楼面标高例如表 2-8 中会注明本工程的底部加强部位的楼层；

C. 约束性柱由核心部位和扩展部位组成，在约束性柱的扩展部位，单独设置拉筋或箍筋（由设计标注），然后此处配置墙身竖向筋（与该部位的拉筋间距配合）。

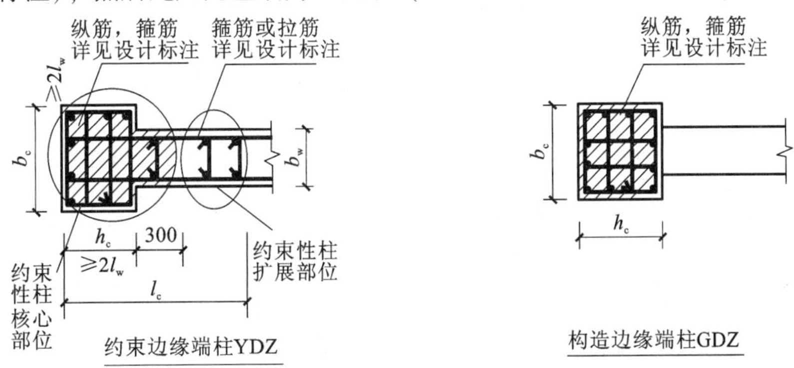

图 2-31

表 2-8 结构层楼面标高

层号	底部加强部位			2	3	4
	-2	-1	1			
标高/m	-9.030	-4.530	-0.030	4.470	8.670	12.270
层高/m	4.50	4.50	4.50	4.20	3.60	3.60

（2）墙梁。

①墙梁的分类（图 2-32）。

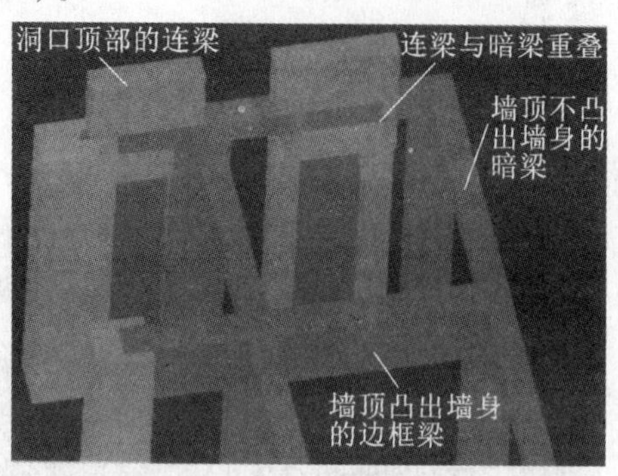

图 2-32

A. 连梁 LL：洞口顶部。

B. 暗梁 AL：不凸出墙身。

C. 边框梁 BKL：凸出墙身。

②墙梁识图要点。

A. LL2 高出本层结构标高的标高差为 0.9，正好是窗台高度。实际上，正好位于上、下两层楼的窗与窗之间（图 2-33）。

B. 顶层连梁顶标高与结构标高相对，因此在梁表中顶层的 LL2 顶面标高高差注写为空（图 2-34）。

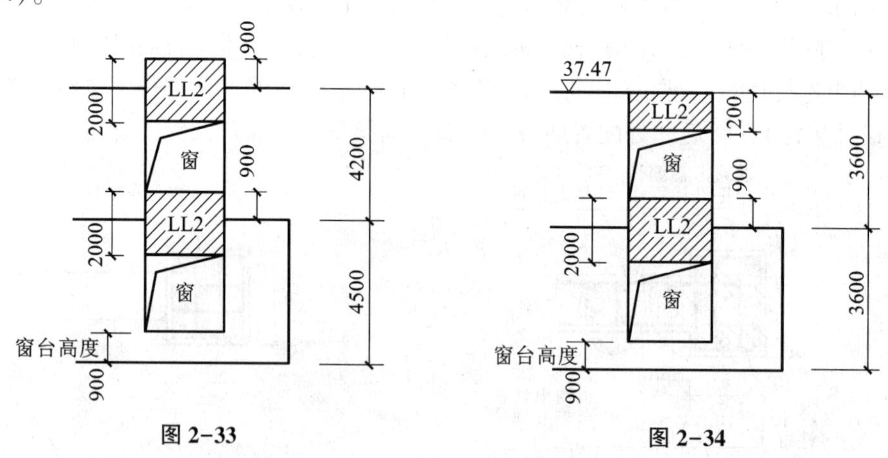

图 2-33　　图 2-34

③连梁 LL 钢筋构造（图 2-35）。

A. 中间层连梁在中间洞口处。

纵筋长度=洞口宽+两端锚固 max［l_{aE}，600］

B. 中间层连梁在端部洞口处。端部锚固同墙身平筋：伸至对边弯折 15d，或直锚 max［l_{aE}，600］；另一侧锚固同中间层连梁在中间洞口处（图 2-36）。

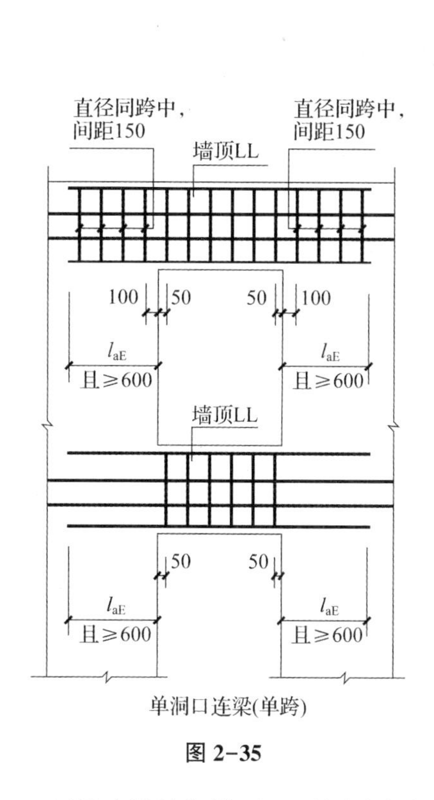

图 2-35

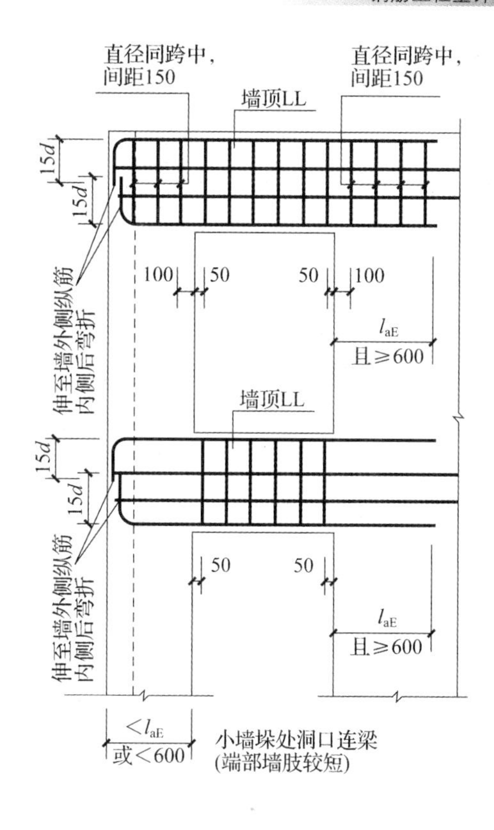

图 2-36

C. 顶梁连梁端部锚固：顶部同墙身水平筋，伸至对边弯折 l_{lE}；底部钢筋同墙身水平筋，伸至对边弯折 15d。

④暗梁 AL 钢筋构造见图 2-37。

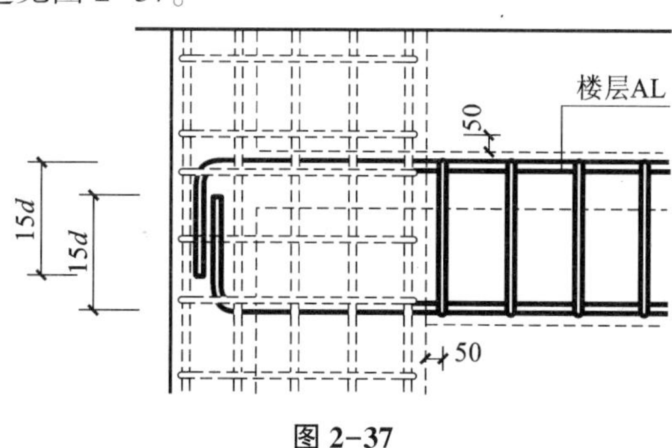

图 2-37

中间层暗梁端部锚固：同墙身水平筋，伸至对边弯折 15d。

顶层暗梁端部锚固：顶部钢筋伸至端部弯折 l_{lE}；底部钢筋同墙身水平筋，伸至对边弯折 15d。

（3）墙身钢筋。

墙身钢筋由墙身水平钢筋、墙身竖向钢筋和拉筋组成。

①墙身水平钢筋构造。墙身水平钢筋分为外侧筋和内侧筋。外侧水平钢筋在转弯处连续通过的构造见图 2-38。

A. 墙身内侧水平钢筋锚固：伸至对边弯折 15d，见图 2-38。暗柱是对墙身的加强，无直锚构造。

B. 墙身水平钢筋端柱弯锚锚固见图 2-39。当端柱截面宽度小于 l_{aE}时，墙身水平筋伸入端柱弯锚，伸至对边弯折 15d。

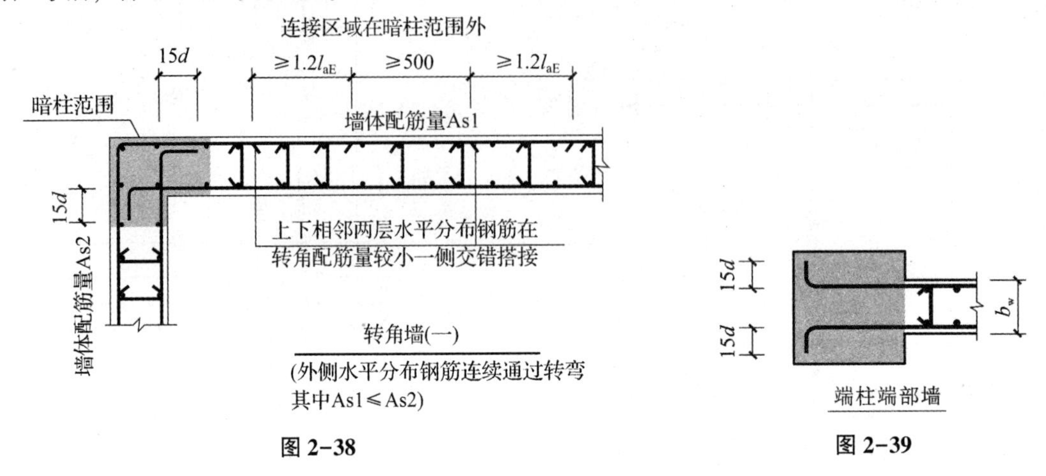

图 2-38

图 2-39

C. 墙身水平钢筋端柱直锚锚固见图 2-40。当端柱截面宽度大于 l_{aE}时，墙身水平筋伸入端柱直锚，伸至 l_{aE} 位置。

D. 墙身水平钢筋梁内根数构造见图 2-41。墙身水平筋基础内根数：间距小于等于 500mm，且不少于两道；基础顶面起步距离为 1/2 钢筋间距。

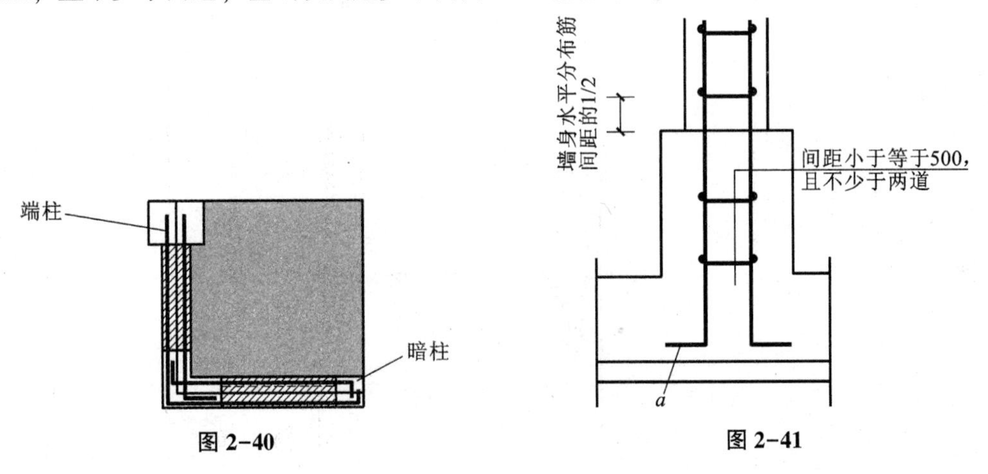

图 2-40

图 2-41

E. 墙身水平筋在连梁、暗梁箍筋外侧连续布置，见图 2-42。墙身水平在楼面位置起步距离 50mm 处。

F. 墙身水平钢筋板内根数构造见图 2-43。墙身水平筋在楼板、屋面板处连续布置。

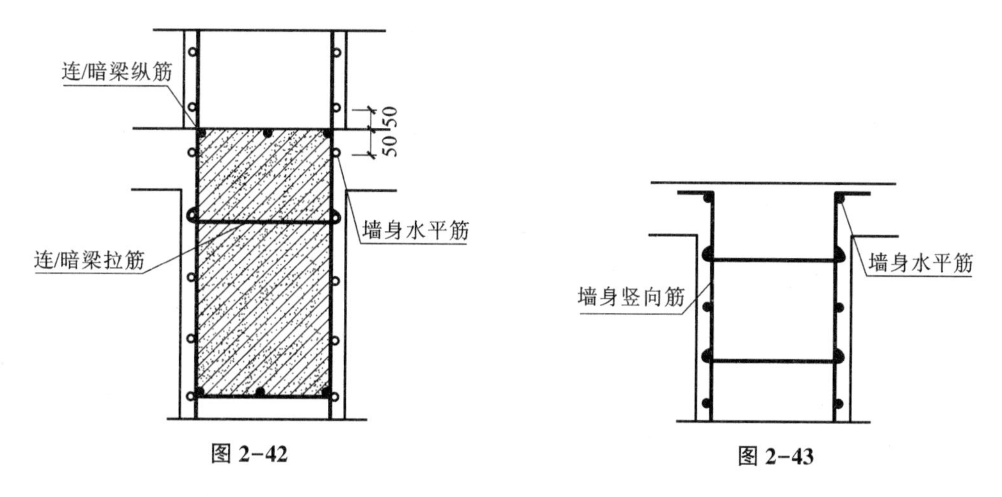

图 2-42　　图 2-43

②墙身竖向筋。

A. 墙身竖向筋基础插筋构造见图 2-44。墙身竖向筋在筏形基础平板内插筋构造为伸至基础底部弯折 a。a 的取值为：竖直长度大于等于 l_{aE}时，取 $6d$；竖直长度小于 l_{aE}时，墙外侧筋取 $15d$，墙内侧筋取 $6d$。

墙身竖向一级钢筋需要加 180°弯钩。

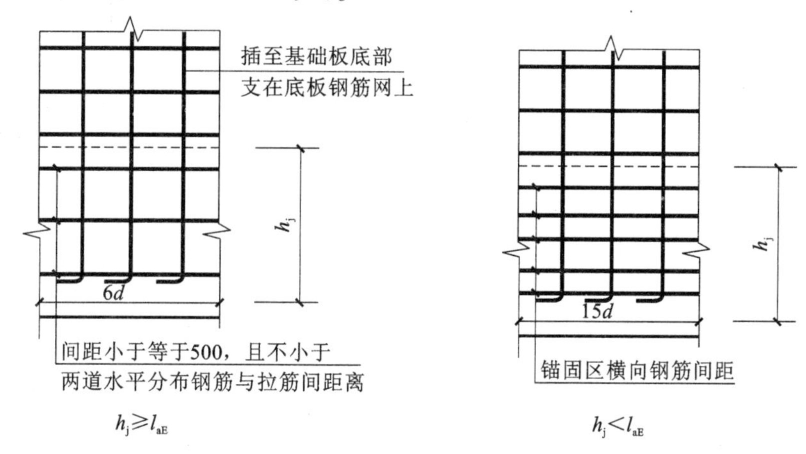

图 2-44

B. 墙身竖向筋楼层中基本构造见图 2-45。墙身竖向筋钢筋直径一般不大于 28mm，采用绑扎搭接，搭接长度取 $1.2l_{aE}$。

C. 墙身竖向筋顶层构造见图 2-46。墙身竖向筋自板底起算加 l_{aE}。

D. 墙身竖向筋根数构造。

a. 墙端为构造性柱，墙身竖向筋在墙净长范围内布置，起步距离为一个钢筋间距。

b. 墙端为约束性柱，约束性柱的扩展部位配置墙身筋（间距配合该部位的拉筋间距）；约束性柱扩展部位以外，正常布置墙身竖向筋。

③拉筋构造。墙身拉筋有梅花形布置和平行布置两种。墙身拉筋间距是墙身水平或竖向筋间距的两倍。连梁内拉筋间距是连梁箍筋间距的两倍。

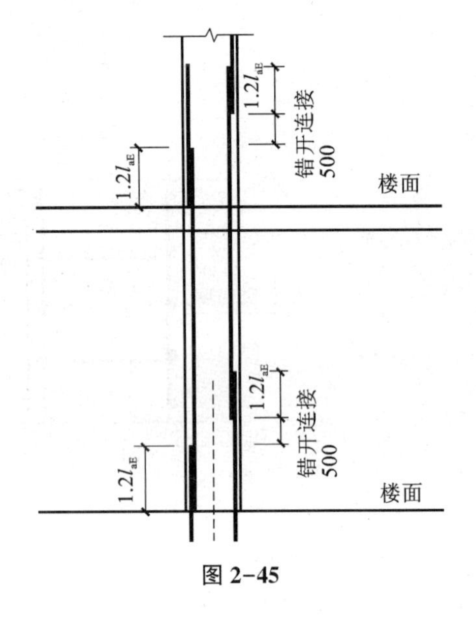

图 2-45

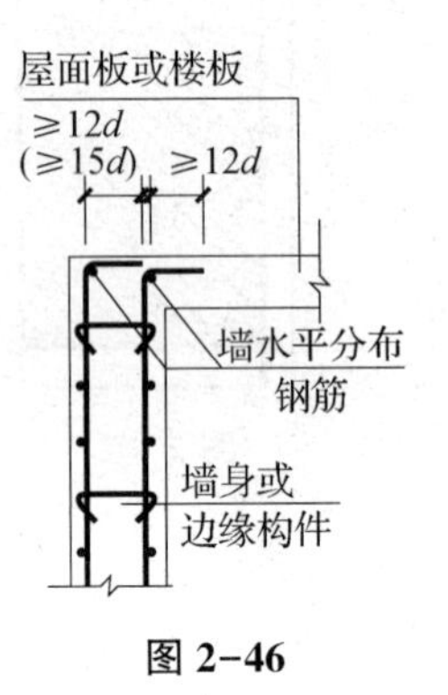

图 2-46

任务 3　钢筋工程量计算实例

【例 2-1】 某阶形独立基础如图 2-47 所示，保护层厚度为 40mm。计算钢筋长度和数量。

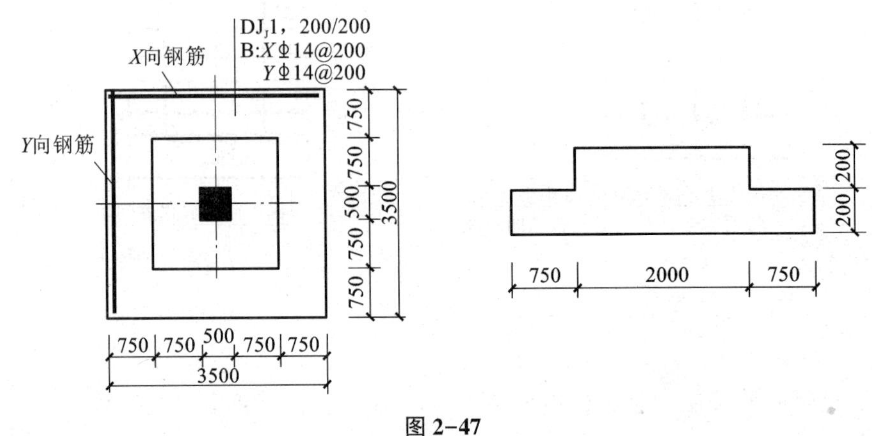

图 2-47

【解】（1）X 向钢筋。

$$长度=x-2c=3.5-2\times0.04=3.42\ (\text{m})$$

$$根数=\frac{y-2\times\min(75,\ s/2)}{s}+1=\frac{3.5-2\times0.075}{0.2}+1=18\ (根)$$

（2）Y 向钢筋。

$$长度=y-2c=3.5-2\times0.04=3.42\ (\text{m})$$

$$根数=\frac{x-2\times\min(75,\ s/2)}{s}+1=\frac{3.5-2\times0.075}{0.2}+1=18\ (根)$$

【例 2-2】某阶形独立基础如图 2-48 所示，计算钢筋的长度和数量。

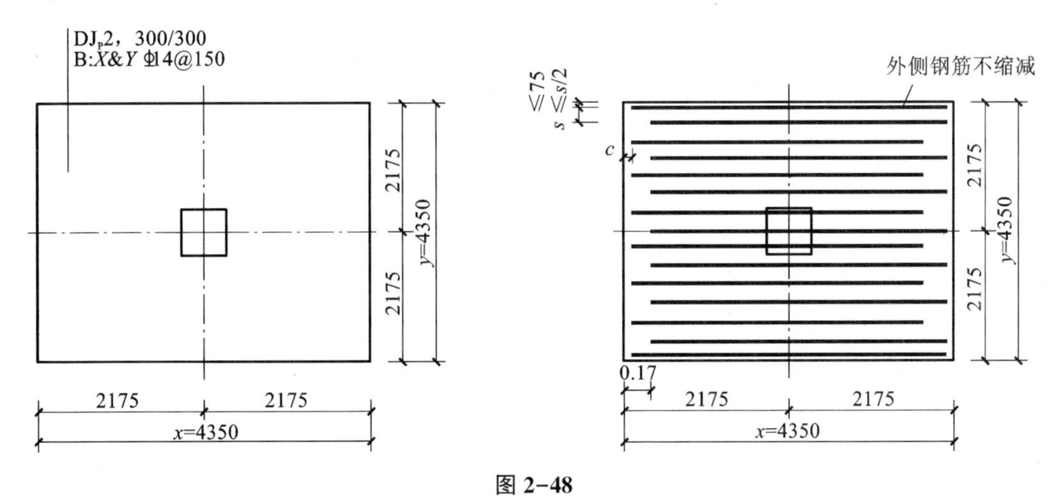

图 2-48

【解】X 向钢筋：

$$X\text{ 向外侧钢筋长度}=x-2c=4.35-2\times0.04=4.27\ (\text{m})$$

$$X\text{ 向外侧钢筋根数}=2\ (\text{根})$$

$$X\text{ 向其余钢筋长度}=4.35-0.04-0.1\times4.35=3.88\ (\text{m})$$

$$X\text{ 向其余钢筋根数}=\frac{y-2\times\min(75,\ s/2)}{s}-1=\frac{4.35-2\times0.075}{0.15}-1=27\ (\text{根})$$

Y 向钢筋的长度和数量同 X 向钢筋。

【例 2-3】现浇 C25 混凝土柱 KZ1 钢筋如图 2-49 所示。试计算 KZ1（中柱）的钢筋用量。柱子钢筋连接采用电渣压力焊，柱子保护层厚 20mm，基础保护层厚 40mm，基础高度为 500mm，梁高度为 500mm，三级抗震。

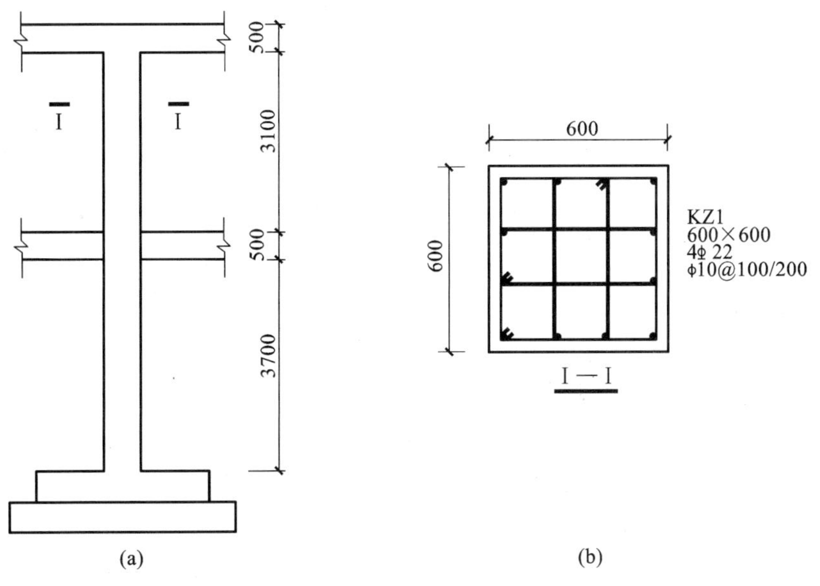

图 2-49

【解】(1)根据抗震等级、钢筋强度、混凝土强度查图集16G101-1第57页、第58页，知

$$l_{abE}=35d=35\times0.022=0.77\ (m)$$
$$l_{aE}=35d=35\times0.022=0.77\ (m)$$

(2)基础的竖直长度 $=0.5m<l_{aE}$。

$$底部弯折\ a=15d=15\times0.022=0.33\ (m)$$

柱插筋长度=基础厚度-基础保护层厚度+基础弯折=0.5-0.04+0.33=0.79(m)

(3)锚固长度。

$$梁高-c=0.5-0.02=0.48<l_{aE}$$

柱顶锚固取弯锚方式。

锚固长度=梁高-柱子保护层厚度+12d=0.5-0.02+12×0.022=0.744(m)

(4)柱纵筋计算长度。

柱纵筋计算长度=插筋长度+柱长-梁高+柱顶锚固长度

=0.79+3.7+0.5+3.1+0.5-0.5+0.744=8.834(m)

8.834×12=106(m)

电渣压力焊接接头个数为24个。

(5)箍筋(复合箍)ϕ10每道箍长。

$$箍筋长度=(b+h)\times2-8c+\max(10d,\ 75)\times2+1.9d\times2$$

外箍长度=(0.6+0.6)×2-8×0.02+2×11.9×0.01=2.478(m)

内箍长度=[0.6-2×0.02+(0.6-2×0.02)÷3]×2+2×11.9×0.01=1.73(m)

复合箍2个：

1.73×2=3.46(m)

箍筋长度=2.478+3.46=5.94(m)

箍筋个数：

1层柱加密区：

根部根数(3.7÷3-0.05)÷0.1+1=13(根)

梁下根数(3.7÷6)÷0.1+1=8(根)

梁高范围0.5÷0.1=5(根)

1层柱非加密区：

(3.7-1.233-0.617)÷0.2-1=9(根)

2层柱加密区：

根部根数(0.6-0.05)÷0.1+1=7(根)

梁下根数0.6÷0.1+1=7(根)

梁高范围0.5÷0.1=5(根)

2层柱非加密区：

(3.1-0.6×2)÷0.2-1=9(根)

箍筋个数：

n=13+8+5+9+7+7+5+9=63(根)

箍筋总长：

$$l=5.94\times63=374.22\ (\text{m})$$

(6) 钢筋重量汇总。

ф10：

$$G=0.00617\times10^2\times374.22=230.89\ (\text{kg})$$

ф22：

$$G=0.00617\times22^2\times106=316.55\ (\text{kg})$$

【例 2-4】 框架梁如图 2-50 所示，二级抗震，混凝土等级为 C30，定尺长度为 8m，采用双面电焊，保护层厚度为 25mm，求钢筋的长度。

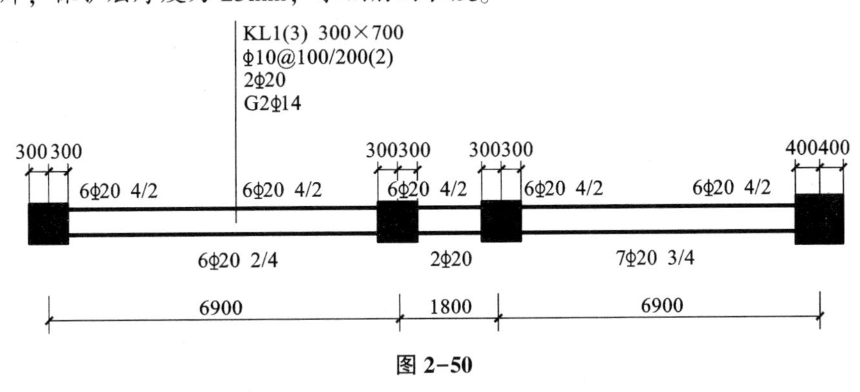

图 2-50

【解】 (1) 根据抗震等级、钢筋强度、混凝土强度查图集 16G101-1 第 57 页、第 58 页，知

$$l_{aE}=33d=33\times0.02=0.66\ (\text{m})$$

(2) 判断端支座的锚固。

左支座：

$$0.6-0.025=0.575\ (\text{m})\ <0.66\text{m}$$

故采用弯锚方式；

右支座：

$$0.8-0.025=0.775\ (\text{m})\ >0.66\text{mm}$$

故采用直锚方式。

(3) 端支座锚固长度。

左支座弯锚长度 $=h_c-$ 保护层厚度 $+15d=0.6-0.025+15\times0.02=0.875$ (m)

$$右支座直锚长度=\max\ (0.5h_c+5d,\ l_{aE})$$
$$=\max\ (0.5,\ 0.66)\ =0.66\ (\text{m})$$

(4) 上部通长筋长度。

上部通长筋长度 = 左支座弯锚长度 + 第一跨净长 + 支座宽 + 第二跨净长 + 支座宽 + 第三跨净长 + 右支座直锚长

$$=0.875+\ (6.9-0.6)\ +0.6+\ (1.8-0.6)\ +0.6+\ (6.9-0.3-0.4)\ +0.66=16.435\ (\text{m})$$

$$搭接个数=16.435\div8=2\ (个)$$

搭接长度＝2×5×0.02＝0.2（m）

（5）下部钢筋长度。

第一跨下部钢筋长度＝左支座弯锚长度+第一跨净长+max（$0.5h_c+5d$，l_{aE}）

＝0.875+6.3+0.66＝7.835（m）

第二跨下部钢筋长度＝max（$0.5h_c+5d$，l_{aE}）+第二跨净长+max（$0.5h_c+5d$，l_{aE}）

＝0.66+1.2+0.66＝2.52（m）

第三跨下部钢筋长度＝max（$0.5h_c+5d$，l_{aE}）+第三跨净长+右支座直锚长度

＝0.66+6.2+0.66＝7.52（m）

（6）端支座负筋长度。

第一跨左第一排钢筋长度＝左支座弯锚长度+第一跨净长÷3

＝0.875+6.3÷3＝2.975（mm）

第一跨左第二排钢筋长度＝左支座弯锚长度+第一跨净长÷4

＝0.875+6.3÷4＝2.45（m）

第三跨右第一排钢筋长度＝第三跨净长÷3+右支座直锚长度

＝6.2÷3+0.66＝2.727（m）

第三跨右第二排钢筋长度＝第三跨净长÷4+右支座直锚长度

＝6.2÷4+0.66＝2.21（m）

中间支座负筋第一排长度＝2×（6.9−0.6）÷3+1.8+0.6

＝6.6（m）

中间支座负筋第二排长度＝2×（6.9−0.6）÷4+1.8+0.6

＝5.55（m）

（7）构造钢筋长度与接头个数及长度。

构造钢筋长度＝6.9+6.9+1.8−0.7+2×15×0.014＝15.32（m）

接头个数＝15.32÷8＝1（个）

接头长度＝15×0.014＝0.21（m）

（8）箍筋的长度和根数。

箍筋长度＝（0.3+0.7）×2−8×0.025+1.9×0.01×2+max（0.075，10×0.01）×2

＝2.038（m）

第一跨加密区根数＝［（加密区长度−0.05）÷0.1+1］×2

＝［（1.05−0.05）÷0.1+1］×2＝22（根）

第一跨非加密区根数＝非加密区长度÷0.2−1

＝（6.3−1.05×2）÷0.2−1＝20（根）

第二跨净长＝1.2mm<1.05×2

第二跨根数＝（1.2−0.05−0.05）÷0.1+1＝12（根）

第三跨加密区根数＝［（加密区长度0.05）÷100+1］×2

＝［（1.05−0.05）÷0.1+1］×2＝22（根）

第三跨非加密区根数＝非加密区长度÷0.2−1

＝（6.2−1.05×2）÷0.2−1＝20（根）

梁箍筋根数=第一跨箍筋总数+第二跨钢筋总数+第三跨钢筋总数

=42+12+42=96（根）

（9）拉筋长度和根数。

梁宽=300mm<350mm，拉筋直径为6mm，间距为400mm

拉筋长度=0. 3−0. 025×2+max（0. 075，10×0. 006）×2=0. 4（m）

拉筋根数=（6. 9+1. 8+6. 9−0. 3×5−0. 4）÷0. 4=35（根）

【例2-5】 试计算图2-51所示现浇有梁板的钢筋重量，梁断面为240mm×400mm；轴线为中心线；板厚为100mm；保护层厚度为15mm；板分布筋ϕ6@200，第1根钢筋距梁起步距离为50mm。

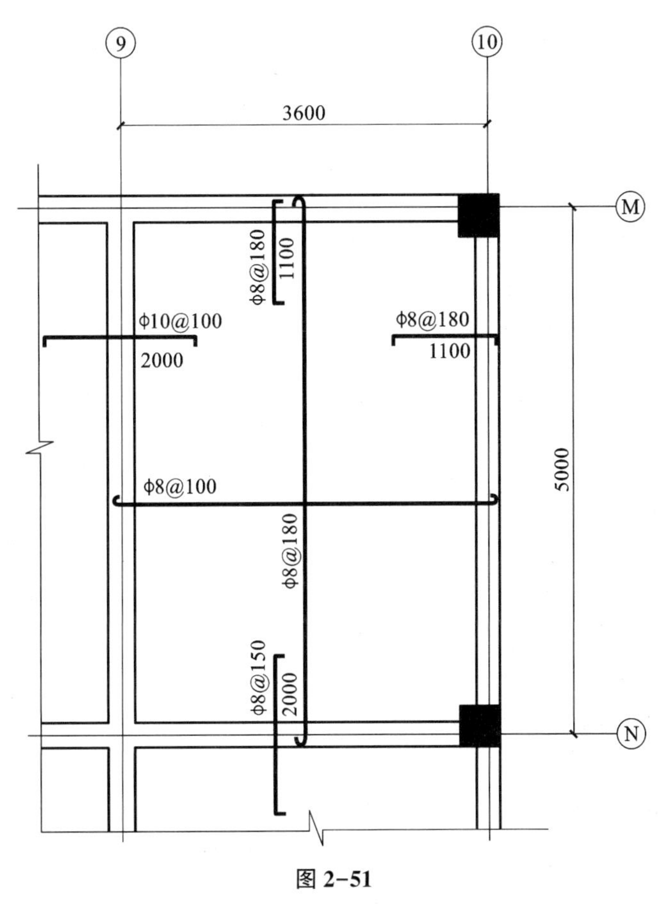

图2-51

【解】（1）计算现浇板底筋。

ϕ8@100：

$$(3.6-0.24+2\times0.24\times0.5+6.25\times0.008\times2)\times\left(\frac{5-0.24-2\times0.05}{0.1}+1\right)\times0.395=69.57\ (\text{kg})$$

ϕ8@180：

$$(5-0.24+2\times0.24\times0.5+6.25\times0.008\times2)\times\left(\frac{3.6-0.24-2\times0.05}{0.18}+1\right)\times0.395=38.50\ (\text{kg})$$

（2）计算支座负筋［直勾=0. 1−0. 015×2=0. 07（m）］。

⑨轴ϕ 10@100：

$$(2+0.07\times2)\times\left(\frac{5-0.24-2\times0.05}{0.1}+1\right)\times0.617=62.85\text{（kg）}$$

⑩轴ϕ 8@180：

$$(1.1+0.07+15\times0.008)\times\left(\frac{5-0.24-2\times0.05}{0.18}+1\right)\times0.395=13.70\text{（kg）}$$

Ⓝ轴ϕ 8@150：

$$(2+0.07\times2)\times\left(\frac{3.6-0.24-2\times0.05}{0.15}+1\right)\times0.395\ 19.22\text{（kg）}$$

Ⓜ轴ϕ 8@180：

$$(1.1+0.07+15\times0.008)\times\left(\frac{3.6-0.24-2\times0.05}{0.18}+1\right)\times0.395=9.74\text{（kg）}$$

（3）计算分布筋。

ϕ 6@200：

$$(5+0.12-0.015-1.1-1+2\times0.15)\times\left(\frac{2-0.24}{0.2}+1\right)\times0.222=7.19\text{（kg）}$$

$$(5+0.12-0.015-1.1-1+2\times0.15)\times\left[\frac{1.1-(0.24-0.015)}{0.2}+1\right]\times0.222=3.94\text{（kg）}$$

$$(3.6+0.12-0.015-1.1-1+2\times0.15)\times\left(\frac{2-0.24}{0.2}+1\right)\times-0.222=4.14\text{（kg）}$$

$$(3.6+0.12-0.015-1.1-1+2\times0.15)\times\left[\frac{1.1-(0.24-0.015)}{0.2}+1\right]\times0.222=2.27\text{（kg）}$$

自主练习

一、单项选择题。

1. 当图纸标有 KL7（3）300×700GYS00×250，它表示（　　）。

A. 7 号框架梁，3 跨，截面尺寸为宽 300mm、高 700mm，第三跨变截面根部高 500mm，端部高 250mm

B. 7 号框架梁，3 跨，截面尺寸为宽 700mm、高 300mm，第三跨变截面根部高 500mm，端部高 250mm

C. 7 号框架梁，3 跨，截面尺寸为宽 300mm、高 700mm，第三跨变截面根部高 250mm，端部高 500mm

D. 7 号框架梁，3 跨，截面尺寸为宽 300mm、高 700mm，框架梁竖向加腋，腋长 500mm，腋高 250mm

2. 架立钢筋同支座负筋的接头长度为（　　）。

A. 15*d*　　B. 12*d*　　C. 150mm　　D. 250mm

3. 一级抗震框架梁箍筋加密区判断条件是（　　）。

A. 1.5h*b*（梁高），500mm 中取大值　　B. 2h*b*（梁高），500mm 中取大值

C. 1 200mm　　D. 1 500mm

4. 梁的上部钢筋第一排全部为4根通长筋，第二排有2根端支座负筋，端支座负筋长度为（　　）。

A. l_n/5+锚固长度　　B. l_n/4+锚固长度

C. l_n/3+锚固长度　　D. 其他值

5. 当图纸标有JZL1（2A），它表示（　　）。

A. 1号井字梁，两跨一端带悬挑　　B. 1号井字梁，两跨两端带悬挑

C. 1号简支梁，两跨一端带悬挑　　D. 1号简支梁，两跨两端带悬挑

6. 抗震屋面框架纵向钢筋构造中端支座处钢筋构造是伸至柱边下弯折，则弯折长度是（　　）。

A. 15d　　B. 12d

C. 梁高—保护层厚度　　D. 梁高—保护层厚度×2

7. 梁有侧面钢筋时需要设置拉筋，当设计没有给出拉筋直径时则拉筋直径（　　）。

A. 当梁高小于等于350mm时为6mm，当梁高大于350mm时为8mm

B. 当梁高小于等于450mm时为6mm，当梁高大于450mm时为8mm

C. 当梁高小于等于350mm时为6mm，当梁宽大于350mm时为8mm

D. 当梁高小于等于450mm时为6mm，当梁宽大于450mm时为8mm

8. 当梁上部纵筋多于一排时，用（　　）将各排钢筋自上而下分开。

A. /　　B. ;　　C. ※　　D. +

9. 梁中同排纵筋直径有两种时，用（　　）将两种纵筋相连，标注时将角部纵筋写在（　　）前面。

A. /　　B. ;　　C. ※　　D. +

10. 梁高小于等于800mm时，吊筋弯起角度为（　　）。

A. 60°　　B. 30°　　C. 45°　　D. 90°

11. 柱的第一根箍筋距基础顶面的距离是（　　）。

A. 50mm　　B. 100mm

C. 箍筋加密区间距　　D. 箍筋加密区间距的1/2

12. 抗震中柱顶层节点构造，当不能直锚时需要伸到节点顶后弯折，其弯折长度为（　　）。

A. 15d　　B. 12d　　C. 150mm　　D. 250mm

13. 抗震框架柱中间层柱根箍筋加密区范围是（　　）。

A. 500mm　　B. 700mm　　C. h_n/3　　D. h_n/6

14. 柱箍筋在基础内设置的最少根数和最大间距为（　　）。

A. 2根，400mm　　B. 2根，500mm

C. 3根，400mm　　D. 3根，500mm

15. 关于首层h_n的取值，下面说法正确的是（　　）。

A. h_n为首层净高　　B. h_n为首层高度

C. h_n为嵌固部位至首层节点底的距离

D. 无地下室时，h_n为基础顶面至首层节点的距离

16. 当钢筋在混凝土施工过程中易受扰动时，其锚固长度应乘以的修正系数为（　　）。

A. 1.1　　B. 1.2　　C. 1.3　　D. 1.4

17. 在基础内的第一个根柱箍筋到基础顶面的距离是（　　）。

A. 50mm　　B. 100mm

C. 3*d*（*d* 为箍筋直径）　　D. 5*d*（*d* 为箍筋直径）

18. 板块编号中 XB 表示（　　）。

A. 现浇板　　B. 悬挑板

C. 延伸悬挑板　　D. 屋面现浇板

19. 板端支座负筋弯折长度为（　　）。

A. 板厚　　B. 板厚—保护层厚度

C. 板厚—保护层厚度×2　　D. 15*d*

20. 当板的端支座为梁时，底筋伸进支座的长度为（　　）。

A. 10*d*　　B. 支座宽/2+5*d*

C. max（支座宽/2，5*d*）　　D. 5*d*

21. 图集 11G101-1 注明有梁楼面板和屋面板下部受力筋支座的长度为（　　）。

A. 支座宽—保护层厚度　　B. 5*d*

C. 支座宽/2+5*d*　　D. max（支座宽/2，5*d*）

22. 纵向钢筋搭接接头面积百分率为 25%，其接头长度修正系数为（　　）。

A. 1.1　　B. 1.2　　C. 1.4　　D. 1.6

二、计算题。

1. 计算如图 2-52 所示柱钢筋工程量。基础高 700mm，柱顶标高为+8.500m，基础顶标高为+1.200m，三级抗震，混凝土等级为 C25，梁高为 450mm，KZ4 为角柱，KZ5 为边柱。

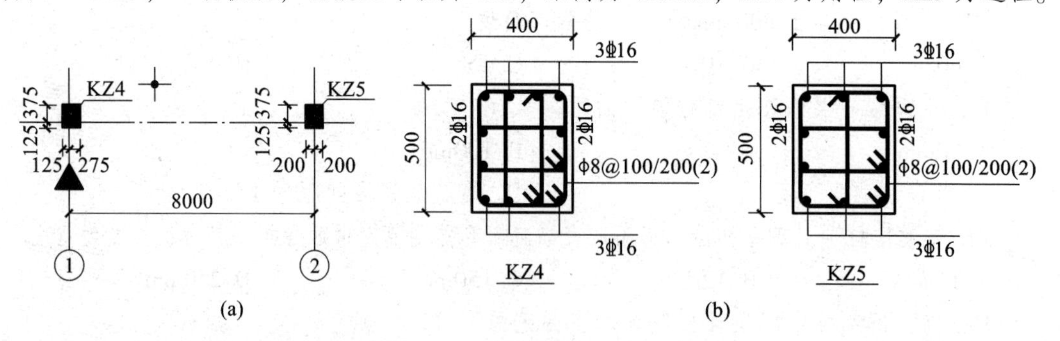

图 2-52

2. 计算如图 2-53 所示板钢筋工程量，二级抗震，混凝土等级为 C25。

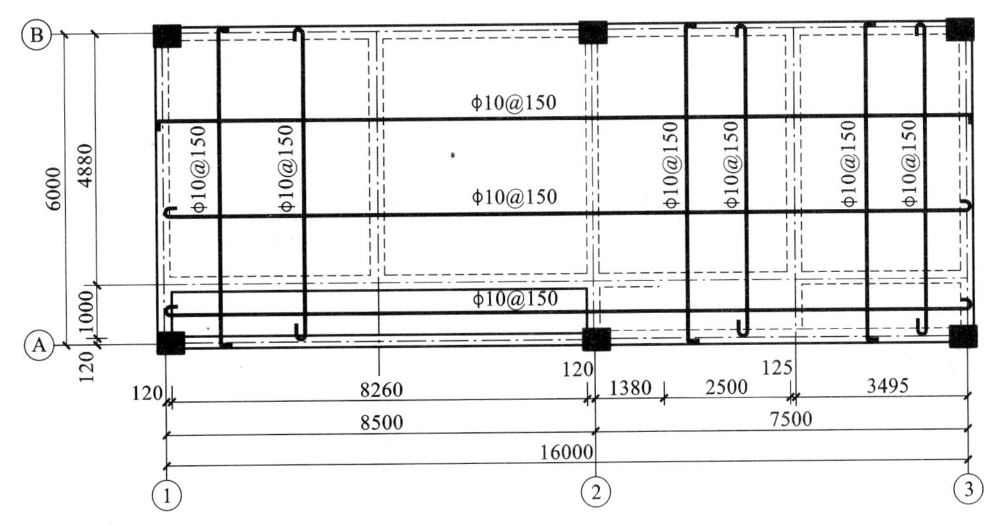

图 2-53

3. 计算如图 2-54 所示梁钢筋工程量，二级抗震，混凝土等级为 C30。

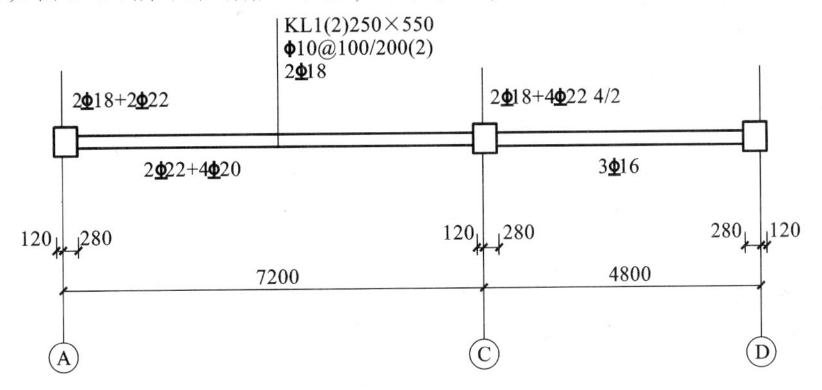

图 2-54

4. 计算如图 2-55 所示梁钢筋工程量，一级抗震，混凝土等级为 C30。

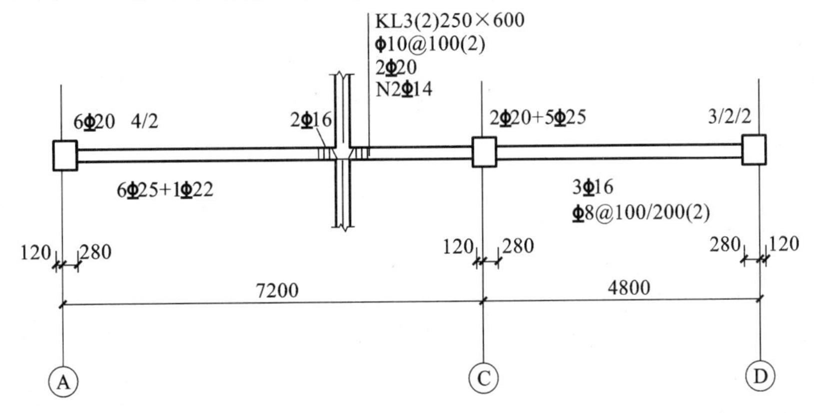

图 2-55

项目3 建筑面积

内容提要

建筑面积是建筑工程预算分析中技术经济指标的重要组成因素。本项目主要介绍了建筑面积的计算规则和各种建筑类型在建筑面积计算中的界定。

能力要求

知识要点	能力要求	相关知识
需要计算的部分	(1) 掌握准确计算全面积的建筑结构类型的方法; (2) 掌握准确计算半面积的建筑结构类型的方法	建筑识图
不需计算的部分	掌握不需计算面积的建筑结构类型的面积	建筑识图

重难点

1. 重点：掌握建筑面积的计算规则。
2. 难点：区分建筑面积计算中按全算、一半、不算的交叉条款。

任务1 建筑面积概述

3.1.1 建筑面积的概念

(1) 建筑面积是指建筑物各层水平投影面积之和。建筑面积包括使用面积、辅助面积和结构面积。计算单位为 m^2。

使用面积是指建筑物各层平面布置中可直接为生产或生活使用的净面积的总和。在民用建筑中居室净面积称为居住面积。

辅助面积是指建筑物各层平面布置中为辅助生产或生活所占的净面积的总和。

使用面积和辅助面积的总和称有效面积。

结构面积是指建筑物各层平面布置中的墙体、柱等结构所占面积的总和。(不含抹灰厚度所占面积)。

(2) 建筑面积计算的作用。

建筑面积是一项重要的技术经济指标。在一定时期完成建筑面积的多少，标志着一个国家工农业生产发展状况，人民生活居住条件的改善和文化生活福利设施发展的程度。其主要作用有：

①建筑面积是计算建筑工程相关分部分项工程量与有关工程费用项目的依据。如楼地面工程量的大小与建筑面积直接相关；工程措施费中，高层建筑增加费的工程量就是以超高部分建筑面积计算的。

②建筑面积是编制、控制与调整施工进度计划和竣工交验的重要指标。

③建筑面积是确定建筑、装饰工程技术经济指标的重要依据。

(3) 名词解释。

①建筑面积：建筑物（包括墙体）所形成的楼地面面积。

②自然层：按楼地面结构分层的楼层。

③结构层高：楼面或地面结构层上表面至上部结构层上表面之间的垂直距离。

④围护结构：围合建筑空间的墙体、门、窗，见图3-1。

⑤围护设施：为保障安全而设置的栏杆、栏板等围挡，见图3-1。

⑥结构净高：楼面或地面结构层上表面至上部结构层下表面之间的垂直距离。

⑦建筑空间：以建筑界面限定的、供人们生活和活动的场所。

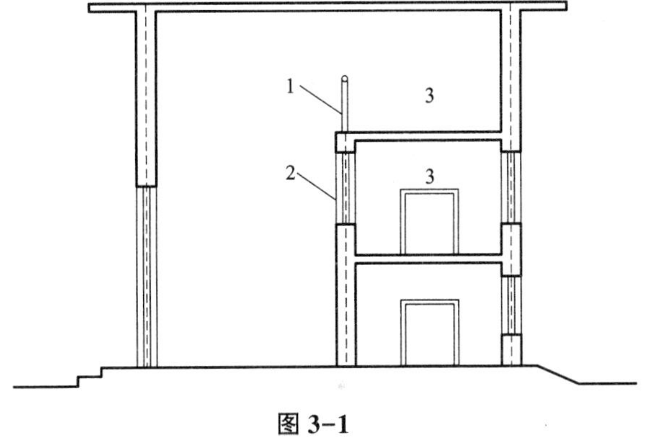

图3-1

1—围护设施；2—围护结构；3—局部楼层

⑧地下室：室内地平面低于室外地平面的高度超过室内净高的1/2的房间。

⑨半地下室：室内地平面低于室外地平面的高度超过室内净高的1/3，且不超过1/2的房间。

⑩架空层：仅有结构支撑而无外围护结构的开敞空间层。

⑪走廊：为道路穿过建筑物而设置的建筑空间。

⑫架空走廊：专门设置在建筑物的二层或二层以上，作为不同建筑物之间水平交通的空间。

⑬结构层：整体结构体系中承重的楼板层。

⑭落地橱窗：突出外墙面且根基落地的橱窗。

⑮凸窗（飘窗）：凸出建筑物外墙面的窗户。

⑯檐廊：建筑物挑檐下的水平交通空间。

⑰挑廊：挑出建筑物外墙的水平交通空间。

⑱门斗：建筑物入口处两道门之间的空间。

⑲雨篷：建筑出入口上方为遮挡雨水而设置的部件。

⑳门廊：建筑物入口前有顶棚的半围合空间。

㉑楼梯：由连续行走的梯级、休息平台和维护安全的栏杆（或栏板）、扶手以及相应的支托结构组成的作为楼层之间垂直交通使用的建筑部件。

㉒阳台：附设于建筑物外墙，设有栏杆或栏板，可供人活动的室外空间。

㉓主体结构：接受、承担和传递建设工程所有上部荷载，维持上部结构整体性、稳定性和安全性的有机联系的构造。

㉔变形缝：防止建筑物在某些因素作用下引起开裂甚至破坏而预留的构造缝。

㉕骑楼：建筑底层沿街面后退且留出公共人行空间的建筑物。

㉖过街楼：跨越道路上空并与两边建筑相连接的建筑物。

㉗建筑物通道：为穿过建筑物而设置的空间。

㉘露台：设置在屋面、首层地面或雨篷上的供人室外活动的有围护设施的平台。

㉙勒脚：在房屋外墙接近地面部位设置的饰面保护构造。

㉚台阶：联系室内外地坪或同楼层不同标高而设置的阶梯形踏步。

3.1.2 建筑面积计算规则

3.1.2.1 计算建筑面积的规定

（1）建筑物的建筑面积应按自然层外墙结构外围水平面积之和计算（图 3-2）。结构层高在 2.20m 及 2.20m 以上的，应计算全面积；结构层高在 2.20m 以下的，应计算 1/2 面积。

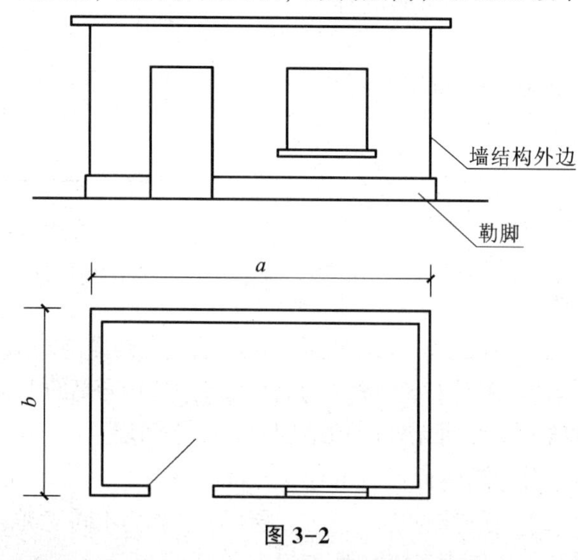

图 3-2

计算规则解读：建筑面积计算，在主体结构内形成的建筑空间，满足计算面积结构层高要求的均应按本条规定计算建筑面积。主体结构外的室外阳台、雨篷、檐廊、室外走廊、室外楼梯等按相应条款计算建筑面积。当外墙结构本身在一个层高范围内不等厚时，以楼地面结构标高处的外围水平面积计算。

（2）建筑物内设有局部楼层时，对于局部楼层的二层及二层以上楼层，有围护结构的应按其围护结构外围水平面积计算，无围护结构的应按其结构底板水平面积计算，且结构层高在 2.20m 及 2.20m 以上的，应计算全面积，结构层高在 2.20m 以下的，应计算 1/2 面积（图 3-3）。

（3）对于形成建筑空间的坡屋顶，结构净高在 2.10m 及 2.10m 以上的部位应计算全面积；结构净高在 1.20m 及 1.20m 以上至 2.10m 以下的部位应计算 1/2 面积；结构净高在

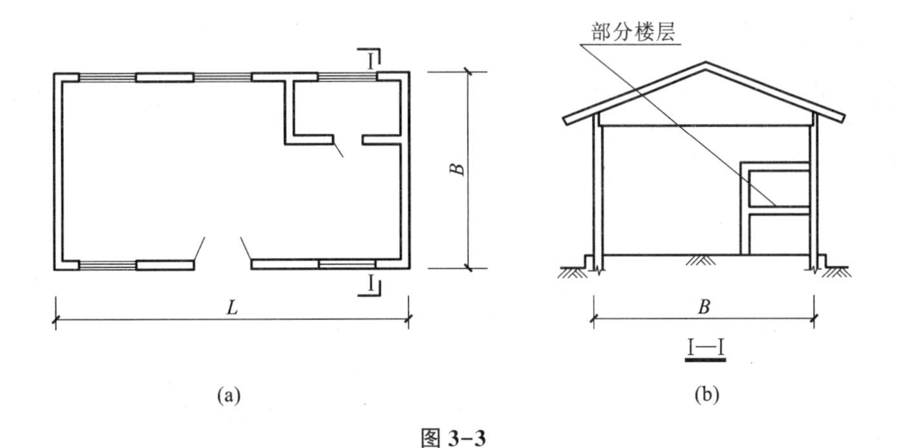

图 3-3

1. 20m 以下的部位不应计算建筑面积。

（4）对于场馆看台下的建筑空间，结构净高在 2. 10m 及 2. 10m 以上的部位应计算全面积；结构净高在 1. 20m 及 1. 20m 以上至 2. 10m 以下的部位应计算 1/2 面积；结构净高在 1. 20m 以下的部位不应计算建筑面积。室内单独设置的有围护设施的悬挑看台，应按看台结构底板水平投影面积计算建筑面积；有顶盖无围护结构的场馆看台应按其顶盖水平投影面积的 1/2 计算面积。

计算规则解读：场馆看台下的建筑空间因其上部结构多为斜板，所以采用净高的尺寸划定建筑面积的计算范围和对应规则。室内单独设置的有围护设施的悬挑看台，因其看台上部设有顶盖且可供人使用，所以按看台板的结构底板水平投影计算建筑面积。“有顶盖无围护结构的场馆看台”所称的“场馆”为专业术语，指各种“场”类建筑，如：体育场、足球场、网球场、带看台的风雨操场等。

（5）地下室、半地下室应按其结构外围水平面积计算（图 3-4）。结构层高在 2. 20m 及 2. 20m 以上的，应计算全面积；结构层高在 2. 20m 以下的，应计算 1/2 面积。

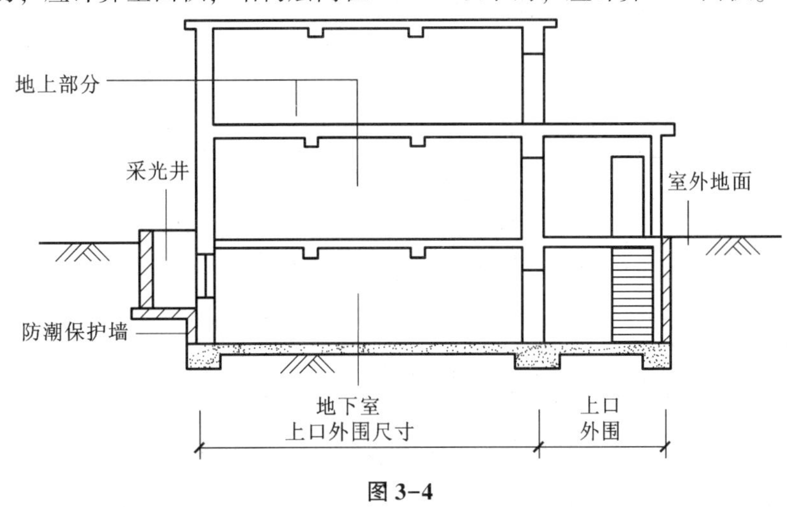

图 3-4

（6）出入口外墙外侧坡道有顶盖的部位，应按其外墙结构外围水平面积的 1/2 计算面积（图 3-5）。

计算规则解读：出入口坡道分有顶盖出入口坡道和无顶盖出入口坡道。出入口坡道顶盖的挑出长度，为顶盖结构外边线至外墙结构外边线的长度；顶盖以设计图纸为准，对后增加及建设单位自行增加的顶盖等，不计算建筑面积。顶盖不分材料种类（如钢筋混凝土顶盖、彩钢板顶盖、阳光板顶盖等）。

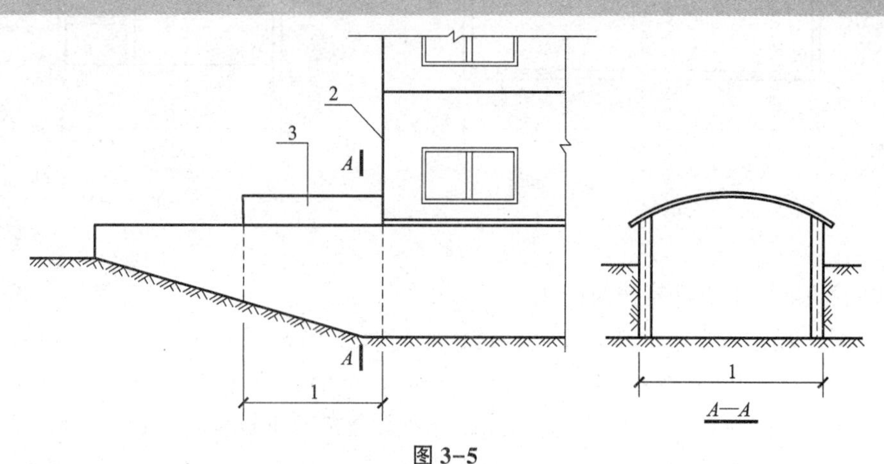

图 3-5

1—计算 1/2 投影面积部位；2—主体建筑；3—出入口顶盖

（7）建筑物架空层及坡地建筑物吊脚架空层，应按其顶板水平投影计算建筑面积。结构层高在 2. 20m 及 2. 20m 以上的，应计算全面积；结构层高在 2. 20m 以下的，应计算 1/2 面积。

计算规则解读：本条既适用于建筑物吊脚架空层、深基础架空层建筑面积的计算，也适用于目前部分住宅、学校教学楼等工程在底层架空或在二楼或以上某个甚至多个楼层架空，作为公共活动、停车、绿化等空间的建筑面积的计算。架空层中有围护结构的建筑空间按相关规定计算。建筑物吊脚架空层见图 3-6。

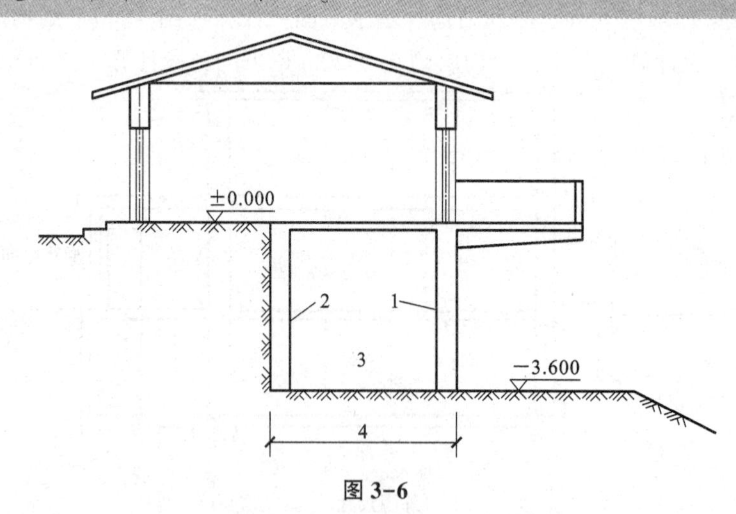

图 3-6

1—柱；2—墙；3—吊脚架空层；4—计算建筑面积部位

（8）建筑物的门厅、大厅应按一层计算建筑面积，门厅、大厅内设置的走廊应按走廊结构底板水平投影面积计算建筑面积。结构层高在 2. 20m 及 2. 20m 以上的，应计算全面积；结构层高在 2. 20m 以下的，应计算 1/2 面积。

（9）对于建筑物间的架空走廊，有顶盖和围护设施的（图3-7），应按其围护结构外围水平面积计算全面积；无围护结构、有围护设施的（图3-8），应按其结构底板水平投影面积计算1/2面积。

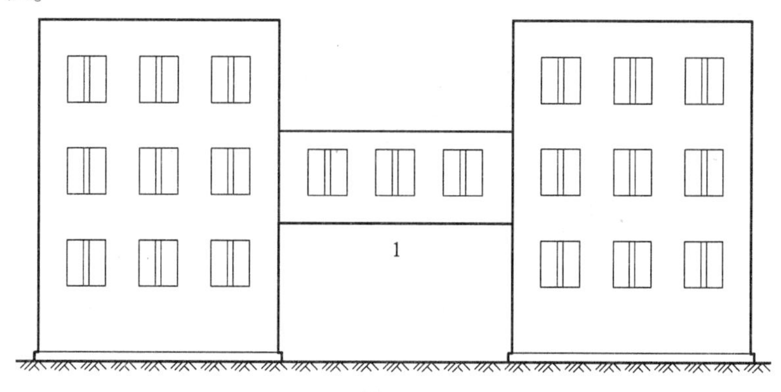

图3-7

1—架空走廊

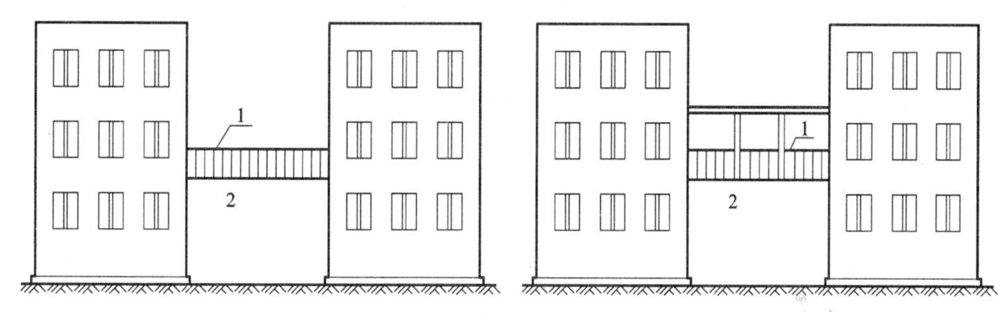

图3-8

1—栏杆；2—架空走廊

（10）对于立体书库、立体仓库、立体车库，有围护结构的，应按其围护结构外围水平面积计算建筑面积；无围护结构、有围护设施的，应按其结构底板水平投影面积计算建筑面积。无结构层的应按一层计算，有结构层的应按其结构层面积分别计算。结构层高在2.20m及2.20m以上的，应计算全面积；结构层高在2.20m以下的，应计算1/2面积。

计算规则解读：本条主要规定了图书馆中的立体书库、仓储中心的立体仓库、大型停车场的立体车库等建筑的建筑面积计算规定。起局部分隔、存储等作用的书架层、货架层或可升降的立体钢结构停车层均不属于结构层，故该部分分层不计算建筑面积。

（11）有围护结构的舞台灯光控制室，应按其围护结构外围水平面积计算。结构层高在2.20m及2.20m以上的，应计算全面积；结构层高在2.20m以下的，应计算1/2面积。

（12）附属在建筑物外墙的落地橱窗，应按其围护结构外围水平面积计算。结构层高在2.20m及2.20m以上的，应计算全面积；结构层高在2.20m以下的，应计算1/2面积。

（13）窗台与室内楼地面高差在0.45m以下且结构净高在2.10m及2.10m以上的凸（飘）窗，应按其围护结构外围水平面积计算1/2面积。

（14）有围护设施的室外走廊（挑廊），应按其结构底板水平投影面积计算1/2面积；有围护设施（或柱）的檐廊（图3-9），应按其围护设施（或柱）外围水平面积计算1/2面积。

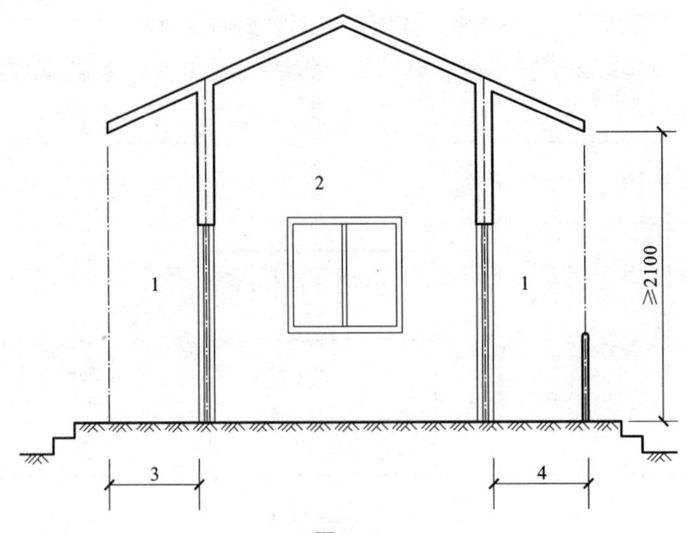

图 3-9

1—檐廊；2—室内；3—不计算建筑面积部位；4—计算 1/2 建筑面积部位

（15）门斗（图 3-10）应按其围护结构外围水平面积计算建筑面积，且结构层高在 2. 20m 及 2. 20m 以上的，应计算全面积；结构层高在 2. 20m 以下的，应计算 1/2 面积。

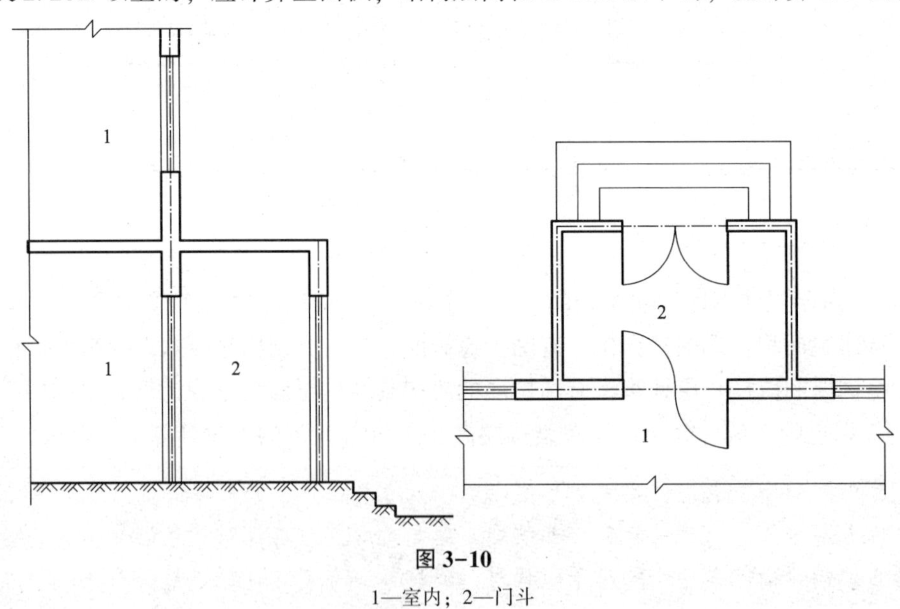

图 3-10

1—室内；2—门斗

（16）门廊应按其顶板的水平投影面积的 1/2 计算建筑面积；有柱雨篷应按其结构板水平投影面积的 1/2 计算建筑面积；无柱雨篷的结构外边线至外墙结构外边线的宽度在 2. 10m 及 2. 10m 以上的，应按雨篷结构板的水平投影面积的 1/2 计算建筑面积。

计算规则解读：雨篷分为有柱雨篷和无柱雨篷。有柱雨篷，没有出挑宽度的限制，也不受跨越层数的限制，均计算建筑面积。无柱雨篷，其结构板不能跨层，并受出挑宽度的限制，设计出挑宽度大于或等于 2. 10m 时才计算建筑面积。出挑宽度，是指雨篷结构外边线至外墙结构外边线的宽度，弧形或异形时，取最大宽度。

（17）设在建筑物顶部的、有围护结构的楼梯间、水箱间、电梯机房等，结构层高在2.20m及2.20m以上的应计算全面积；结构层高在2.20m以下的，应计算1/2面积。

（18）围护结构不垂直于水平面的楼层，应按其底板面的外墙外围水平面积计算。结构净高在2.10m及2.10m以上的部位，应计算全面积；结构净高在1.20m及1.20m以上至2.10m以下的部位，应计算1/2面积；结构净高在1.20m以下的部位，不应计算建筑面积。

计算规则解读：由于目前很多建筑设计追求新、奇、特，造型越来越复杂，很多时候根本无法明确区分什么是围护结构、什么是屋顶，因此对于斜围护结构与斜屋顶采用相同的计算规则，即只要外壳倾斜，就按结构净高划段，分别计算建筑面积。斜围护结构见图3-11。

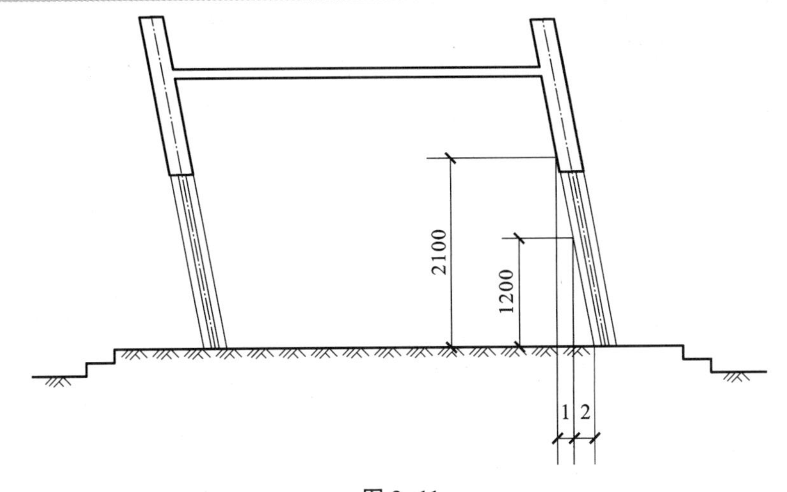

图 3-11

1—计算1/2建筑面积部位；2—不计算建筑面积部位

（19）建筑物的室内楼梯、电梯井、提物井、管道井、通风排气竖井、烟道，应并入建筑物的自然层计算建筑面积（图3-12）。有顶盖的采光井应按一层计算面积，且结构净高在2.10m及2.10m以上的，应计算全面积；结构净高在2.10m以下的，应计算1/2面积。

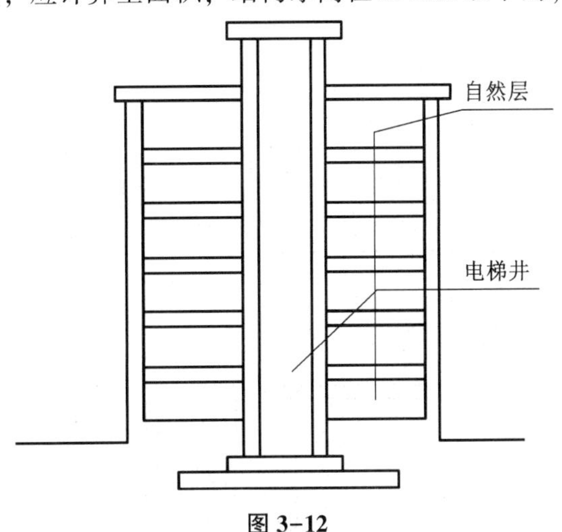

图 3-12

计算规则解读：建筑物的楼梯间层数按建筑物的层数计算。有顶盖的采光井包括建筑物中的采光井和地下室采光井。地下室采光井见图 3-13。

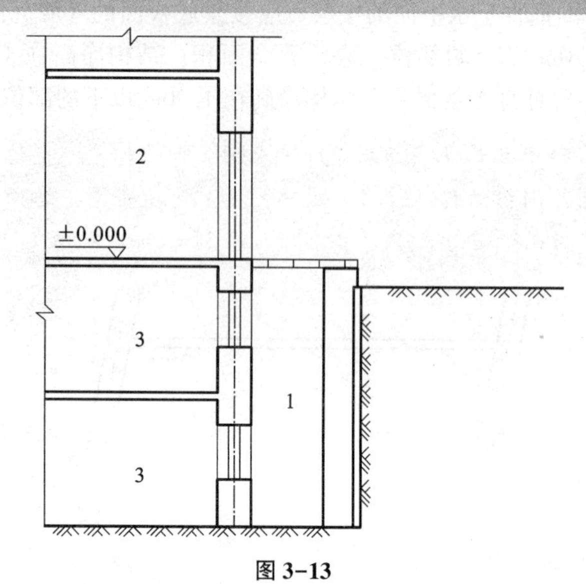

图 3-13

1—采光井；2—室内；3—地下室

（20）室外楼梯应并入所依附建筑物自然层，并应按其水平投影面积的 1/2 计算建筑面积（图 3-14）。

计算规则解读：室外楼梯作为连接该建筑物层与层之间交通不可缺少的基本部件，无论从其功能还是工程计价的要求来说，均需计算建筑面积。层数为室外楼梯所依附的楼层数，即梯段部分投影到建筑物范围的层数。利用室外楼梯下部的建筑空间不得重复计算建筑面积；利用地势砌筑的为室外踏步，不计算建筑面积。

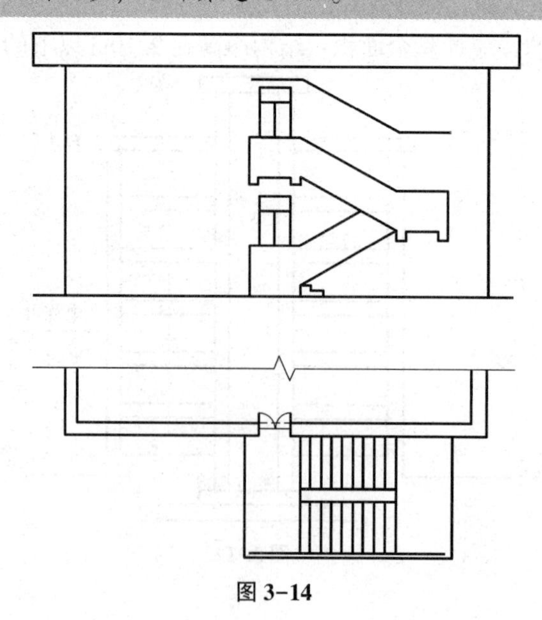

图 3-14

（21）在主体结构内的阳台，应按其结构外围水平面积计算全面积；在主体结构外的阳台，应按其结构底板水平投影面积计算 1/2 面积。

计算规则解读：建筑物的阳台，不论其形式如何，均以建筑物主体结构为界分别计算建筑面积。

（22）有顶盖、无围护结构的车棚、货棚、站台、加油站、收费站等，应按其顶盖水平投影面积的 1/2 计算建筑面积。

（23）以幕墙作为围护结构的建筑物，应按幕墙外边线计算建筑面积（图 3-15）。

计算规则解读：幕墙以其在建筑物中所起的作用和功能来区分，直接作为外墙起围护作用的幕墙，按其外边线计算建筑面积；设置在建筑物墙体外起装饰作用的幕墙，不计算建筑面积。

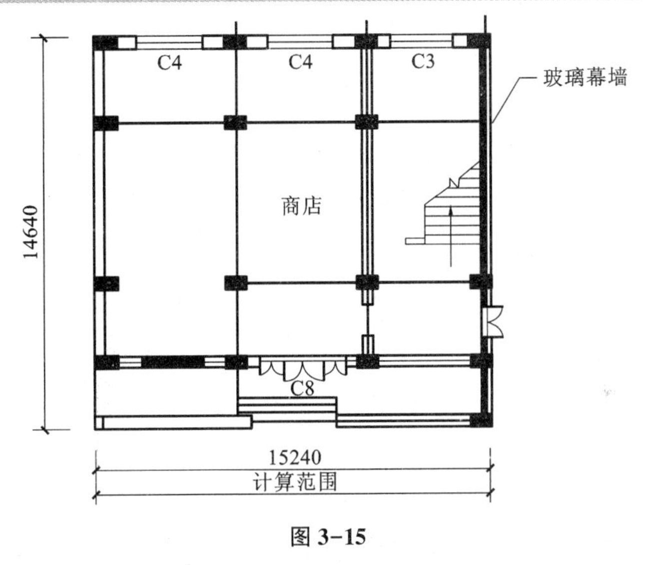

图 3-15

（24）建筑物的外墙外保温层，应按其保温材料的水平截面积计算，并计入自然层建筑面积。

计算规则解读：为贯彻国家节能要求，鼓励建筑外墙采取保温措施，《建筑工程建筑面积计算规范》（GB/T 50 353—2 013）将保温材料的厚度计入建筑面积，但计算方法较 2005 年规范有一定变化。建筑物外墙外侧有保温隔热层的，保温隔热层以保温材料的净厚度乘以外墙结构外边线长度按建筑物的自然层计算建筑面积，其外墙外边线长度不扣除门窗和建筑物外已计算建筑面积构件（如阳台、室外走廊、门斗、落地橱窗等）所占长度。当建筑物外已计算建筑面积的构件有保温隔热层时，其保温隔热层也不再计算建筑面积。外墙是斜面的按楼面楼板处的外墙外边线长度乘以保温材料的净厚度计算。外墙外保温以沿高度方向满铺为准，某层外墙外保温铺设高度未达到全部高度时（不包括阳台、室外走廊、门斗、落地橱窗、雨篷、飘窗等），不计算建筑面积。保温隔热层的建筑面积是以保温隔热材料的厚度来计算的，不包含抹灰层、防潮层、保护层（墙）的厚度。建筑外墙外保温见图 3-16。

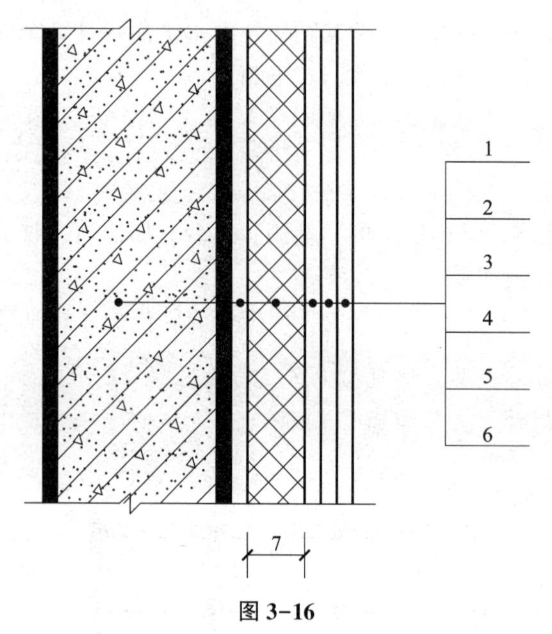

图 3-16

1—墙体；2—黏结胶浆；3—保温材料；4—标准网；5—加强网；6—抹面胶浆；7—计算建筑面积部位

（25）与室内相通的变形缝，应按其自然层合并在建筑物建筑面积内计算。对于高低联跨的建筑物，当高低跨内部连通时，其变形缝应计算在低跨面积内。

计算规则解读：本规范所指的与室内相通的变形缝，是指暴露在建筑物内，在建筑物内可以看得见的变形缝。

（26）对于建筑物内的设备层、管道层、避难层等有结构层的楼层，结构层高在 2. 20m 及 2. 20m 以上的，应计算全面积；结构层高在 2. 20m 以下的，应计算 1/2 面积（图 3-17）。

计算规则解读：设备层、管道层虽然其具体功能与普通楼层不同，但在结构上及施工消耗上并无本质区别，且《建筑工程建筑面积计算规范》（GB/T 50 353—2 013）定义自然层为“按楼地面结构分层的楼层”，因此设备层、管道楼层归为自然层，其计算规则与普通楼层相同。在吊顶空间内设置管道的，则吊顶空间部分不能被视为设备层、管道层。

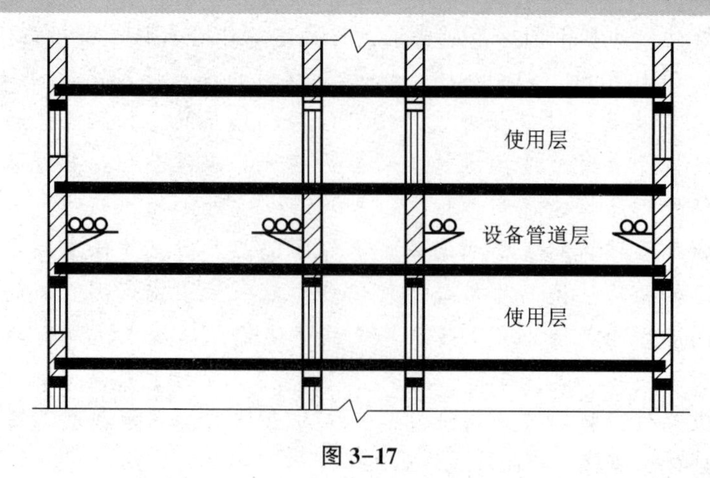

图 3-17

3.1.2.2 不计算建筑面积的规定

下列项目不应计算建筑面积：

（1）与建筑物内不相连通的建筑部件。

（2）骑楼（图3-18）、过街楼底层（图3-19）的开放公共空间和建筑物通道。

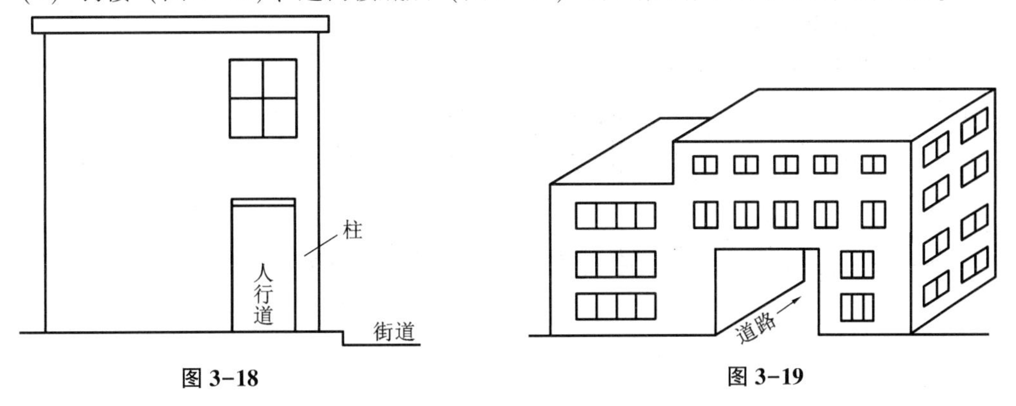

图3-18　　　　图3-19

（3）舞台及后台悬挂幕布和布景的天桥、挑台等。

（4）露台、露天游泳池、花架、屋顶的水箱及装饰性结构构件。

（5）建筑物内的操作平台、上料平台、安装箱和罐体的平台。

（6）勒脚、附墙柱、垛、台阶、墙面抹灰、装饰面、镶贴块料面层、装饰性幕墙，主体结构外的空调室外机搁板（箱）、构件、配件，挑出宽度在2.10m以下的无柱雨篷和顶盖高度达到或超过两个楼层的无柱雨篷。

（7）窗台与室内地面高差在0.45m以下且结构净高在2.10m以下的凸（飘）窗（图3-20），窗台与室内地面高差在0.45m及0.45m以上的凸（飘）窗。

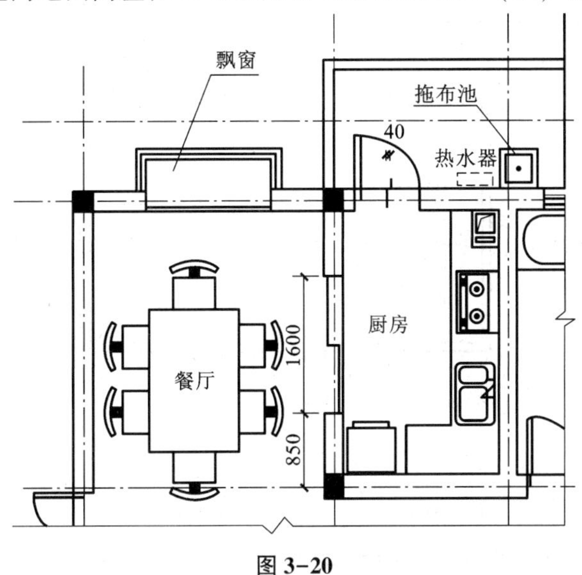

图3-20

（8）室外爬梯、室外专用消防钢楼梯。

（9）无围护结构的观光电梯。

（10）建筑物以外的地下人防通道，独立的烟囱、烟道、地沟、油（水）罐、气柜、水塔、贮油（水）池、贮仓、栈桥等构筑物。

任务 2 建筑面积计算实例

【例 3-1】计算图 3-21 所示的建筑面积。

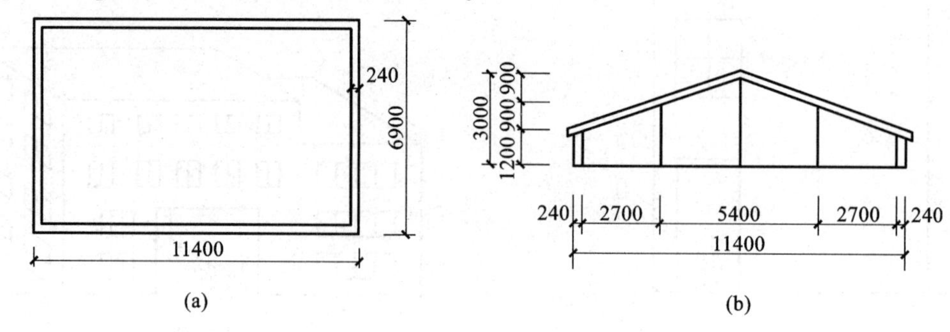

图 3-21

(a) 平面图；(b) 坡屋顶立面图

【解】 $S=5.4\times6.9+(11.4-5.4)\times6.9\div2=57.96\ (m^2)$

【例 3-2】计算图 3-22 所示的建筑面积。

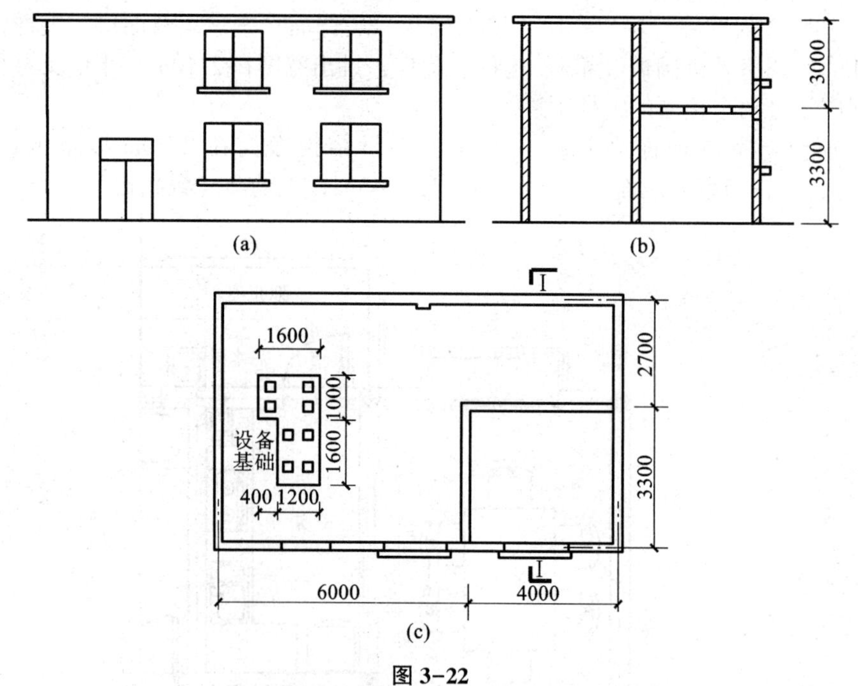

图 3-22

(a) 立面图；(b) Ⅰ—Ⅰ剖面图；(c) 平面图

【解】 底层建筑面积 $=(6.00+4.00+0.24)\times(3.30+2.70+0.24)$

$=10.24\times6.24=63.90\ (m^2)$

楼隔层建筑面积 $=(4.00+0.24)\times(3.30+0.24)$

$=4.24\times3.54=15.01\ (m^2)$

全部建筑面积 $=63.90+15.01=78.91\ (m^2)$

【例 3-3】计算图 3-23 所示的建筑面积，电梯井凸出屋面 2.8m，共 8 层。

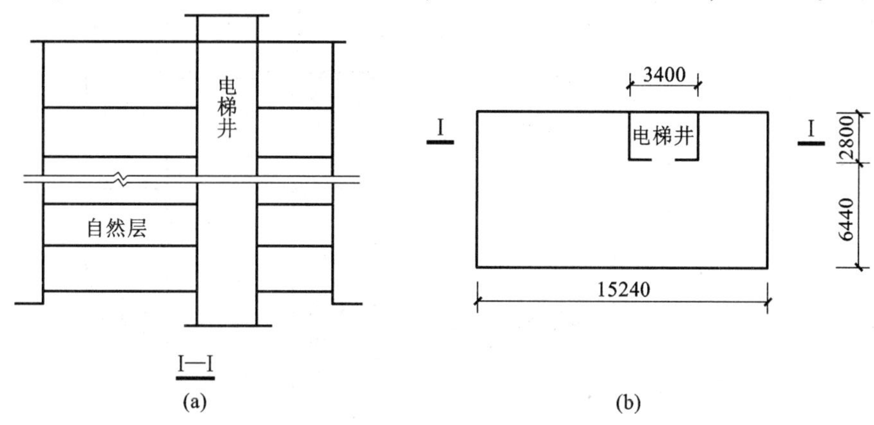

(a)　　(b)

图 3-23

【解】　$S=15.24\times(6.44+2.8)\times8+3.4\times2.8=1\ 136.06\ (m^2)$

【例 3-4】求图 3-24 所示利用建筑场馆看台下的建筑面积。

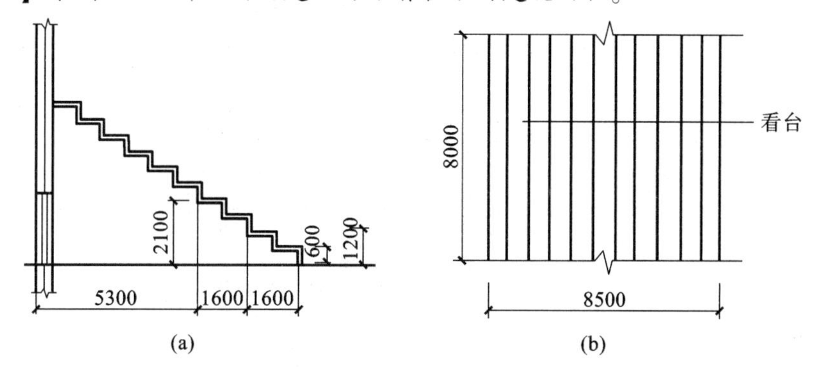

(a)　　(b)

图 3-24

（a）剖面图；（b）平面图

【解】　$S=8\times(5.3+1.6\times0.5)=48.8\ (m^2)$

【例 3-5】求图 3-25 所示地下室的建筑面积。

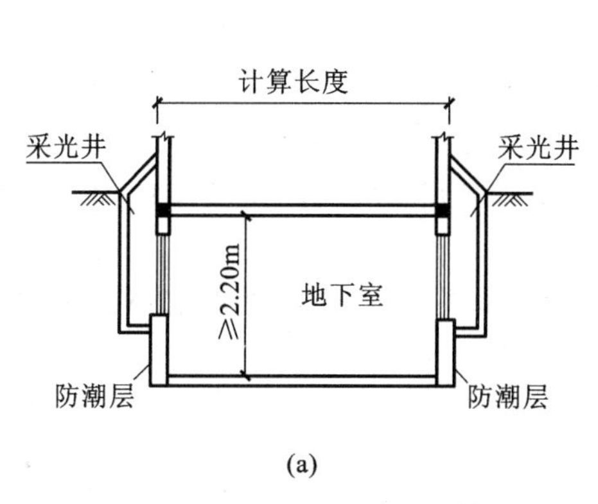

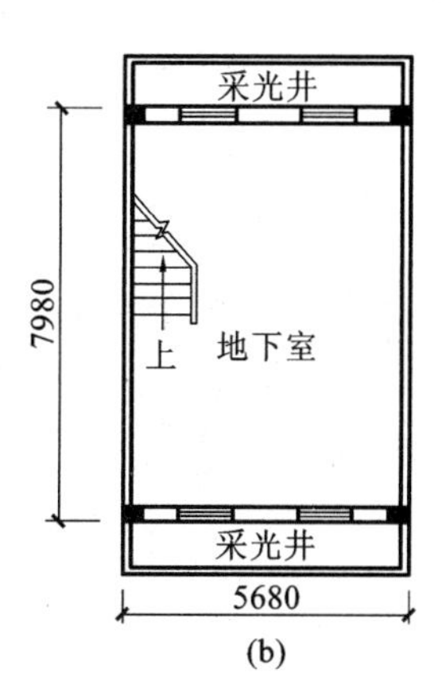

(a)　　(b)

图 3-25

（a）剖面图；（b）平面图

【解】 $S=7.98\times5.68=45.33\ (m^2)$

【例 3-6】已知图 3-26 所示架空走廊层高为 3m，求架空走廊的建筑面积。

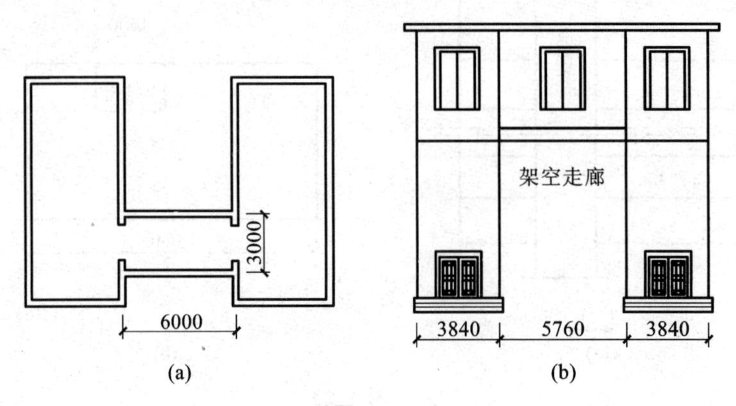

图 3-26

（a）平面图；（b）立面图

【解】 $S=(6-0.24)\times(3+0.24)=18.66\ (m^2)$

【例 3-7】求图 3-27 所示利用的坡地建筑吊脚架空层的建筑面积。

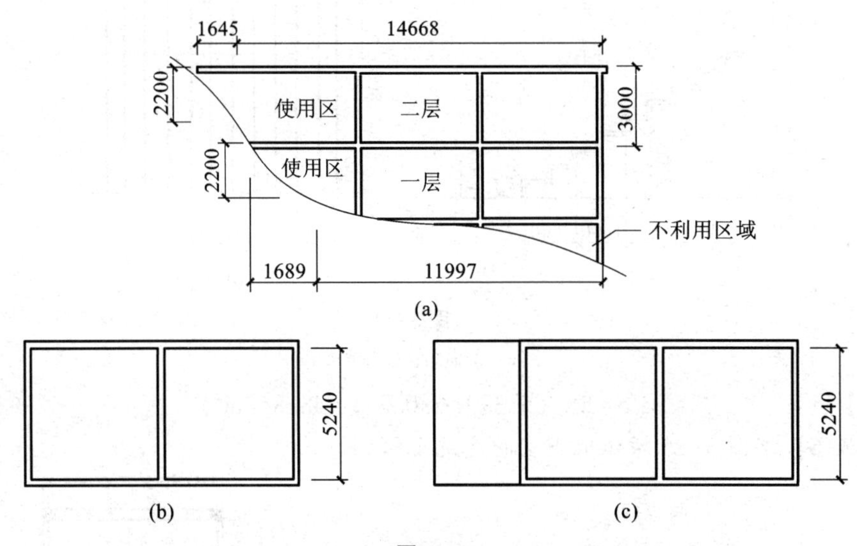

图 3-27

（a）剖面图；（b）吊脚架空层一层平面图；（c）吊脚架空层二层平面图

【解】 $S=(11.997+1.689\times0.5)\times5.24+(14.668+1.645\times0.5)\times5.24$

$=148.46\ (m^2)$

【例 3-8】某三层建筑物，室外楼梯有永久性顶盖（图 3-28），求室外楼梯的建筑面积。

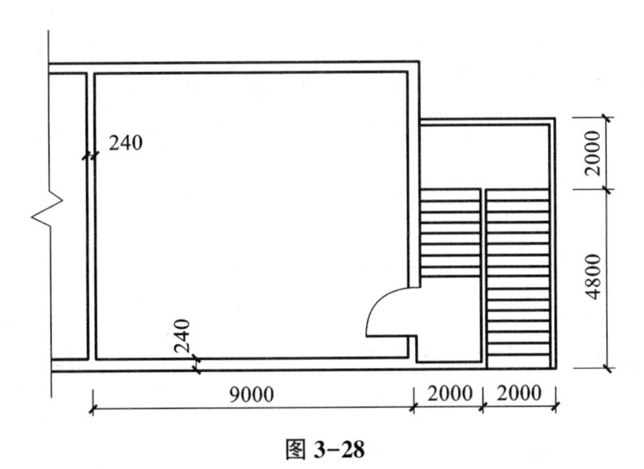

图 3-28

【解】 $S=(4-0.12)\times6.8\times0.5\times2=26.38\ (m^2)$

【例 3-9】求图 3-29 所示雨篷的建筑面积。

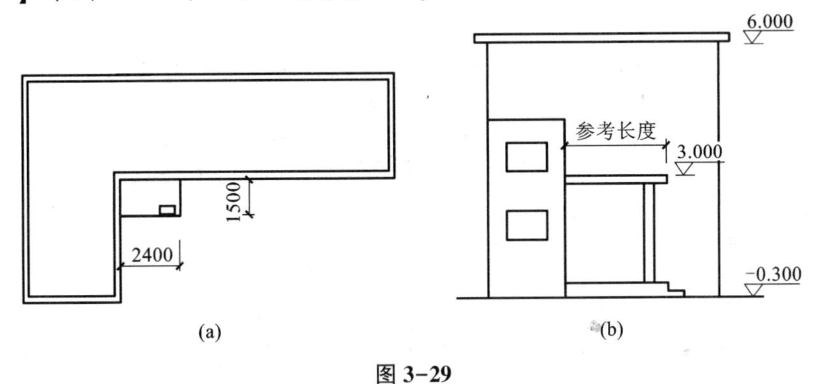

图 3-29

(a) 平面图；(b) 南立面图

【解】 $S=2.4\times1.5\times0.5=1.8\ (m^2)$

【例 3-10】某办公室平面图如图 3-30 所示。已知内外墙体厚度均为 240mm，设有悬挑雨篷及非封闭阳台，试计算建筑面积。

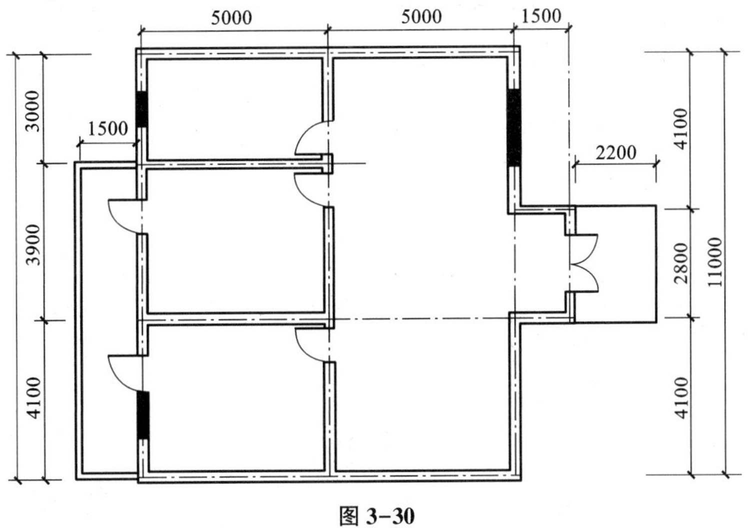

图 3-30

【解】(1) 办公室房屋建筑面积 S_1。

按其外墙勒脚以上墙体结构外围水平面积计算，即：

$$S_1 = (11+0.24) \times (10+0.24) + 1.5 \times (2.8+0.24) = 119.66\ (m^2)$$

(2) 阳台建筑面积 S_2。

S_2 按阳台水平面积的 1/2 计算，即

$$S_2 = 0.5 \times 8 \times 1.5 = 6\ (m^2)$$

(3) 雨篷建筑面积 S_3。

因为雨篷结构外边线至外墙外边线宽度为 2.2m，超过了 2.1m，因此按雨篷结构板水平投影面积的 1/2 计算。

$$S_3 = 2.2 \times (2.8+0.24) \times 0.5 = 3.34\ (m^2)$$

(4) 办公室总建筑面积 S。

$$S = S_1 + S_2 + S_3 = 119.66 + 6 + 3.34 = 129\ (m^2)$$

【例 3-11】计算图 3-31（正立面图）、图 3-32（一层平面图）、图 3-33（二层平面图）、图 3-34（三层平面图）所示的建筑面积（墙厚 200mm，轴线与墙体中心线平齐）。

图 3-31

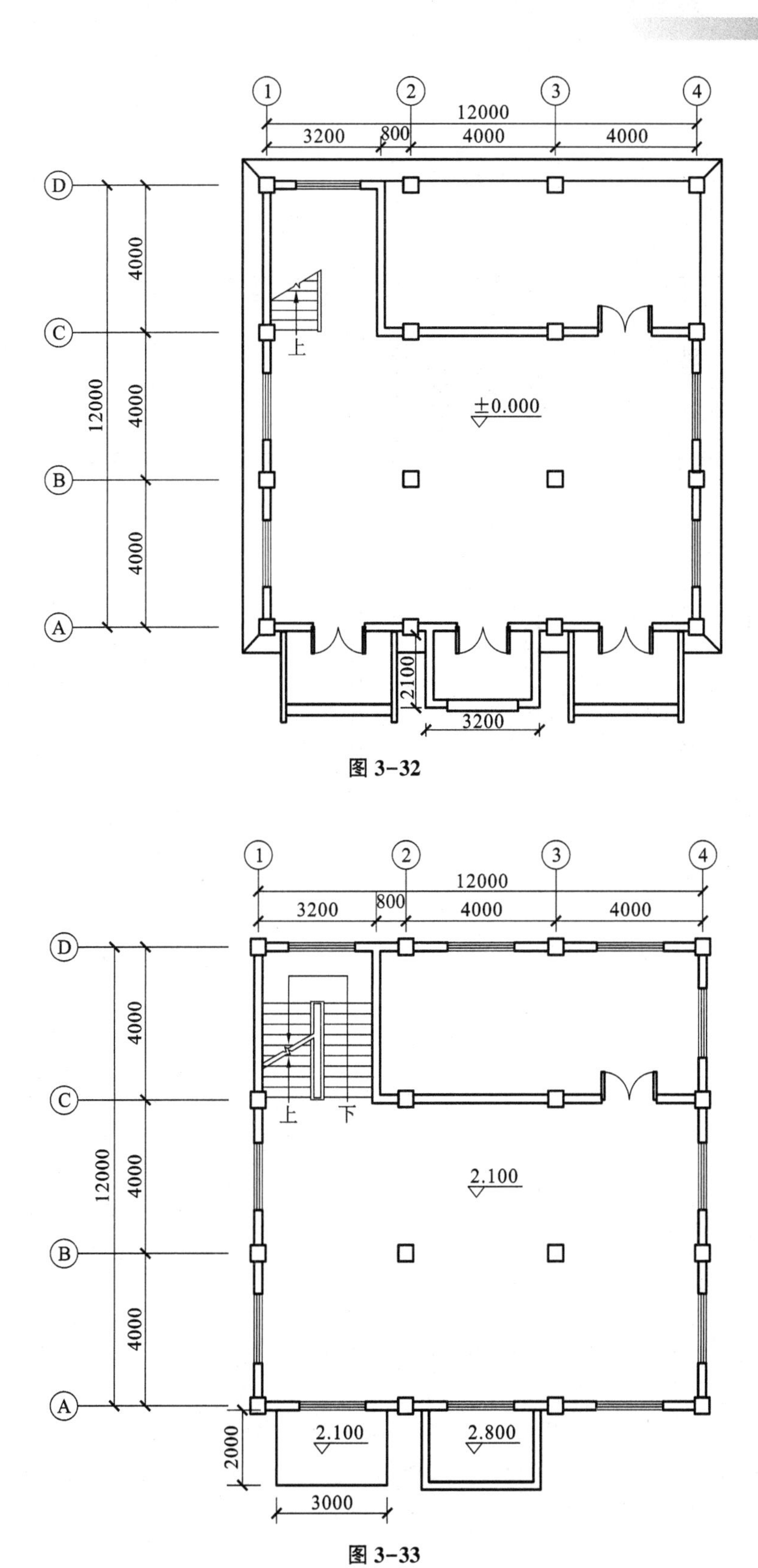
①
②
③
④
12000
3200
800
4000
4000
Ⓓ
Ⓒ
Ⓑ
Ⓐ
12000
4000
4000
4000
上
±0.000
2100
3200
①
②
③
④
12000
3200
800
4000
4000
Ⓓ
Ⓒ
Ⓑ
Ⓐ
12000
4000
4000
4000
上
下
2.100
2.100
2.800
2000
3000

图 3-32

图 3-33

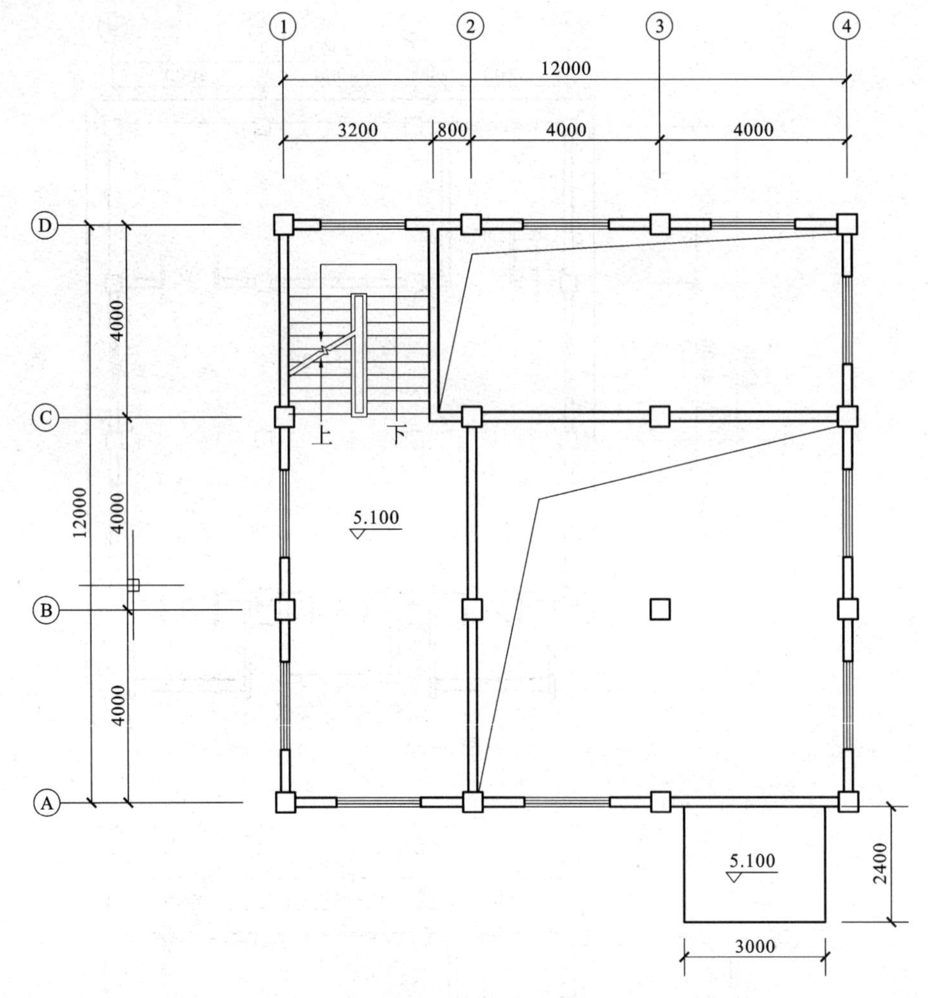

图 3-34

【解】 一层建筑面积：

$$S_{房间+楼梯间+架空层}=(12+0.2)\times(12+0.2)\times0.5=74.42\ (m^2)$$

$$S_{门斗}=2.1\times3.2=6.72\ (m^2)$$

$$S_1=S_{房间+楼梯间+架空层}+S_{门斗}=74.42+6.72=81.14\ (m^2)$$

二层建筑面积：

$$S_2=(12+0.2)\times(12+0.2)=148.84\ (m^2)$$

三层建筑面积：

$$S_3=(1.489+0.1)\times(12+0.2)\times0.5+(2.511+0.1)\times(12+0.2)-0.8\times4$$
$$=38.35\ (m^2)$$

$$S_{总}=S_1+S_2+S_3=81.14+148.84+38.35=268.33\ (m^2)$$

【例 3-12】 计算图 3-35（地下一层平面图）、图 3-36（一层平面图）、图 3-37（屋顶层平面图）所示的建筑面积（墙厚 300mm，轴线与墙体中心线平齐）。

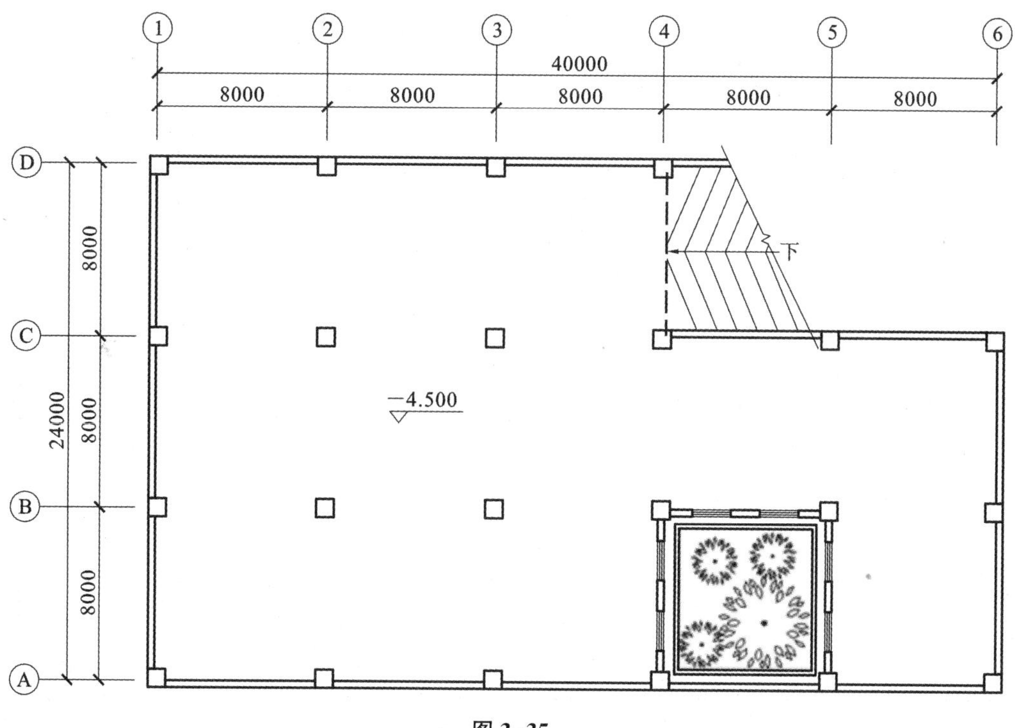
1
2
3
4
5
6
40000
8000
8000
8000
8000
8000
D
C
B
A
24000
8000
8000
8000
下
-4.500

图 3-35

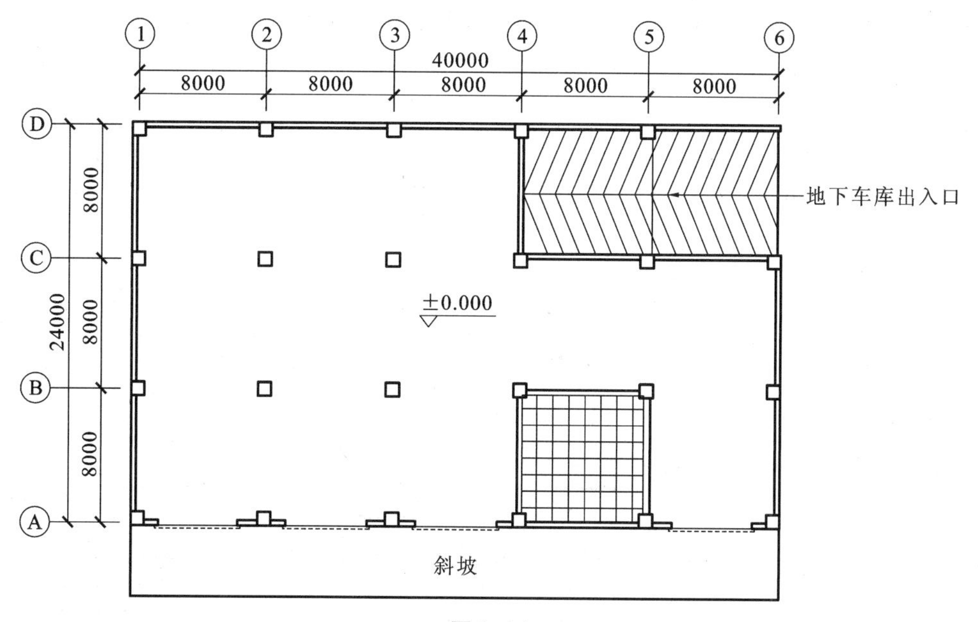
1
2
3
4
5
6
40000
8000
8000
8000
8000
8000
D
C
B
A
24000
8000
8000
8000
地下车库出入口
±0.000
斜坡

图 3-36

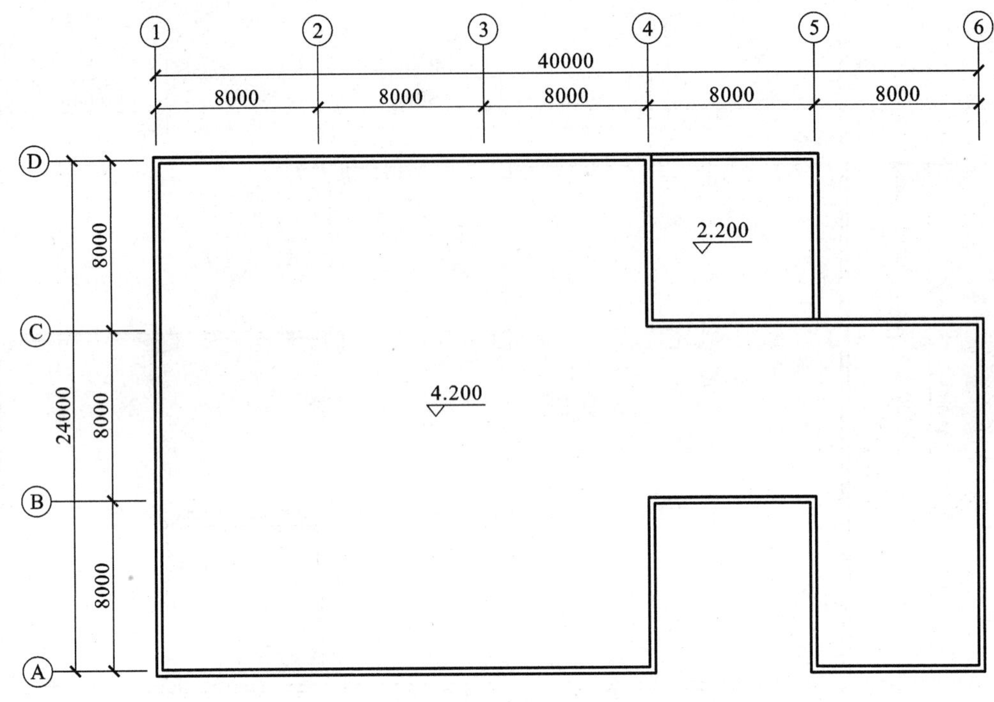

图 3-37

【解】地下一层建筑面积：

$$S_{-1}=S_{车库}+S_{采光井}=(40+0.3)\times(24+0.3)-16\times8$$
$$=851.29\ (m^2)$$

一层建筑面积：

$$S_1=S_{车库}+S_{坡道}$$
$$=(40+0.3)\times(24+0.3)-16\times8-(8-0.3)\times8+8\times8\times0.5$$
$$=821.69\ (m^2)$$
$$S_{总}=S_{-1}+S_1=851.29+821.69=1\ 672.98\ (m^2)$$

【例 3-13】计算图 3-38（正立面图）、图 3-39（一层平面图）、图 3-40（二层平面图）、图 3-41（屋顶层平面图）所示建筑面积（墙厚 200mm，轴线与墙体中心线平齐；栏杆宽 100mm，栏杆内边线与轴线平齐）。

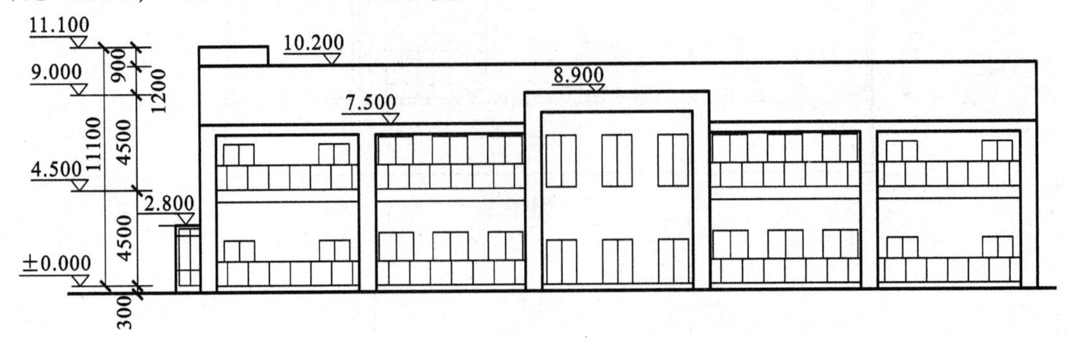

图 3-38

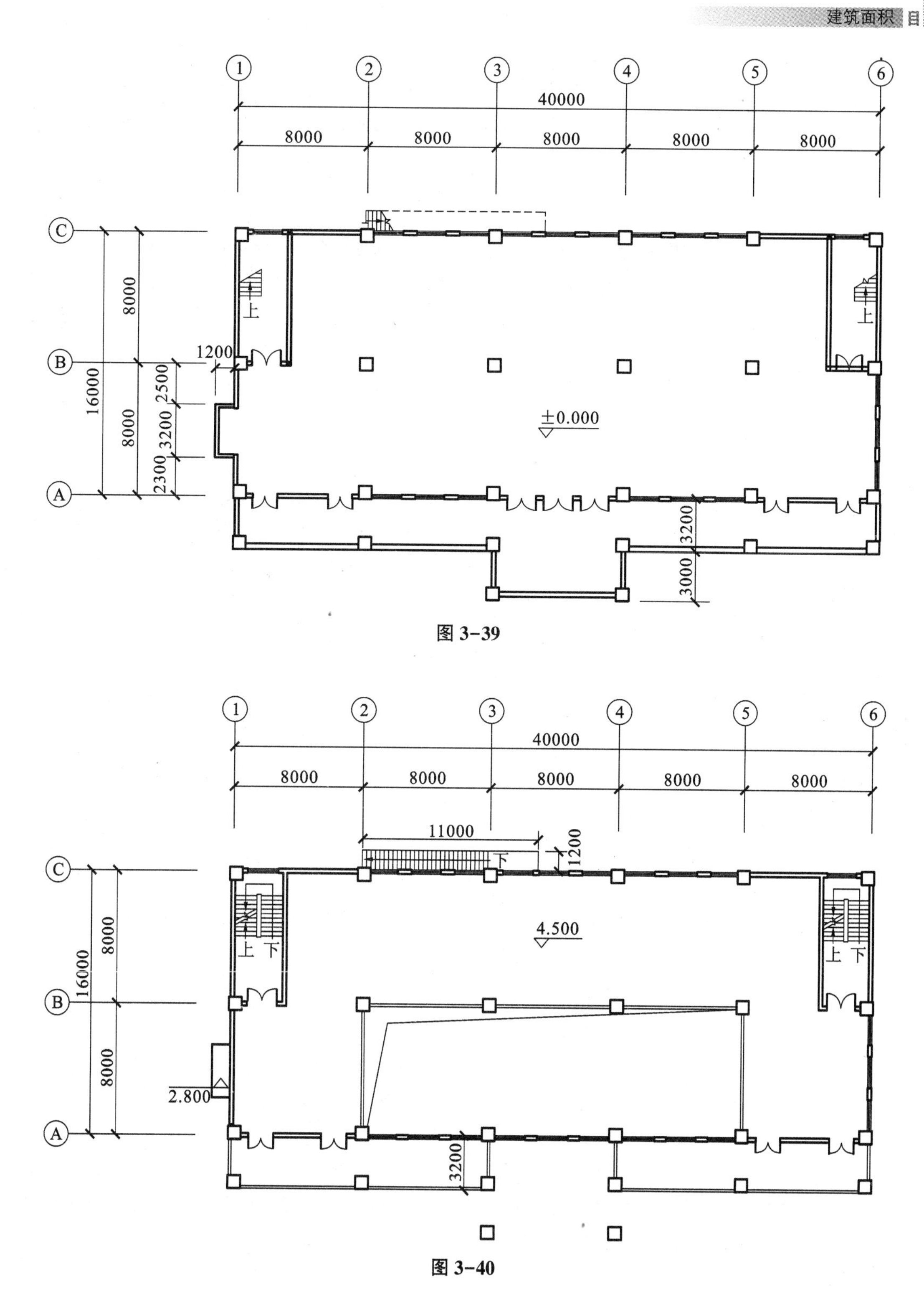

1
2
3
4
5
6
40000
8000
8000
8000
8000
8000
C
B
A
8000
16000
8000
1200
2500
3200
2300
上
上
±0.000
3200
3000
11000
1200
下
4.500
上 下
上 下
2.800
3200

图 3-39

图 3-40

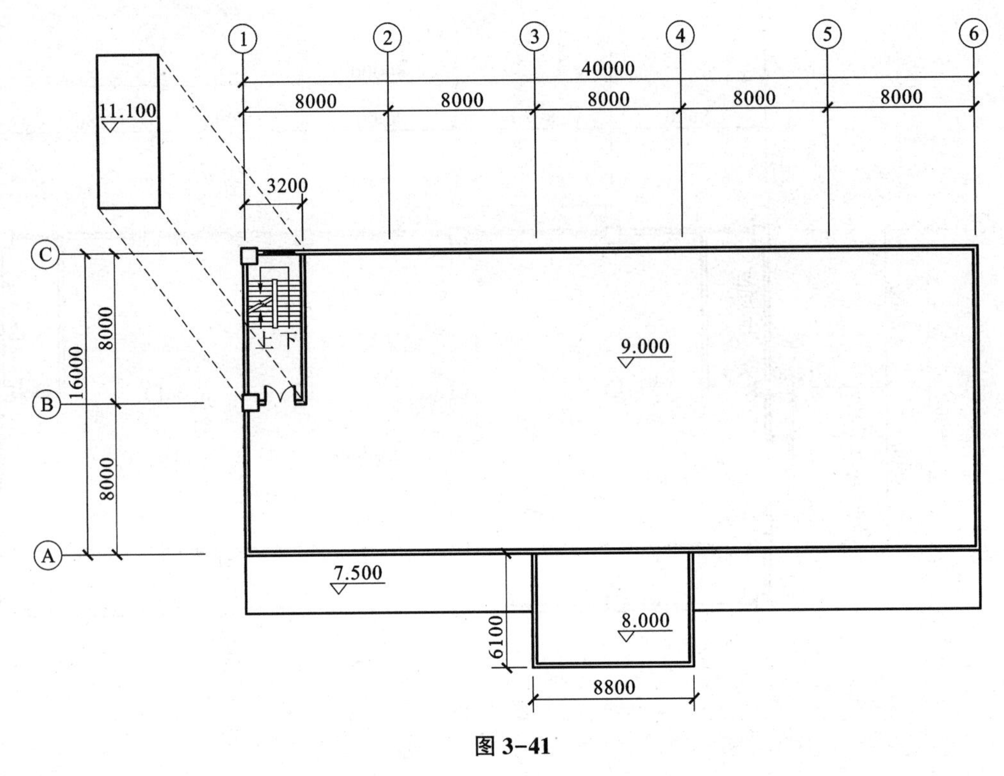

图 3-41

【解】

$S_{房间+楼梯间}=S_{1房间+楼梯间}+S_{2房间+楼梯间}+S_{3楼梯间}$

$=(40+0.2)\times(16+0.2)-(24-0.2)\times(8-0.2)+(3.2+0.2)\times(8+0.2)\times0.5$

$=479.54\ (m^2)$

$S_{室外走廊+门廊}=S_{1室外走廊+门廊}+S_{2室外走廊}$

$=[(40+0.2)\times(3.2-0.1)+3\times8.8]\times0.5+(16+0.2)\times(3.2-0.1)\times0.5\times2$

$=125.73\ (m^2)$

$S_{落地橱窗}=1.2\times3.2=3.84\ (m^2)$

$S_{室外楼梯}=11\times1.2\times0.5=6.6\ (m^2)$

$S_{总}=S_{房间+楼梯间}+S_{室外走廊+门廊}+S_{落地橱窗}+S_{室外楼梯}$

$=479.54+125.73+3.84+6.6$

$=615.71\ (m^2)$

【例 3-14】 计算图 3-42（平面图）、图 3-43（1—1 剖面图）所示卫生间和卧室的建筑面积（墙厚 200mm，轴线与墙体中心线平齐）。

【解】

$S=S_{卧室}+S_{卫生间}$

$=(2.4+0.2)\times2.1+(2.4+1.2+0.2)\times(3.9+0.2)+2.3\times(0.7-0.1)\times0.5$

$=21.73\ (m^2)$

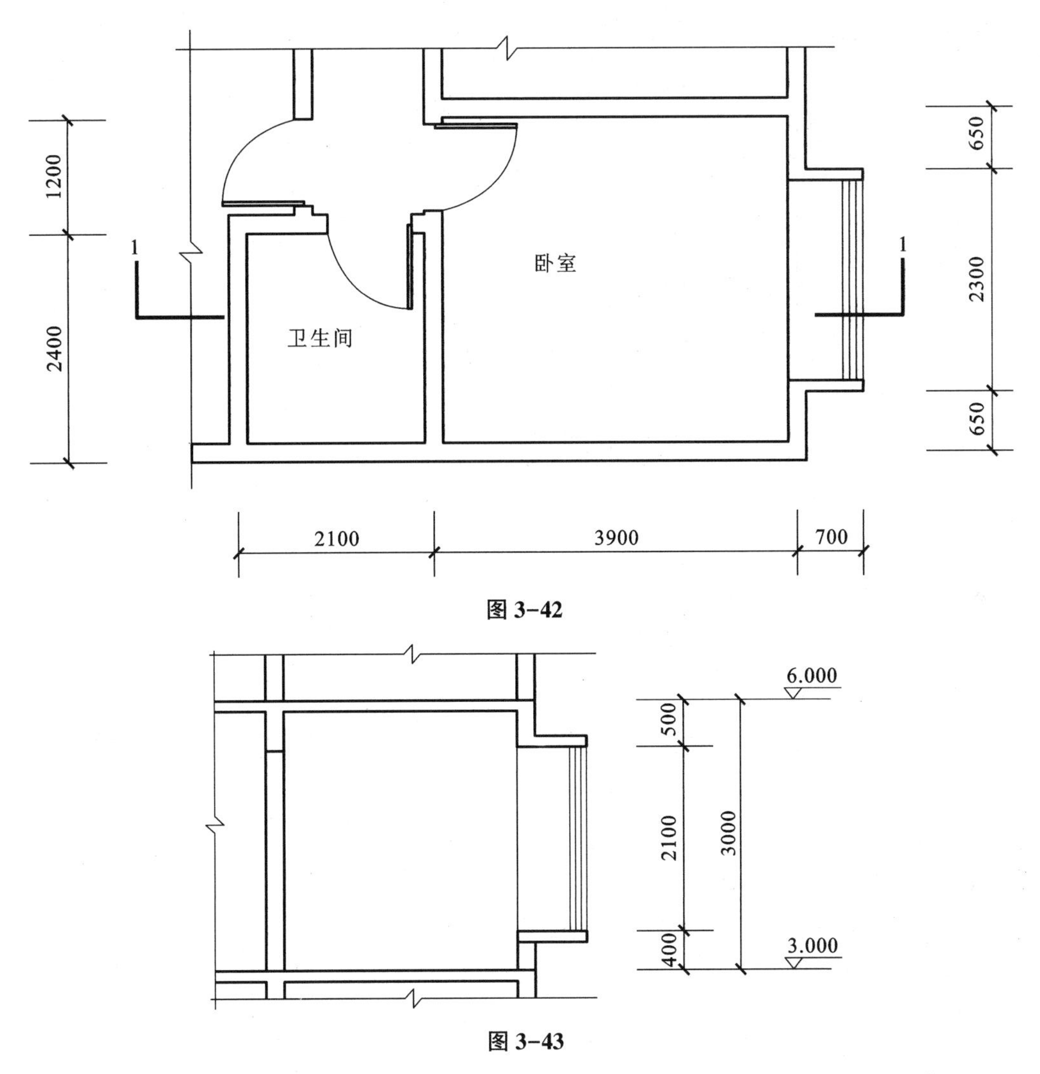

图 3-42

图 3-43

【例 3-15】计算图 3-44 所示阳台的建筑面积。

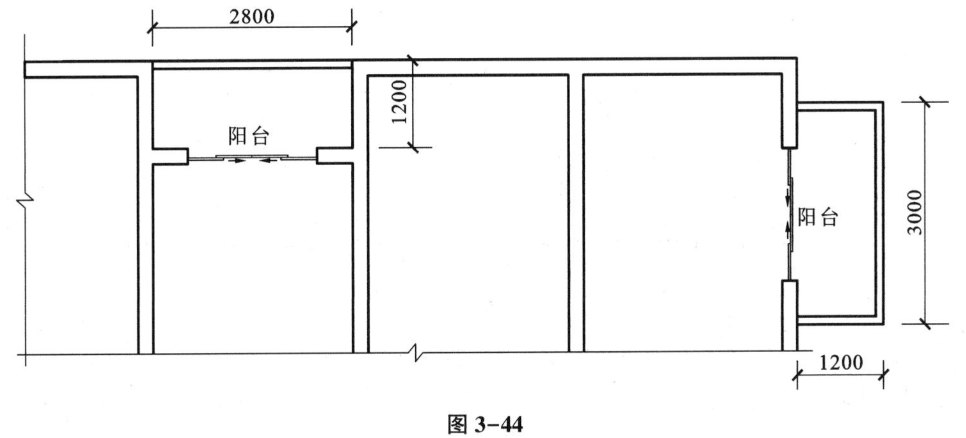

图 3-44

【解】

$$S=2.8\times1.2+3\times1.2\times0.5=5.16\ (\mathrm{m}^2)$$

【例3-16】 计算图3-45（架空走廊平面图）、图3-46（架空走廊立面图）所示架空走廊的建筑面积（墙厚200mm，轴线与墙体中心线平齐）。

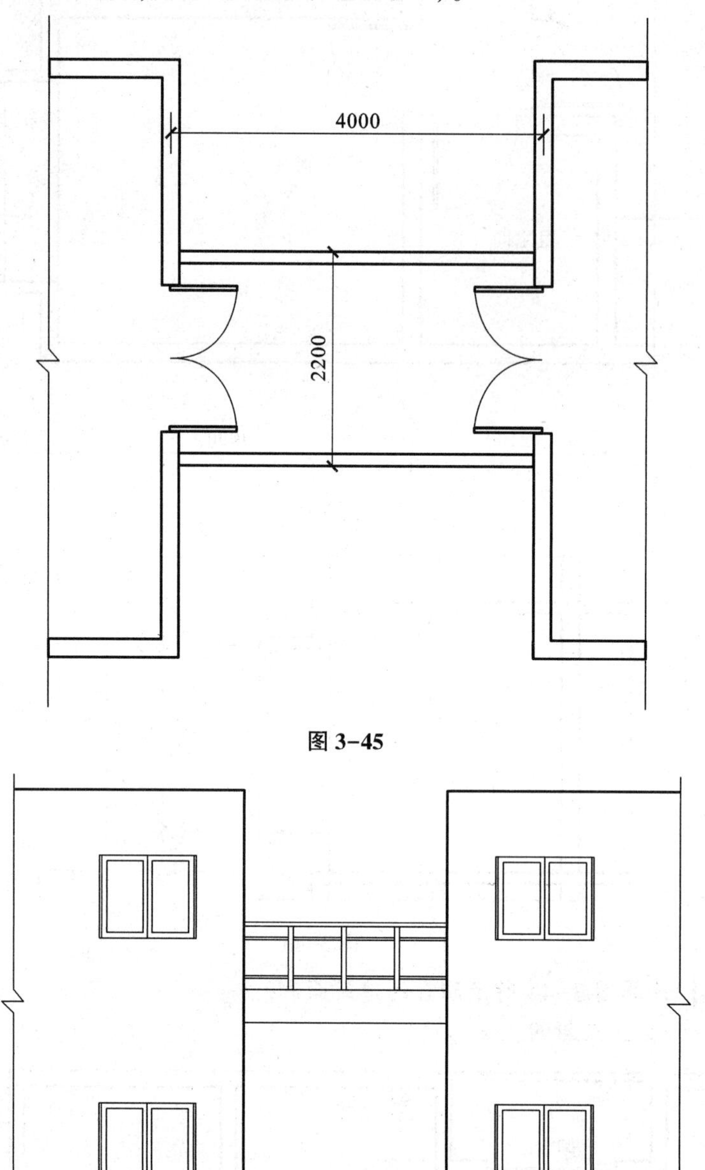

图3-45

图3-46

【解】 $S=(4-0.2)\times2.2\times0.5=4.18\ (m^2)$

【例3-17】 计算图3-47（一层平面图）、图3-48（保温层尺寸图）、图3-49（变形缝平面图）所示单层建筑物的建筑面积（层高3.6m，墙厚200mm，轴线与墙体中心线平齐，保温层材料厚50mm，变形缝宽100mm）。

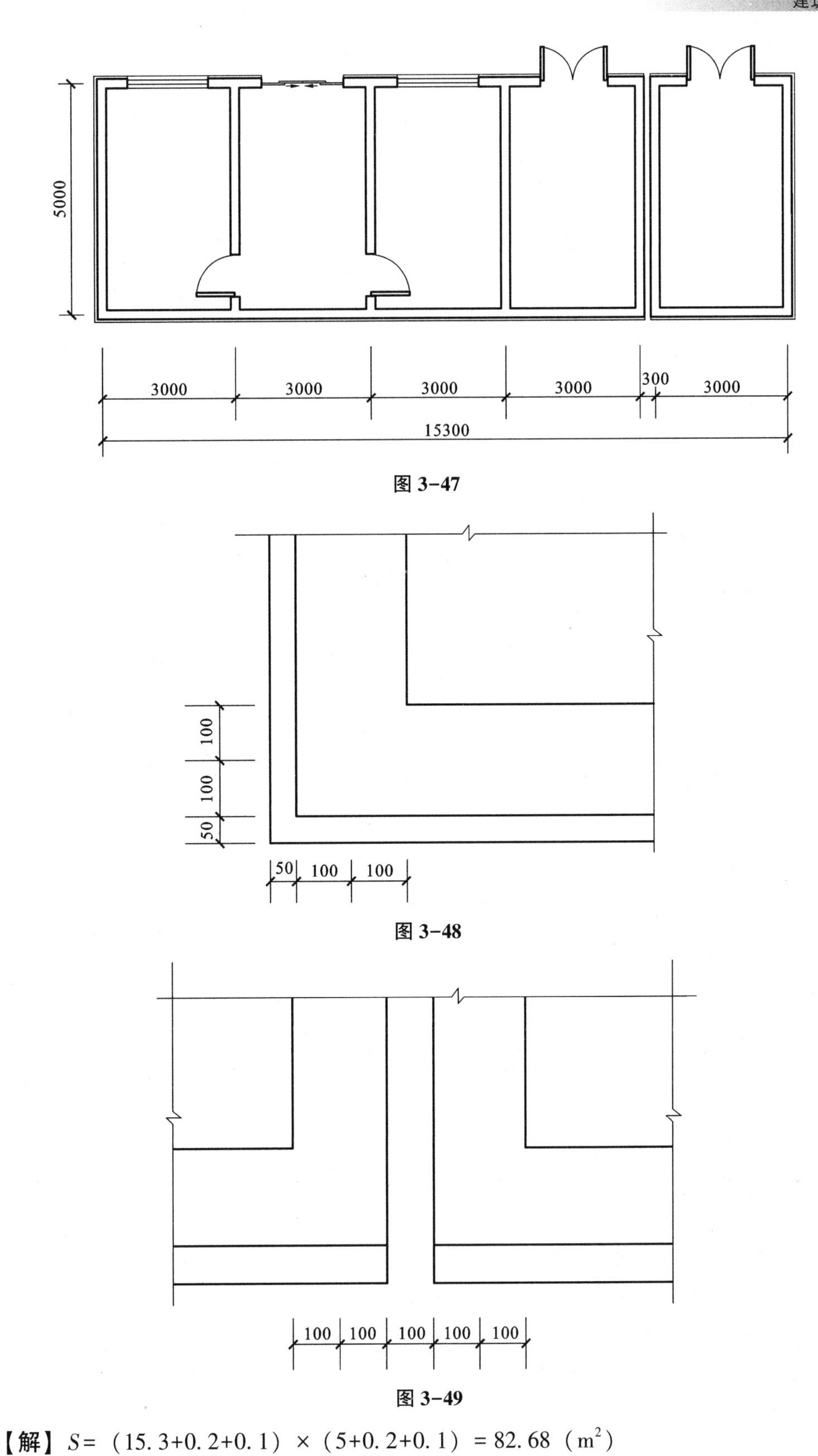

图 3-47

图 3-48

图 3-49

【解】 $S=(15.3+0.2+0.1)\times(5+0.2+0.1)=82.68\ (m^2)$

小贴士

(1) 计算全面积的范围。

计算全面积的范围，应该是人们生产、生活中经常活动和保证人们能够正常活动的建筑空间。其包括以下内容：

①人们经常活动的建筑高层或层高、净高（层高在2.20m及2.20m以上者）；

②有起挡风遮雨作用的围护结构；

③有保证人们正常活动的永久性顶盖。

(2) 计算1/2面积的范围。

①设计加以利用，但层高或净高不能完全满足人们正常活动的建筑空间（层高不足2.20m，或净高不足2.10m）；

②没有完全起挡风遮雨作用的围护结构，但有永久性顶盖的建筑空间，计算1/2的建筑面积。

(3) 不计算建筑面积的范围。

①人们不经常活动或不能够提供人们正常活动的建筑空间，如：

a. 净高过低（净高不足1.20m）；

b. 无永久性顶盖的建筑物部分（无永久性顶盖的架空走廊、室外楼梯和露台）；

c. 设备部分（如建筑物内的设备管道夹层、操作平台、扶梯、滚道等）。

②公共道路的组成部分（建筑物通道、骑楼和过街楼的底层）。

③凸出在建筑物外的装饰性构、配件等，如勒脚、垛、台阶、墙面抹灰、装饰面、镶贴块料面层、装饰性幕墙、空调室外机搁板（箱）、飘窗、构件、配件、宽度在2.1m及2.1m以内的雨篷、与建筑物内不连通的装饰性阳台。

一、单项选择题。

1. 建筑物的门厅、大厅按一层计算建筑面积。门厅、大厅内设有回廊时，应按其结构底板水平面积计算。层高在（　　）m及以上者应计算全面积；层高不足（　　）m者应计算（　　）面积。

A. 2.20；1.20~2.20；1/2　　B. 2.20；2.20；1/2

C. 2.20；2.20；1/4　　D. 2.10；2.10；1/2

2. 关于建筑面积，说法错误的是（　　）。

A. 指建筑物的水平面积的总和

B. 指外墙勒脚以上各层水平投影面积的总和

C. 就是指使用面积

D. 是确定各项技术经济指标的基础

3. 下列项目应计算建筑面积的是（　　）。

A. 地下室的采光井　　B. 室外台阶

C. 建筑物内变形缝　　D. 建筑物的通道

4. 建筑物外有围护结构，层高2.2m的挑廊、檐廊按（　　）计算建筑面积。

A. 不计算建筑面积　　B. 围护结构外围水平面积的1/2

C. 围护结构外围水平面积　　D. 条件不足，无法判断

5. 某住宅建筑共6层，各层外墙外边线所围成的外围水平面积为400m^2，二层以上每层有两个挑阳台，每个阳台水平面积为5m^2（有围护结构），该住宅建筑面积是（　　）m^2。

A. 2 422　　B. 2 407　　C. 2 450　　D. 2 425

6. 某单层工业厂房的外墙勒脚以上外围水平面积为7 200m^2；厂房高7.8m，内设有两层办公楼，层高均大于2.2m，其外围水平面积为350m^2；厂房外设办公室楼梯两层（有永久性顶盖），每个自然层水平投影面积为7.5m^2。则该厂房的总建筑面积为（　　）m^2。

A. 7 557.5　　B. 7 565　　C. 7 553.75　　D. 7 915

二、多项选择题。

1. 以下说法正确的是（　　）。

A. 单层建筑物高度在2.20m及2.20m以上者应计算全面积

B. 单层建筑物高度在2.10m及2.10m以上者应计算全面积

C. 单层建筑物高度不足2.20m者应计算1/2面积

D. 单层建筑物利用坡屋顶内空间时，层高超过2.10m的部位应计算全面积

E. 单层建筑物利用坡屋顶内空间时，净高超过2.10m的部位应计算全面积

2. 关于建筑面积的计算，正确的说法是（　　）。

A. 建筑物顶部有围护结构的楼梯间层高不足2.2m时，计算1/2面积

B. 建筑物凹阳台计算全部面积，挑阳台计算1/2面积

C. 设计不加以利用的深基础架空层层高不足2.2m时，计算1/2面积

D. 建筑物雨篷外挑宽度超过1.2m时，计算水平投影面积的1/2

三、计算题。

1. 计算如图3-50所示的建筑面积。

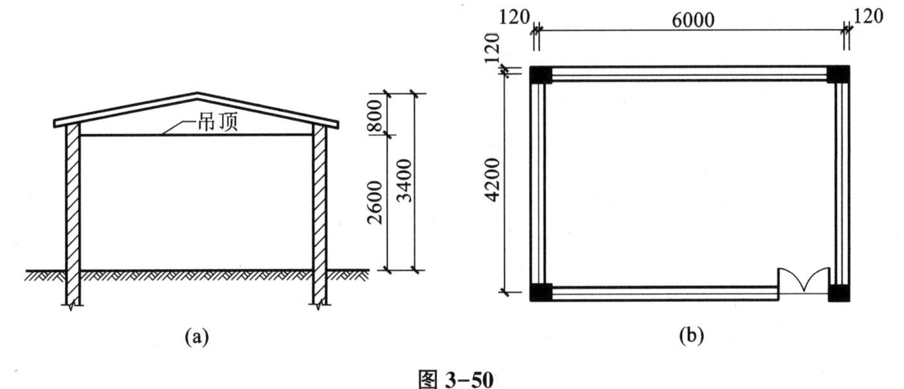

图3-50

（a）剖面图；（b）平面图

2. 计算如图3-51所示的建筑面积。

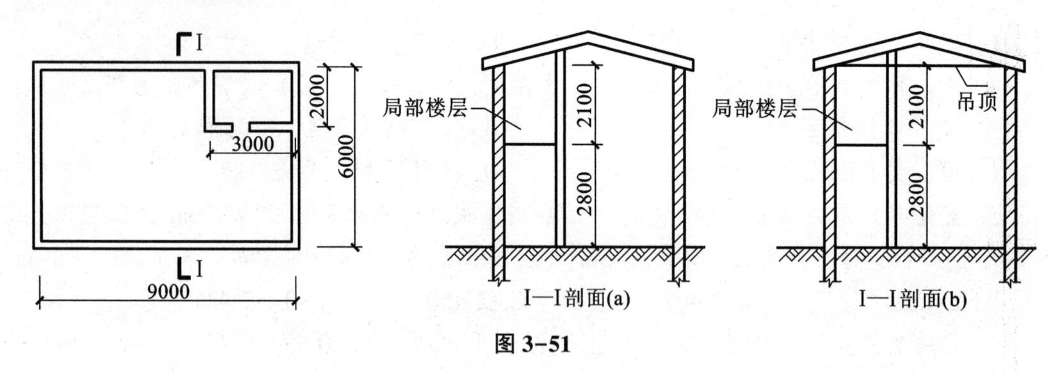

图 3-51

3. 计算如图 3-52 所示的建筑面积。

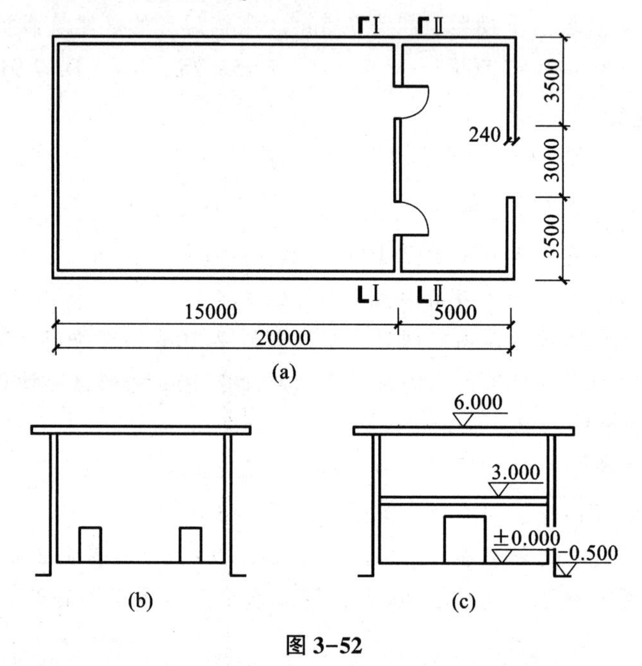

图 3-52

(a) 平面图；(b) Ⅰ—Ⅰ剖面图；(c) Ⅱ—Ⅱ剖面图

项目 4　建筑工程工程量计算及定额的应用

内容提要

本项目主要介绍了建筑工程预算编制中定额的具体使用方法，以《江西省建筑工程消耗量定额及统一基价表》为计价依据，分十二个任务对建筑工程预算进行分项描述。在每个任务中均对定额的套用和换算进行了详细的讲述。

能力要求

知识要点	能力要求	相关知识
土石方工程定额计量与计价	(1) 熟悉土石方工程项目的工程量计算规则以及工程内容； (2) 掌握土石方工程量的计量与计价方法； (3) 掌握土石方定额工程量的编制，以及计价单价分析	土壤类别、岩石风化类别、工作面、放坡、土方体积
桩与地基基础工程定额计量与计价	(1) 熟悉桩与地基基础工程工程量计算规则以及工程内容； (2) 掌握桩与地基基础工程量的计量与计价方法； (3) 掌握桩与地基基础工程工程量的编制，以及计价单价分析	钻（冲）孔桩、预制桩、人工挖孔桩、地基处理、桩尖、送桩
砌筑工程定额计量与计价	(1) 熟悉砌筑工程工程量计算规则以及工程内容； (2) 掌握砌筑工程工程量的计量与计价方法； (3) 掌握砌筑工程工程量的编制，以及计价单价分析	砌筑方式、砌体种类、砖基础类型、净长线、外边线
混凝土工程定额计量与计价	(1) 熟悉混凝工程工程量计算规则以及工程内容； (2) 掌握混凝土及钢筋混凝土结构工程量的计量与计价方法； (3) 掌握混凝土工程量的编制，以及计价单价分析	现浇混凝土、预制混凝土、商品混凝土、混凝土构筑物体积计算公式、变截面、悬挑异形结构、混凝土施工措施

续表

知识要点	能力要求	相关知识
其他工程定额计量与计价	(1) 掌握厂库房大门、特种门的适用范围及工程量计算和计价； (2) 掌握金属结构工程的项目组成及工程量计算和计价； (3) 掌握屋面防水、墙、地面防水的工程量计算和计价； (4) 掌握建筑物超高增加工程费计算和计价； (5) 熟悉措施工程的工程量计算和计价	木结构、铜结构、膜结构、刚性防水、柔性防水、立面防水、超高人工降效

重难点

1. 重点：(1) 土石方项目工程量的编制及定额计价；
(2) 桩与地基基础工程项目工程量的编制及定额计价；
(3) 砌筑工程项目工程量的编制及定额计价；
(4) 混凝土结构项目工程量的编制及定额计价；
(5) 其他工程定额计量与计价。

2. 难点：(1) 正确划分基础以及基础以上的计算项目；
(2) 土石方项目定额计价中定额的使用；
(3) 桩与地基基础工程定额计价中定额的使用；
(4) 砌筑工程项目定额计价中定额的使用；
(5) 混凝土结构项目定额计价中定额的使用；
(6) 其他工程项目定额计价中定额的使用。

任务1　土石方工程

4.1.1　基础知识

(1) 土石方工程的内容。

土石方工程包括土方的开挖、填筑、运输等施工过程和排除地面水、降低地下水位、土壁支护等辅助工程过程。

(2) 土石方工程的施工特点。

土石方工程的施工特点是工程量大、劳动强度高、施工条件复杂。因此，施工前应根据工程水文地质资料、气候环境特点制订合理的施工方案，采用机械化施工，做好排水、降水、土壁支护等工作，确保工程质量及安全。

(3) 名词解释。

①挖基坑：基坑示意图见图4-1，$S\leqslant20\text{m}^2$，$L\leqslant3B$。

②挖沟槽：沟槽示意图见图 4-2，$B \leqslant 3m$，$L>3B$。

③挖土方：$S>20m^2$，$B>3m$。

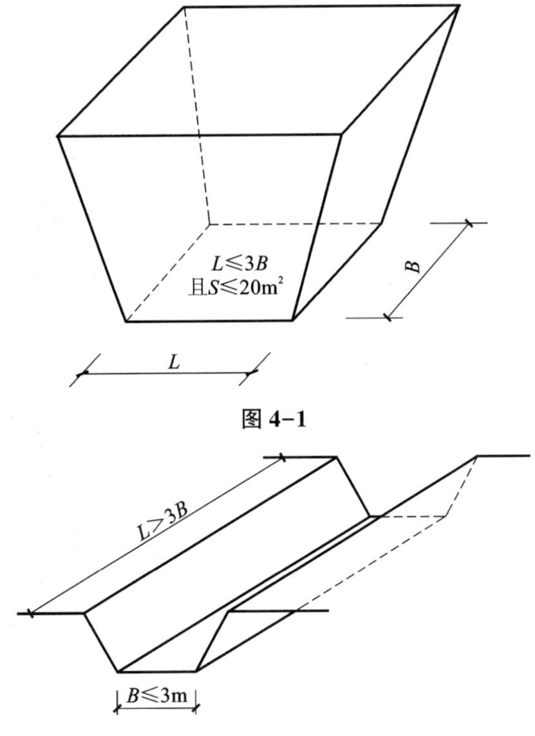

图 4-1

图 4-2

④山坡切土：指开挖设计室外地面标高以上的土方，且 $H>300mm$。

⑤平整场地：指 $H \leqslant \pm 300mm$ 的挖填找平（图 4-3）。

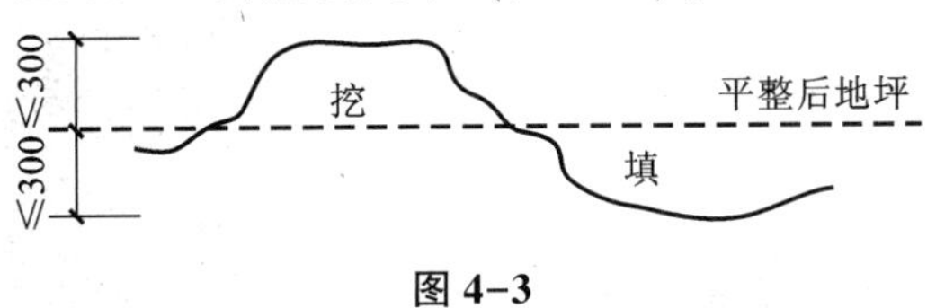

图 4-3

⑥放坡起点：指土壤在天然密实状态下，开挖到一定深度后，土壤边坡开始自由坍落时的高度。

⑦放坡系数 K：K=放坡宽度/基坑（槽）高度=B/H，见图 4-4。

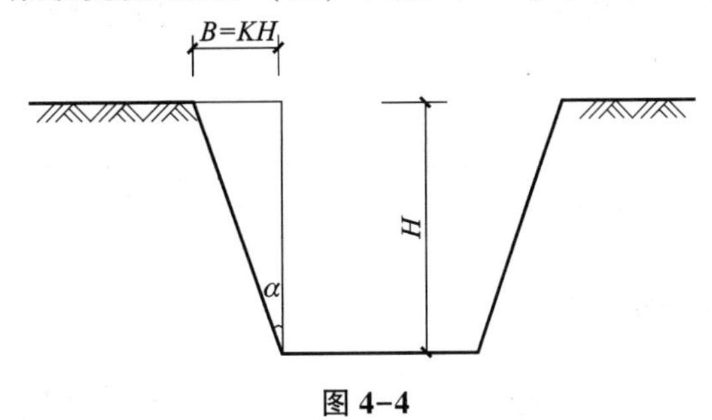

图 4-4

⑧工作面：指合理的施工组织在正常的施工条件下，施工操作所需要的最小宽度。

⑨基坑支护：基坑开挖若受土质与周围场地条件的限制，不能按规定放坡或放坡开挖所增加的土方量太大，则可采用直立边坡加支护的施工方法。

⑩水泥土墙支护：水泥土墙支护通过沉入地下设备将喷入的水泥与土掺和，形成相互搭接的水泥加固土桩墙。一般靠其自重和刚度挡土截水。水泥土墙支护按施工机具和方法不同，分为深层搅拌法、旋喷法和粉喷法。

⑪土钉支护：土钉支护由密集的土钉群、被加固的原位土、喷射混凝土面层和必要的防水系统组成，采用直径16~32mm的螺纹钢筋置入土层钻孔中，并沿钻孔全长注浆而成。面层采用喷射混凝土，强度等级不低于C20，厚度为80~200mm，配置直径6~10mm的钢筋网，间距为150~300mm。混凝土面层与土钉有效连成整体，见图4-5。

图4-5

⑫土层锚杆支护：土层锚杆是埋设在土层深处的受拉杆体，由设置在钻孔内的钢绞线或钢筋与注浆体组成。钢绞线或钢筋一端与支护结构相连，另一端深入稳定土层中，承受由土压力和水压力产生的拉力，维护支护结构的稳定，见图4-6。

⑬钢板桩支护：钢板桩由带锁口或钳口的热轧型钢制成，相互连接打入土层中，形成连续钢板桩墙，起到挡土和止水的双重作用。因其具有打设方便、承载力高、可重复使用的优点而广泛应用于软弱土地基及地下水位较高的深基坑（槽）支护工程，见图4-7。

图4-6

图4-7

⑭钢筋混凝土排桩支护：钢筋混凝土排桩支护采用灌注桩，具有布置灵活、无震动、成本低、施工简单、应用广泛的特点。

4.1.2 定额套用说明

（1）土壤分类详见“土壤及岩石分类表”。表中Ⅰ、Ⅱ类为定额中一、二类土壤（普通土）；Ⅲ类为定额中三类土壤（坚土）；Ⅳ类为定额中四类土壤（砂砾坚土）。人工挖沟槽、基坑定额深度最深为 6m，超过 6m 时，可另补充基价表。

（2）岩石分类详见“土壤及岩石分类表”。表中Ⅴ类为定额中松石；Ⅵ、Ⅶ类为定额中次坚石；Ⅸ、Ⅹ类为定额中特坚石。

（3）人工土方定额是按干土编制的，若挖湿土，人工土方定额应乘以系数 1.18。干湿土的划分应根据地质勘测资料以地下常水位为准划分，地下常水位以上为干土，以下为湿土。

（4）本定额未包括地下水位以下施工的排水费用，发生时，另行计算。

（5）支挡土板定额项目分为密撑和疏撑。密撑是指满支挡土板；疏撑是指间隔支挡土板，实际间距不同时，定额不作调整。

（6）在有挡土板支撑下挖土方时，按实挖体积计，人工土方定额乘以系数 1.43。

（7）人工挖孔桩不分土壤类别。岩石风化程度为强风化岩、中风化岩、微风化岩三类。强风化岩不作入岩计算，中风化岩和微风化岩作入岩计算。岩石风化程度见表 4-1。

表 4-1　岩石风化程度划分表

风化程度	特　征
微风化	岩石新鲜，表面稍有风化迹象
中风化	1. 结构和构造层理清晰； 2. 岩体被节理、裂隙分割成块状（20～25cm），裂隙中填充少量风化物，锤击声脆且不易击碎； 3. 用镐难挖掘，手摇钻不易钻进
强风化	1. 结构和构造层理不甚清晰，矿物成分已显著变化； 2. 岩质被节理、裂隙分割成碎石状（2～20cm），碎石用手可折断； 3. 用镐可以挖掘，手摇钻不易钻进

（8）人工挖孔桩遇到淤泥、流砂时，可另行按实际发生的计算。

（9）石方爆破定额是按炮眼法松动爆破编制的，不分明炮、闷炮，但闷炮的覆盖材料应另行计算。

（10）石方爆破定额是按电雷管导电起爆编制的，如采用火雷管爆破时，雷管应换算，数量不变，扣除定额中的胶质导线，换为导火索，导火索的长度按每个雷管 2.12m 计算。

（11）定额中的爆破材料是按炮孔中无地下渗水、积水编制的。炮孔中若出现地下渗水、积水时，处理渗水或积水发生的费用另行计算。定额内未计爆破时所需覆盖的安全网、草袋、架设安全屏障等设施，发生时另行计算。

对于机械土、石方，定额套用有如下方面：

（1）推土机推土、推石渣，铲运机铲运土重车上坡时，如果坡度大于 5%，其运距按坡度区段斜长乘以下列系数（表 4-2）计算。

表 4-2　坡度系数

坡度/%	5～10	15 以内	20 以内	25 以内
系数	1.75	2.00	2.25	2.50

（2）汽车、人力车、重车上坡降效因素，已综合在相应的运输定额项目中，不再另行

计算。

（3）机械挖土方工程量按施工组织设计分别计算机械和人工挖土工程量。无施工组织设计时，可按机械挖土方90%，人工挖土方10%计算（人工挖土方部分按相应定额项目人工乘以系数2.0）。

（4）土壤含水率定额以天然含水率为准。如含水率大于25%时，人工、机械定额乘以系数1.15，含水率大于40%时另行计算。

（5）推土机推土或铲运机铲土土层平均厚度小于300mm时，推土机台班用量乘以系数1.25，铲运机台班用量乘以系数1.17。

（6）挖掘机在垫板上进行作业时，人工、机械定额乘以系数1.25，定额内不包括垫板铺设所需的工料、机械消耗。

（7）推土机、铲运机在推、铲未经压实的积土时，按定额项目乘以系数0.73计算。

（8）机械土方定额是按三类土编制的，如实际土壤类别不同时，定额中机械台班量乘以下列系数（表4-3）计算。

表4-3　机械土方定额项目系数

项目	一、二类土壤	四类土壤
推土机推土方	0.84	1.18
铲运机铲运土方	0.84	1.26
自行铲运机铲运土方	0.86	1.09
挖掘机挖土方	0.84	1.14

（9）机械上下行驶坡道土方，合并在土方工程量内计算。

（10）汽车运土方运输道路是按一、二、三类道路综合确定的，已考虑了运输过程中道路清理的人工，需要铺筑材料时另行计算。

（11）装载机装原状土，需由推土机破土时，另增加推土机推土项目。

4.1.3　工程量计算规则

（1）计算土、石方工程量前，应确定下列各项资料：

①土壤及岩石类别的确定。土壤及岩石类别的划分，依工程勘测资料与“土壤及岩石分类表”对照确定。

②地下水位标高及排（降）水方法。

③土方、沟槽、基坑挖（填）的起止标高、施工方法及运距。

④岩石开凿、爆破方法，石渣清运方法及运距。

⑤其他有关资料。

（2）人工土、石方。

①计算一般规则。

A. 人工土、石方均按天然密实体积计算。土方体积如遇虚方体积、夯实体积和松填体积必须折算成天然密实体积时，可按表4-4折算。

表 4-4　土方体积折算系数

虚方体积	天然密实体积	夯实后体积	松填体积
1.00	0.77	0.67	0.83
1.30	1.00	0.87	1.08
1.49	1.15	1.00	1.24
1.20	0.93	0.81	1.00

B. 凡图示基坑底面积在 20m^2 以内的为基坑；图示沟槽底在 3m 以内，且槽长大于槽宽 3 倍以上的为沟槽；图示沟槽底宽在 3m 以上，基坑底面积在 20m^2 以上的为挖土方；设计室外地坪以上的挖土为山坡土。

C. 人工平整场地指在建筑物场地内，挖、填土方厚度在±30cm 以内的就地找平。挖、填土方厚度超过±30cm 时，另按有关规定计算。当进行场地竖向挖、填土方时，不再计算平整场地的工程量。

D. 在同一槽、坑或沟内有干、湿土时，应分别计算工程量，但套用定额时，按槽、坑的全深计算。

②平整场地工程量按建筑物（或构筑物）外形，每边各加 2m 以 m^2 计算。

③沟槽长度：外墙按图示中心线长度计算，内墙按图示基础垫层底面之间净长线长度计算，凸出墙面的附墙烟囱、垛等挖土体积并入沟槽土方工程量内计算。

④挖沟槽、基坑、土方放坡系数按表 4-5 规定计算放坡。

表 4-5　放坡系数表

土壤类别	放坡起点/m	人工挖土	机械挖土	
			在坑内作业	在坑上作业
一、二类土	1.20	1∶0.50	1∶0.33	1∶0.75
三类土	1.50	1∶0.33	1∶0.25	1∶0.67
四类土	2.00	1∶0.25	1∶0.10	1∶0.33

注：1. 沟槽、基坑中土壤类别不同时，分别按其放坡起点、放坡系数依不同土壤厚度加权平均计算。
2. 计算放坡时，在交接处的重复工程量不予扣除，槽、坑作基础垫层，放坡自垫层上表面开始计算。

⑤沟槽、基坑需支挡土板时，其宽度按图示底宽单面加 100mm，双面加 200mm 计算；挡土板面积按槽、坑垂直支撑面积计算。支挡土板后，不得再计算放坡。

⑥基础施工增加工作面，按表 4-6 规定计算。

表 4-6　基础施工所需工作面宽度计算表

基础材料	每边各增加工作宽度/mm
砖基础	200
浆砌毛石、条石基础	150

续表

基础材料	每边各增加工作宽度/mm
混凝土基础垫层支模板	300
混凝土基础支模板	300
基础垂直面做防水层	800

⑦管道沟槽按图示中心线长度计算，沟底宽度设计有规定的按设计规定计算，设计未规定的按表4-7宽度计算。

表4-7　管道地沟沟底宽度计算表

管径/mm	铸铁管、钢管、石棉水泥管/mm	混凝土管、钢筋混凝土管、预应力混凝土管/mm	陶土管/mm
50~70	600	800	700
100~200	700	900	800
250~350	800	1 000	900
400~450	1 000	1 300	1 100
500~600	1 300	1 500	1 400
700~800	1 600	1 800	—
900~1 000	1 800	2 000	—
1 100~1 200	2 000	2 300	—
1 300~1 400	2 200	2 600	

注：1. 按上表计算管道沟槽土方工程时，各种井类及管道（不含铸铁给排水管）接口等处需加宽增加的土方量不另行计算，底面积大于20m² 的井类，其增加工程量并入管沟土方计算。

2. 铺设铸铁给排水管道时，其接口等处土方增加量可按铸铁给排水管道地沟土方总量的2.5%计算。

⑧沟槽（管道地沟）、基坑深度按图示沟、槽、坑底面至自然地坪深度计算。

⑨人工挖孔桩挖桩土方体积按设计图示尺寸（含护壁），从自然地面至桩底以 m^3 计算。

⑩沉管灌注桩、回旋钻孔灌注桩空桩部分的成孔工程量，从自然地面至设计桩顶的高度减1m后乘以桩截面面积以 m^3 计算。

⑪修凿混凝土桩头，按实际修凿体积以 m^3 计算。

⑫计算基础回填土体积应减去埋在室外地坪以下的基础和垫层，以及直径超过500mm的管道等所占的体积。管径在500mm以下的，不扣除管道所占体积；管径超过500mm时按表4-8规定扣除管道所占的体积。

表 4-8　管道扣除土方体积表　（单位：m^3/m）

管道名称	管道直径/mm					
	501～600	601～800	801～1 000	1 001～1 200	1 201～1 400	1 401～1 600
钢管	0.21	0.44	0.71	—	—	—
铸铁管	0.24	0.49	0.77	—	—	—
混凝土管	0.33	0.60	0.92	1.15	1.35	1.55

⑬室内回填土体积按下式计算：

室内回填土体积=主墙间净面积×回填土厚度

⑭余土外运或取土内运工程量按下式计算：

余土外运或取土内运工程量=挖土体积−回填土体积

运土体积计算结果为正时需余土外运，为负时则需取土内运。

⑮沟槽、坑底夯实按实夯面积计算，套原土打夯子目。

⑯爆破岩石沟槽、基坑，深、宽允许超挖。超挖量：松石、次坚石为200mm，普坚石、特坚石为150mm。超挖部分岩石并入相应工程量内。

⑰基底钎探按图示基底面积以 m^2 计算。

4.1.4　主要工程量计算公式

（1）平整场地工程量计算。

平整场地见图 4-8，其工程量的计算按建筑物（或构筑物）外形，每边各加 2m 以 m^2 计算。

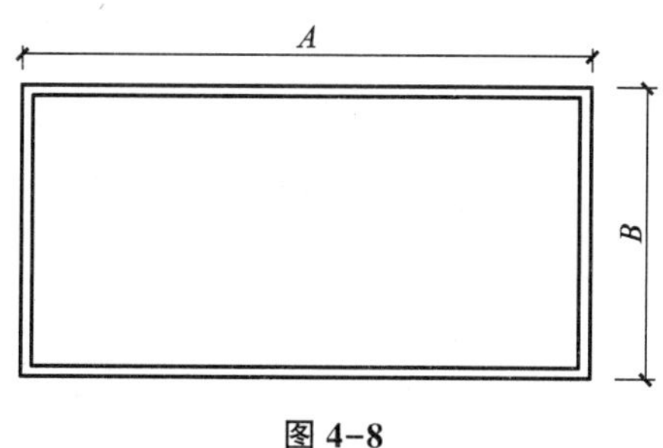

图 4-8

$$S=S_{底}+2\times L_{外}+16 \tag{4-1}$$

式中　S——平整场地的工程量；

$S_{底}$——建筑物底层的面积。

（2）人工挖基槽工程量计算。

区别不同土的类别、挖土深度，按基础垫层底部宽度乘以基槽深度及基槽的长度以 m^3 计算。

①不放坡，见图 4-9。

计算公式为

$$V=(B+2c)\cdot H\cdot(L_{中}+L_{净}) \tag{4-2}$$

式中 V——基槽土方体积，m^3；

L——基槽长度，外墙按图示中心线长 $L_{中}$ 计，内墙按基槽净长 $L_{净}$ 计，m；

B——基础底面宽度，m；

c——增加工作面，m；

H——挖土深度，从图示基槽底面至设计室外地坪，m。

②由垫层下表面放坡，见图 4-10。

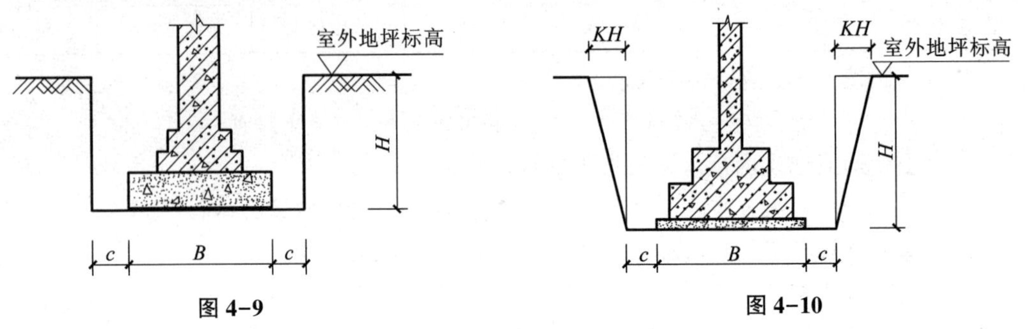

图 4-9　　图 4-10

计算公式为

$$V=(B+2c+B+2c+2KH)\cdot H\div 2\times(L_{中}+L_{净})$$
$$=(2B+4c+2KH)\cdot H\div 2\times(L_{中}+L_{净}) \tag{4-3}$$
$$=(B+2c+KH)\cdot H\cdot(L_{中}+L_{净})$$

式中 K——放坡系数，可按定额中表 3-1 取定。

③由垫层上表面放坡，见图 4-11。

计算公式为

$$V=L[(B+KH_2)H_2+BH_1] \tag{4-4}$$

④双面支挡土板，见图 4-12。

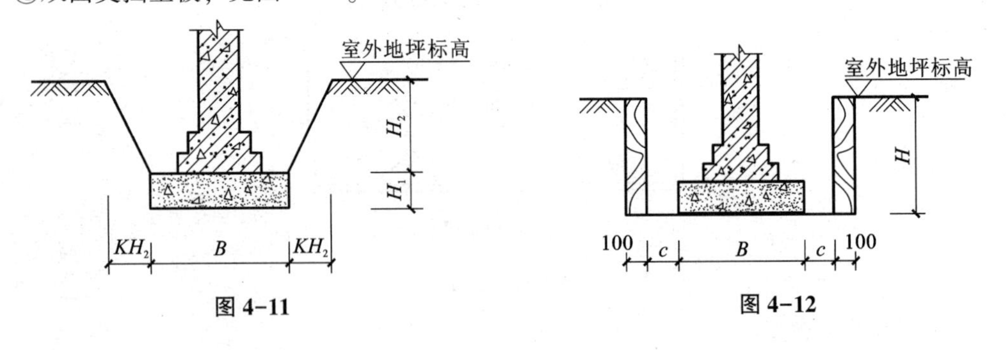

图 4-11　　图 4-12

计算公式为

$$V=L(B+2c+0.2)H \tag{4-5}$$

（3）挖基坑、土方。

①矩形基坑（图 4-13）。

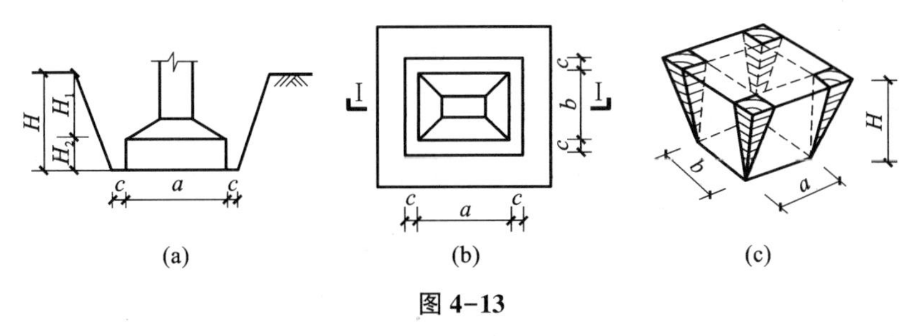

图 4-13

计算公式为

$$V=(a+2c+KH)(b+2c+KH)H+\frac{1}{3}K^2H^3 \tag{4-6}$$

②圆形基坑（图 4-14）。

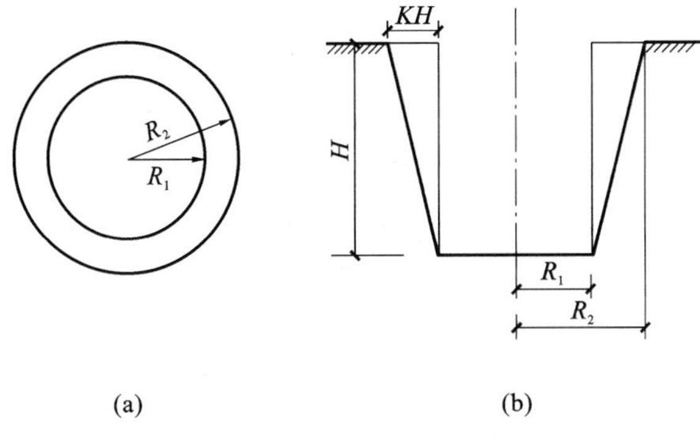

图 4-14

计算公式为

$$V=\frac{1}{3}\pi(R_1^2+R_2^2+R_1R_2)H \tag{4-7}$$

式中　R_1——坑底半径，m；

　　R_2——坑口半径，$R_2=R_1+KH$，m。

（4）挖土方。

凡不满足上述基槽、地坑条件，且挖土深度 $H>0.3$m 的土方开挖，均为挖土方。

工程量根据不同土的类别、挖土深度，按设计图示尺寸以 m³ 计算。

（5）回填工程量计算。

①基础（即基槽、基坑）回填土（图 4-15）。其工程量按基础挖土体积减去室外地坪标高以下埋设物的体积（包括基础、垫层、地梁或基础梁，以及直径超过 500mm 的管道等所占的体积），以回填土体积 m³ 计算。其计算公式表述如下：

$$V_{填土}=V_{挖土}-V_{下埋}=V_{挖土}-V_{垫层}-V_{基础}-V_{基础梁}-V_{地梁} \tag{4-8}$$

式中　$V_{填土}$——基础回填土体积；

　　$V_{挖土}$——基础挖土体积；

　　$V_{下埋}$——室外地坪标高以下埋设物的体积，包括基础、垫层、地梁或基础梁等的体积。

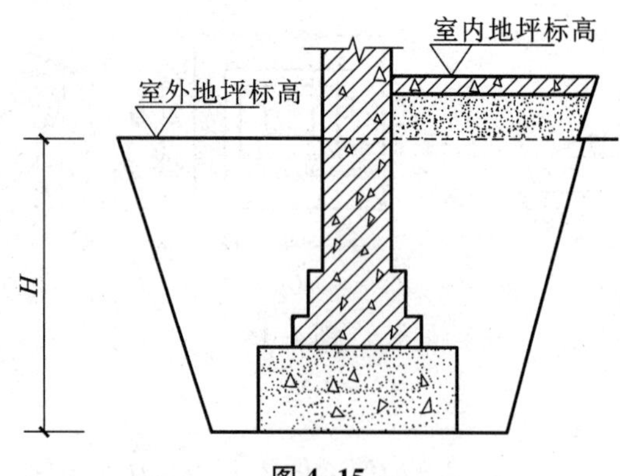

图 4-15

②室内回填土。其工程量按底层主墙间结构净面积乘以室内地坪的回填厚度，以回填土体积 m^3 计算。其计算公式表述如下：

$$V_{房心}=S_{底}\cdot(h-d) \qquad (4-9)$$

式中 $V_{房心}$——室内回填土的体积，m^3；

$S_{底}$——底层主墙间净面积（主墙指墙厚大于 120mm 的墙）；

d——室内地坪垫层、面层等的厚度；

h——建筑室内外高差。

4.1.5 计算实例

【例 4-1】 人工挖基坑，二类湿土，深 4m，求该项目的基价。

【解】 套定额 A1-25 换算后得基价 = 1 258. 66×1. 18 = 1 485. 22（元/m^3）

【例 4-2】 根据图 4-16 计算人工平整场地直接工程费。

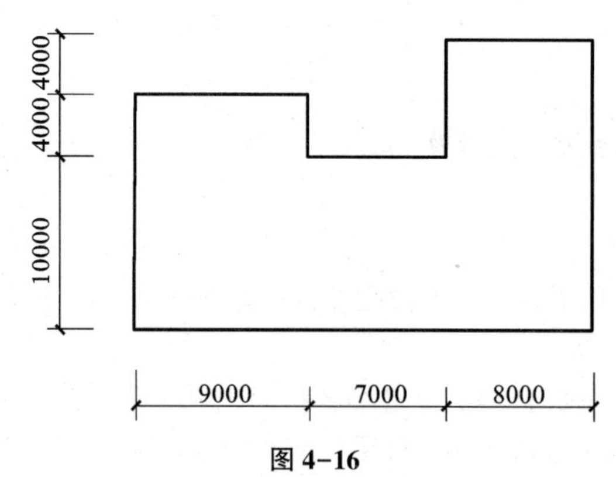

图 4-16

【解】

$$S_{底}=(10+4)\times9+10\times7+(10+4+4)\times8=340\ (m^2)$$

$$L_{外}=(18+24+4)\times2=92\ (m)$$

$$S_{平}=340+92\times2+16=540\ (m^2)$$

建筑工程预算书见表 4-9。

表 4-9　建筑工程预算书

序号	编号	项目名称	单位	数量	单价/元	总价/元
1	A1-1	人工平整场地	$100m^2$	5.4	238.53	1 288.06

【例 4-3】 根据图 4-17 计算人工平整场地直接工程费。

【解】 平整场地：

$$S_{平} = (A+4) \times (B+4)$$
$$= (9.6+0.24+4) \times (6.6+0.24+4)$$
$$= 13.84 \times 10.84 = 150.03\ (m^2)$$

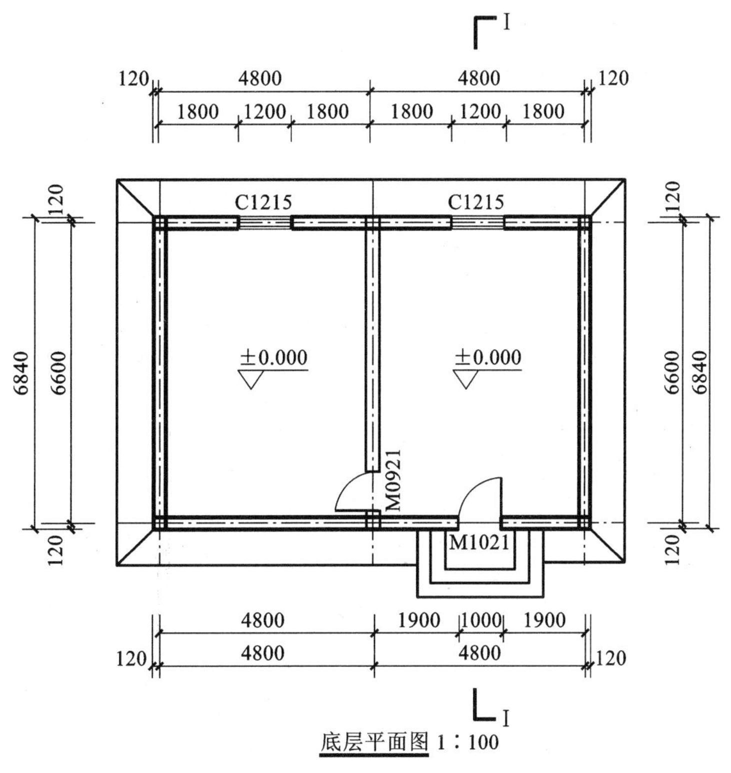

底层平面图 1∶100

图 4-17

建筑工程预算书见表 4-10。

表 4-10　建筑工程预算书

序号	编号	项目名称	单位	数量	单价/元		总价/元	
					单价	工资	合价	工资
1	A1-1	人工平整场地	$100m^2$	1.5	238.53	238.53	357.8	357.8

【例 4-4】 计算如图 4-18 所示房屋基础土方的工程量，并套定额计算直接工程费（设土方类别为三类土，采用人工挖土）。

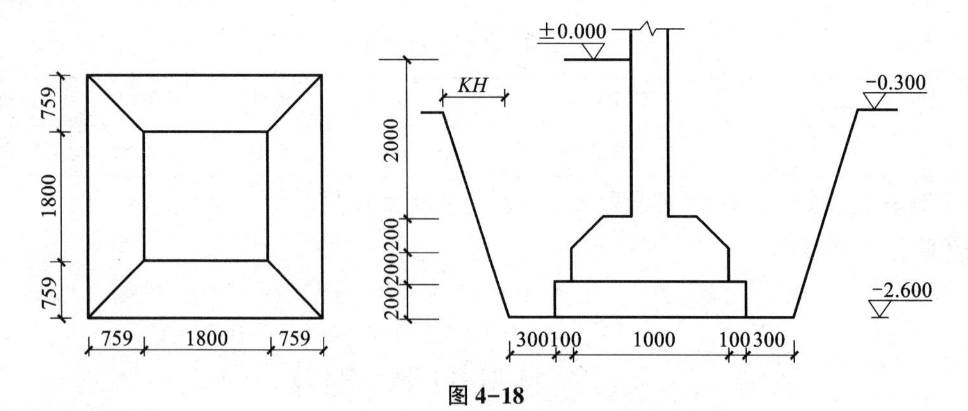

图 4-18

【解】 基抗挖土深度为 2.6−0.3=2.3（m）>1.5m，根据定额中表 4-5，应放坡开挖，放坡系数为 0.33；按规定每边留工作面 300mm，则：

$$V_{挖土方}=(a+2c+KH)\cdot H\cdot(b+2c+KH)+\frac{1}{3}K^2H^3$$

$$=(1.2+2\times0.3+0.33\times2.3)^2\times2.3+0.33^2\times2.3^3\div3=15.5\ (\mathrm{m}^3)$$

建筑工程预算书见表 4-11。

表 4-11　建筑工程预算书

序号	编号	项目名称	单位	数量	单价/元	总价/元
1	A1-28	人工挖基坑 三类土深度 4m 内	$100\mathrm{m}^3$	0.155	1 923.48	298.14

【例 4-5】 如图 4-19 所示条基，地面垫层厚度 80mm，找平层及面层厚度各为 20mm，试计算土方工程量及定额直接费。工程采用砖条形基础，240mm 厚墙体，土壤类别为三类土。

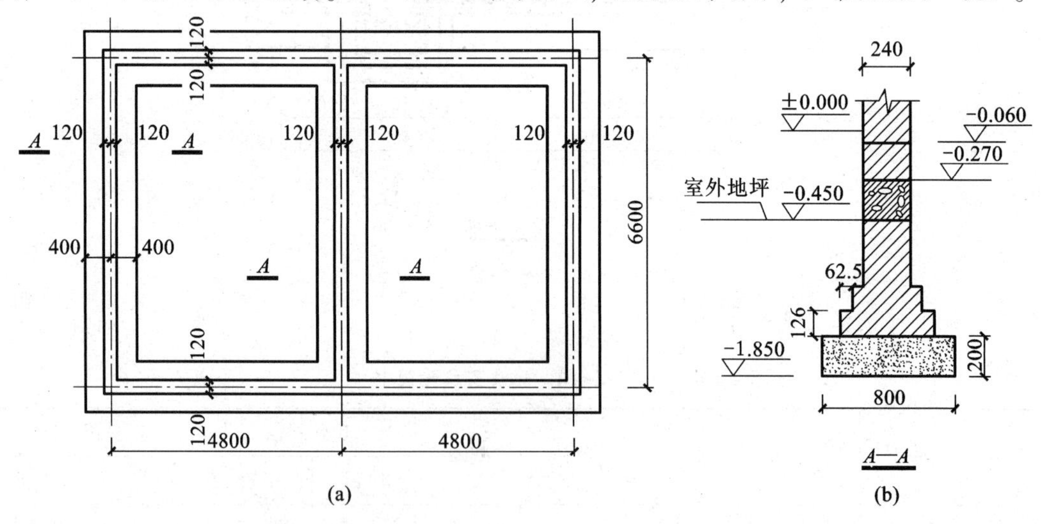

图 4-19

【解】（1）人工挖基槽：三类土，$c=300\mathrm{mm}$ 工作面。

$$H=1.85-0.45=1.4\ (\mathrm{m})<1.5\mathrm{m}$$

所以不放坡。

$$V_{槽}=(a+2c)\cdot H\cdot L$$

$$a=0.8\text{m},\ c=0.3\text{m},\ H=1.4\text{m}$$

$$L=L_{中}+L_{内}=(9.6+6.6)\times2+(6.6-0.8)=38.2\ (\text{m})$$

所以

$$V_{槽}=(0.8+2\times0.3)\times1.4\times38.2=74.87\ (\text{m}^3)$$

（2）砖基础。

$$\begin{aligned}V_{砖基毛}&=[0.126\times(0.0625\times4+0.24)+0.126\times0.365+0.24\times1.398]\times\\&\quad[(9.6+6.6)\times2+6.6-0.24]\\&=(0.49\times0.126+0.365\times0.126+0.24\times1.398)\times38.76\\&=17.18\ (\text{m}^3)\end{aligned}$$

应扣除地圈梁体积，即

$$V_{地圈梁}=0.24\times0.18\times38.76=1.67\ (\text{m}^3)$$

$$V_{砖基}=17.18-1.67=15.5\ (\text{m}^3)$$

（3）基础回填土。

$$V_{总回填}=V_{基础}+V_{房心}$$

$$V_{基回}=V_{挖槽}-V_{下埋}=V_{槽}-V_{砖基}-V_{垫}$$

$$V_{垫层}=a\cdot H_{垫}\cdot L=0.8\times0.2\times38.2=6.11\ (\text{m}^3)$$

$$V_{室外下砖基}=17.18-0.24\times0.45\times38.76=12.99\ (\text{m}^3)$$

$$V_{基础回填}=72.2-12.99-6.11=53.1\ (\text{m}^3)$$

$$\begin{aligned}V_{房心回填}&=S_{墙净}\cdot(h_1-h_{垫}-h_{找平层}-V_{面层})\\&=[(4.8-0.24)\times(6.6-0.24)\times2\times(0.45-0.08-0.02-0.02)\\&=19.14\ (\text{m}^3)\end{aligned}$$

所以总回填土方：

$$V_{回}=53.1+19.14=72.24\ (\text{m}^3)$$

运土方：

$$V_{挖}-V_{填}=74.87-72.24=2.63\ (\text{m}^3)$$

所以应取土回填2.63m³。

建筑工程预算书见表4-12。

表4-12 建筑工程预算书

序号	编号	项目名称	单位	数量	单位/元		总价/元	
					单价	工资	合价	工资
1	A1-18	人工挖沟槽 三类土 深度2m内	100m³	0.749	1 469.22	1 469.22	1 060.78	1 060.78
2	A1-181	回填土方 夯填	100m³	0.722	832.96	642.96	601.4	464.22
3	A3-1	砖基础	10m³	1.55	1 729.71	301.74	2 681.05	467.7
4	A4-35	现浇圈梁	10m³	0.167	2 309.78	608.65	385.73	101.64
5	A4-13×a1.2换	混凝土垫层	10m³	0.611	1 815.91	371.11	1 109.52	226.75

【例 4-6】已知基础平面图如图 4-20 所示，土为三类土，计算人工挖土的定额直接费（混凝土垫层施工时需支模板）。

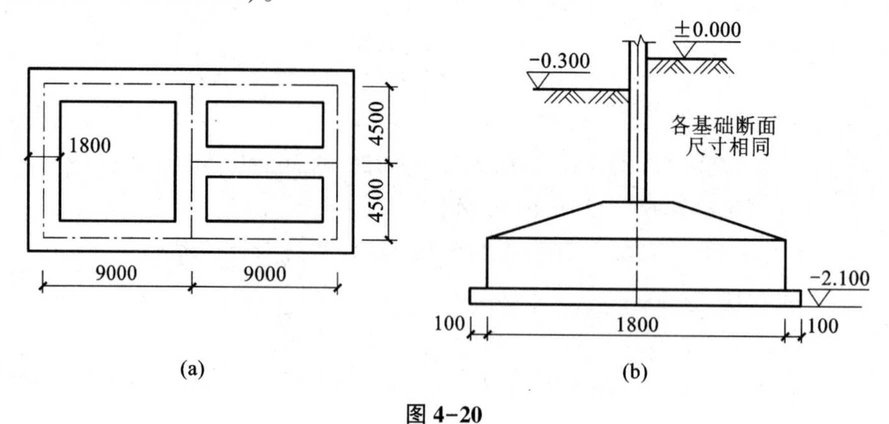

图 4-20

【解】工程量：

$$V=(B+2c+KH)\cdot H\cdot(L_{中}+L_{净})$$
$$=(1.8+0.2+2\times0.3+0.33\times1.8)\times1.8\times(54+9-2+9-2)$$
$$=391\text{m}^3$$

建筑工程预算书见表 4-13。

表 4-13 建筑工程预算书

序号	编号	项目名称	单位	数量	单位/元		总价/元	
					单价	工资	合价	工资
1	A1-18	人工挖沟槽 三类土深度 2m 内	100m³	3. 91	1 469. 22	1 469. 22	57. 3	57. 3

【例 4-7】试计算图 4-21 所示独立基础（共 30 个）土方工程的定额直接费，土为三类土。垫层为 C10（40）的素混凝土，独立基础为 C20（40）的钢筋混凝土，C25（40）柱，余土运距为 100m（基础双向尺寸相同）。

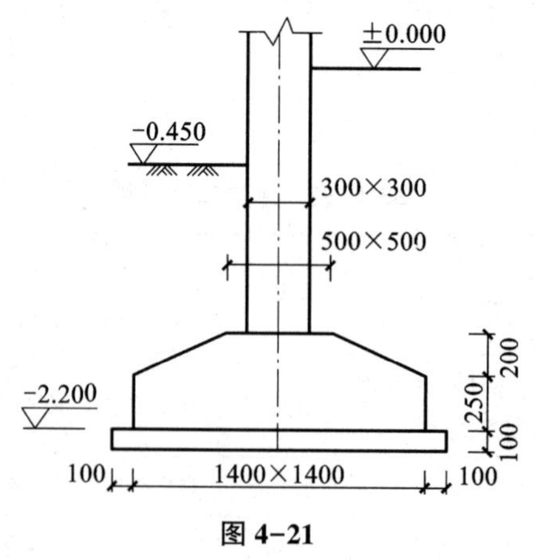

图 4-21

【解】人工挖地坑工程量：

$$V=(a+2c+KH)(b+2c+KH)H+\frac{1}{3}K^2H^3$$

$$=[(1.6+2\times0.3+0.33\times1.85)^2\times1.85+\frac{1}{3}\times0.33^2\times1.85^3]\times30$$

$$=445.3\ (m^3)$$

C10（40）无筋混凝土垫层工程量：

$$V=1.6\times1.6\times0.1\times30=7.68\ (m^3)$$

C20（40）独立基础工程量：

$$V=[1.4\times1.4\times0.25+0.2\div6\times(0.5\times0.5+1.4\times1.4+1.9\times1.9)]\times30$$

$$=20.52\ (m^3)$$

C25（40）柱工程量：

$$V=0.3\times0.3\times(2.2-0.45-0.45)\times30=3.51\ (m^3)$$

基础回填土工程量：

$$V=445.3-7.68-20.52-3.51=413.59\ (m^3)$$

运土方工程量：

$$445.3-413.59=31.71\ (m^3)$$

建筑工程预算书见表 4-14。

表 4-14　建筑工程预算书

序号	编号	项目名称	单位	数量	单位/元		总价/元	
					单价	工资	合价	工资
1	A1-27	人工挖基坑 三类土深度 2m 内	$100m^3$	4.453	1 647.12	1 647.12	7 334.63	7 334.63
2	A1-181	回填土方 夯填	$100m^3$	4.136	832.96	642.96	3 445.12	2 659.28
3	A1-191	人工运土方 运距 20m 内	$100m^3$	0.317	518.88	518.88	164.48	164.48

自主练习

一、单项选择题。

1. 已知某项建筑物外边线长 20m，宽 15m，根据《江西省建筑工程土建预算定额（2004年）》，其平整场地工程量为（　　）。

A. $456m^2$　　B. $300m^2$　　C. $374m^2$　　D. $415m^2$

2. 内墙土方地槽长度按（　　）计算。

A. 内墙中心线长度　　B. 内墙净长线长度

C. 内墙基础垫层净长线长度　　D. 内墙基础净长线长度

3. 人工挖土方采用二次开挖时放坡起点从（　　）开始算起。

A. 垫层顶　　B. 槽、坑底　　C. 室外地坪　　D. 自然地面

4. 管径在（　　）以上的沟槽回填土工程量应扣除其所占的体积。

A. 380mm　　B. 450mm　　C. 500mm　　D. 530mm

5. 场地平整按（　　）计算。

A. 设计图示尺寸以建筑物首层面积

B. 设计图示尺寸以建筑物首层面积的1/2

C. 设计图示尺寸以建筑物首层面积四周向外扩大2m

D. 经甲方工程师签批的施工组织设计的使用面积

6. 一设备的混凝土基础，底面尺寸为5m×5m，工作面为0.3m，挖土深为1.5m，放坡系数为1∶0.5，则挖土工程量为（　　）m^3。

A. 55.16　　B. 60.77　　C. 37.5　　D. 25

7. 有一建筑，外墙厚370mm，中心线总长为80m，内墙厚240mm，净长线总长为35m。底层建筑面积为600m^2，室内外高差为0.6m，地坪厚度为100mm，已知该建筑基础挖土量为1 000m^3，室外设计地坪以下埋设体积为450m^3，则该工程的余土外运量为（　　）m^3。

A. 212.8　　B. 269　　C. 169　　D. 112.8

8. 如图4-22所示，挖地槽土方底宽为（　　）。

A. 1 600mm　　B. 1 800mm　　C. 1 850mm　　D. 2 600mm

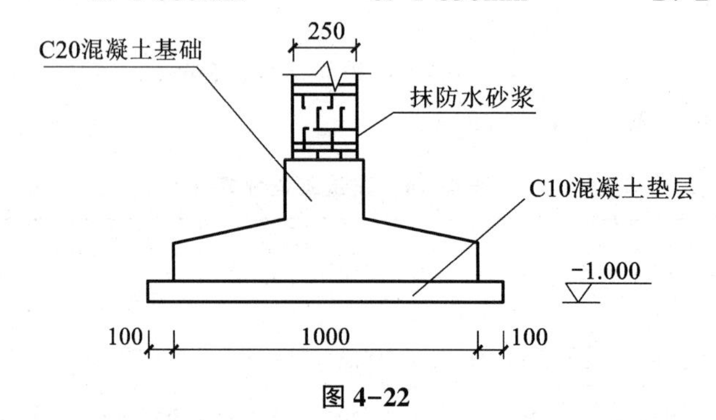

图4-22

9. 基础挖土方施工中，砖基础下为混凝土垫层时，挖土工作面为（　　）。

A. 按混凝土垫层宽度每边各加30cm　　B. 按砖基础宽度每边各加30cm

C. 按混凝土垫层宽度每边各加15cm　　D. 按砖基础宽度每边各加15cm

10. 人工挖基槽三类土，挖土深度为1.5m时，放坡系数为（　　）。

A. 0.5　　B. 0.25　　C. 0.33　　D. 0

11. 人工挖基槽三类湿土，挖土厚度为2m时，应套用（　　）。

A. 1-2　　B. 1-2×1.18　　C. 1-14　　D. 1-18×1.18

12. 挖土方的工程量按设计图示尺寸的体积计算，此时的体积是指（　　）。

A. 虚方体积　　B. 夯实体积　　C. 松填体积　　D. 天然密实体积

13. 土建工程中的土方工程量计算规则规定：凡图示沟槽底宽在3m以内，且沟槽长大于3倍以上槽宽的为（　　）。

A. 基坑　　B. 地槽　　C. 挖土方　　D. 平整场地

二、多项选择题。

1. 定额中关于人工挖沟槽，下列说法错误的是（　　）。

A. 适用于综合单价法计价　　B. 适用于工料单价法计价

C. 适用于土方深度超过6m的情况　　D. 适用于土方深度在6m以内的情况

2. 人工挖基槽定额不包括的内容有（　　）。

A. 湿土排水　　B. 场地平整　　C. 修理边底　　D. 室内回填土

三、计算分析题。

1. 某房屋工程基础平面及断面图如图4-23所示，已知基底土质均匀，为二类土，地下常水位标高为-1.100m，室外地坪设计标高为-0.300m，基坑回填后余土弃运5km。试计算该基础土方开挖工程量，编制工程预算书。

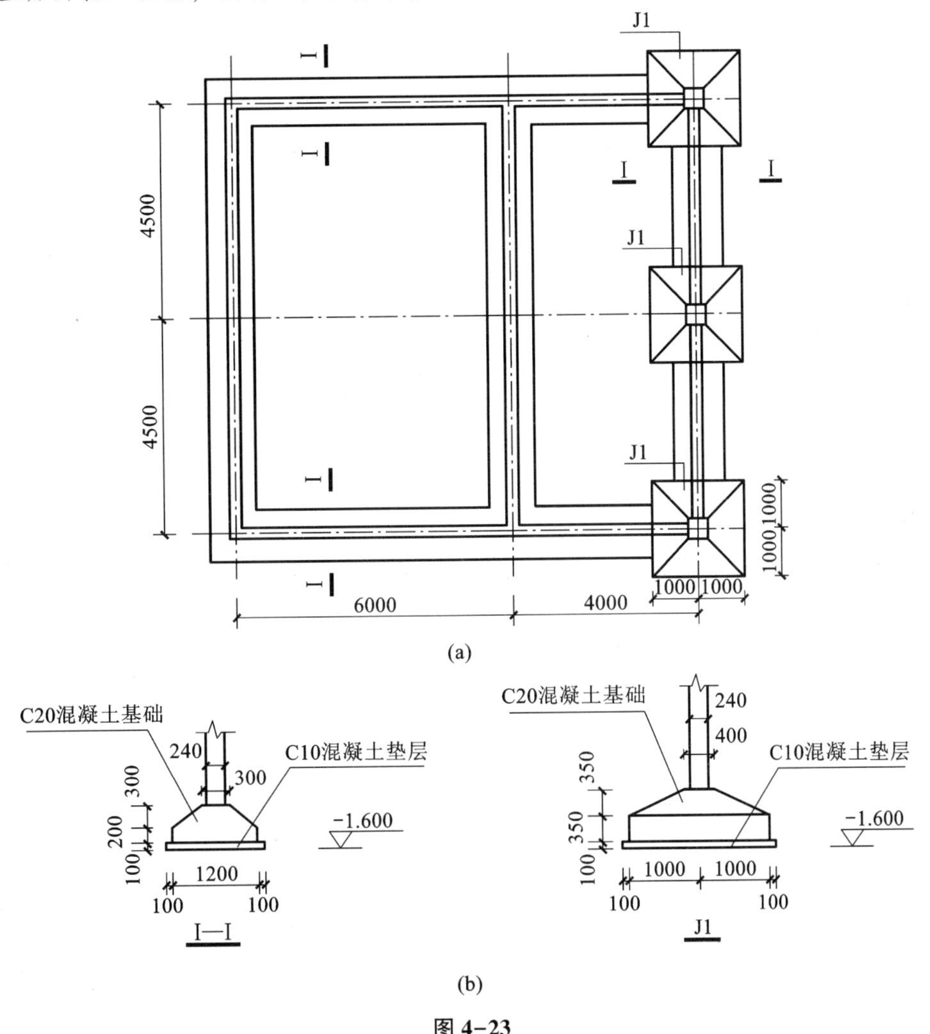

图4-23

（a）平面图；（b）断面图

2. 某单层建筑物外墙轴线尺寸如图4-24所示，墙厚均为240mm，轴线居中，试计算平整场地面积。

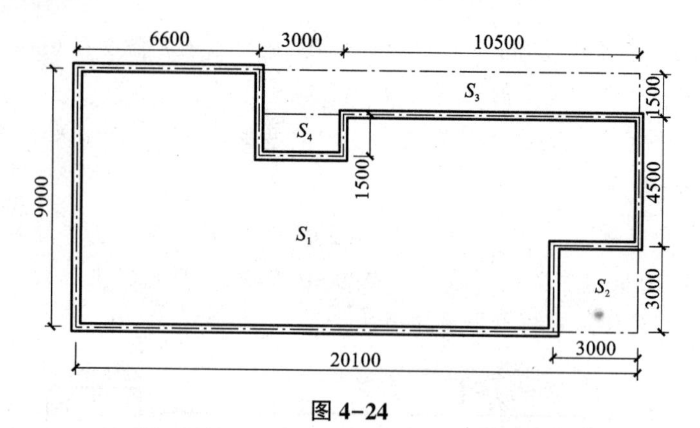

图 4-24

3. 某工程人工挖室外管道沟槽，土为二类土，槽长 40m，宽 0.9m，平均深度为 1.8m，槽断面如图 4-25 所示，地下水位距地面 1.5m，试计算地槽开挖的工程直接费。

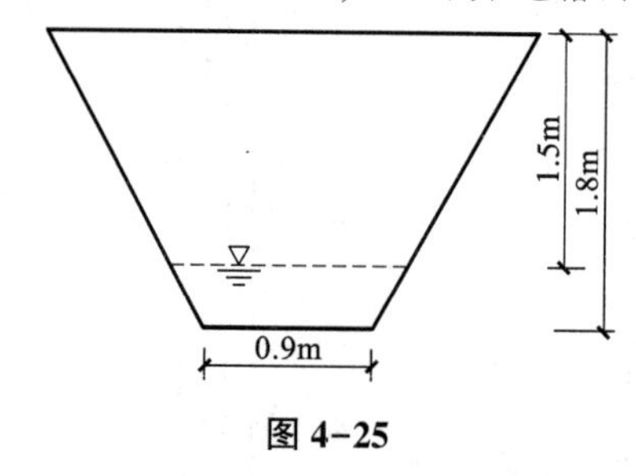

图 4-25

任务 2　桩与地基基础工程

4.2.1　基础知识

（1）桩基础工程。

桩是置于岩土中的柱形构件，一般房屋基础中，桩基的主要作用是将上部竖向荷载，通过较弱地层传至较坚硬、压缩性小的土层或岩层，见图 4-26。

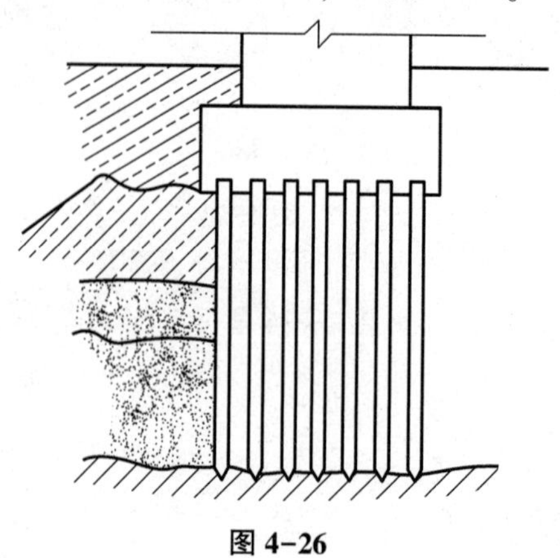

图 4-26

桩按其传递荷载的形式可分为端承桩和摩擦桩。在极限承载力状态下，端承桩桩顶荷载由桩端阻力承受，摩擦桩桩顶荷载由桩侧阻力承受。

桩按施工工艺分为预制混凝土桩和灌注混凝土桩。

①预制混凝土桩。预制混凝土桩按断面形式分为预制方桩和预应力空心管桩（图4-27）。

预制方桩一般为钢筋混凝土桩，由现场（或工厂）制作，根据设计桩长可以是单节桩，也可以分段（2~3节）接桩而成，桩端部做成锥形，称为桩尖。

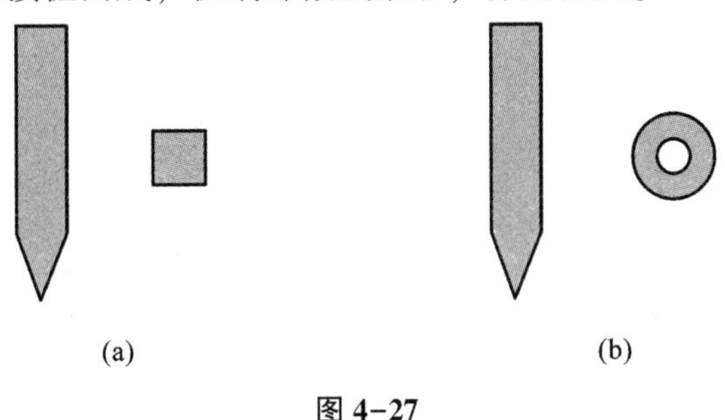

图4-27

（a）预制混凝土方桩；（b）预应力空心管桩

预应力空心管桩一般由专业化工厂制作生产，按照设计桩长需要进行配桩，端部一节与钢板制成的桩尖连接。

预制桩的施工包括制桩（或购成品桩）、运桩、沉桩三个过程。当单节桩长不能满足设计要求时，应接桩；当桩顶标高要求在自然地坪以上时，应送桩。

预制桩（压桩）施工，一般情况下都采用分段压入、逐节接长的方法，先将第一节桩压入土中，当其土上端与压桩机操作平台齐平时，进行接桩。接桩的方法有焊接结合、管式结合、硫黄砂浆钢筋结合、管桩螺栓结合。

②灌注混凝土桩。灌注混凝土桩按照成孔方法分为沉管灌注桩（图4-28）、钻（冲）孔灌注桩和人工挖孔桩。

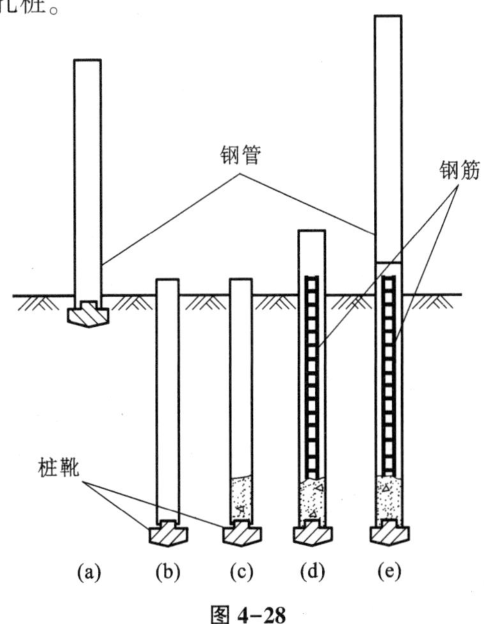

图4-28

A. 沉管灌注桩。根据设计要求，沉管灌注桩可采用复打、夯扩等方法，以提高单桩承载力。

复打是指在混凝土灌注桩第一次达到要求标高，拔出桩管后，立即在原桩位作第二次沉管，使未凝固的混凝土向桩管四周挤压，然后再次灌注混凝土以扩大桩径，见图 4–29。

夯扩是指采用双管施工，通过内管夯击桩端混凝土形成扩大头，以提高单桩承载力。

B. 钻（冲）孔灌注桩。利用钻孔（冲孔）机械在地基土层中成孔后，安放钢筋笼，灌注混凝土形成桩基，成孔一般采用泥浆护壁，见图 4–30。

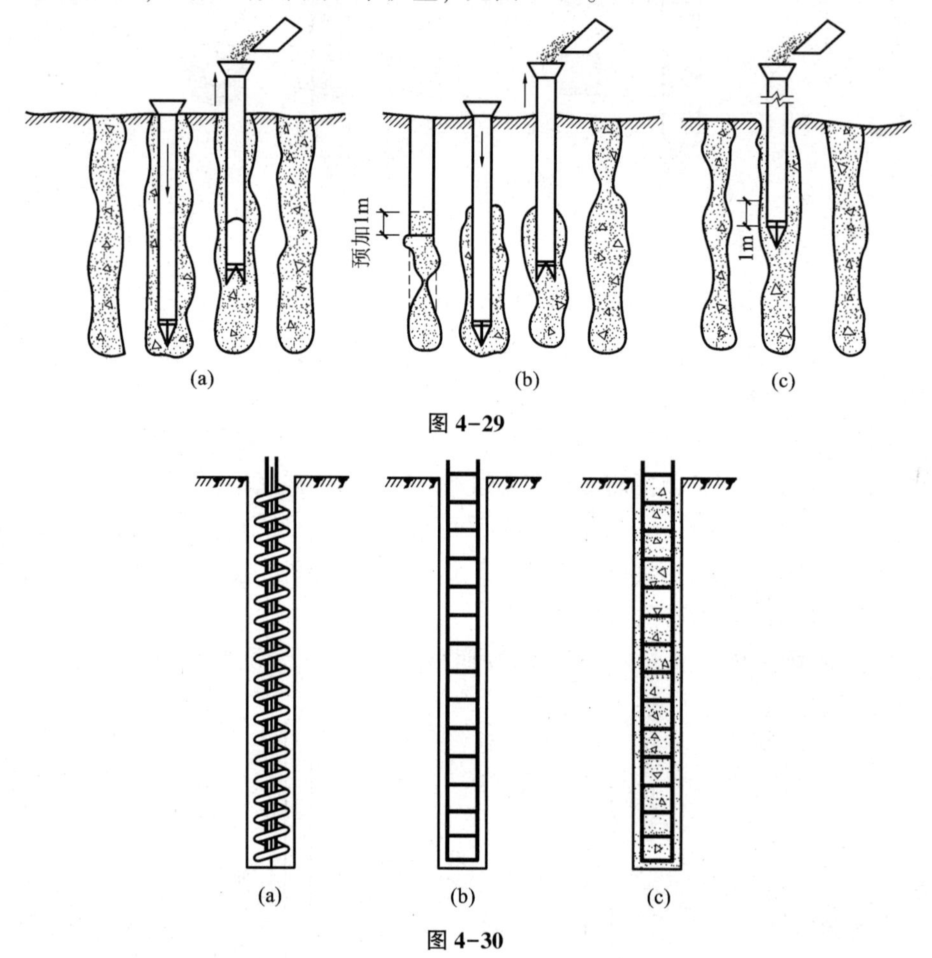

图 4–29

图 4–30

C. 人工挖孔桩。人工挖孔桩采用人工挖成桩孔，安放钢筋笼，灌注混凝土形成混凝土桩基。

（2）地基加固及地基和边坡处理。

①预制混凝土板桩和钢板桩。这两种桩常用于基坑施工的围护结构。预制混凝土板桩的施工与预制方桩的施工基本相同，但在打桩过程中常需要采用导向夹具（围檩支架）辅助施工。

②深层水泥搅拌桩。按桩机流程，搅拌桩施工工序为：定位、搅拌下沉、喷浆（粉）搅拌提升、原位重复搅拌下沉、重复搅拌提升、机械移位。

③高压旋喷桩。高压旋喷桩按旋喷形式分为：浆液与压缩空气同时喷射的二重管法，浆液、压缩空气和水同时喷射的三重管法。

④树根桩。树根桩是一种直径较小的小型灌注桩，适于荷载小而分散的中小型建筑。树根桩的施工工艺比较简便，采用小型钻孔机按设计直径钻至设计深度，安放钢筋笼，同时放入灌浆管，注入水泥浆或水泥砂浆，结合碎石骨料成桩。

⑤压密注浆。压密注浆是通过注浆泵将配制成的浆液压入地基土层中的，浆液凝结、硬化，达到强化地基和防水止渗的作用。

⑥锚杆桩。锚杆桩的制作材料有钢筋、钢绞线、钢管，并有预应力锚杆和非预应力锚杆之分。

⑦钢筋混凝土地下连接墙。沿深基础或地下建筑（构筑）物周边，按设计要求逐段开挖一定厚度和深度的沟槽，槽内采用泥浆护壁，放置钢筋骨架，用导管浇灌水下混凝土，各段用特殊的接头方式将单元槽段连接成一道钢筋混凝土地下连续墙。

⑧重锤夯实（强夯法）。重锤夯实所用的锤重、落距、夯击点间距、夯击遍数等技术参数，应根据有关设计要求和地质条件，经现场试验后确定。

（3）名词解释。

①打桩（方桩、管桩）：指采用打桩机械将预制桩沉入土层的过程。

②送桩：打桩过程中如果要求将桩顶面打到桩架操作平台以下，或打入自然地坪以下时，由于桩锤不能直接触击到桩头，就需要另用一根冲桩（送桩）放在桩头上，将桩锤的冲击力传给桩头，使桩打到设计位置，然后将送桩去掉，这个施工过程称为送桩。见图 4-31。

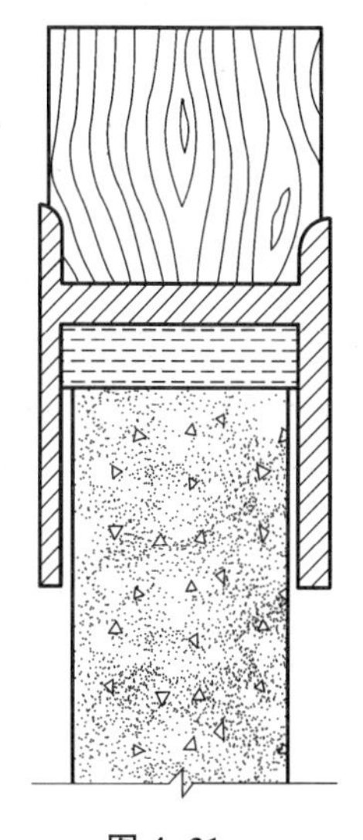
图 4-31

③接桩：有些桩基设计很深，而预制桩时因吊装、运输、就位等原因，不能将桩预制得很长，而需要接头。多采用电焊接桩。

④截桩：当达到灌入度时，截去余桩。

⑤凿桩：当与桩台连接时，在连接处凿掉混凝土直到露出钢筋。

⑥小型工程：工程量小于一定标准的桩基工程叫作小型工程。

⑦锤击法：指采用打桩机械将预制的桩打入地下土层的方法。打桩机一般由桩锤和框架组成。桩锤沿着框架上下冲击桩顶，使桩沉入土中。打桩机一般分为蒸汽打桩机和柴油打桩机等。

⑧振动沉桩：指利用振动沉桩机（利用激振器代替桩锤）施工的方法。

⑨静压力沉桩：又叫液压静力压桩机压桩，是采用液压静力压桩机将预制钢筋混凝土桩分节压入地基土层中成桩的施工方法。预制桩分段施工，每节长度常为 7m、8m 和 9m，压入深度最大可达 35m。

⑩人工挖孔桩：采用人工挖孔，灌注混凝土成桩，有时将桩底断面扩大，称为挖孔扩底灌注桩。

⑪打孔（沉管）灌注桩：是用锤击沉管成孔，然后再灌注混凝土。将带有活瓣桩尖或钢筋混凝土桩靴的钢管锤击沉入土中，然后边浇筑混凝土边拔管成桩。施工方法分为单打法、复打法和翻插法。

A. 单打法：指套管只插入土层一次成桩的方法。

B. 复打法：一般是在同一桩孔内进行两次单打。即当桩孔中灌满混凝土将桩管全拔出后，再重新沉管复打一次（前后两次沉管的中心线必须重合），第二次灌注混凝土，将第一次灌注的混凝土挤密实，并向桩孔周围的土层中扩散，使桩径随之扩大。

C. 翻插法：其施工方法与复打法的不同点在于，不是在用单打将桩管全部拔出后再进行复打，而是在单打拔管过程中，每提升 0.5～1.0m，就把桩管下沉 0.3～0.5m，在拔管过程中分段添加混凝土。如此反复进行，直至灌注混凝土至地面。

复打法和翻插法所成的灌注桩，都称为扩大桩，其方法是在套管成孔灌注桩拔管施工过程中，通过复打或翻插，扩大桩径，并使灌注的混凝土更为密实，提高单桩的承载能力。

4.2.2 定额套用说明

①本定额适用于一般工业与民用建筑工程的桩基础，不适用于水工建筑、公路桥梁工程。

②本定额已综合了土壤的级别，执行中不予换算。

③钻（冲）孔桩不分土壤类别。岩石风化程度划分为强风化岩、中风化岩、微风化岩三类。强风化岩不作入岩计算，中风化岩和微风化岩作入岩计算。岩石风化程度见表 4-1。

④每个单位工程的打（灌）桩工程量小于表 4-15 规定数量时，其人工、机械量按相应定额项目乘以系数 1.25 计算。

表 4-15　不同打桩方式的工程量

项目	单位工程的工程量/m^3
预制钢筋混凝土方桩	150
沉管灌注混凝土桩	60
钻孔灌注混凝土桩	100
灌注砂（碎石或砂石）桩	60
灰土挤密桩	60
深层搅拌加固地基	100
人工挖孔桩	100

⑤本定额除静力压桩外，均未包括接桩。如需接桩，除按相应打桩项目计算外，按设计要求另计算接桩项目。其焊接桩接头钢材用量设计与定额用量不同时，应按设计用量进行调整。

⑥打试验桩按相应定额项目的人工、机械定额乘以系数 2 计算。

⑦打桩、沉管，桩间净距小于 4 倍桩径（桩边长）的，均按相应定额项目中的人工、机械定额乘以系数 1.13 计算。

⑧定额以打直桩为准，如打斜桩，斜度在 1∶6 以内，按相应定额项目人工、机械定额乘以系数 1.25 计算，如斜度大于 1∶6，按相应定额项目人工、机械定额乘以系数 1.43 计算。

⑨定额以平地（坡度小于 15°）打桩为准，如在坡堤上（坡度大于 15°）打桩时，按相应定额项目人工、机械定额乘以系数 1.15 计算；如在基坑内（基坑深度大于 1.5m）打桩或在地坪上打坑槽内（坑槽深度大于 1m）桩时，按相应定额项目人工、机械定额乘以系数 1.11 计算。

⑩定额各种灌注桩的材料用量中，均已包括表 4-16 规定的充盈系数和材料损耗。充盈系数与定额规定不同时可以调整。

表 4-16　各种灌注桩的充盈系数和材料损耗

项目名称	充盈系数	损耗率/%
沉管灌注混凝土桩	1. 18	1. 50
钻孔灌注混凝土桩	1. 25	1. 50
沉管灌注砂桩	1. 30	3. 00
沉管灌注砂石桩	1. 30	3. 00

其中灌注砂石桩除上述充盈系数和损耗率外，还包括级配密实系数 1. 334。

⑪因设计修改而在桩间补桩或强夯后的地基上打桩时，按相应定额项目人工、机械乘以系数 1. 15 计算。

⑫打送桩时，可按相应打桩定额项目综合工日及机械台班乘以表 4-17 中规定的系数计算。

表 4-17　不同送桩尝试的系数

送桩深度	系数
2m 以内	1. 25
4m 以内	1. 43
4m 以上	1. 67

⑬金属周转材料中包括桩帽、送桩器、桩帽盖、活瓣桩尖、钢管、料斗等属于周转性使用的材料。

⑭钢板桩尖按加工铁件计价。

⑮定额中各种桩的混凝土强度如与设计要求不同，可以进行换算。

⑯深层搅拌法加固地基的水泥用量，定额中按水泥掺入量为 12% 计算，如设计水泥掺入比例不同时，可按水泥掺入量每增减 1% 进行换算。

⑰强夯法加固地基是在天然地基上或填土地基上进行作业的，如在某一遍夯击能夯击后，设计要求需要用外来土（石）填坑时，其土（石）回填，另按有关规定执行。本定额不包括强夯前的试夯工作和费用，如设计要求试夯，可按设计要求另行计算。

4. 2. 3　工程量计算规则

计算打桩（灌注桩）工程量前应确定施工方法、工艺流程、采用的机型等。

(1) 打（压）预制钢筋混凝土桩。

①打（压）预制钢筋混凝土桩：其体积按设计桩长（包括桩尖，不扣除桩尖虚体积）乘以桩截面面积以 m^3 计算。

②送桩：按桩的截面面积乘以送桩长度（即打桩架底至桩顶面高度或自桩顶面至自然地坪面另加 0. 5m）以 m^3 计算。

③接桩：按设计接头数，以个计算。

④封桩：按实体积计算。

（2）沉管灌注桩。

①混凝土桩、砂桩、碎石桩的体积，按设计桩长（包括桩尖，不扣除桩尖虚体积）增加0.25m，乘以设计截面面积计算。

如采用预制钢筋混凝土桩尖或钢板桩尖者，其桩长按沉管底算至设计桩顶面（即自桩尖顶面至桩顶面）再加0.25m计算。活瓣桩尖的材料不扣除，预制钢筋混凝土桩尖按定额第四章规定以m^3计算，钢板桩尖按实计算（另加2%的损耗）。

②复打桩工程量在编制预算时按图示工程量计算，结算时按复打部分混凝土的灌入量体积，套相应的复打定额子目计算。

（3）钻孔灌注桩。

①回旋钻孔灌注桩按设计桩长增加0.25m（设计有规定的按设计规定），乘以设计桩截面面积以m^3计算。

②长螺旋钻孔灌注桩按设计桩长另加0.25m，乘以螺旋钻头（外径另加2cm）截面面积计算。

（4）人工挖孔桩。

①护壁体积，按设计图示护壁尺寸从自然地面至扩大头（或桩底）以m^3计算。

②桩芯体积，按设计图示尺寸，从桩顶至桩底以m^3计算。

（5）深层搅拌法加固地基，其体积按设计长度另加0.25m，乘以设计截面面积以m^3计算。

（6）钢筋笼制安按定额第四章混凝土及钢筋混凝土工程有关规定套相应的定额子目计算。

（7）人工挖孔桩的挖土及沉管灌注桩、钻孔灌注桩空孔部分的成孔量按定额第一章土（石）方工程有关规定套相应的定额子目计算。

①沉管灌注桩、回旋钻孔灌注桩空桩部分的成孔工程量，从自然地面至设计桩顶的高度减1m后乘以桩截面面积以m^3计算。

②修凿混凝土桩头，按实际修凿体积以m^3计算。

（8）灰土挤密桩按设计桩长（不扣除桩尖虚体积）乘以钢管下端最大外径的截面面积计算。

（9）地基强夯按设计图示强夯面积，区分夯击能量、夯击遍数以m^2计算。

4.2.4 计算实例

【例4-8】 计算如图4-32所示柴油打桩机打预制钢筋混凝土方桩250根的工程量，并查出定额编号，写出定额计量单位、基价，求出直接工程费。

图4-32

【解】 打桩工程量：

$V=(7.5+0.3)\times0.25\times0.25\times250\times1.015$（打桩损耗系数）$=123.70\ (m^3)$

建筑工程预算书见表 4-18。

表 4-18　建筑工程预算书

序号	编号	项目名称	单位	数量	单价/元	总价/元
1	A2-1	轨道式柴油打桩机打预制方桩（桩长 12m 内）	$10m^3$	12.37	1 730.79	21 410.53

【例 4-9】 某工程有直径1 200mm 钻孔灌注桩 36 根。已知自然地坪标高为-0.300m，桩顶标高为-4.600m，桩底标高为-29.000m，进入岩石层平均标高为-26.500m，计算直接工程费。

【解】 空孔部分的成孔量：

$$V=(4.6-0.3-1)\times3.14\times(1.2\div2)^2\times36=134.29\ (m^3)$$

成桩工程量：

$$V=(29-4.6+0.25)\times3.14\times(1.2\div2)^2\times36=1\ 003.1\ (m^3)$$

入岩工程量：

$$V=(29-26.5)\times3.14\times(1.2\div2)^2\times36=101.74\ (m^3)$$

建筑工程预算书见表 4-19。

表 4-19　建筑工程预算书

序号	编号	项目名称	单位	数量	单价/元	总价/元
1	A1-55	回旋钻孔灌注桩空孔土方（桩径 120cm 内）	$10m^3$	13.429	1 062.94	14 274.22
2	A2-42	回旋钻孔灌注桩（桩径 120cm 内）	$10m^3$	100.31	4 634.93	464 929.8
3	A2-48	入岩增加费（桩径 120cm 内）	$10m^3$	10.174	5 056.67	51 446.56

【例 4-10】 某单位工程基础如图 4-33 所示，设计为钢筋混凝土预制方桩，截面为 350mm×350mm，每根桩长 18m，共 180 根。室外标高为-0.600m，采用静力压桩机施工，胶泥接桩每根接 1 次。预制桩运输距离为 3km，计算桩工程直接工程费。

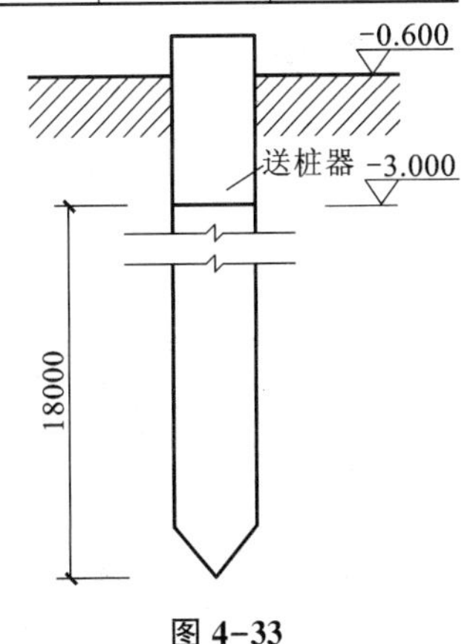

图 4-33

【解】 计算工程量。

打桩：

$$V=0.35\times0.35\times18\times180\times1.015\text{（打桩损耗系数）}=396.9\times1.015=402.85\ (m^3)$$

接桩：

$$n=1\times180=180\ \text{（个）}$$

送桩：

$$V=0.35\times0.35\times(3-0.6+0.5)\times180=63.95\ (m^3)$$

预制桩制作：

$$V=396.9\times1.02=404.838\ (m^3)$$

预制桩运输：

$$V=396.9\times1.019=404.44\ (m^3)$$

建筑工程预算书见表 4-20。

表 4-20 建筑工程预算书

序号	编号	项目名称	单位	数量	单价/元		总价/元	
					单价	工资	合价	工资
1	A2-2	轨道式柴油打桩机打预制方桩（桩长 18m 内）	$10m^3$	40. 285	879. 34	199. 52	75 709. 21	8 037. 66
2	A2-14	预制钢筋混凝土桩 硫黄胶泥接桩	10 个	18	3 208. 79	385. 4	57 758. 22	6 937. 2
3	A2-2×a1. 43c1. 43 换	轨道式柴油打桩机打预制送桩（桩长 18m 内）	$10m^3$	6. 395	2 669. 03	285. 31	17 068. 45	1 824. 56
4	A4-65	预制方桩	$10m^3$	40. 484	2 333. 89	335. 82	94 485. 2	13 595. 34
5	A4-176	Ⅰ类预制混凝土构件运距（3km 内）	$10m^3$	40. 444	1 235. 76	125. 02	49 979. 08	5 056. 31

【例 4-11】 某沉管灌注混凝土桩如图 4-34 所示，20 根，单打桩径为 426mm，桩设计长度为 20m，预制混凝土桩尖 $0.35m^3$，复打桩按 15% 计算，计算桩工程工程量并套价。

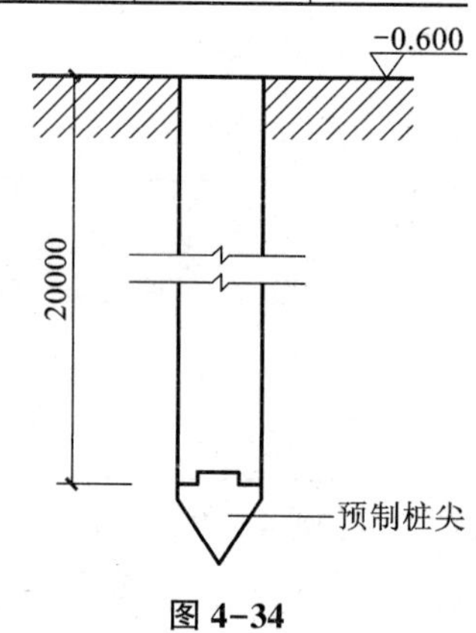

图 4-34

【解】 灌注桩工程量：

$$V=3.14r^2h=3.14\times(0.426\div2)^2\times(20+0.25)\times20$$
$$=57.70\ (m^3)$$

复打桩工程量：

$$V=57.70\times15\%=8.66\ (m^3)$$

预制桩尖：

$$V=20\times0.35=7\ (m^3)$$

建筑工程预算书见表 4-21。

表 4-21 建筑工程预算书

序号	编号	项目名称	单位	数量	单价/元		总价/元	
					单价	工资	合价	工资
1	A2-20	走管式电动打桩机打桩（桩长 15m 外）	$10m^3$	5. 77	3 595. 45	542. 62	20 745. 75	3 130. 92
2	A2-32	走管式电动振动打桩机复打（桩长 15m 外）	$10m^3$	0. 866	3 185. 57	504. 55	2 758. 70	436. 94
3	A4-67	预制桩尖	$10m^3$	0. 7	2 478. 16	361. 67	1 734. 71	253. 17

【例 4-12】 某人工挖孔桩如图 4-35 所示，计算桩工程直接费。

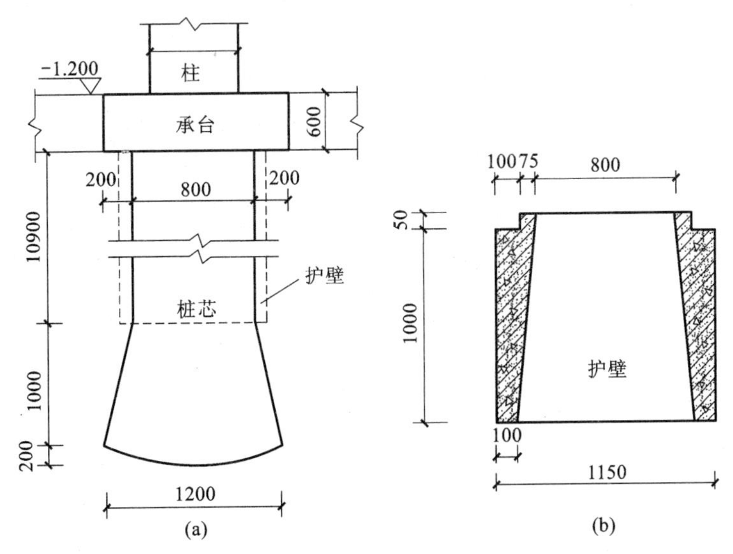

图 4-35

【解】 (1) 桩身部分。

$$V=\pi R^2H=3.14\times\left(\frac{1.15}{2}\right)^2\times10.9=11.32\ (m^3)$$

(2) 圆台部分。

$$V=\frac{1}{3}\pi H\ (R^2+r^2+Rr)\ =\frac{1}{3}\times3.14\times1\times\ (0.4^2+0.6^2+0.4\times0.6)\ =0.80\ (m^3)$$

(3) 球冠部分。

$$V=\pi\cdot\frac{H}{6}\ (3r^2+H^2)\ =\times3.14\times\frac{0.2}{6}\times\ (3\times0.6^2+0.2^2)\ =0.12\ (m^3)$$

故人工挖孔桩挖土:

$$V=11.32+0.80+0.12=12.24\ (m^3)$$

(4) 护壁平均厚度。

$$护壁平均厚度=\ (0.1+0.175)\ \div2=0.138\ (m)$$

$$护壁\ V=10.9\times3.14\times\ [\ (1.15\div2)^2-\ (1.15\div2-0.138)^2]\ =4.81\ (m^3)$$

(5) 桩芯体积。

$$V=12.24\ 4.81=7.42\ (m^3)$$

建筑工程预算书见表 4-22。

表 4-22　建筑工程预算书

序号	编号	项目名称	单位	数量	单价/元		总价/元	
					单价	工资	合价	工资
20	A1-36	人工挖孔桩挖土方 桩径 100cm 外 挖孔深度 15m 内	$10m^3$	1.719	702.02	635.91	1 206.77	775.81
21	A2-55	人工挖孔桩 桩芯	$10m^3$	1.224	2 002.68	322.66	2 451.28	238.77
22	A2-56	人工挖孔桩 混凝土护壁	$10m^3$	0.476	2 461.19	538.86	1 171.53	259.19

小贴士

①沉管灌注桩、钻孔灌注桩、长螺旋钻孔灌注桩的定额工作内容含钻孔挖土，不需另计。但空桩部分的成孔工程量应按从自然地面至设计桩顶的高度减 1m 后乘以桩截面面积以 m^3 计算。按第一章土（石）方工程有关规定套相应的定额子目。

②钻孔桩不分土壤类别，强风化岩不作入岩计算，中风化岩和微风化岩作入岩计算。入岩增加费按入岩体积计算。人工挖孔桩入岩增加费按定额第 26 页计算。见图 4-36。

③人工挖孔桩定额工作内容不含钻孔挖土。人工挖孔桩挖桩土方体积按设计图示尺寸（含护壁），从自然地面至桩底以 m^3 计算。按第一章土（石）方工程有关规定套相应的定额子目。

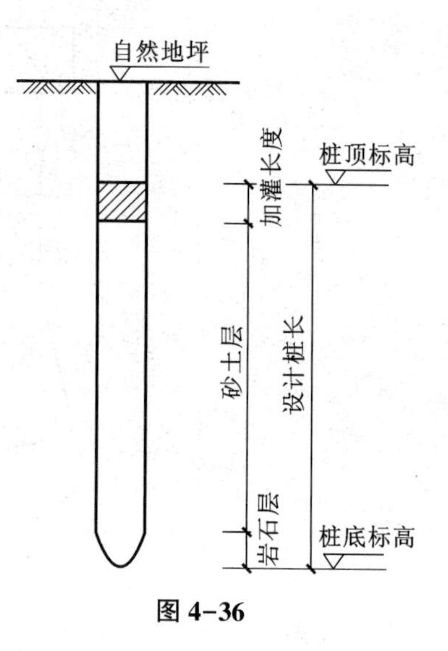

图 4-36

自主练习

一、单项选择题。

1. 打、压预应力钢筋混凝土桩按（　　）计算工程量。

A. 设计桩长×桩截面面积　　B. 设计桩长以延长米

C.（设计桩长+加灌长度）×截面面积　　D. 设计桩长×桩截面面积-空心体积

2. 打入预制钢筋混凝土桩的电焊接桩工程量是以（　　）计算。

A. 平方米　　B. 立方米　　C. 设计接头以个　　D. 重量

3. 钻孔桩工程量以设计桩底至（　　）的长度乘以设计桩截面面积计算。

A. 桩顶增加 0.25m　　B. 自然地坪

C. 桩顶加加灌长度　　D. 空灌长度

4. 现场打预制方桩时修凿混凝土桩头，基价应为（　　）元/m^3。

A. 23.55　　B. 66.7　　C. 70.5　　D. 2.07

二、多项选择题。

1. 以下是钻孔灌注桩成孔定额子目工作内容的有（　　）。

A. 埋桩尖　　B. 出沉渣　　C. 浇灌混凝土　　D. 造泥浆

E. 埋设筒

2. 以下是人工挖孔桩定额子目工作内容的有（　　）。

A. 人工挖孔桩挖土方　　B. 人工挖孔桩护壁

C. 人工挖孔桩桩芯　　D. 人工挖孔桩钢筋笼

三、计算题。

1. 某工程有截面 400mm×400mm 的预制方桩 38 根，桩长 28m，分 4 段，采用静力压桩，硫黄胶泥接桩，已知自然地坪标高为-0.300m，桩顶标高为-1.500m，计算直接工程费。

2. 计算图 4-37 所示人工挖孔桩直接工程费。

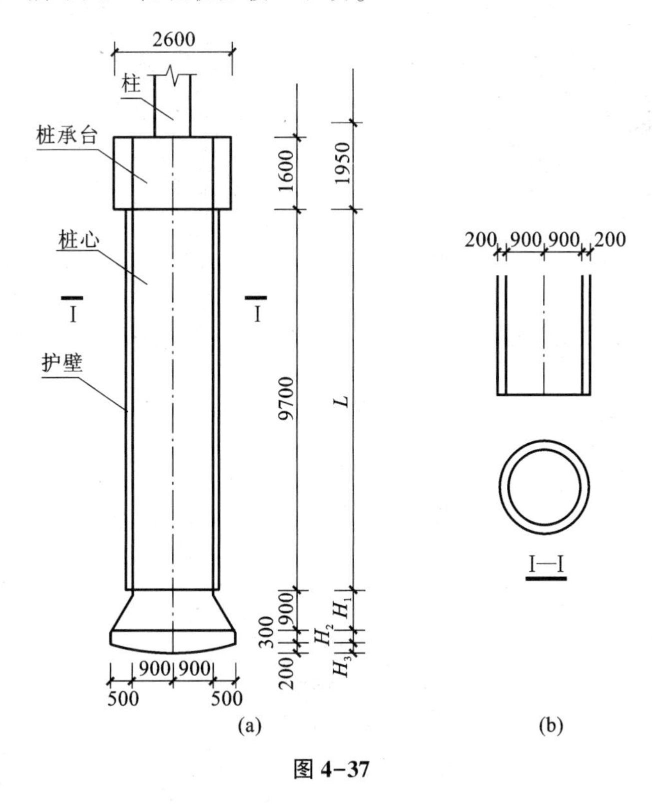

图 4-37

任务 3　砌筑工程

4.3.1　基础知识

砌体工程是指砖、石和各类砌块的砌筑。由于砌体结构取材方便、造价低廉、施工工艺简单，且又是我国传统建筑施工工艺，故仍大量采用。砖砌体不足之处是自重大、手工操作工效低、占用土地资源，现阶段许多地区已采用工业废料和天然材料制作中、小型砌体及多孔砖以代替普通黏土砖。

规格为 240mm×115mm×190mm 的承重多孔砖（图 4-38）一般采用一顺一丁或梅花丁组砌形式。小型空心砌块（图 4-39）的主规格为 390mm×190mm×190mm，墙厚等于砌块的宽度，其立面砌筑形式只有全顺一种，上下皮竖缝相互错开 1/2 砌块长，上下皮砌块孔相互对准。

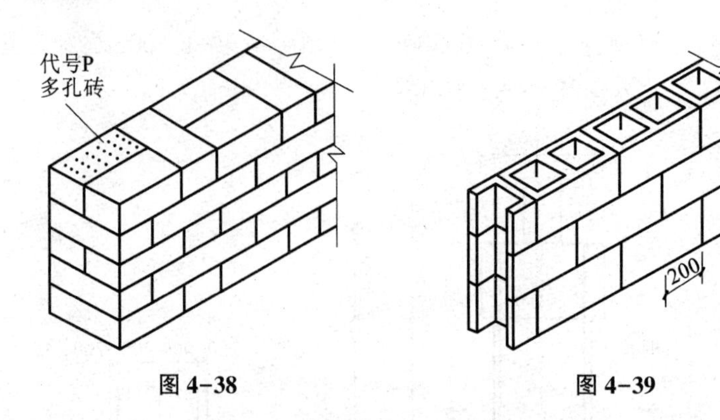

图 4-38　　图 4-39

在砌筑工程工程量计算时，应该掌握不同部位砌体的有关构造、规则及其尺寸。

（1）砌筑墙基。

①当墙基承受荷载较大、砌筑高度达到一定范围时，在其底部做成阶梯形状，俗称“大放脚”，分为等高式和间隔式两种（图 4-40）。

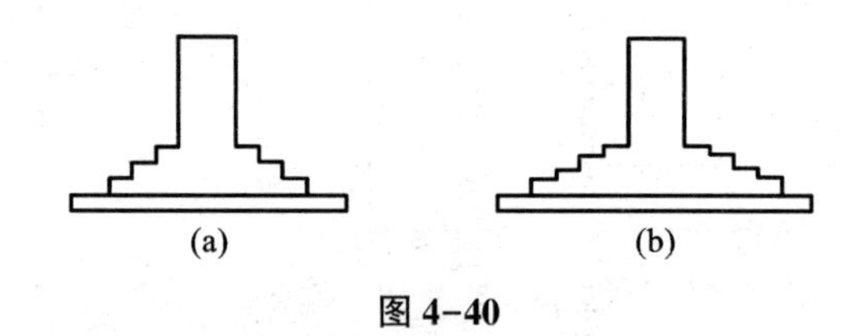

图 4-40

（a）等高式大放脚；（b）间隔式大放脚

图 4-40（a）中所示等高式为两皮一收三层大放脚，图 4-40（b）中所示间隔式为两皮一收与一皮一收间隔四层大放脚。每层高度为 126mm 或 62. 5mm。大放脚每一层一侧收进的水平尺寸按砌筑用砖的模数加灰缝来确定，图 4-40（b）若为标准砖砌筑，每层大放脚收进尺寸为 62. 5mm。

砌筑除砖砌基础外，常用的还有块石、砌块等砌筑的基础，这类基础的截面往往做成梯形或阶梯形，其截面应按设计尺寸来计算。

②基础。砖基础与墙身以设计室内地面为界（有地下室者，以地下室室内地面标高为界），界面以下为基础，以上为墙身，见图 4-41。

（2）附墙砖垛。

当墙体承受集中荷载时，墙砌体会在一侧凸出，以增加支座承压面积（图 4-42）。

（3）砌体出檐及附墙烟道等。

因构造要求，在墙身做砖挑檐，起分隔立面装饰、滴水等作用；因排烟、排气需要设置的附墙烟道、通风道随墙体同时砌筑，见图 4-43。

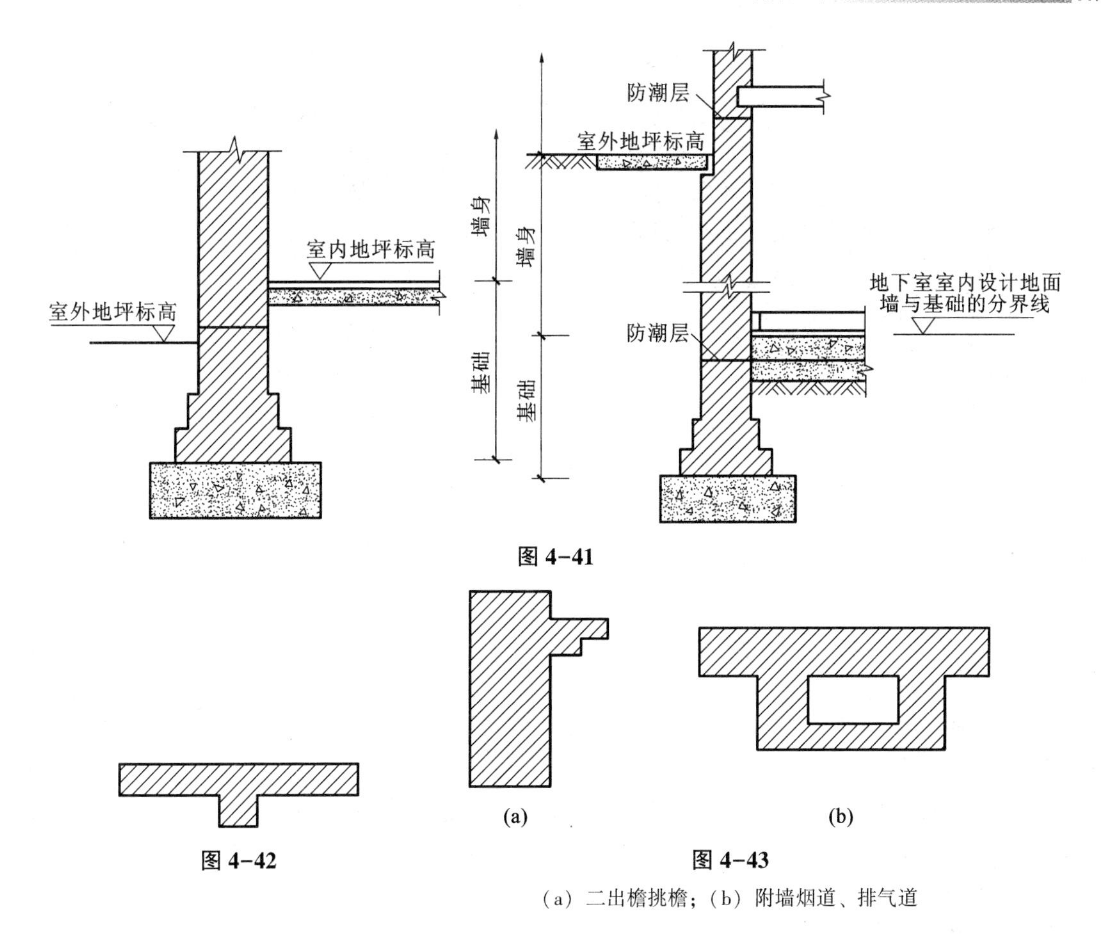

图 4-41

图 4-42

(a)

(b)

图 4-43

（a）二出檐挑檐；（b）附墙烟道、排气道

（4）零星项目。

零星项目是指砖砌厕所蹲台（图 4-44）、小便池槽、水槽腿、垃圾箱、花台、花池、房上烟囱、台阶挡墙（图 4-45）或牵边、隔热板砖墩、地板墩等。

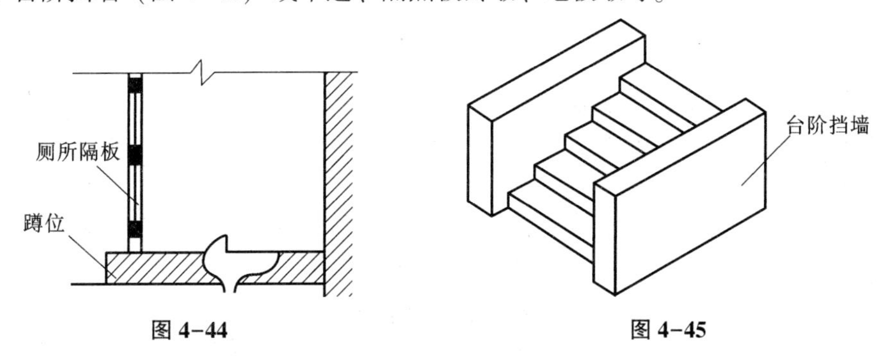

图 4-44

图 4-45

（5）砖砌体钢筋加固。

砖砌体钢筋加固主要是指砌体转角处加筋、构造柱拉结筋、钢筋砖过梁等（图 4-46）。

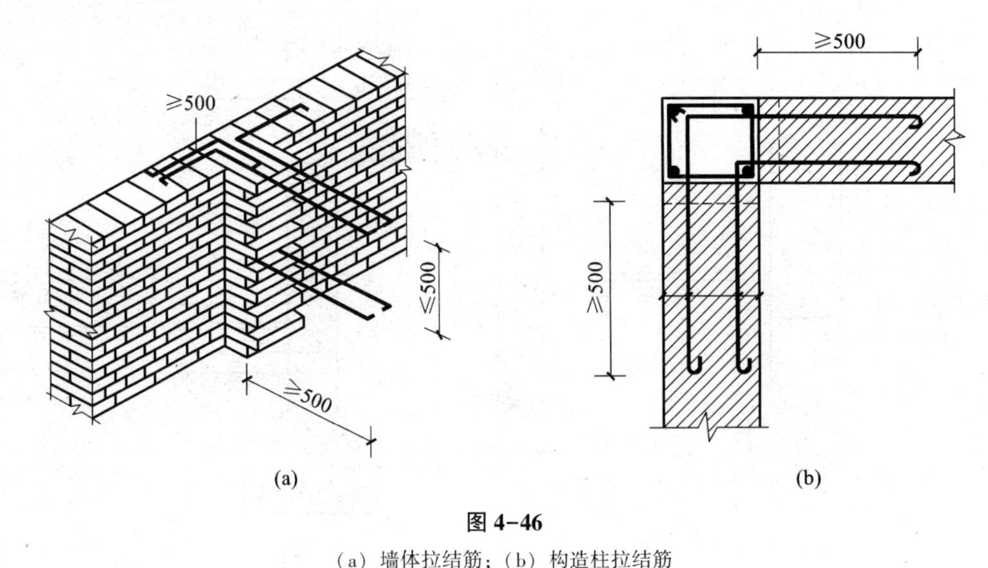

图 4-46

（a）墙体拉结筋；（b）构造柱拉结筋

4.3.2　定额套用说明

①定额中砖的规格是按标准砖编制的；砌块、多孔砖、空心砖的规格是按常用规格编制的。规格不同时，可以换算。

②砖墙定额中已包括先立门窗框的调直用工以及腰线、窗台线、挑檐等一般出线用工。

③砖砌体均包括原浆勾缝用工，加浆勾缝时，另按相应定额计算。

④填充墙以填炉渣、炉渣混凝土为准，如实际使用材料与定额不同时允许换算，其他不变。

⑤圆形烟囱基础按砖基础定额执行，人工乘以系数 1. 2。

⑥砖砌挡土墙，顶面宽 2 砖以上执行砖基础定额；顶面宽 2 砖以内执行砖墙定额。

⑦围墙按实心砖砌体的编制，如砌空花、空斗等其他砌体围墙，可分别按墙身、压顶、砖柱等套用相应定额。

⑧砖砌圆弧形空花、空斗砖墙及砌块砌体墙，按相应定额项目人工乘以系数 1. 1。

⑨零星项目是指砖砌厕所蹲台、小便池槽、水槽腿、垃圾箱、花台、花池、房上烟囱、台阶挡墙或牵边、隔热板砖墩、地板墩等。

⑩定额中砌筑砂浆强度如与设计要求不同时，除附加砂浆外，均可以换算。

对于砌石，有以下原则：

①毛石护坡高度超过 4m 时，定额人工乘以系数 1. 15。

②砌筑圆弧形石砌体基础、墙（含砖石混合砌体），按定额项目人工乘以系数 1. 1。

4.3.3　工程量计算规则

（1）砌筑一般计算规则。

①砖、石砌体除另有规定外，均按实砌体积以 m^3 计算。

②计算墙体工程量时，应扣除门窗洞口、过人洞、空圈、嵌入墙身的钢筋混凝土柱、梁

(包括过梁、圈梁、挑梁) 和暖气包壁龛的体积，不扣除梁头、板头、檩头、垫木、木楞头、沿椽木、木砖、门窗走头、砖墙内的加固钢筋、木筋、铁件、钢管及单个面积在 $0.3m^2$ 以下的孔洞等所占的体积，凸出墙面的窗台虎头砖、压顶线、山墙泛水、烟囱根、门窗套、腰线和挑檐等体积也不增加。

③凸出墙面的砖垛并入墙身体积内计算。

④附墙烟囱、通风道、垃圾道应按设计图示尺寸以体积（扣除孔洞所占体积）计算，并入所依附的墙体体积内。当设计规定孔洞内需抹灰时，应按《装饰定额》有关规定计算。

⑤女儿墙高度，自外墙顶面至图示女儿墙顶面高度，分别以不同墙厚并入外墙计算。

⑥砖砌体内的钢筋加固，按设计规定以 t 计算。

（2）砌体厚度，按以下规定计算。

①标准砖以 240mm×115mm×53mm 为准，其砌体厚度按表 4-23 计算。

表 4-23　标准砖砌体计算厚度表

砖数（厚度）	1/4	1/2	3/4	1	1.5	2	2.5	3
计算厚度/mm	53	115	180	240	365	490	615	740

②砖墙每增加 1/2 砖厚，计算厚度增加 125mm。

③使用非标准砖时，其砌体厚度应按砖的实际规格和设计厚度计算。

（3）基础与墙身的划分。

①砖基础与墙身以设计室内地面为界（有地下室者，以地下室室内设计地面为界），界面以下为基础，以上为墙身。

②石基础与墙身的划分：以设计室内地面为界，界面以下为基础，以上为墙身。

③基础与墙身使用不同材料时，位于设计室内地面±300mm 以内时，以不同材料为分界线，超过±300mm 时，以设计室内地面为分界线。

④砖、石围墙以设计室外地坪为分界线，界面以下为基础，界面以上为墙身。

（4）基础长度。

外墙墙基按外墙中心线长度计算，内墙墙基按内墙基净长计算。基础大放脚 T 形接头处的重叠部分以及嵌入基础的钢筋、铁件、管道、基础防潮层及单个面积在 $0.3m^2$ 以内的孔洞所占体积不予扣除，但靠墙暖气沟的挑檐亦不增加。附墙垛基础宽出部分体积应并入基础工程量内。

（5）墙的长度。

外墙按外墙中心线计算，内墙按内墙净长线计算，围墙按设计长度计算。

（6）墙身高度。

①外墙墙身高度：斜（坡）屋面无檐口天棚者算至屋面板底；有屋架且室内外均有天棚者算至屋架下弦底另加 200mm；无天棚者算至屋架下弦底另加 300mm，出檐宽度超过 600mm 时按实砌高度计算；平屋面算至钢筋混凝土板底。

②内墙墙身高度：内墙位于屋架下弦者，算至屋架下弦底；无屋架者，算至天棚底另加 100mm；有钢筋混凝土楼板隔层者算至楼板顶；有框架梁时算至梁底。

③围墙高度。从设计室外地坪至围墙砖顶面：a. 有砖压顶算至压顶顶面。b. 无压顶算

至围墙顶面。c. 其他材料压顶算至压顶底面。

（7）框架结构间砌体，分别以不同墙厚，以框架间的净空面积乘以墙厚套相应砖墙定额计算。框架外表镶贴砖部分也并入框架间砌体工程量内计算。

（8）空花墙按空花部分外形体积以 m^3 计算，空花部分不予扣除，其中实体部分以 m^3 另列项目计算。

（9）空斗墙按外形尺寸以 m^3 计算，墙角、内外墙交接处、门窗洞口立边、平碹、窗台砖及屋檐处的实砌部分已包括在定额内，不另行计算，但窗间墙、窗台下、楼板下、梁头下、钢筋砖圈梁、附墙垛、楼板面踢脚线等实砌部分，应另行计算，套零星砌体定额项目。

（10）多孔砖、空心砖墙按图示厚度以 m^3 计算，不扣除其孔、空心部分体积。

（11）填充墙按外形尺寸以 m^3 计算，其中实砌部分已包括在定额内，不另行计算。

（12）砌块墙（加气混凝土墙、硅酸盐砌块墙、小型空心砌块墙）按图示尺寸以 m^3 计算，砌块本身空心体积不予扣除，按设计规定需要镶嵌砖砌体部分已包括在定额内，不另行计算。

（13）砖柱不分柱身、柱基，其工程量合并计算，套砖柱定额项目。

（14）毛石墙、方整石墙、红条石墙按图示尺寸以 m^3 计算。墙面凸出的垛并入墙身工程量内计算。如有砖砌门窗口立边、窗台虎头砖、砖平碹、钢筋砖过梁等实砌砖体积，以零星砌体计算。

（15）其他砌体。

①砖砌锅台、炉灶，不分大小，均按图示外形尺寸以 m^3 计算，不扣除各种空洞的体积。

②砖砌台阶（不包括牵边）按水平投影面积以 m^2 计算。

③零星砌体按实砌体积计算。

④毛石台阶按图示尺寸以 m^3 计算，套相应石基础定额。方整石台阶按图示尺寸以 m^3 计算。

⑤砖、石地沟不分墙基、墙身，合并以 m^3 计算。

⑥明沟按图示尺寸以延长米计算。

⑦地垄墙按实砌体积计算，套用砖基础定额。

（16）砖烟囱。

①基础与筒身划分，以基础大放脚的扩大顶面为界，以上为筒身，以下为基础。砖基础以下的钢筋混凝土底板，按钢筋混凝土相应定额套用。

②烟囱筒身不分方形、圆形均按本定额执行。按图示筒壁平均中心线周长乘以厚度以 m^3 计算，但应扣除各种孔洞及钢筋混凝土圈、过梁所占的体积，其筒壁周长不同时，可按下式分段计算。

$$V = \sum H \cdot C \cdot \pi D \tag{4-10}$$

式中 V——筒身体积；

H——每段筒身垂直高度；

C——每段筒壁厚度；

D——每段筒壁中心线的平均直径。

③烟囱筒身已包括了原浆勾缝和烟囱帽抹灰的工料，如设计要求加浆勾缝，应另行计算，套砖墙勾缝定额。原浆勾缝的工料不予扣除。

④砖烟囱内及烟道中的钢筋混凝土构件另列项计算，套混凝土及钢筋混凝土分部的相应定额子目。

⑤烟道砌砖：烟道与炉体的划分以第一道闸门为界，炉体内的烟道部分列入炉体工程量内。砖烟囱、烟道及其砖内衬，如设计要求采用楔形砖，应根据施工组织设计规定的数量，另列项目计算。

⑥砖烟囱内采用钢筋加固者，钢筋按实际重量套砖砌体内钢筋加固定额子目。

⑦烟囱内衬及内表面涂抹隔绝层：

A. 内衬按不同材料，以图示实体积计算，并扣除各种孔洞所占的体积。内衬伸入筒身的连接横砖工料已包括在定额内，不另行计算。

B. 填料按烟囱筒身与内衬之间的体积以 m^3 计算（填料中心线平均周长乘以图示厚度和高度），扣除各种孔洞所占的体积，但不扣除连接横砖（防沉带）的体积。填料所需的人工已包括在内衬定额中。

C. 烟囱内表面涂抹隔绝层，按筒身内壁的面积计算，并扣除孔洞面积。

⑧烟囱的铁梯、围栏及紧箍圈的制作、安装，按金属结构分部相应定额计算。

(17) 砖砌水塔。

①基础与塔身的划分：以砖砌体的扩大部分顶面为界，以上为塔身，以下为基础，分别套用相应定额。

②塔身以图示实砌体积计算，扣除门窗洞口和混凝土构件所占的体积。

③砖水箱内、外壁不分壁厚，均以图示实砌体积计算，套相应砖墙定额。

④砖水塔中的钢筋混凝土构件另列项计算，套混凝土及钢筋混凝土分部相应定额子目。

(18) 检查井及化粪池不分壁厚均以 m^3 计算。

(19) 混凝土管道铺设按设计图示长度以延长米计算。

4.3.4 主要工程量计算公式

(1) 基础。

$$V=(\text{外墙基中心线}+\text{内墙基净长线})\times\text{基础横断面面积}-\text{嵌入基础内的混凝土及钢筋混凝土构件体积}$$

大放脚面积计算（图 4-47）。

①等高式大放脚：

$$\Delta S=0.007\,875n\,(n+1)$$

②不等高式大放脚：

$$\Delta S = 0.007\,875[n(n+1) - \sum \text{半层层数值(从上数)}]$$

其中，n 表示方脚层数；半层层数值指半层方脚（0.063）高所在方脚层的值。

砖基础大放脚面积增加表见表 4-24。

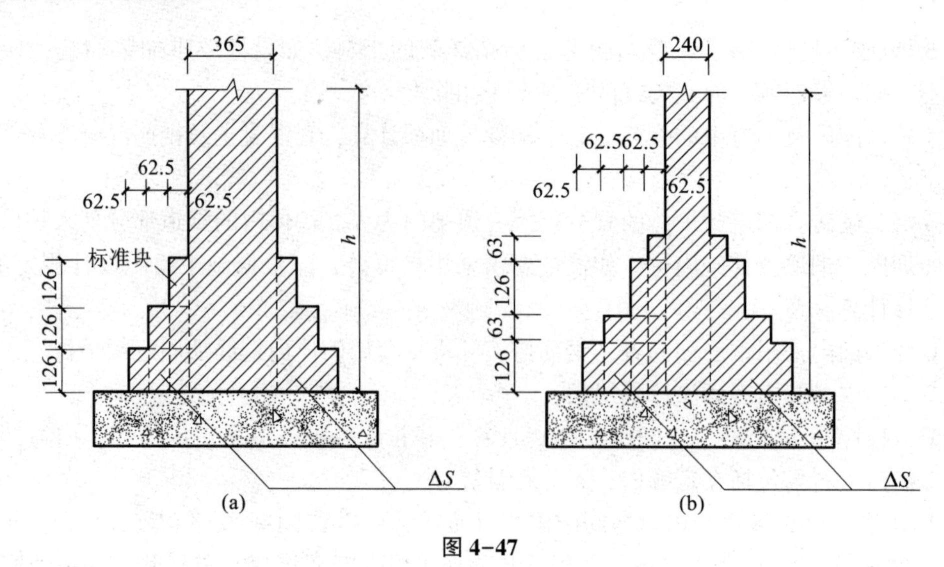

图 4-47

表 4-24　砖基础大放脚面积增加表

放脚层数/n	增加断面积 $\Delta S/\mathrm{m}^2$		放脚层数/n	增加断面积 $\Delta S/\mathrm{m}^2$	
	等高式	不等高式(奇数层为半层)		等高式	不等高式(奇数层为半层)
1	0. 015 75	0. 007 9	10	0. 866 3	0. 669 4
2	0. 047 25	0. 039 4	11	1. 039 5	0. 756 0
3	0. 094 5	0. 063 0	12	1. 228 5	0. 945 0
4	0. 157 5	0. 126 0	13	1. 433 3	1. 047 4
5	0. 236 3	0. 165 4	14	1. 653 8	1. 267 9
6	0. 330 8	0. 259 9	15	1. 890 0	1. 386 0
7	0. 441 0	0. 315 0	16	2. 142 0	1. 638 0
8	0. 567 0	0. 441 0	17	2. 409 8	1. 771 9
9	0. 708 8	0. 511 9	18	2. 693 3	2. 055 4

（2）砖墙体积。

①砖墙体积计算：

V=［（外墙中心线长+内墙净长）×墙高-门窗洞口面积］×墙厚-嵌入构件体积+女儿墙体积

②砖柱：

$$V=长×宽×高-嵌入柱内的混凝土及钢筋构件+柱基础体积$$

③砖烟囱筒身：砖墙体积按式（4-10）计算。

（3）砌砖（石）、砌块砖、墙砖用量及砂浆用量计算。

①砖净用量。

$$砖净用量=\frac{1}{墙厚×（砖长+灰缝）×（砖厚+灰缝）}\cdot K \qquad (4-11)$$

式中 K——墙厚的砖数×2（墙厚的砖数是指0.5，1，1.5，2，…）。

②砂浆净用量。

$$砂浆净用量=1-单砖体积\times砖数 \tag{4-12}$$

（4）180°弯钩每个长6.25d，135°弯钩每个长4.9d，90°弯钩每个长3.5d。

$$钢筋质量=0.006\,165d^2\times钢筋长度$$

例如，直径16mm钢筋每米的质量$=0.006\,165\times16^2=1.58$（kg）。

（5）砌筑工程砂浆换算。

定额中砌筑砂浆强度如与设计要求不同，除附加砂浆外，均可以换算。

换算公式：

$$换算后基价=定额基价+定额主体砂浆耗用量\times(替换砂浆单价-定额主体砂浆单价)$$

4.3.5 计算实例

【例4-13】 某1B砖墙采用砖的规格为220mm×110mm×55mm，灰缝为10mm，试换算其用量。定额中1B标准砖墙规格为240mm×115mm×53mm，灰缝厚为10mm。

【解】 ①计算换算系数。

a. 计算非标准砖数量：

$$A_1=\frac{1}{0.22\times0.23\times0.065}\times2=608\ （块）$$

砂浆用量：

$$B_1=1-0.22\times0.11\times0.055\times608=0.191\ （m^3）$$

b. 计算标准砖数量：

$$A=\frac{1}{0.24\times0.25\times0.063}\times2=529\ （块）$$

砂浆用量：

$$B=1-0.24\times0.115\times0.053\times529=0.226\ （m^3）$$

砖换算系数：

$$\frac{A_1}{A}=\frac{608}{529}=1.149$$

砂浆换算系数：

$$\frac{B_1}{B}=\frac{0.191}{0.226}=0.845$$

②调整的定额用量。

砖用量：

$$5.4\times1.149=6.205\ （千块）$$

砂浆用量：

$$2.16\times0.845=1.825\ （m^3）$$

【例4-14】 M7.5混合砂浆砌筑多孔砖1砖墙，请列出定额编号和换算后基价。

【解】套定额 3-67，定额基价为1 604.49 元/10m³。查定额附录得 M7.5 混合砂浆的价格为 95.94 元/m³。

换算后单价：

$$1\ 604.49+1.89\times(95.94-73.64)=1\ 646.64\ (元/10m^3)$$

【例 4-15】某工程基础见图 4-48，地坪厚度为 150mm，三类土，试计算平整场地、C10 混凝土垫层（支模板）及 M5 混合砂浆砖基础、1∶2 防水砂浆防潮层、人工挖沟槽、回填土、人力车余土外运（20m）工程量，套定额完成直接工程费计算（计算结果保留两位小数）。

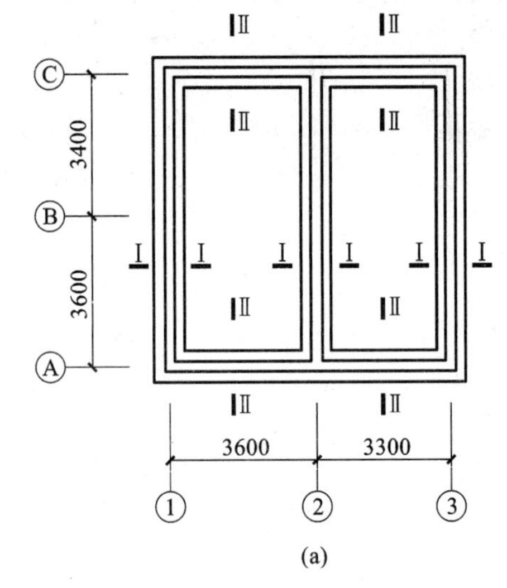

(a)

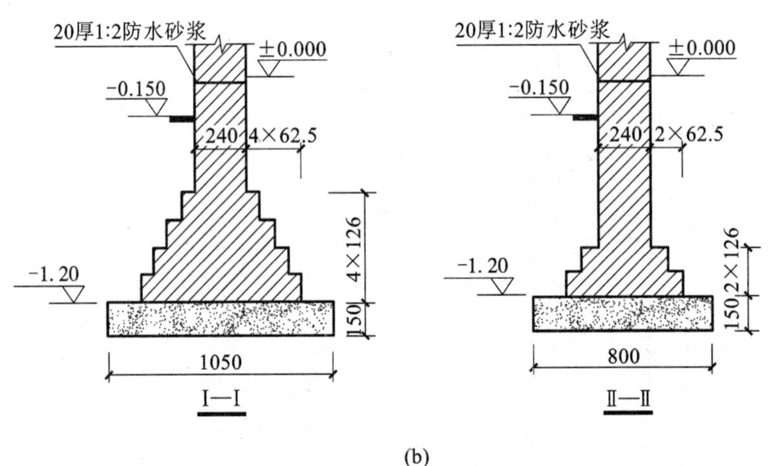

(b)

图 4-48

（a）平面图；（b）断面图

【解】①平整场地：

$$S_{平整场地}=(7.24+4)\times(7.14+4)=125.21\ (m^2)$$

②人工挖沟槽：

$$L_{I-I}=7\times2+7-0.8=20.2\ (m)$$

$$L_{II-II}=6.9\times2=13.8\ (m)$$

已知 $H=1.2m$，$K=0$，$V_{挖}=(B+2c+KH)\cdot H\cdot L$，代入数值有

$V_{挖}$ =（1.05+2×0.3）×1.2×20.2+（0.8+2×0.3）×1.2×13.8=63.17（m^3）

③C10 混凝土垫层：

$$L_{I-I}=7\times2+7-0.8=20.2\ (m)$$

$$L_{II-II}=6.9\times2=13.8\ (m)$$

$$V=1.05\times0.15\times20.2+0.8\times0.15\times13.8=4.84\ (m^3)$$

④M5 混合砂浆砌筑标准砖基础：

$$L_{I-I}=7\times2+7-0.24=20.76\ (m)$$

$$L_{II-II}=6.9\times2=13.8\ (m)$$

$$V=(1.2\times0.24+0.1575)\times20.76+(1.2\times0.24+0.04725)\times13.8=13.88\ (m^3)$$

⑤1：2 防水砂浆防潮层：

$$S=(20.76+13.8)\times0.24=8.29\ (m^2)$$

⑥回填。-0.15m 以下砖基础：

$$V=13.88-(20.76+13.8)\times0.24\times0.15=12.64\ (m^3)$$

$$V_{基槽回填}=63.17-12.64-4.84=45.69\ (m^3)$$

填土厚度为 0.15-0.15=0，故 $V_{房心回填}=0$。

$$V_{回填总}=45.69\ (m^3)$$

⑦人工运土方（运距 20m 内）。

$$V_{余土外运}=V_{挖}-V_{回填总}=63.17-45.69=17.48\ (m^3)$$

建筑工程预算书见表 4-25。

表 4-25　建筑工程预算书

序号	编号	项目名称	单位	数量	单价/元	总价/元
1	A1-1	人工平整场地	100m³	1.252	238.53	298.64
2	A1-18	人工挖沟槽 三类土深度 2m 内	100m³	0.63	1 469.22	925.61
3	A1-181	回填土方 夯填	100m³	0.46	832.96	383.16
4	A1-191	人工运土方 运距 20m 内	100m³	0.17	518.88	88.21
5	A4-13	混凝土 垫层	10m³	0.48	1 754.06	841.95
6	A3-1	砖基础	10m³	1.39	1 729.71	2 404.29
7	A7-88	墙（地）面防水、防潮 防水砂浆平面	100m³	0.083	729.85	60.58

【例 4-16】 某砖墙结构房屋如图 4-49 所示，门窗总面积为 137m^2，每层内外墙顶标高处均设圈梁，圈梁、过梁等体积总和为 8.6m^3，采用多孔砖、M5 混合砂浆砌筑，试计算其墙体工程量及直接工程费。

【解】

$$L_{外墙}=(20.04-0.24+11.34-0.24)\times2=61.8\ (m)$$

$$L_{内墙}=4.5+3.3\times5-0.24+(4.5-0.24)\times9+3.3\times6-0.24=78.7\ (m)$$

$$V_{墙体}=[(61.8+78.7)\times9.9-137]\times0.24-8.6=292.3\ (m^3)$$

建筑工程预算书见表 4-26。

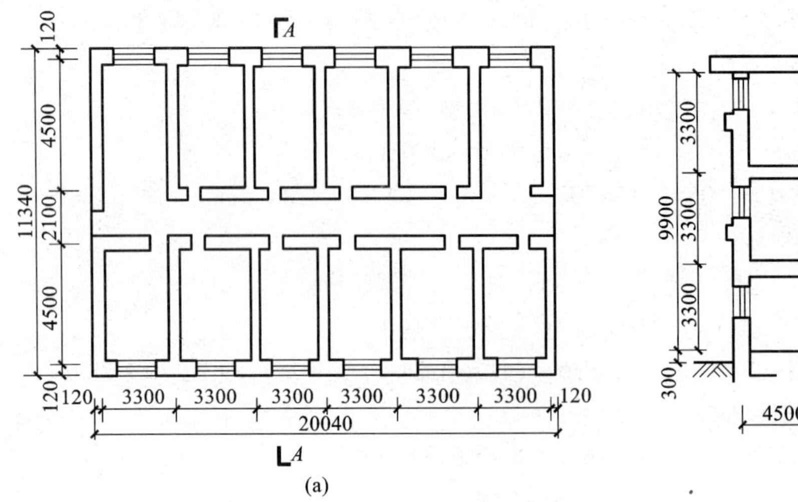

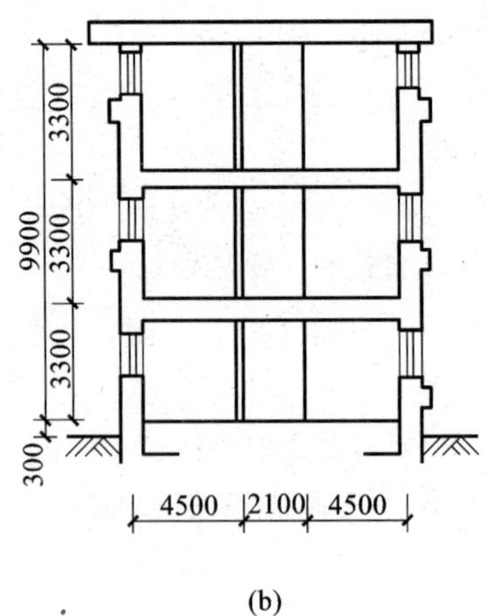

图 4-49

（a）平面图；（b）A—A 剖面图

表 4-26　建筑工程预算书

序号	编号	项目名称	单位	数量	单价/元	总价/元
1	A3-67 换	多孔砖墙（240mm×115mm×90mm）1 砖水泥混合砂浆 M5	$10m^3$	29. 23	1 625. 56	47 515. 12

【例 4-17】 某框架结构房屋如图 4-50 所示，层高 4.5m，C1：3.6m×2.1m，M1：3.6m×2.5m，M2：0.9m×2.1m，过梁等体积总和为 8.6m^3，采用多孔砖、M7.5 混合砂浆砌筑，试计算其墙体工程量及直接工程费。

【解】 Ⓐ、Ⓒ轴线：

$$S=(6.8\times2+0.24-0.35\times3)\times(4.5-0.45)\times2=103.6\ (m^2)$$

Ⓑ轴线：

$$S=(6.8-0.2-0.28)\times(4.5-0.5)=25.28\ (m^2)$$

①、③轴线：

$$S=(3.6+5.4+0.24-0.4\times3)\times(4.5-0.55)\times2=63.52\ (m^2)$$

②轴线：

$$S=(5.4-0.28-0.2)\times(4.5-0.6)=19.19\ (m^2)$$

门窗面积：

$$S=3.6\times2.1\times2\ (C1)+3.6\times2.5\ (M1)+0.9\times2.1\ (M2)=26.01\ (m^2)$$

砖墙体积：

$$V=(211.79-26.01)\times0.24-0.83=43.76\ (m^3)$$

建筑工程预算书见表 4-27。

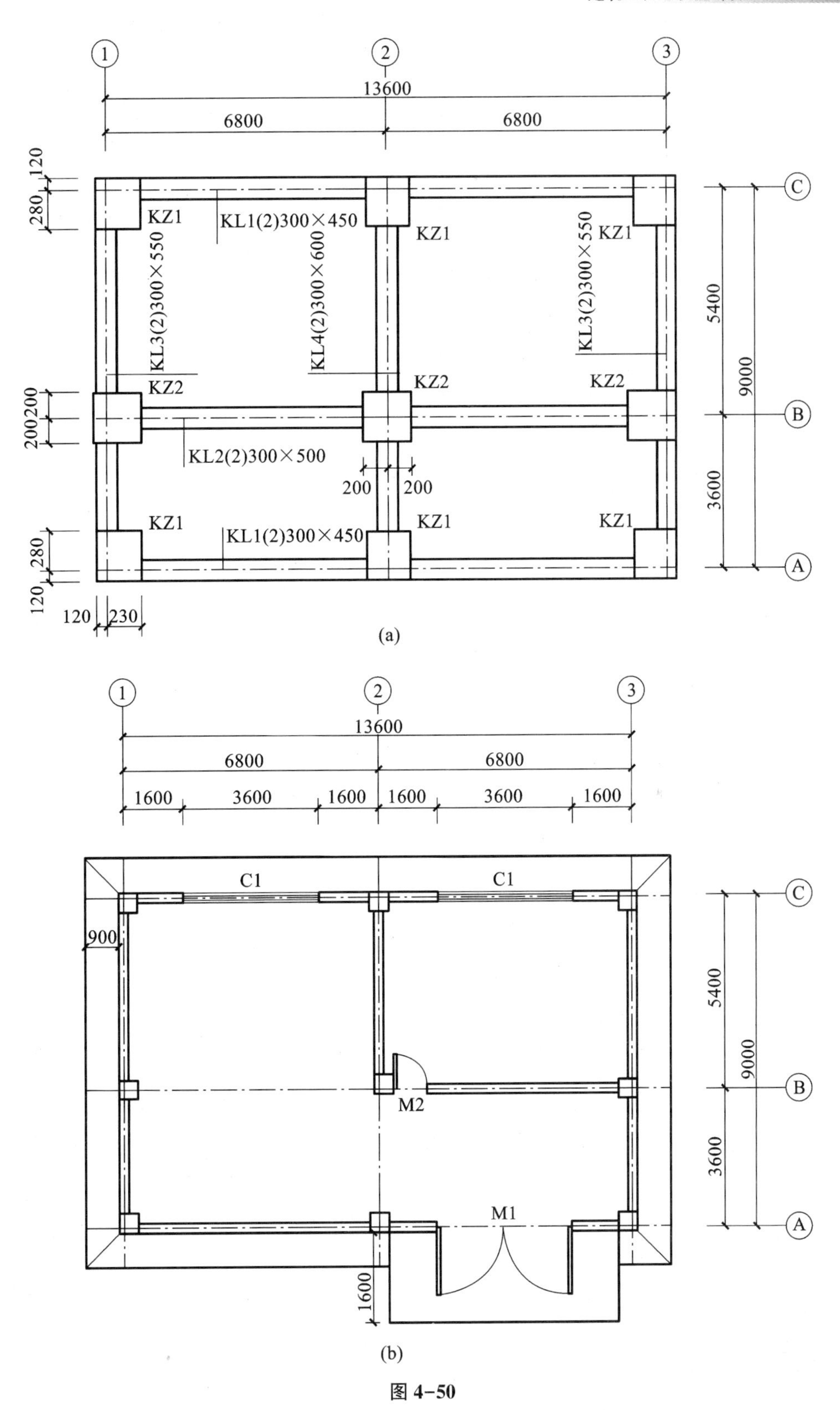

1
2
3
13600
6800
6800
120
280
KZ1
KL1(2)300×450
KZ1
KZ1
KL3(2)300×550
KL4(2)300×600
KL3(2)300×550
C
5400
9000
KZ2
KZ2
KZ2
200200
B
KL2(2)300×500
200
200
3600
KZ1
KL1(2)300×450
KZ1
KZ1
280
A
120
120
230
(a)
1
2
3
13600
6800
6800
1600
3600
1600
1600
3600
1600
C1
C1
C
900
5400
9000
M2
B
3600
M1
A
1600
(b)

图 4-50

表 4-27 建筑工程预算书

序号	编号	项目名称	单位	数量	单价/元		总价/元	
					单价	工资	合价	工资
1	A3-67 换	多孔砖墙（240mm×115mm×90mm）1 砖 水泥混合砂浆 M7.5	$10m^3$	4.376	1 646.64	308.79	7 205.7	1 351.27

【例 4-18】 某外墙转角处，沿墙高每隔 500mm 配置 2 ϕ 6 钢筋，墙高 3.5m，详见图 4-51，计算砖砌体内的钢筋加固工程量及直接工程费。

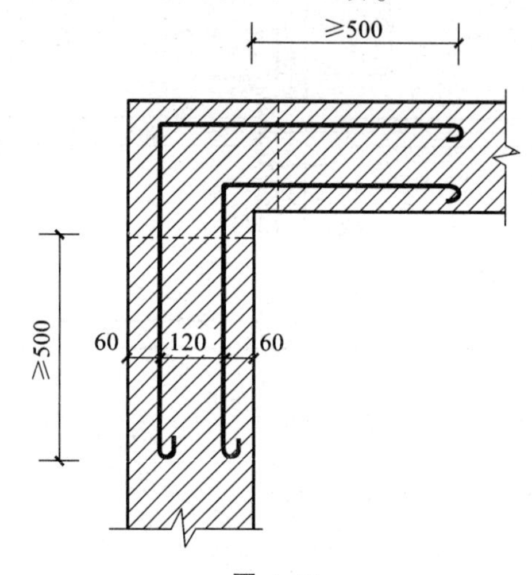

图 4-51

【解】 $L=(0.5+0.18+6.25\times0.006)\times2+(0.5+0.06+6.25\times0.006)\times2$
$=2.63\ (m)$

道数：

$$3.5\div0.5-1=6\ (道)$$

钢筋质量：

$$0.006\ 165\times6^2\times2.63\times6=3.5\ (kg)=0.003\ 5\ (t)$$

建筑工程预算书见表 4-28。

表 4-28 建筑工程预算书

序号	编号	项目名称	单位	数量	单价/元	总价/元
1	A3-41	砌体 钢筋加固	t	0.004	3 721.92	14.89

自主练习

一、单项选择题。

1. 砖砌零星项目是指（　　）。

A. 砖砌厕所蹲台　　B. 砖砌台阶　　C. 围墙　　D. 砖柱

2. 一砖半厚的标准砖墙，计算工程量时，墙厚取值为（　　）mm。

A. 370　　B. 360　　C. 365　　D. 355

3. 内墙工程量应按（　　）计算。

A. 外边线　　B. 中心线　　C. 内边线　　D. 净长线

4. 计算砌筑基础工程量时，应扣除单个面积在（　　）以上的空洞所占面积。

A. 0. 15m^2　　B. 0. 3m^2　　C. 0. 45m^2　　D. 0. 6m^2

5. 在计算外墙墙身高度时，平屋面的高度算至（　　）。

A. 屋面板底　　B. 屋面板顶　　C. 梁底　　D. 屋架底

6. 半砖厚的标准砖墙，计算工程量时，墙厚取值为（　　）mm。

A. 75　　B. 105　　C. 115　　D. 120

7. 基础与墙身使用同一种材料时，以（　　）为界。

A. 设计室外地坪　　B. 设计室内地坪　　C. 防潮层　　D. -300mm 处

8. 某一砖厚砖墙长 12m，高 3. 6m，洞口面积为 4. 77m^2，有一嵌入墙内的混凝土圈梁体积为 0. 69m^3，两根预制过梁体积共为 0. 18m^3，有凸出墙身的窗台体积为 0. 05m^3，有凸出墙身的统腰线体积为 0. 18m^3，则砖墙体积为（　　）。

A. 10. 37m^3　　B. 9. 22m^3　　C. 8. 53m^3　　D. 8. 65m^3

9. 外墙工程量应按（　　）计算。

A. 外边线　　B. 中心线　　C. 内边线　　D. 净长线

10. 条形基础长度内墙按（　　）计算。

A. 中心线　　B. 内边线　　C. 内墙净长线　　D. 内墙基净长线

11. 基础与墙身使用不同材料时，位于设计室内地面 ±300mm 以内时，以（　　）为界。

A. 设计室外地坪　　B. 不同材料分界处

C. +300mm 处　　D. -300mm 处

二、多项选择题。

1. 计算墙体工程量时，应扣除（　　）。

A. 门窗洞口　　B. 梁头、板头

C. 嵌入墙身的梁、柱　　D. 钢筋混凝土过梁

2. 计算墙体工程量时不应扣除（　　）。

A. 梁头　　B. 外墙板头

C. 砖墙内的加固钢筋铁件　　D. 0. 3m^2 以内的孔洞

3. 定额计价计算墙体工程量时，下列（　　）的体积不增加。

A. 凸出墙身的窗台　B. 压顶线　　C. 门窗套　　D. 挑檐

4. 关于内、外墙墙身高，下列规定不正确的是（　　）。

A. 外墙坡屋面无檐口天棚者算至屋面板底

B. 内墙双面有天棚不砌到顶者，按天棚面加高 10cm 计算

C. 内墙无天棚者算至屋面板或楼板顶面

D. 外墙平屋面算至钢筋混凝土板顶面

5. 对基础砌体工程量的计算，下列说法错误的是（　　）。

A. 内墙砖基础按内墙净长计算
B. 基础大放脚 T 形接头处的重叠部分应扣除
C. 基础防潮层应扣除
D. 附墙垛凸出部分体积不计算工程量

6. 以下按砖砌体钢筋加固计算的是（　　）。

A. 砌体转角处加筋　　　　B. 构造柱拉结筋
C. 钢筋砖过梁　　　　　　D. 预埋铁件

三、计算题。

1. 试计算如图 4-52 所示的 M5.0 混合砂浆砌标准砖内外墙工程量及定额直接费。已知：墙厚 240，窗 C1 框外围尺寸1 480mm×1 480mm（洞口尺寸1 500mm×1 500mm）门 M1 框外围尺寸。

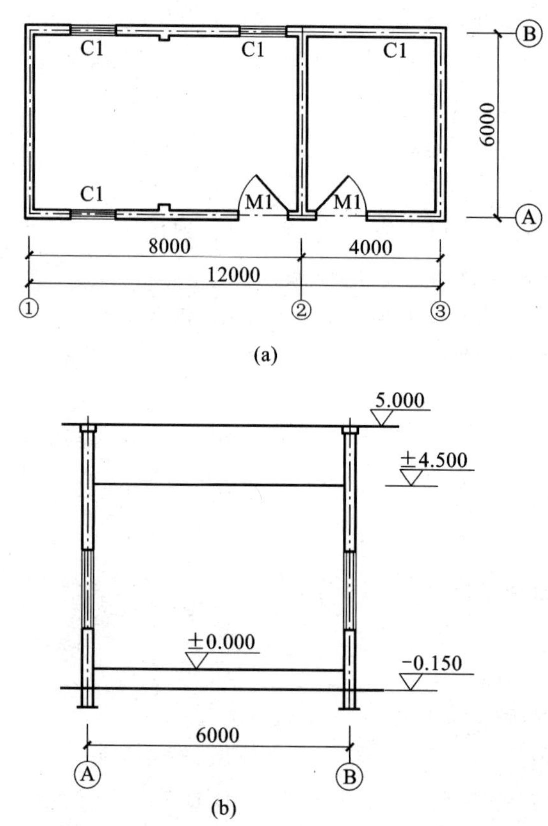

(a)

(b)

图 4-52

2. 如图 4-53 所示，墙厚 240mm，为标准砖，墙垛尺寸为 120mm×240mm，门窗尺寸见门窗表（表 4-29），设圈梁一道（墙垛、内墙、外墙），断面尺寸为 240mm×300mm，屋面板厚 100mm，试计算墙体工程量。

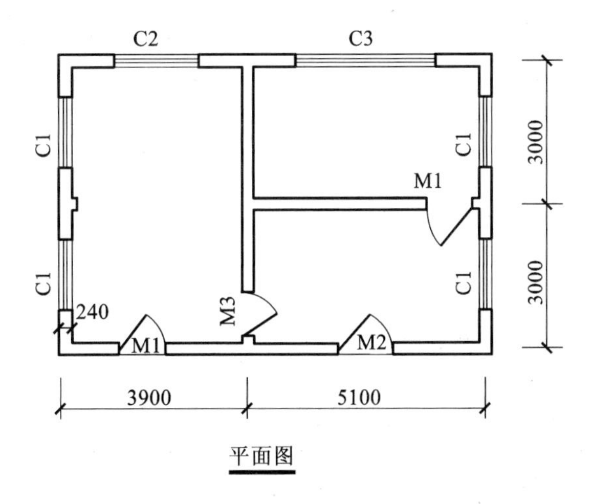

平面图

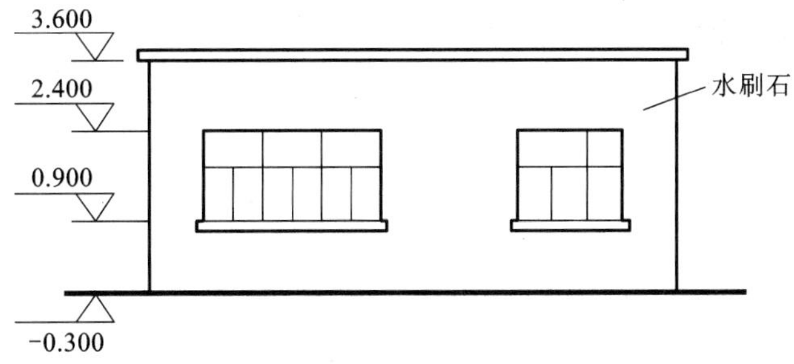

北立面图

图 4-53

表 4-29　门窗表

项目	尺寸/mm
M1	1 000×2 000
M2	1 200×2 000
M3	900×2 400
C1	1 500×1 500
C2	1 800×1 500
C3	3 000×1 500

3. 某工程基础平面及断面图如图 4-54 所示，已知：二类土，地下静止水位为-1.000m，设计室外地坪标高为-0.300m。试计算土方、垫层、钢筋混凝土基础、砖基础及防潮层分项直接费。

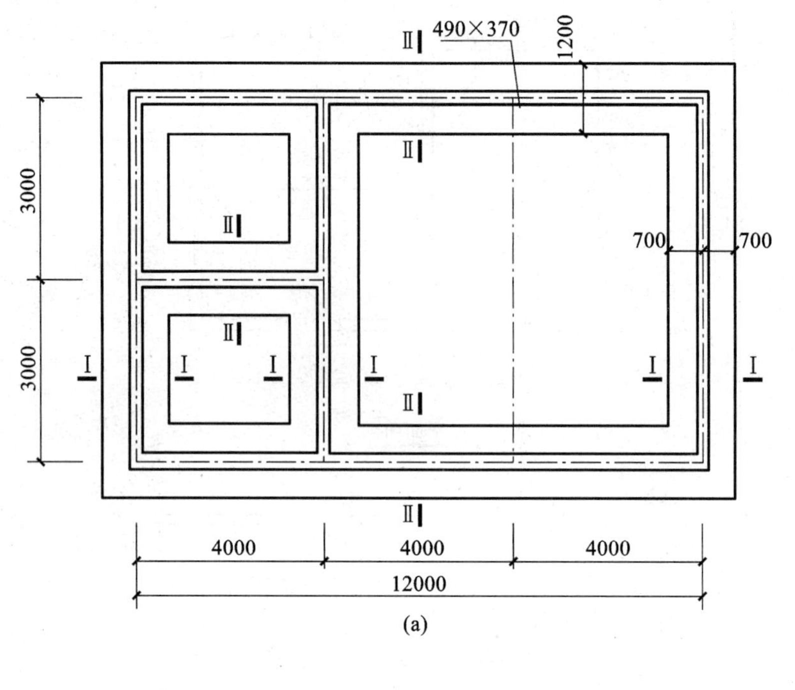

(a)

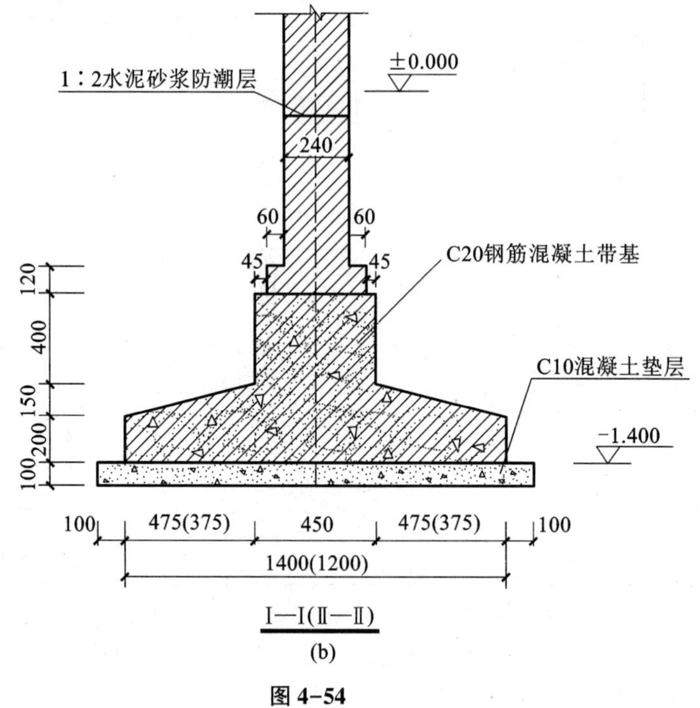

Ⅰ—Ⅰ(Ⅱ—Ⅱ)

(b)

图 4-54

（a）平面图；（b）断面图

任务4 混凝土与钢筋混凝土工程

4.4.1 基础知识

建筑物中的混凝土工程项目，按构件部位、作用及其性质划分，主要有：

主体结构构件——基础、柱、梁、板、墙；

工程辅助构件——阳台、楼梯、栏板、雨篷、檐沟。

(1) 基础。

①独立基础。独立基础常用断面有四棱锥台形、杯形、踏步形（图4-55）等。

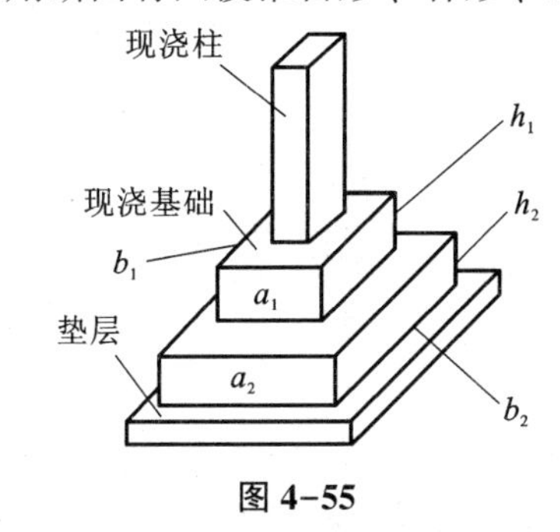

图4-55

②条形基础。条形基础也称带形基础，它又分为有肋条形基础和无肋条形基础两种，见图4-56。

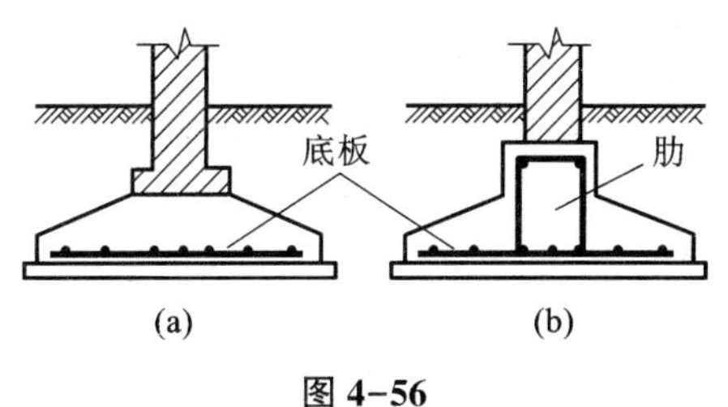

图4-56

(a) 无肋；(b) 有肋

③满堂基础。满堂基础是指由成片的钢筋混凝土板支承着整个建筑的基础，一般分为无梁式满堂基础、梁式满堂基础和箱式满堂基础三种形式（图4-57）。无梁式满堂基础也称板式基础，扩大或角锥形柱墩应并入无梁式满堂基础内计算；有梁式满堂基础也称梁板式基础，相当于倒置的有梁板或井格形板；箱式满堂基础是指由顶板、底板及纵横墙板连成整体的基础。

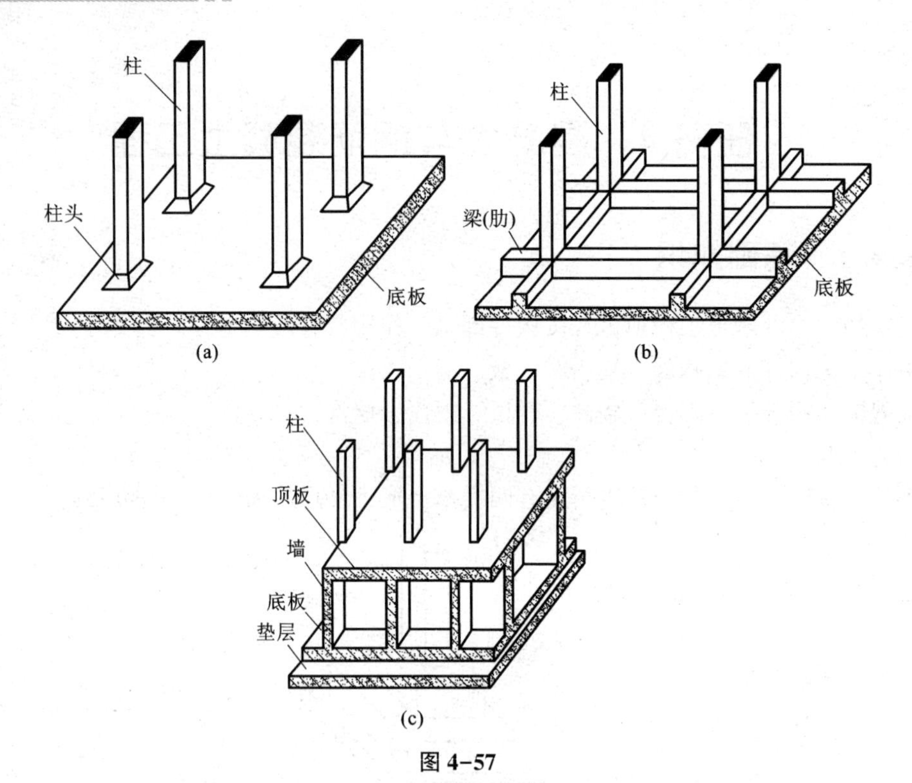

图 4-57

（a）无梁式满堂基础；（b）有梁式满堂基础；（c）箱式满堂基础

④桩承台基础。在基础下设有桩基础时，又统称为桩承台基础（图 4-58）。

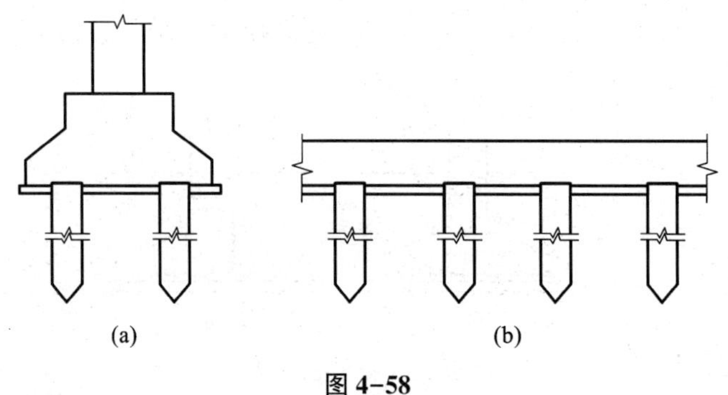

图 4-58

（a）独立承台；（b）带形承台

（2）柱。

①柱按其作用简单分为独立柱和构造柱。独立柱常见于承重独立柱、框架柱、有梁板柱、无梁板柱（图 4-59）、构架柱等。构造柱是指按建筑物刚性要求设置的、先砌墙后浇捣的柱，按设计规范要求，需设与墙体咬接的马牙槎。如图 4-60 所示。

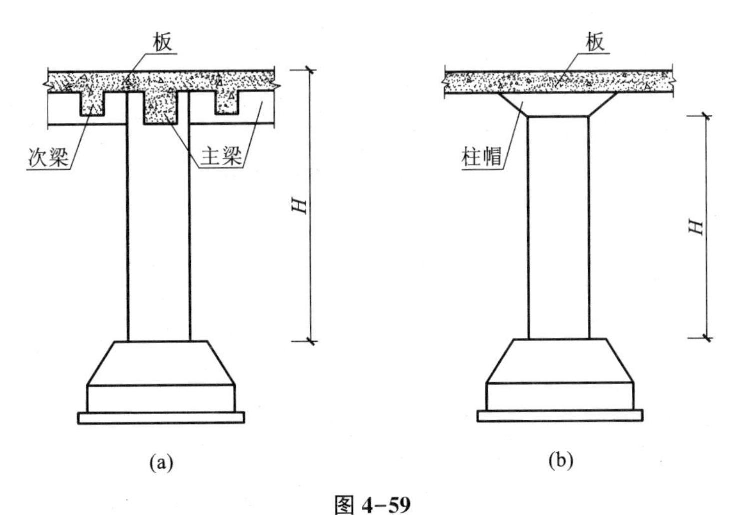

图 4-59

（a）有梁板柱；（b）无梁板柱

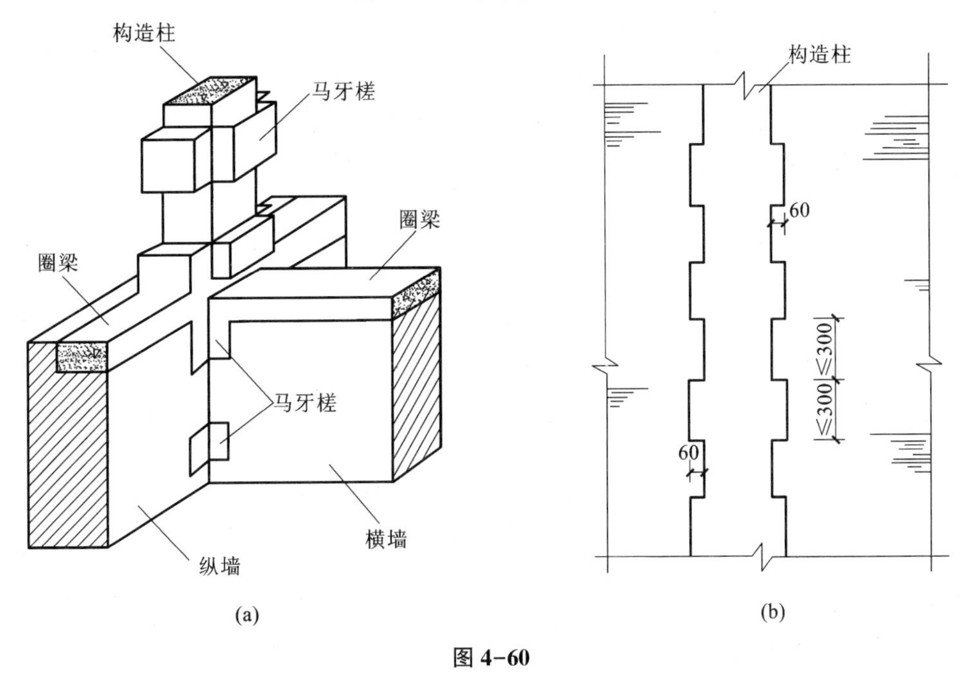

图 4-60

②柱按断面形状分为矩形柱、圆形柱、异形柱。

（3）梁。

①基础梁。基础梁［图 4-61（a）］位于地面以下，桩基础或柱基础之间或现浇柱之间的现浇钢筋混凝土梁，基础支底模，一般用于承担两柱之间墙体的重量。梁长以相交线为界。

②单梁。单梁包括框架梁和单独承重梁，按断面或外形形状分为矩形梁、异形梁、弧形梁、拱形梁、薄腹屋面梁等。

③圈梁。圈梁是指按建筑（构筑）物整体刚度要求，沿墙体水平封闭设置的构件。其按布置方式有矩形和弧形（布置轴线非直线）两种。不支底模且在带形基础上浇筑的混凝土梁一般称为地圈梁［图 4-61（b）］。地圈梁不能列入基础梁内计算。

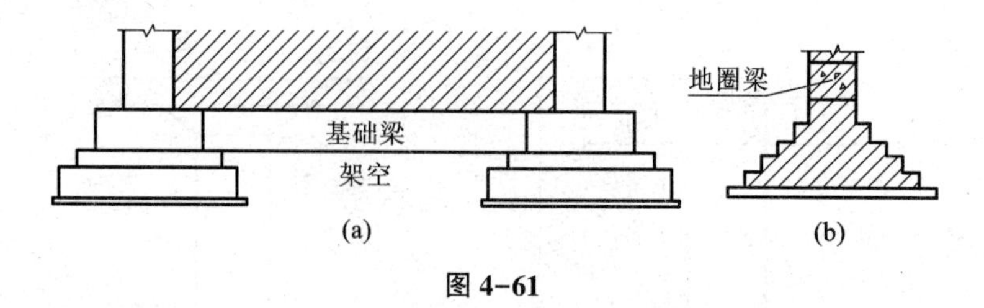

图 4-61

④过梁。过梁是设在洞口顶部承受洞口上部荷载的梁。圈梁通过门窗洞口（图 4-62）时，兼作过梁，长度通常按门窗洞口宽两端共加 50cm 作为过梁项目计算。

（4）板。

①板按荷载传递形式不同分为平板、有梁板、无梁板三种。

有梁板是指梁（包括主梁、次梁）与板构成整体的结构形式，它包括肋形板、密肋板和井字楼板等；无梁板是指不带梁，直接由柱帽支撑的板；平板是指无柱、无梁，直接由墙承重的板（图 4-63）。板与圈梁相连，但仍由墙体承重，也叫平板。

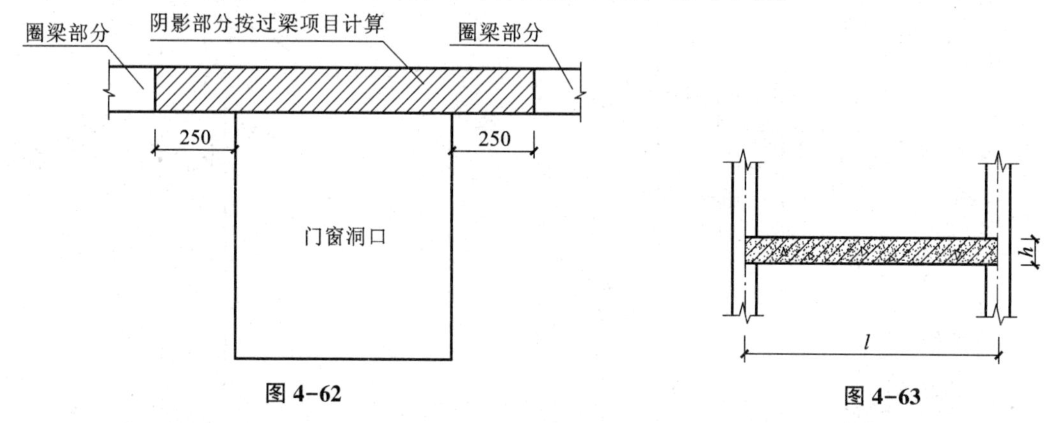

图 4-62

图 4-63

②板按外形或结构形式不同，有拱形板、薄壳屋盖等。

（5）墙。

①墙按荷载传递形式不同分为钢筋混凝土剪力墙、钢筋混凝土地下室外墙、无筋混凝土挡土墙。

②墙按外形不同，有直形和弧形之分。

（6）楼梯。

①楼梯按荷载传递形式不同分为板式楼梯和梁式楼梯。

②楼梯按外形不同，有直形和弧形之分。

4.4.2 定额套用说明

（1）总述。

①混凝土的工作内容包括：筛砂子、筛洗石子、后台运输、搅拌、前台运输、清理、润湿模板、浇灌、捣固、养护。

②毛石混凝土是按毛石占混凝土体积的 15% 计算的。如设计要求不同，可以换算。

③预制构件厂生产的构件，在混凝土定额项目中考虑了预制厂内构件运输、堆放、码

垛、装车运出等工作内容。

④构筑物混凝土按构件选用相应的定额子目。

⑤现浇钢筋混凝土柱、墙定额项目，均按规范规定综合了底部灌注 1∶2 水泥砂浆的用量。

⑥混凝土子目中已列出常用强度等级，如与设计要求不同，可以换算。

⑦凡按投影面积或延长米计算的构件，如每平方米或每延长米混凝土的用量（包括混凝土损耗）大于或小于定额混凝土含量在±10%以内，不予调整，超过 10% 则每增（减）1m^3 混凝土，其人工、材料、机械台班按下列规定另行计算：人工 2.62 工日；混凝土 1.015m^3；搅拌机 0.1 台班；插入式振捣器 0.2 台班。

⑧阳台扶手带花台（花池）时，另行计算，套零星构件。

⑨阳台栏板如采用砖砌、混凝土漏花（包括大刀片）、金属构件等，均按相应定额分别计算。

⑩钢筋混凝土后浇带按相应构件定额子目执行。

⑪钢筋混凝土垫层按垫层项目执行，其钢筋部分按本章相应项目规定计算。

⑫垫层用于基础垫层时，按相应定额人工乘以 1.2 系数计算。地面垫层需分格支模时，按技术措施中的垫层支模定额执行。

（2）预制构件运输。

①本定额适用于由构件堆放场地或构件加工场地至施工现场的运输。

②本定额按构件的类型和外形尺寸划分为四类，见表 4-30。

表 4-30 预制混凝土构件分类

类别	项目
1	4m 以内空心板、实心板
2	6m 以内的桩、屋面板、工业楼板、进深梁、基础梁、吊车梁、楼梯休息板、楼梯段、阳台板
3	6m 以上至 14m 梁、板、柱、桩，各类屋架、桁架、托架（14m 以上另行处理）
4	天窗架、挡风架、侧板、端壁板、天窗上下挡、门框及单件体积在 0.1m^3 以内小构件

③本定额综合考虑了城镇、现场运输道路等级，重车上下坡等各种因素，不得因道路条件不同而修改定额。

④构件运输过程中，如遇路桥限载（限高）而发生的加固、拓宽等费用及电车线路和公安交通管理部门的保安护送费用，应另行计算。

⑤预制混凝土构件单体长度超过 14m，质量超过 20t 时，应另采取措施运输，定额子目不包括时，另行计算。

（3）预制构件安装。

①本定额是按单机作业制定的。

②本定额是按机械起吊点中心回转半径 15m 以内的距离计算的。如超出 15m，应另按构件 1km 运输定额项目执行。

③每一工作循环中，均包括机械的必要位移。

④本定额分别按履带式起重机、汽车式起重机、塔式起重机编制。

⑤本定额不包括起重机械、运输机械行驶道路的修整，铺垫工作的人工、材料和机械。

⑥小型构件安装是指单体小于 0.1m^3 的构件安装。

⑦预制混凝土构件采用砖模制作时，其安装定额中的人工、机械台班乘以系数 1.1。

⑧定额中的塔式起重机、卷扬机台班均已包括在垂直运输机械费定额中。

⑨单层厂房屋盖系统构件必须在跨外安装时，按相应构件安装定额中的人工、机械台班乘以系数 1.18。使用塔式起重机、卷扬机时，不乘此系数。

（4）钢筋。

①钢筋工程按钢筋的不同品种、不同规格，现浇构件钢筋、预制构件钢筋、预应力钢筋分别列项。

②预应力构件中的非预应力钢筋应分别按现浇或预制钢筋相应项目计算。

③绑扎铁丝、成型点焊和接头焊接用的电焊条已综合在定额项目内。

④钢筋工程内容包括：制作、绑扎、安装以及浇灌混凝土时维护钢筋用工。

⑤现浇构件钢筋按手工绑扎，预制构件钢筋按手工绑扎、点焊综合考虑，均不换算。

⑥非预应力钢筋冷拉时，延伸长度不计，加工费也不增加。

⑦预应力钢筋如设计要求进行人工时效处理，应另行计算。

⑧后张法钢筋的锚固是按钢筋绑条焊、U 形插垫编制的，如采用其他方法锚固，应另行换算。

⑨各种钢筋、铁件的损耗已包括在定额子目中。

⑩本定额中铁件为一般铁件，若设计要求刨光（或车丝、钻眼）者，应按精加工铁件价格计算。

⑪表 4-31 所列的构件，其钢筋可按表列系数调整人工、机械用量。

表 4-31　不同构件的人工、机械台班调整系数

<table>
<tr><td>项目</td><td colspan="2">预制钢筋</td><td colspan="2">现浇钢筋</td><td colspan="4">构筑物</td></tr>
<tr><td rowspan="2">系数范围</td><td rowspan="2">折线型
薄腹屋架</td><td rowspan="2">托架梁</td><td rowspan="2">小型构件</td><td rowspan="2">小型池槽</td><td rowspan="2">烟囱</td><td rowspan="2">水塔</td><td colspan="2">贮仓</td></tr>
<tr><td>矩形</td><td>圆形</td></tr>
<tr><td>人工、机械台班调整系数</td><td>1.16</td><td>1.05</td><td>2.00</td><td>2.52</td><td>1.70</td><td>1.70</td><td>1.25</td><td>1.50</td></tr>
</table>

4.4.3　工程量计算规则

（1）一般规则。

①基础。

A. 基础与墙、柱的划分，均以基础扩大顶面为界。

B. 有肋式带形基础，肋高与肋宽之比在 4∶1 以内的按有肋式带形基础计算；肋高与肋宽之比超过 4∶1 的，其底板按板式带形基础计算，以上部分按墙计算。

C. 杯形基础，杯口高度小于等于杯口大边长度者按杯形基础计算；杯口高度大于杯口大边长度时按高杯基础计算。

D. 箱式满堂基础应分别按满堂基础、柱、墙、梁、板有关规定计算。

E. 设备基础除块体外，其他类型设备基础分别按基础、梁、柱、板、墙等有关规定计算。

②柱。

A. 有梁板的柱高按基础上表面至楼板上表面，或楼板上表面至上一层楼板上表面计算。

B. 无梁板的柱高按基础上表面或楼板上表面至柱帽下表面计算。

C. 构造柱按全高计算，嵌接墙体部分并入柱身体积。

D. 依附柱上的牛腿，并入柱内计算。

E. 附墙柱并入墙内计算。

③梁。

A. 梁与柱连接时，梁长算至柱的侧面。

B. 主梁与次梁连接时，次梁长算至主梁的侧面。

C. 圈梁与过梁连接时，过梁长度按门窗洞口宽度共加 500mm 计算。地圈梁按圈梁定额计算。

D. 现浇挑梁的悬挑部分按单梁计算，嵌入墙身部分分别按圈梁、过梁计算。

④板。

A. 有梁板包括主梁、次梁与板，梁板合并计算。

B. 无梁板的柱帽并入板内计算。

C. 平板与圈梁、过梁连接时，板算至梁的侧面。

D. 预制板缝宽度在 60mm 以上时，按现浇平板计算；宽度在 60mm 以下的板缝已在接头灌缝的子目内考虑，不再列项计算。

⑤墙。

A. 墙与梁重叠，当墙厚等于梁宽时，墙与梁合并按墙计算；当墙厚小于梁宽时，墙、梁分别计算。

B. 墙与板相交，墙高算至板的底面。

C. 墙的净长大于宽的 4 倍、小于等于宽的 7 倍时，按短肢剪力墙计算。

⑥其他。

A. 带反梁的雨篷按有梁板定额子目计算。

B. 小型混凝土构件，是指每件体积在 0.05m^3 以内的未列出定额项目的构件。

C. 现浇挑檐天沟与板（包括屋面板、楼板）连接时，以外墙为分界线；与圈梁（包括其他梁）连接时，以梁外边线为分界线。外墙外边线或梁外边线以外为挑檐天沟。

⑦构筑物。

A. 烟囱。钢筋混凝土烟囱基础包括基础底板和筒座，筒座以上为筒身。

B. 水塔。

a. 钢筋混凝土筒式塔身以筒座上表面或基础底板上表面为分界线；柱式塔身以柱脚与基础底板或梁交界处为分界线，与基础底板相连接的梁并入基础内计算。

b. 筒身与槽底的分界以与槽底相连接的圈梁底为界。圈梁底以上为槽底，以下为筒身。

c. 依附于筒身的过梁、雨篷、挑檐等工程量并入筒身工程量内。柱式塔身不分柱、梁，且不分直柱、斜柱，均合并计算。

d. 钢筋混凝土塔顶及槽底的工程量合并计算，塔顶包括顶板和圈梁，槽底包括底板、挑出斜壁和圈梁。

e. 槽底不分平底、拱底；塔顶不分锥形、球形，均执行本定额。

f. 与塔顶、槽底（或斜壁）相连的圈梁之间的直壁为水箱内、外壁。保温水槽外保护壁为外壁，直接承受水侧压力的水槽壁为内壁，非保温水塔的水槽壁按内壁计算。依附外壁的柱、梁等并入外壁计算。

g. 预制倒圆锥形水塔罐壳组装、提升、就位，按不同容积以座计算。

C. 贮水（油）池。

a. 池底不分平底和锥底，池壁下部的扩大部分包括在池底内。

b. 锥形底应算至壁基梁底面，无壁基梁时算至锥形底坡的上口。

c. 无梁池盖柱自池底上表面算至池盖的下表面，包括柱座、柱帽。

d. 无梁盖应包括与池壁相连的扩大部分；肋形盖应包括主、次梁及盖部分；球形盖应自池壁顶面以上，包括侧梁在内。

e. 沉淀池水槽是指池壁上的环形溢水槽及纵横 U 形槽，但不包括与水槽相连接的矩形梁。矩形梁另按现浇钢筋混凝土部分矩形梁定额执行。

D. 贮仓。

a. 圆形仓顶板梁与顶板合并计算，按顶板定额执行。

b. 圆形仓的基础若为板式基础，按满堂基础定额执行。

E. 地沟。

a. 本地沟适用于混凝土及钢筋混凝土的现浇无肋地沟的底、壁、顶，不论方形（封闭式）、槽形（开口式）、阶梯形（变截面式），均按本定额计算。

b. 沟壁与底的分界以底板上表面为界。沟壁与顶的分界以顶板的下表面为界。上薄下厚的壁按平均厚度计算，阶梯形的壁按加权平均厚度计算，八字角部分的数量并入沟壁工程量内计算。

c. 肋形顶板或预制顶板，另套相应项目计算。

（2）混凝土。

①现浇混凝土。

A. 混凝土工程量除另有规定外，均按图示尺寸实体体积以 m^3 计算。不扣除构件内钢筋、预埋铁件及墙、板中 0.3m^2 内的孔洞所占体积。

B. 柱：按图示断面尺寸乘以柱高以 m^3 计算。

C. 梁：按图示断面尺寸乘以梁长以 m^3 计算。伸入墙内的梁头，梁垫体积并入梁体积内计算。

D. 板：按图示面积乘以板厚以 m^3 计算。各类板伸入墙内的板头并入板体积内计算。

E. 墙：外墙按中心线长度，内墙按净长乘以墙高及厚度以 m^3 计算，应扣除门窗洞口及 0.3m^2 以外孔洞的体积。

F. 整体楼梯包括休息平台、平台梁、斜梁及楼梯的连接梁，按水平投影面积计算，不扣除宽度小于 500mm 的楼梯井，伸入墙内部分不另增加。楼梯与楼板连接时，楼梯算至楼梯梁外侧面。

圆形楼梯按悬挑楼梯间水平投影面积计算（不包括中心柱）。

G. 阳台、雨篷（悬挑板），按伸出外墙的水平投影面积计算，伸出外墙的牛腿、封口梁不另行计算。带反边的雨篷按展开面积并入雨篷内计算。

H. 扶手以延长米计算。栏板按长度（包括伸入墙内的长度）乘以截面积以 m^3 计算。

I. 台阶按图示尺寸的投影面积计算。

J. 预制钢筋混凝土框架柱现浇接头（包括梁接头）按设计规定断面和长度以 m^3 计算。

K. 坡度大于等于1/4（26°34′）的斜板屋面，混凝土浇捣人工乘以系数1.25。

②预制混凝土。

A. 混凝土工程量均按图示尺寸实体积以m^3计算，不扣除构件内钢筋、铁件、后张法预应力钢筋灌缝孔及小于0.3m^2孔洞所占体积。

B. 预制桩按桩全长（包括桩尖）乘以桩断面以m^3计算。预制桩尖按实体积计算。

C. 混凝土与钢杆件组合的构件，混凝土部分按构件实体积以m^3计算，钢构件按金属结构定额以t计算。

③构筑物。

A. 构筑物混凝土除另有规定者外，均按图示尺寸扣除门窗洞口及0.3m^2以上孔洞所占体积以实体积计算。

B. 贮水池不分平底、锥底、坡底均按池底计算，壁基梁、池壁不分圆形壁和矩形壁，均按池壁计算，其他项目均按现浇混凝土部分相应项目计算。

C. 贮仓如由柱支撑，其柱与基础按现浇混凝土相应项目计算。

D. 水塔筒式塔身和柱式塔身计算规定：依附于筒身的过梁、雨篷、挑檐等并入筒身体积内计算；柱式塔身的柱、梁合并计算。

E. 水塔或倒锥壳水塔，烟囱基础等构筑物，定额中没有的项目，均按现浇混凝土部分相应或相近项目计算。

④钢筋混凝土构件接头灌缝。

A. 钢筋混凝土构件接头灌缝，包括构件座浆、灌缝、堵板孔、塞板梁缝等，均按预制钢筋混凝土构件实体积以m^3计算。

B. 柱与柱基的灌缝，按首层柱体积计算；首层以上柱灌缝，按各层柱体积计算。

C. 空心板堵塞端头孔的人工材料已包括在定额内。

（3）预制混凝土构件运输及安装。

①构件运输及安装均按构件图示尺寸，以实体积计算。

②构件运输的最大运输距离取50km以内。

③加气混凝土板（块）、硅酸盐块运输每立方米折合钢筋混凝土构件体积为0.4m^3，并按一类构件运输计算。

④预制花格板按其外围面积（不扣除孔洞）乘以厚度以m^3计算，执行小型构件定额。

⑤预制钢筋混凝土工字形柱、矩形柱、空腹柱、双肢柱、空心柱、管道支架安装，均按柱安装计算。

⑥组合屋架安装，以混凝土部分实体体积计算，钢杆件部分不另行计算。

⑦预制钢筋混凝土多层柱安装，首层柱按柱安装计算，二层及二层以上按柱接柱计算。

（4）钢筋。

①钢筋工程应区别现浇、预制构件，不同钢种和规格，分别按设计长度乘以单位重量，以t计算。

②计算钢筋工程量时，通长钢筋的接头，设计已规定钢筋搭接长度的，按规定搭接长度计算；设计未规定搭接长度的，钢筋直径在10mm以内的，不计算搭接长度；钢筋直径在10mm以外的，当单个构件的单根钢筋设计长度大于8m时，按8m长一个搭接长度计算在钢筋用量内，其搭接长度按实用钢筋Ⅰ级钢30倍、Ⅱ级钢35倍直径计算。钢筋电渣压力焊接

接头以个计算。

③坡度大于1/4（26°34′）的斜板屋面，钢筋制安工日乘以系数1.25。

④先张法预应力钢筋按构件外形尺寸计算长度，后张法预应力钢筋按设计图纸规定的预应力钢筋预留孔道长度，并区别不同的锚具类型，分别按下列规定计算：

A. 低合金钢筋两端采用螺杆锚具时，预应力钢筋的长度按预留孔道长度减0.35m计算，螺杆另行计算。

B. 低合金钢筋一端采用镦头插片，另一端采用螺杆锚具时，预应力钢筋长度按预留孔道长度计算，螺杆另行计算。

C. 低合金钢筋一端采用镦头插片，另一端采用绑条锚具时，预应力钢筋长度按预留孔道长度增加0.15m计算，两端均采用绑条锚具时，预应力钢筋长度按预留孔道长度共增加0.3m计算。

D. 低合金钢筋采用后张混凝土自锚时，预应力钢筋长度按预留孔道长度增加0.35m计算。

E. 低合金钢筋或钢绞线采用JM、XM、QM型锚具，孔道长度在20m以内时，预应力钢筋长度按预留孔道长度增加1m计算；孔道长度在20m以上时，预应力钢筋长度按预留孔道长度增加1.8m计算。

F. 碳素钢丝采用锥形锚具，孔道长在20m以内时，预应力钢筋长度按预留孔道长度增加1m计算；孔道长在20m以上时，预应力钢筋长度按预留孔道长度增加1.8m计算。

G. 碳素钢丝两端采用镦粗头时，预应力钢筋长度按预留孔道长度增加0.35m计算。

⑤后张法预制钢筋项目内已包括孔道灌浆，实际孔道长度和直径与定额不同时，不作调整，按定额执行。

⑥钢筋笼制安，适用于各类灌注桩，按重量以t计算。

⑦钢筋混凝土护壁钢筋适用于人工挖孔桩，按重量以t计算。

⑧钢筋混凝土构件中的预埋铁件工程量，按设计图示尺寸以t计算。预制钢筋混凝土柱上的钢牛腿也按铁件计算。

⑨固定预埋螺栓、铁件的支架，固定双层钢筋的铁马凳、垫铁件，按审定的施工组织设计规定计算，套用铁件项目。混凝土中的钢筋支架及撑筋，并入钢筋中计算。

4.4.4 主要工程量计算及定额换算公式

（1）踏步形独立基础（图4-55）。

$$V=a_1b_1h_1+a_2b_2h_2 \tag{4-13}$$

（2）四棱锥台形独立基础（图4-64）。

$$V=abh+\frac{h_1}{6}\left[ab+(a+a_1)(b+b_1)+a_1b_1\right] \tag{4-14}$$

（3）有肋式带形基础（图4-65）。

$$V=S_{截面}\cdot(L_{外中心线}+L_{内净长}) \tag{4-15}$$

有肋式带形基础，肋高与肋宽之比在4∶1以内的，按有肋式带形基础计算；肋高与肋宽之比超过4∶1的，其底板板式按带形基础计算，以上部分按墙计算。

（4）无梁式满堂基础：柱头并入基础计算。

$$体积=板面积\times板厚+柱头体积 \tag{4-16}$$

（5）有梁式满堂基础：梁与板合并计算。

$$体积=板体积+梁体积 \tag{4-17}$$

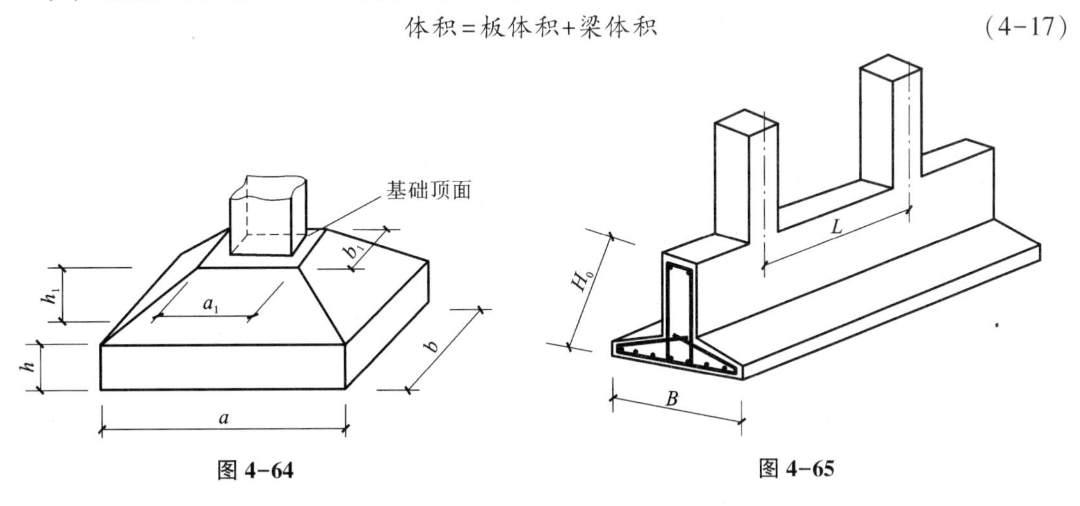

图 4-64　　图 4-65

（6）箱式满堂基础。

箱式满堂基础的底板套用无梁式满堂基础定额，其余按柱、梁、墙、板分别计算，并套用相应定额。

（7）柱。柱按图示断面尺寸乘以柱高以 m^3 计算。

①有梁板的柱高按基础上表面至楼板上表面，或楼板上表面至上一层楼板上表面计算。

②无梁板的柱高按基础上表面或楼板上表面至柱帽下表面计算，无梁板的柱帽并入板内计算，见图 4-66。

（8）构造柱。

构造柱按全高计算，嵌接墙体部分并入柱身体积。

（9）梁。梁按设计图示尺寸以体积计算。

①梁与柱连接时，梁长算至柱的侧面［图 4-67（a）］。

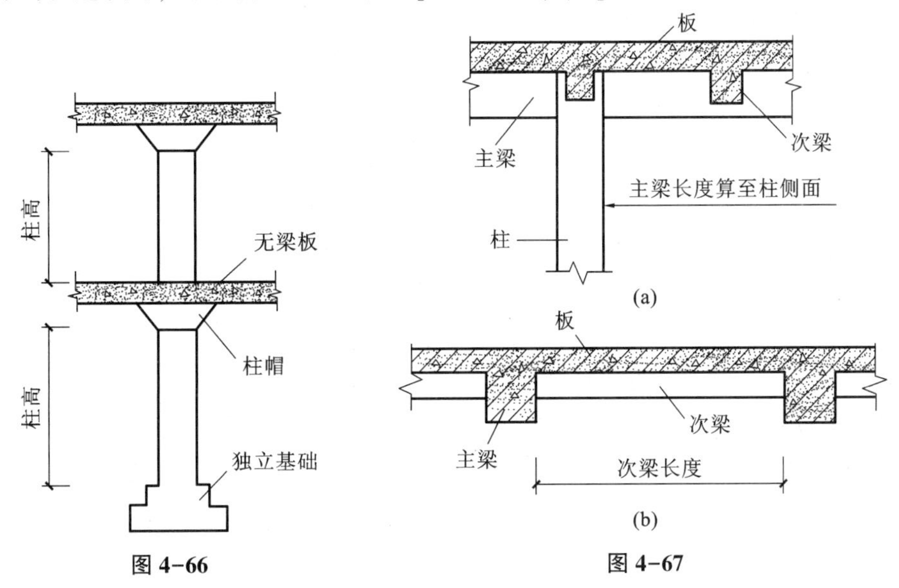

图 4-66　　图 4-67

②主梁与次梁连接时，次梁长算至主梁的侧面［图 4-67（b）］。

（10）有梁板（图 4-68）。

$$有梁板体积=梁体积+板体积 \tag{4-18}$$

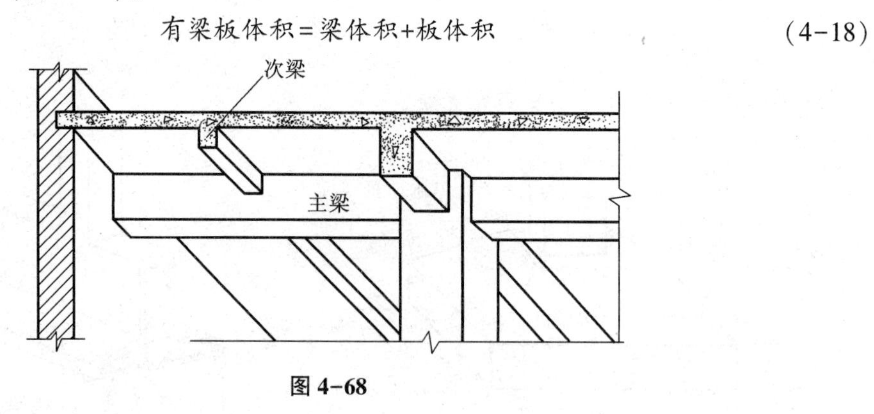

图 4-68

（11）挑檐天沟。

现浇挑檐天沟与板（包括屋面板、楼板）连接时，以外墙为分界线；带反边的挑檐展开后并入挑檐天沟按体积计算（图 4-69）。

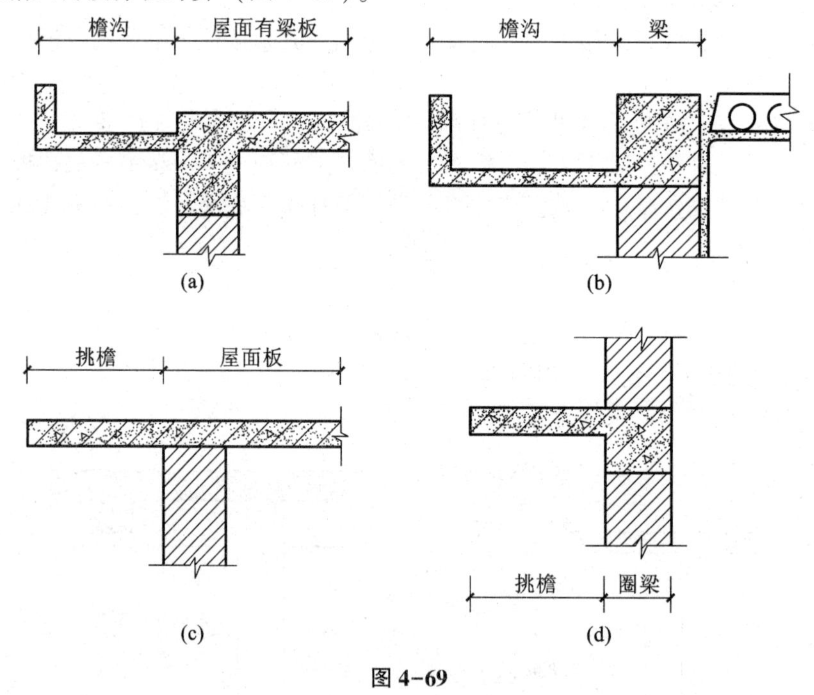

图 4-69

（12）雨篷。

雨篷（图 4-70）按伸出外墙的水平投影面积计算，伸出外墙的牛腿不另行计算；带反边的雨篷按展开面积并入雨篷内计算。

（13）阳台。

阳台的计算规则同雨篷，阳台周围弯起的栏板套栏板项目按栏板长度乘以截面积以 m^3 计算。阳台板示意图见图 4-71。

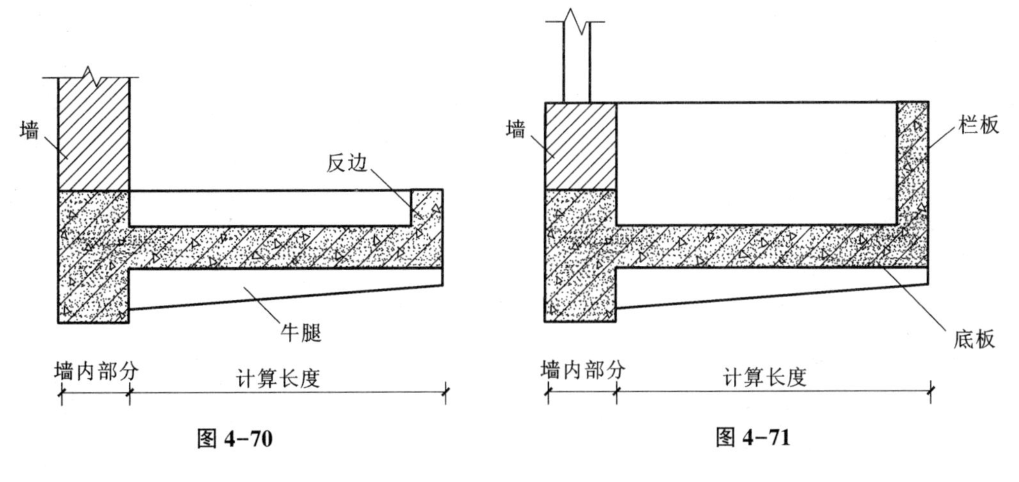

图 4-70　　图 4-71

(14) 预制钢筋混凝土构件的制作废品率、运输堆放损耗及安装、打桩损耗率详见定额总说明。

①预制构件。

预制构件制作工程量=图示工程量×(1+1.5%)

预制构件运输工程量=图示工程量×(1+1.3%)

预制构件安装工程量=图示工程量×(1+0.5%)

②预制桩。

预制桩制作工程量=图示工程量×(1+2%)

预制桩运输工程量=图示工程量×(1+1.9%)

预制桩安装工程量=图示工程量×(1+1.5%)

4.4.5 计算实例

【例 4-19】 某构造柱(图 4-72)柱高 3.5m,柱截面尺寸为 240mm×240mm,计算柱混凝土的工程量和直接工程费。

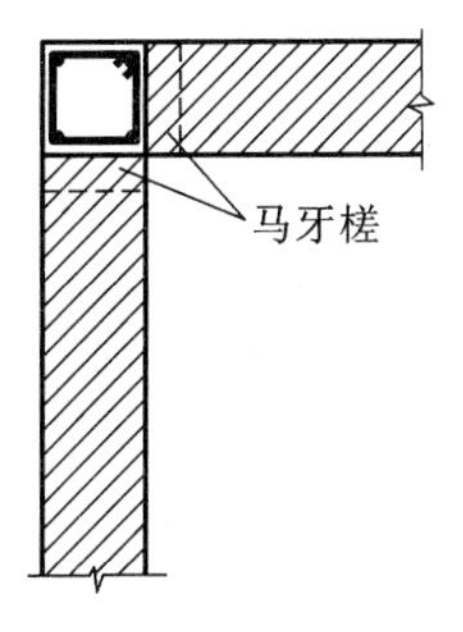

图 4-72

【解】 柱混凝土工程量:

$$V_{柱}=Sh=(0.24\times0.24+0.03\times0.24\times2)\times3.5$$
$$=0.252\ (m^3)$$

建筑工程预算书见表 4-32。

表 4-32　建筑工程预算书

序号	编号	项目名称	单位	数量	单价/元	总价/元
1	A4-31	现浇构造柱	$10m^3$	0. 025	2 356. 19	58. 9

【例 4-20】 某物管楼结构平面图如图 4-73 所示，采用 C25 现拌混凝土浇捣，组合钢模，层高为 4. 8m，板厚为 100mm，试计算梁、柱、板混凝土的工程量和直接工程费。

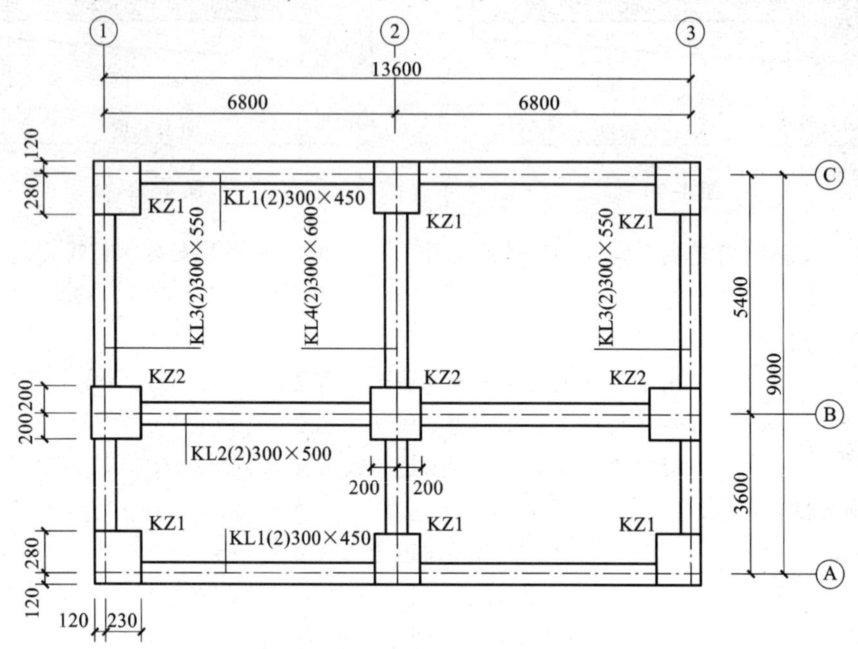

图 4-73

【解】（1）计算柱的体积。

$$KZ1 = 0.35 \times 0.4 \times 6 = 0.84\ (m^2)$$

$$KZ2 = 0.4 \times 0.4 \times 3 = 0.48\ (m^2)$$

即柱的面积为 $1.32m^2$。

$$V_{柱} = 1.32 \times 4.8 = 6.336\ (m^3)$$

（2）计算梁的体积。

$KL1 = 0.3 \times (0.45 - 0.1) \times (6.8 \times 2 + 0.12 \times 2 - 0.35 \times 3) \times 2 = 2.69\ (m^3)$

$KL2 = 0.3 \times (0.5 - 0.1) \times (13.84 - 0.4 \times 3) = 1.51\ (m^3)$

$KL3 = 0.3 \times (0.55 - 0.1) \times (3.6 + 5.4 + 0.24 - 0.4 \times 3) \times 2 = 2.17\ (m^3)$

$KL4 = 0.3 \times (0.6 - 0.1) \times (9.24 - 0.4 \times 3) = 1.206\ (m^3)$

即梁的体积为 $7.576m^3$。

（3）有梁板的体积。

$$\begin{aligned} V &= (板的面积 - 柱的面积) \times 板厚 + 梁的体积 \\ &= (13.84 \times 9.24 - 1.32) \times 0.1 + 7.576 \\ &= 20.232\ (m^3) \end{aligned}$$

建筑工程预算书见表 4-33。

表 4-33 建筑工程预算书

序号	编号	项目名称	单位	数量	单价/元		总价/元	
					单价	工资	合价	工资
1	A4-29 换	现浇矩形柱 C25/40/32.5	$10m^3$	0.132	2 373.52	546.38	313.3	72.12
2	A4-43 换	现浇有梁板 C25/20/32.5	$10m^3$	2.053	2 272.31	329.94	4 665.05	677.37

【例 4-21】 计算图 4-74 所示挑檐天沟板、圈梁与平板工程量和直接工程费，构造柱尺寸为 0.24m×0.24m，板厚为 100mm。

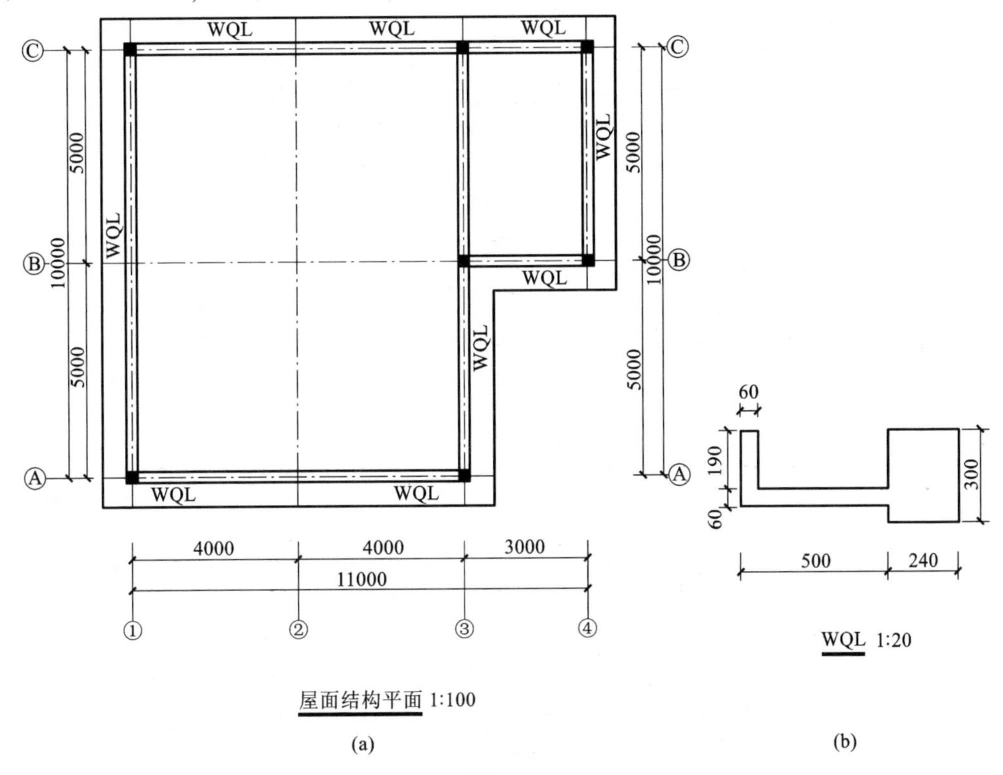

图 4-74

【解】 ①天沟板中线与轴线间的距离 L：

$$L=(0.5+0.19)\div2+0.12=0.465\ (\text{m})$$

天沟板：

$$V=(11+0.465\times2+10+0.465\times2)\times2\times(0.5+0.19)\times0.06=1.89\ (\text{m}^3)$$

②圈梁：

$$V=\{[(11+10)\times2+(5-0.24)]\times0.24-0.24\times0.24\times7\}\times0.3=3.25\ (\text{m}^3)$$

③平板：

$$V=[(8-0.24)\times(10-0.24)+(5-0.24)\times(3-0.24)]\times0.1=8.89\ (\text{m}^3)$$

建筑工程预算书见表 4-34。

表 4-34 建筑工程预算书

序号	编号	项目名称	单位	数量	单价/元	总价/元
1	A4-58	现浇天沟挑檐	$10m^3$	0. 189	2 487. 56	470. 15
2	A4-35	现浇圈梁	$10m^3$	0. 325	2 309. 78	758. 03
3	A4-45	现浇平板	$10m^3$	0. 889	2 156. 64	1 947. 45

【例 4-22】计算图 4-75 所示 C20 楼梯混凝土工程量和直接工程费。

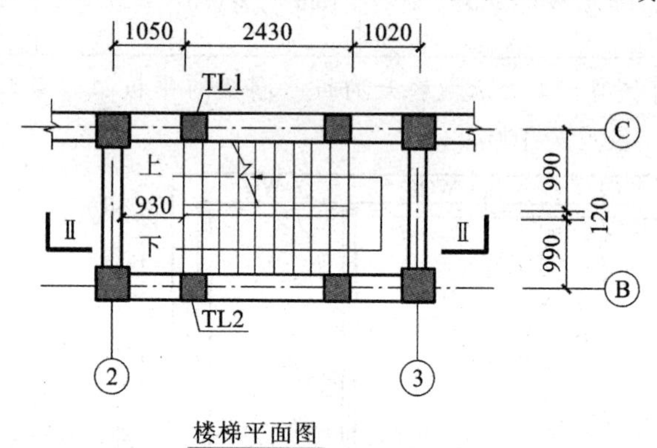

图 4-75

【解】 $S=(2.43+1.02-0.12)\times(2.1-0.24)=6.19\ (m^2)$

建筑工程预算书见表 4-35。

表 4-35 建筑工程预算书

序号	编号	项目名称	单位	数量	单价/元	总价/元
1	A4-48	现浇楼梯 直形	$10m^2$	0. 62	592. 38	366. 68

【例 4-23】某房屋平面图如图 4-76 所示，墙体均为 240mm，采用混凝土散水，厚度为 60mm，宽度为 500mm。求：

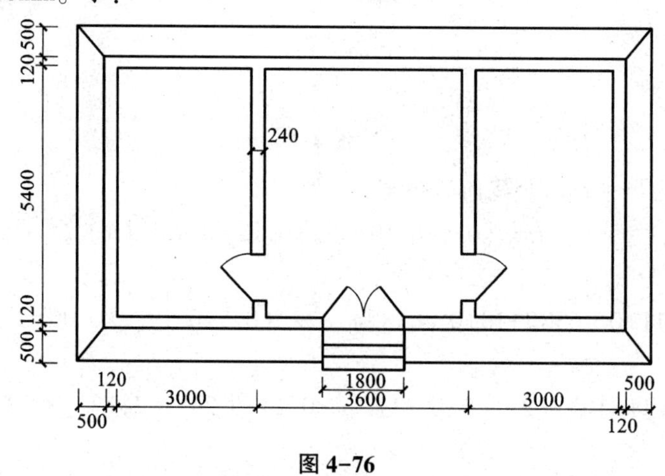

图 4-76

(1) 散水工程量，并套定额计算直接工程费。

（2）台阶工程量，并套定额计算直接工程费（设砖砌台阶踏步高 150mm，踏面宽 300mm）。

【解】（1）散水。

外墙外边线长度=（3.6+3×2+0.24+5.4+0.24）×2=30.96（m）

散水面积=（30.96−1.8）×0.5+0.5×0.5×4=15.58（m^2）

（2）台阶。

台阶工程量=1.8×0.9=1.62（m^2）

建筑工程预算书见表 4-36。

表 4-36 建筑工程预算书

序号	编号	项目名称	单位	数量	单价/元	总价/元
1	A4-63	现浇混凝土散水面一次抹光垫层 60mm 厚	$100m^2$	0.156	2 567.46	400.52
2	A3-36	砖砌台阶	$10m^2$	0.162	446.6	72.35

【例 4-24】某厂房采用装配式安装施工，采用汽车式起重机吊装，其中柱 120m^3（每根 5.8m^3），吊车梁 60m^3（每根 1.5m^3），屋盖采用跨外吊装，三角形屋架 100m^3，大型屋面板 80m^3，其中大型屋面板由加工厂预制，运距为 5km，其他构件现场预制，计算该工程的直接工程费。

【解】（1）制作。

$$V_{柱}=120\times1.015=121.8\ (m^3)$$

$$V_{吊车梁}=60\times1.015=60.9\ (m^3)$$

$$V_{屋架}=100\times1.015=101.5\ (m^3)$$

$$V_{屋面板}=80\times1.015=81.2\ (m^3)$$

（2）运输。

$$V_{屋面板}=80\times1.013=81.04\ (m^3)$$

（3）安装。

$$V_{柱}=120\times1.005=120.6\ (m^3)$$

$$V_{吊车梁}=60\times1.005=60.3\ (m^3)$$

$$V_{屋架}=100\times1.005=100.5\ (m^3)$$

$$V_{屋面板}=80\times1.005=80.4\ (m^3)$$

建筑工程预算书见表 4-37。

表 4-37 建筑工程预算书

序号	编号	项目名称	单位	数量	单价/元	总价/元
1	A4-68	预制矩形柱	$10m^3$	12.18	2 188.91	26 660.92
2	A4-74	预制鱼腹式吊车梁	$10m^3$	6.09	2 235.46	13 613.95
3	A4-79	预制三角形屋架	$10m^3$	10.15	2 259.45	22 933.42
4	A4-87	预制大型屋面板	$10m^3$	8.12	2 663.62	21 628.59

续表

序号	编号	项目名称	单位	数量	单价/元	总价/元
5	A4-189	Ⅱ类预制混凝土构件（运距 5km 内）	$10m^3$	8. 104	1 142. 42	9 258. 17
6	A4-224	预制构件柱安装每根体积 $6m^3$ 内汽车式起重机	$10m^3$	12. 06	696. 2	8 396. 17
7	A4-236	鱼腹式吊车梁安装每个构件单体 $1.6m^3$ 内汽车式起重机	$10m^3$	6. 03	964. 17	5 813. 95
8	A4-302×a1. 18c1. 18 换	三角形组合屋架（钢筋下弦拉杆）拼装每榀 $1m^3$ 内汽车式起重机	$10m^3$	10. 05	5 662. 64	56 909. 53
9	A4-370×a1. 18c1. 18 换	大型屋面板安装单体 $0.6m^3$ 内汽车式起重机	$10m^3$	8. 04	903. 76	7 266. 23

小贴士

（1）带形桩承台如何执行定额？

答：带形桩承台按带形基础定额执行。

（2）何为异形柱？

答：独立柱、框架柱的断面为非矩形、非圆形的柱称异形柱。

（3）何为弧形梁？何为拱形梁？

答：沿梁的长度上在水平方向成弧的梁为弧形梁，在垂直方向成弧的梁为拱形梁。

（4）楼板周边梁下设有下垂的吊挂板，其定额如何套用？

答：下垂的吊挂板高度在 60cm 以内，套天沟子目；高度超过 60cm，套栏板子目。

（5）雨篷翻边如何计算？

答：雨篷翻边凸出板面高度在 20cm 以内时，按翻边的外边线长度乘以凸出板面高度，并入雨篷内计算；雨篷翻边凸出板面高度为 20~60cm 时，翻边按天沟计算；雨篷翻边凸出板面高度为 60~120cm 时，翻边按栏板计算；雨篷翻边凸出板面高度超过 120cm 时，翻边按墙计算。

（6）天沟挡板高度不同，其定额如何套用？

答：天沟挡板上挑高度在 60cm 以内时，套天沟子目；上挑高度大于 60cm，但在 120cm 以内时，套栏板子目；上挑高度大于 120cm 时，套钢筋混凝土墙子目。

（7）圆形楼梯的面积如何计算？

答：圆形楼梯的面积按照圆形楼梯的外围水平投影面积扣除中心柱的投影面积计算。

（8）现浇有梁式通长挑阳台是执行阳台定额还是执行有梁板定额？

答：现浇有梁式通长挑阳台按有梁板的定额执行。

自主练习

一、单项选择题。

1. 以下关于钢筋混凝土工程说法准确的是（　　）。

A. 阳台、雨篷按挑出部分以体积计算

B. 檐沟按中心线长度计算

C. 楼梯按水平投影面积计算

D. 栏板按垂直投影面积计算

2. 现浇钢筋混凝土楼梯工程量不扣除宽度小于（　　）的楼梯井面积。

A. 500mm　　B. 450mm　　C. 300mm　　D. 350mm

3. 后浇带部位的混凝土强度等级比原结构混凝土强度等级（　　）。

A. 降低一级　　B. 相同　　C. 提高一级　　D. 提高两级

4. 某砖混结构房屋，有 4 个构造柱，设置在 T 形墙角处，断面尺寸为 240mm×240mm，柱高 3.5m，其工程量为（　　）m^3。

A. 0.81　　B. 1.11　　C. 1.13　　D. 0.98

5. 图 4-77 所示钢筋混凝土梁，已知其截面尺寸为 250mm×550mm，则其定额工程量为（　　）。

A. 0.756m^3

B. 5.5m

C. 0.138m^2

D. 0.657m^3

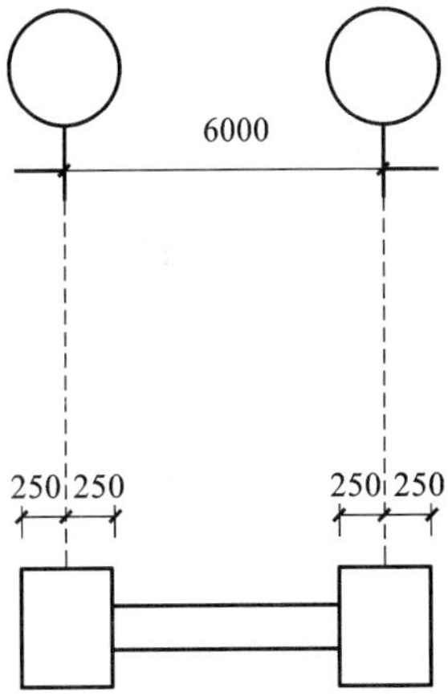

图 4-77

6. 以下说法不正确的是（　　）。

A. 扶手按延长米计算

B. 栏板按长度计算

C. 台阶按图示尺寸的投影面积计算

D. 阳台、雨篷（悬挑板），按伸出外墙的水平投影面积计算

7. 根据江西省建筑工程预算定额，混凝土、钢筋混凝土墙基础与上部结构的划分界线为（　　）。

A. 设计室外地坪　　B. 设计室内地坪　　C. 基础扩大面　　D. ±0.00 处

8. 钢筋混凝土现浇板坡度大于 1/4（26°34′）时（　　）。

A. 钢筋制安工日乘以系数 1.25，混凝土浇捣不乘系数

B. 钢筋制安工日不乘系数，混凝土浇捣人工乘以系数 1.25

C. 钢筋制安工日乘以系数 1.25，混凝土浇捣人工乘以系数 1.25

D. 按相应定额套用，不乘系数

9. 整体楼梯按水平投影面积计算，不包括（　　）。

A. 休息平台　　B. 平台梁

C. 楼梯的连接梁　　D. 宽度大于 500mm 的楼梯井

10. 下列套用零星构件定额的是（　　）。

A. 压顶　　B. 扶手　　C. 栏板　　D. 阳台扶手带花台

二、多项选择题。

1. 现浇钢筋混凝土构件应计算的工程量包括（　　）。

A. 运输工程量　　B. 模板工程量

C. 钢筋工程量　　D. 混凝土工程量

E. 安装工程量

2. 以下属于模板工程量计算规则的是（　　）。

A. 模板工程量按构件展开面积计算

B. 模板工程量也可按预算定额的构件含模量参考表计算

C. 模板工程量按模板表面积计算

D. 模板工程量按构件与模板接触面积计算

3. 按规则计算套用有梁板定额子目的有（　　）。

A. 带反梁的雨篷　　B. 现浇有梁式通长挑阳台

C. 压型钢板上浇倒混凝土板　　D. 阳台

4. 预制混凝土及钢筋混凝土构件工程量的总损耗率包括（　　）。

A. 钢筋、铁件损耗　　B. 构件安装损耗

C. 构件运输、堆放损耗　　D. 构件制作损耗

5. 下列选项中按梁板体积之和计算工程量的是（　　）。

A. 有梁板　　B. 上翻梁　　C. 现浇平板　　D. 井字板

三、判断题。

1. 无梯口梁时，楼梯工程量算至最上一级踏步沿加 30cm 处。（　　）

2. 混凝土满堂基础的柱墩并入满堂基础内计算。（　　）

3. 散水、防滑坡道，按图示尺寸以 m^2 计算。（　　）

4. 现浇混凝土及钢筋混凝土模板工程量，应区别模板的不同材质，按混凝土与模板接触面的面积以 m^2 计算。（　　）

5. 悬挑式阳台混凝土工程量按挑出墙（梁）外水平投影面积计算。（　　）

6. 定额中的砂浆和混凝土强度等级，设计与定额不同时，可以换算。（　　）

四、计算题。

1. 某工程楼板结构图如图 4-78 所示。计算此楼层混凝土工程柱、梁、板的工程量及定额直接工程费。

2. 计算图 4-79 所示混凝土散水、坡道工程量及定额直接工程费。

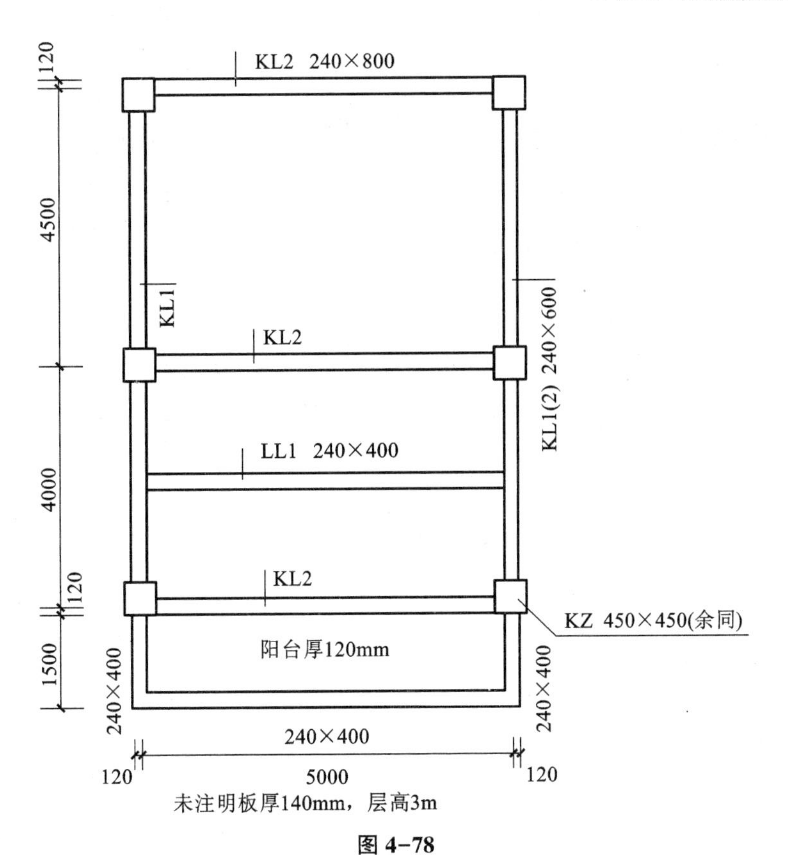

KL2 240×800
120
4500
KL1
KL2
KL1(2) 240×600
LL1 240×400
4000
KL2
120
KZ 450×450(余同)
阳台厚120mm
1500
240×400
240×400
240×400
120
5000
120
未注明板厚140mm，层高3m

图 4-78

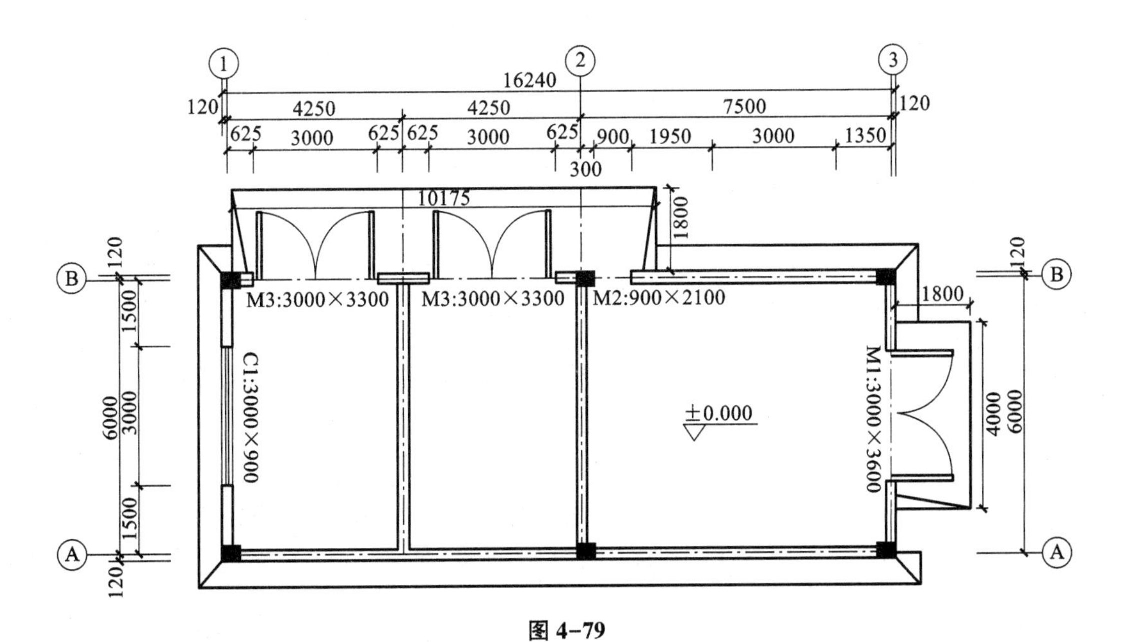

1
2
3
16240
120
4250
4250
7500
120
625
3000
625
625
3000
625
900
1950
3000
1350
300
10175
1800
M3:3000×3300
M3:3000×3300
M2:900×2100
1800
C1:3000×900
±0.000
M1:3000×3600
B
A
120
1500
6000
3000
1500
120
4000
6000

图 4-79

任务5　厂库房大门、特种门、木结构工程

4.5.1　基础知识

（1）木屋架、钢木屋架。

木屋架是指全部杆件均采用如方木或圆木等木材制作的屋架。

钢木屋架是指受压杆件如上弦杆及斜杆均采用木材制作，受拉杆件如下弦杆及拉杆均采用钢材制作，拉杆一般用圆钢材料，下弦杆采用圆钢或型钢材料的屋架。

（2）博风板、大刀头，见图4-80。

（3）封檐板、挑檐木，见图4-81。

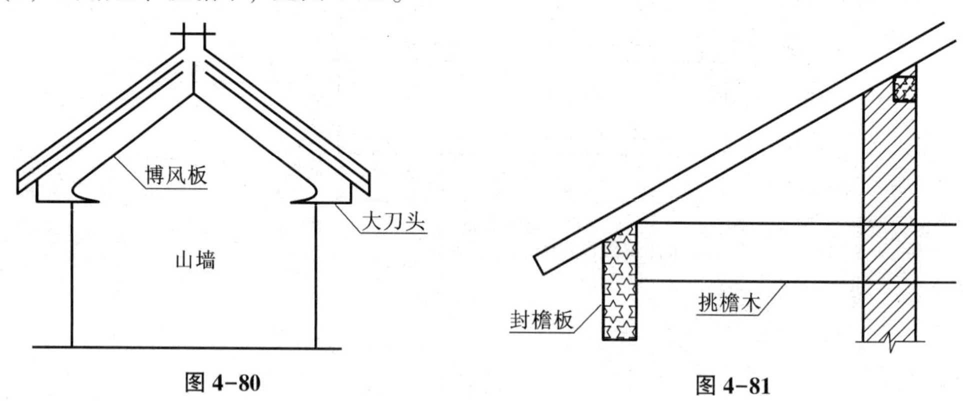

图4-80　　图4-81

（4）马尾、折角、正交屋架，见图4-82。

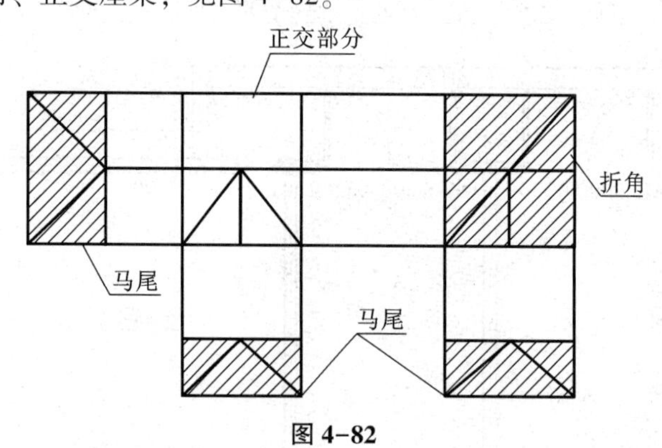

图4-82

（5）檩条、椽子（椽条）、挂瓦条，见图4-83。

（6）毛料、净料、断面。

毛料是指圆木经过加工而没有刨光的各种规格的锯材。

净料是指圆木经过加工、刨光而符合设计尺寸要求的锯材。

断面是指材料的横截面，即按材料长度垂直方向剖切而得到的截面。

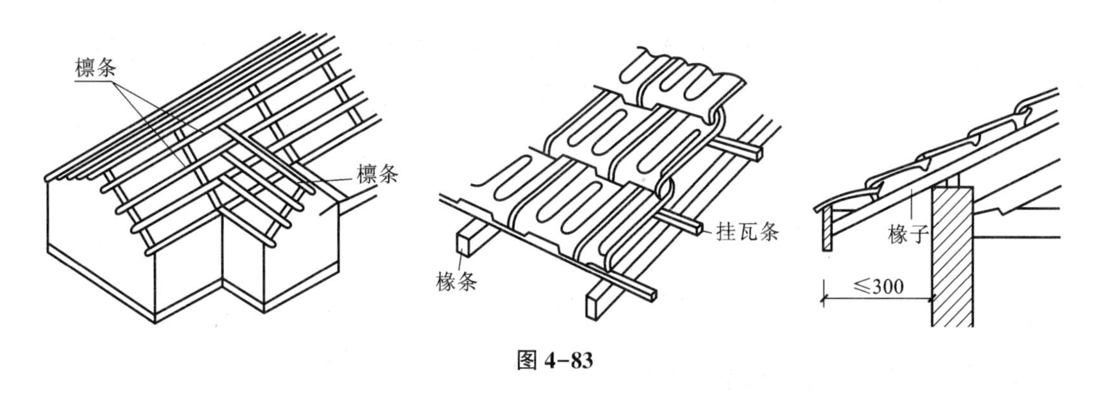

图 4-83

4.5.2 定额套用说明

（1）本定额是按机械和手工操作综合编制的。不论实际采取何种操作方法，均按定额执行。

（2）本定额木材木种分类如下。

一类：红松、水桐木、樟子松。

二类：白松（方杉、冷杉）、杉木、杨木、柳木、椴木。

三类：青松、黄花松、秋子木、马尾松、东北榆木、柏木、苦楝木、梓木、黄菠萝、椿木、楠木、柚木、樟木。

四类：栎木（柞木）、檀木、色木、槐木、荔木、麻栗木（麻栎、青刚）、桦木、荷木、水曲柳、华北榆木。

（3）本章木材木种均以一、二类木种为准，采用三、四类木种时，分别乘以下列系数：木门窗制作，按相应项目人工和机械乘以系数 1.3；木门窗安装，按相应项目的人工和机械乘以系数 1.16；其他项目按相应项目人工和机械乘以系数 1.35。

（4）定额中木材是以自然干燥条件下含水率为准编制的，需人工干燥时，其费用另行计算。

（5）本定额板、方材规格分类如下（表 4-38）。

表 4-38　板材与方材规格分类

项目	按宽厚尺寸比例分类	按板材厚度，方材宽、厚乘积				
板材	宽度大于等于 3 倍的厚度	名称	薄板	中板	厚板	特厚板
		厚度/mm	≤18	19~35	36~65	≥66
方材	宽度小于 3 倍的厚度	名称	小方	中方	大方	特大方
		宽×厚/cm^2	≤54	55~100	101~225	≥226

（6）定额中所注明的木材断面或厚度均以毛料为准。如设计图纸注明的断面或厚度为净料时，应另加刨光损耗，板、方材一面刨光增加 3mm；两面刨光增加 5mm；圆木每立方米体积增加 0.05m^3。

（7）弹簧门、厂库房大门、钢木大门及其他特种门，定额所附五金铁件表均按标准图用量计算列出，仅作备料参考。

（8）保温门的填充料与定额不同时，可以换算，其他工料不变。

(9) 厂库房大门及特种门的钢骨架制作，以钢材重量表示，已包括在定额项目中，不再另列项目计算。

(10) 厂库房大门、钢木门及其他特种门按扇制作、扇安装分列项目。

(11) 钢门的钢材含量与定额不同时，钢材用量可以换算，其他不变。

(12) 本章中门不论是现场还是由附属加工厂制作，均执行本定额，现场外制作点至安装地点的运输应另行计算。

(13) 木结构有防火、防蛀虫等要求时，按《装饰定额》相应子目执行。

4.5.3 工程量计算规则

(1) 厂库房大门、特种门制作安装均按洞口面积以 m^2 计算。

(2) 木屋架的制作安装工程量按以下规定计算。

①木屋架制作安装均按设计断面竣工木料以 m^3 计算，其后备长度及配制损耗均不另行计算。附属于屋架的夹板、垫木等已并入相应的屋架制作项目中，不另行计算；与屋架连接的挑檐木、支撑等，其工程量并入屋架竣工木料体积内计算。

②屋架的制作、安装应区别不同跨度，其跨度应以屋架上、下弦杆的中心线交点之间的长度为准。带气楼的屋架并入所依附屋架的体积内计算。

③屋架的马尾、折角和正交部分半屋架，应并入相连接屋架的体积内计算。

④钢木屋架区分圆、方木，按竣工木料以 m^3 计算。

(3) 圆木屋架连接的挑檐木、支撑等如为方木，其方木部分应乘以系数 1.7 折合成圆木并入屋架竣工木料内计算，单独的方木挑檐，按矩形檩木计算。

(4) 檩木按竣工木料以 m^3 计算。简支檩长度按设计规定计算，如设计无规定者，按屋架或山墙中距增加 200mm 计算，如两端出山，檩条长度算至博风板；连续檩条的长度按设计长度计算，其接头长度按全部连续檩木总体积的 5% 计算。檩条托木已计入相应檩木制作安装项目中，不另行计算。

(5) 屋面木基层，按屋面的斜面积计算。天窗挑檐重叠部分按设计规定计算，屋面烟囱及斜沟部分所占面积不扣除。

(6) 封檐板按图示檐口外围长度计算，博风板按斜长度计算，每个大刀头增加长度 500mm。

(7) 木楼梯按水平投影面积计算，不扣除宽度小于 300mm 的楼梯井，定额中包括踏步板、踢脚板、休息平台和伸入墙内部分的工料，但未包括楼梯及平台底面的顶天棚，其天棚工程量以楼梯投影面积乘以系数 1.1，按相应天棚面层计算。

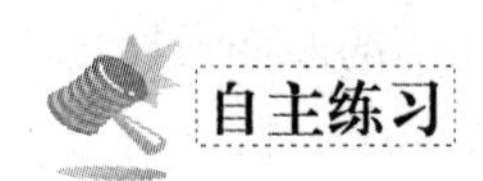
自主练习

单项选择题。

1. 木楼梯工程量不扣除宽度小于（　　）mm 的楼梯井。

A. 300　　B. 500　　C. 200　　D. 800

2. 厂库房大门、特种门和木结构工程定额中木材是按照（　　）木种编制的。

A. 一类　　B. 二类　　C. 一、二类　　D. 三、四类

3. 定额所注的木材断面、厚度均以毛料为准，设计为净料时，应另加刨光损耗，板、方材单面刨光加（　　），双面刨光加（　　）。

A. 3mm　　B. 5mm　　C. 2mm　　D. 6mm

4. 屋面木基层的工程量，按屋面水平投影面积乘以（　　）计算。

A. 坡度　　B. 坡度系数　　C. 耦尺系数　　D. 延尺系数

任务 6　金属结构工程

4.6.1　基础知识

（1）钢材类型及其表示法。

①圆钢。圆钢断面呈圆形，一般用直径 d 表示。

②方钢。方钢断面呈正方形，一般用边长 a 表示。

③角钢。角钢一般分为等边角钢和不等边角钢两种。

A. 等边角钢。等边角钢的断面呈“L”形，角钢的两肢宽度相等，一般用L $b\times d$ 表示。

B. 不等边角钢。不等边角钢的断面呈“L”形，角钢两肢宽度不相等，一般用L $B\times b\times d$ 表示。

④槽钢。槽钢的断面呈“[”形，一般用型号表示，同一型号的槽钢其宽度和厚度均有差别，分别用 a、b、c 表示。

⑤工字钢。工字钢断面呈工字形，一般用型号表示，同一型号的工字钢其宽度和厚度均有差别，分别用 a、b、c 表示。

⑥钢板。钢板一般用厚度来表示，符号为“— ξ”，其中“—”为钢板代号，ζ 为板厚。

⑦扁钢。扁钢为长条式钢板，一般宽度均有同一标准，它的表示方法为“— $a\times\zeta$”，其中“—”表示钢板，a 表示钢板宽度，ζ 表示钢板厚度。

⑧钢管。钢管的一般表示方法用“$\phi\times d$”来表示。ϕ 表示钢管外径，d 表示钢管壁厚。

（2）钢材理论质量的计算方法。

①各种规格型钢的计算。各种规格型钢包括等边角钢、不等边角钢、槽钢、工字钢等，每米理论重量均可从型钢表中套得。

②钢板的计算。钢材的相对密度为7 850kg/m^3、7.85kg/m^2：

1mm 厚钢板每平方米质量为7 850×0.001＝7.85（kg）；

计算不同厚度钢板时其每平方米理论质量为 7.85ζ（ζ 为钢板厚度）。

③扁钢、钢带的计算。计算不同厚度扁钢、钢带时，其每平方米理论质量为 0.007 85 $a\zeta$（a 为扁钢宽度，ζ 为扁钢厚度）。

④方钢的计算。

$$G=0.006\ 17a^2\ （a\ 为方钢的边长）\qquad (4-19)$$

⑤圆钢的计算。

$$G=0.00617d^2 \text{（}d\text{ 为圆钢的直径）} \quad (4-20)$$

⑥钢管的计算。

$$G=0.02466\zeta(D-\zeta) \quad (4-21)$$

式中　ζ——钢管的壁厚；

D——钢管的外径。

以上各计算式中，G 为每米长度的质量，单位为 kg/m，其他计算单位均为 mm。

4.6.2　定额套用说明

（1）金属结构制作。

①本定额适用于一般现场加工制作的构件，也适用于企业附属加工厂制作的构件。

②本定额的构件制作，均按焊接编制。

③构件制作，包括分段制作和整体预装配的人工、材料及机械台班的用量。整体预装配使用的螺栓及锚固杆件用的螺栓，已包括在定额内。

④本定额除注明外，均包括现场内（工厂内）的材料运输、号料、加工、组装及成品堆放等全部工序。

⑤本定额未包括加工点至安装点的构件运输，发生时按本项目中构件运输定额相应项目计算。

⑥本定额构件制作项目中，均已包括刷一遍防锈漆的工料。

⑦钢系杆钢筋混凝土组合屋架钢拉杆，按屋架钢支撑计算。

⑧H 型钢制作项目适用于钢板焊接成 H 形状的钢构件半成品加工件。

⑨钢梁项目按钢制动梁项目计算，钢支架项目按钢屋架十字支撑计算。

⑩铁栏杆制作，仅适用于工业厂房中平台、操作台的钢栏杆。民用建筑中铁栏杆等按《装饰定额》有关项目计算。

⑪金属结构构件无损探伤检验按《安装定额》中定额项目计算。

（2）金属结构构件运输。

①本定额适用于由构件堆放场地或构件加工厂至施工现场的运输。

②本定额按构件的类型和外形尺寸分为三类，见表 4-39。

表 4-39　金属结构构件分类

类别	项目
1	钢柱、屋架、托架梁、防风桁架
2	吊车梁、制动梁、型钢檩条、钢支撑、上下挡、钢拉杆栏杆、盖板、垃圾出灰门、倒灰门、箅子、爬梯、零星构件平台、操作台、走道休息台、扶梯、钢吊车梯台、烟囱紧固箍
3	墙架、挡风架、天窗架、组合檩条、轻型屋架、滚动支架、悬挂支架、管道支架

③本定额综合考虑了城镇、现场运输道路等级、重车上下坡等各种因素，不得因道路条件不同而修改定额。

④构件运输过程中，遇路桥限载（限高）而发生的加固、拓宽等费用及电车线路和公

安交通管理部门的保安护送费用，应另行处理。

（3）金属结构构件安装。

①本定额是按单机作业制定的。

②本定额是按机械起吊点中心回转半径 15m 以内的距离计算的。如超出 15m，应另按构件 1km 运输定额项目执行。

③每一工作循环中，均包括机械的必要位移。

④本定额分别按履带式起重机、汽车式起重机、塔式起重机编制。

⑤本定额不包括起重机械、运输机械行驶道路的修整、铺垫工作的人工、材料和机械。

⑥定额内未包括金属构件拼装和安装所需的连接螺栓，连接螺栓已包括在金属结构制作相应定额内。

⑦钢屋架单榀质量在 1t 以下者，按轻钢屋架定额计算。

⑧钢屋架、天窗架安装定额中，不包括拼装工序，如需拼装，按拼装定额项目计算。

⑨定额中的塔式起重机、卷扬机台班均已包括在垂直运输机械费定额中。

⑩单层厂房屋盖系统构件必须在跨外安装时，按相应构件安装定额中的人工、机械台班乘以系数 1.18。使用塔式起重机、卷扬机时，不乘此系数。

⑪钢柱安装在混凝土柱上，其人工、机械乘以系数 1.43。

⑫钢构件安装的螺栓均为普通螺栓，若使用其他螺栓，应按有关规定进行调整。

⑬钢网架安装用的满堂脚手架、钢网架的油漆，另按有关分部规定执行。

⑭钢网架是按在满堂脚手架上安装考虑的，若采用整体吊装，可另行补充。

4.6.3 工程量计算规则

（1）金属结构制作。

①金属结构制作按图示钢材尺寸以 t 计算，不扣除孔眼、切边的质量；焊条、铆钉、螺栓等的质量已包括在定额内，不另行计算。在计算不规则或多边形钢板质量时，均按外接矩形面积计算。

②制动梁的制作工程量，包括制动梁、制动桁架、制动板质量；墙架的制作工程量，包括墙架柱、墙架及连接柱杆质量；钢柱制作工程量，包括依附于柱上的牛腿及悬臂梁。

③实腹柱、吊车梁、H 型钢按图示尺寸计算，其中腹板及翼板宽度按每边增加 25mm 计算。

（2）金属结构构件运输及安装工程量同金属结构制作工程量。

4.6.4 计算实例

【例 4-25】 计算如图 4-84 所示钢节点的工程量。已知钢板厚度为 20mm。

【解】 钢板体积 $=0.5\times0.25\times0.02+0.2\times0.22\times0.02+0.65\times0.65\times0.02$

$=0.012\ (m^3)$

工程量（质量）$=0.012\times7\ 850=94.2\ (kg)$

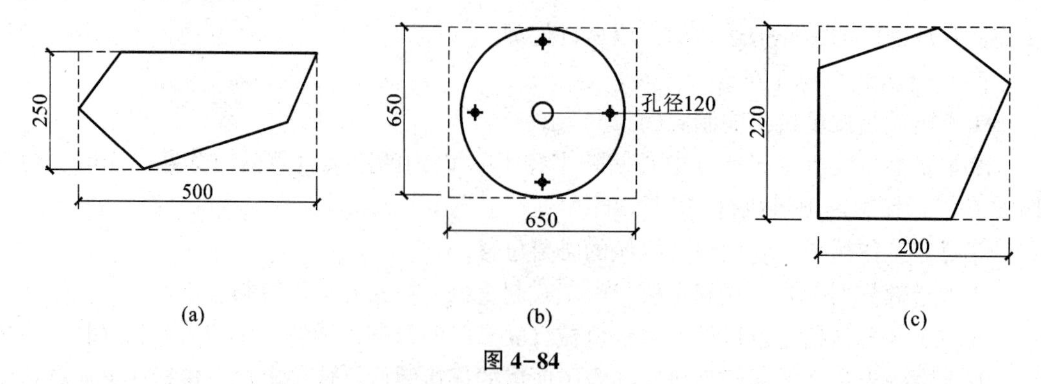

图 4-84

【例 4-26】某型钢支撑 5 榀如图 4-85 所示，运输距离 6km，刷防锈漆两遍、银粉漆两遍。计算型钢支撑制作、安装、运输工程量及直接工程费。

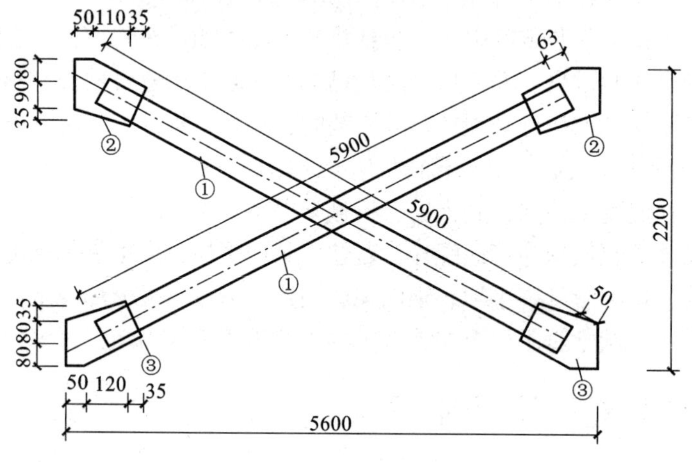

图 4-85

【解】计算型钢支撑制作、安装、运输工程量。

∟75×6:　　6.905×5.9×2×5＝407.40（kg）

—8:　　7.85×8×0.195×0.21×2×5＝25.72（kg）

—8:　　7.85×8×0.205×0.19×2×5＝24.46（kg）

即所求工程量为：

407.40+25.72+24.46＝457.58kg＝0.46（t）

建筑工程预算书见表 4-40。

表 4-40　建筑工程预算书

序号	编号	项目名称	单位	数量	单价/元	总价/元
1	A6-20	柱间钢支撑制作	t	0.46	4 502.96	2 071.36
2	A6-48	Ⅱ类金属构件运输距离 10km 内	10t	0.046	573.07	26.36
3	A6-141	单式柱间支撑安装 单个质量在 0.5t 内汽车式起重机	t	0.46	643.94	296.21

自主练习

一、单项选择题。

1. 不规则多边形钢板面积按其（　　）计算。

A. 实际面积　　B. 外接矩形　　C. 外接圆形　　D. 内接矩形

2. 以下有关钢构件工程量计算表述有误的是（　　）。

A. 钢平台的柱、梁并入钢平台计算

B. 钢平台上的钢栏杆并入钢平台计算

C. 钢平台上的钢栏杆单独列项计算

D. 钢楼梯上的钢栏杆并入钢楼梯计算

3. 执行江西省建筑工程定额中金属结构工程项目时，下列说法正确的是（　　）。

A. 构件拼装费包括在构件制安项目中

B. 构件安装未含吊装机械费

C. 构件制安包含刷红丹防锈漆一遍的工料

D. 构件制安工程量按理论质量计算

二、多项选择题。

1. 零星构件指的是（　　）。

A. 晾衣架　　B. 垃圾门

C. 烟囱紧固件　　D. 单件质量在 50kg 以内的小型构件

2. 构件运输中，属于二类构件的是（　　）。

A. 钢柱　　B. 钢拉杆　　C. 钢平台　　D. 屋架

E. 钢梯

三、判断题。

1. 本章定额适用于现场加工制作的构件，但不适用于企业附属加工厂制作的构件。（　　）

2. 本定额构件制作项目中，均已包括刷一遍防锈漆的工料。（　　）

3. 钢柱安装在钢筋混凝土柱上，其人工、机械乘以系数 1.34。（　　）

4. 在构件运输中，钢柱、钢支撑属于二类构件。（　　）

任务 7　屋面及防水工程

4.7.1　基础知识

（1）屋面的功能。

屋面是房屋最上部起覆盖作用的外部构件，用来抵挡风霜、雪雨、雨水的侵袭，并减少日晒、寒冷等自然条件对室内的影响。屋面的首要功能是防水和排水，在寒冷地区还要求具有保温的功能，在炎热地区要求具有隔热的功能。

(2) 屋面的组成。

屋面由结构层、找平层、保温隔热层、防水层、面层等组成。

(3) 屋面的分类。

①按坡度不同分类。

A. 平屋面（坡度较小，倾斜度一般为2%~3%），适用于城市住宅、学校、办公楼和医院等。

B. 坡屋面（坡度较大）。

②按采用材料不同分类。

A. 刚性屋面：以细石混凝土、防水砂浆等刚性材料作为屋面防水层。为了防止屋面因受温度变化或房屋不均匀沉陷的影响而开裂，在细石混凝土或防水砂浆面层中应设分隔缝。

B. 卷材屋面（柔性屋面）：以沥青、油毡等柔性材料铺设和黏结或将高分子合成材料为主体的材料涂抹于屋面形成的防水层。柔性防水层材料有石油沥青卷材、改性沥青卷材、三元乙丙—丁基橡胶卷材、氯丁橡胶卷材、858焦油聚氨酯、塑料油膏玻璃纤维布等。

C. 瓦屋面。

D. 涂膜屋面。

E. 覆土屋面。

F. 膜屋面：也称索膜结构，是一种由膜布支撑（柱、网架等）和拉结结构（拉杆、钢丝绳等）组成的屋盖、棚顶结构。

4.7.2 定额套用说明

(1) 水泥瓦、黏土瓦、英红彩瓦、石棉瓦、玻璃钢波形瓦等，其规格与定额不同时，瓦材数量可以换算，其他不变。

(2) 防水工程适用于基础、墙身、楼地面、构筑物的防水、防潮工程。

(3) 卷材屋面、防水卷材的附加层，接缝、收头、找平层的嵌缝、冷底子油已计入定额内。若设计附加层用量与定额含量不同，可按实调整附加层及黏结材料用量，其他材料及人工不变。子目附注中注明的附加层卷材未包括损耗，其损耗率为1%，黏结材料包括损耗。

(4) 三元乙丙—丁基橡胶卷材屋面防水，按相应三元乙丙橡胶卷材屋面防水项目计算。

(5) 氯丁冷胶“二布三涂”项目，其“三涂”是指涂料构成的防水层数，并非指涂刷遍数。

(6) 涂膜防水项目中，涂料经涂刷后，固化形成的一个涂层称为“一涂”。在相邻两个涂层之间铺贴一层胎体增强材料（如无纺布、玻璃丝布）称为“一布”。

(7) 变形缝填缝：建筑油膏、聚氯乙烯胶泥断面取定为3cm×2cm；油浸木丝板取定为2.5cm×15cm；紫铜板止水带是2mm厚，展开宽45cm；氯丁橡胶宽30cm，涂刷式氯丁胶贴玻璃止水片宽35cm。其余均为15cm×3cm。如设计断面不同，用料可以换算，人工不变。

(8) 屋面砂浆找平层、面层按《装饰定额》楼地面相应项目计算。

4.7.3 工程量计算规则

(1) 瓦屋面、金属压型板（包括挑檐部分）均按图示尺寸的水平投影面积乘以屋面坡

度系数以 m^2 计算。不扣除房上烟囱、风帽底座、屋面小气窗和斜沟等所占面积。屋面小气窗的出檐与屋面重叠部分也不增加，但天窗出檐部分重叠的面积并入相应屋面工程量内。

（2）卷材屋面工程量按图示尺寸的水平投影面积乘以规定的坡度系数以 m^2 计算，不扣除房上烟囱、风帽底座、风道、斜沟等所占面积，屋面的女儿墙、伸缩缝、天窗等处的弯起部分及天窗出檐与屋面重叠部分，按图示尺寸并入屋面工程量内计算。如图纸无规定，伸缩缝、女儿墙的弯起部分可以按 250mm 计算，天窗弯起部分可按 500mm 计算。

（3）涂膜屋面的工程量计算同卷材屋面。涂膜屋面的油膏嵌缝、玻璃布盖缝、屋面分格缝，以延长米计算。

（4）屋面排水工程量按以下规定计算：

①铁皮排水按图示尺寸以展开面积计算，如图中没有注明尺寸，可按表 4-41 计算。咬口和搭接等已计入定额项目中，不另行计算。

表 4-41　铁皮排水单体零件折算表

名称	单位		水落管/m	檐沟/m	水斗/个	漏斗/个	下水口/个	天沟/m
铁皮排水	m^2		0.32	0.30	0.40	0.16	0.45	1.30
	m^2		烟囱泛水/m	通气管泛水/m	滴水檐头泛水/m	天窗侧面泛水/m	滴水/m	斜沟、天窗窗台泛水/m
			0.80	0.22	0.24	0.70	0.11	0.50

②铸铁、PVC 水落管区别不同直径按图示尺寸以延长米计算，雨水口、水斗、弯头以个计算，PVC 阳台排水管以组计算。

（5）防水工程工程量按以下规定计算：

①建筑物地面防水、防潮层，按主墙间净空面积计算，扣除凸出地面的构筑物、设备基础等所占的面积，不扣除柱、垛、间壁墙、烟囱及 0.3m^2 以内孔洞所占面积。与墙面连接处高度在 500mm 以内者按展开面积计算，并入平面工程量内，超过 500mm 时，按立面防水层计算。

②建筑物墙基防水、防潮层，外墙长度按中心线、内墙按净长乘以宽度以 m^2 计算。

③构筑物及建筑物地下室防水层，按实铺面积计算，但不扣除 0.3m^2 以内的孔洞面积。平面与立面交接处的防水层，其上卷高度超过 500mm 时，按立面防水层计算。

④变形缝以延长米计算。

（6）屋面检查孔以块计算。

屋面坡度系数表见表 4-42。

表 4-42　屋面坡度系数表

坡度 $B(A=1)$	坡度 $B/(2A)$	坡度角度（α）	延尺系数 $C(A=1)$	偶延尺系数 $D(A=1)$
1	1/2	45°	1.414 2	1.732 1
0.75	—	36°52′	1.250 0	1.600 8
0.70	—	35°	1.220 7	1.577 9
0.666	1/3	33°40′	1.201 5	1.562 0

续表

坡度 $B(A=1)$	坡度 $B/(2A)$	坡度角度(α)	延尺系数 $C(A=1)$	偶延尺系数 $D(A=1)$
0.65	—	33°01′	1.192 6	1.556 4
0.60	—	30°58′	1.166 2	1.536 2
0.577	—	30°	1.154 7	1.527 0
0.55	—	28°49′	1.141 3	1.517 0
0.50	1/4	26°34′	1.118 0	1.500 0
0.45	—	24°14′	1.096 6	1.483 9
0.40	1/5	21°48′	1.077 0	1.469 7
0.35	—	19°17′	1.059 4	1.456 9
0.3	—	16°42′	1.044 0	1.445 7
0.25	—	14°02′	1.030 8	1.436 2
0.2	1/10	11°19′	1.019 8	1.428 3
0.15	—	8°32′	1.011 2	1.422 1
0.125	—	7°8′	1.007 8	1.419 1
0.10	1/20	5°42′	1.005 0	1.417 7
0.083	—	4°45′	1.003 5	1.416 6
0.066	1/30	3°49′	1.002 2	1.415 7

注：1. 两坡排水屋面面积为屋面水平投影面积乘以延尺系数 C。

2. 四坡排水屋面斜脊长度为 AD（当 $S=A$ 时）。

3. 沿山墙泛水长度为 AC。

4.7.4 主要工程量计算及定额换算公式

（1）瓦屋面按图示尺寸以斜面积计算。

$$斜面积=屋面水平投影面积\times屋面坡度系数\ C \quad (4-22)$$

（2）瓦屋面脊瓦、封檐瓦按长度以 m 计算（图 4-86）。

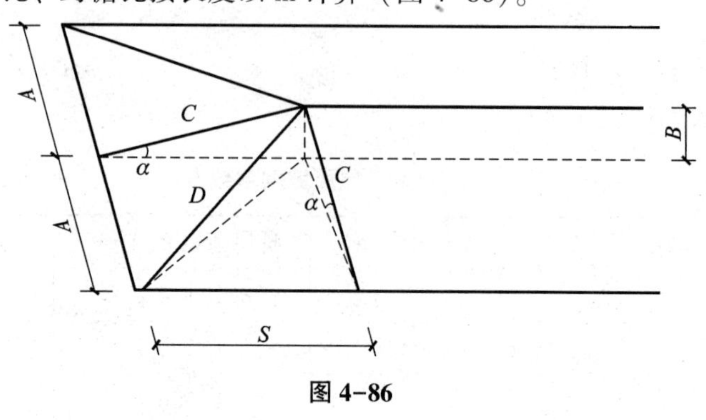

图 4-86

$$脊瓦长度=直脊长度+斜脊长度 \quad (4-23)$$

$$斜脊长度=A\left(\frac{1}{2}屋面宽度\right)\times偶延尺系数D \quad (4-24)$$

（3）卷材屋面工程量按图示尺寸的水平投影面积乘以规定的坡度系数以 m^2 计算。

$$屋面卷材防水面积=屋顶面积+弯起面积 \quad (4-25)$$

伸缩缝、女儿墙的弯起部分（图 4-87）可按 250mm 计算，天窗弯起部分（图 4-88）可按 500mm 计算。

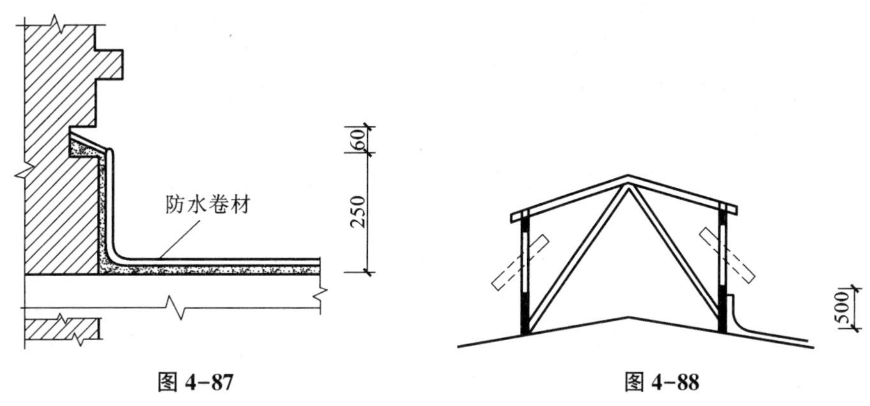

图 4-87　　图 4-88

（4）屋面天沟、檐沟防水（图 4-89）。

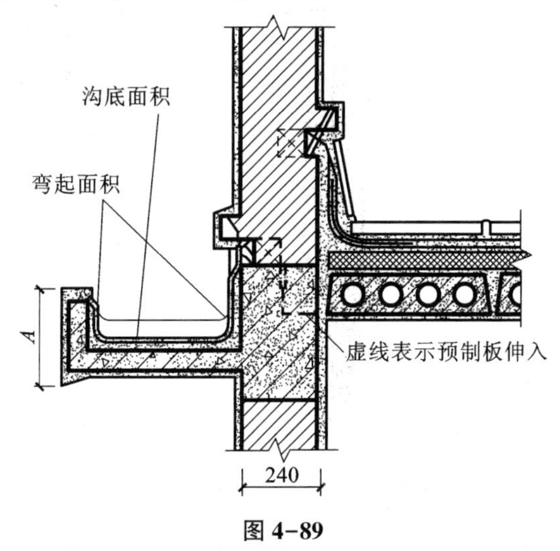

图 4-89

$$防水材料面积=沟底面积+弯起侧面积 \quad (4-26)$$

（5）刚性防水屋面（4-90）。

$$防水材料面积=屋顶面积（不加弯起侧面积） \quad (4-27)$$

（6）排水落管。

铸铁、PVC 水落管区别不同直径按图示尺寸以延长米计算，以檐口至设计室外散水上表面垂直距离计算（图 4-91）。

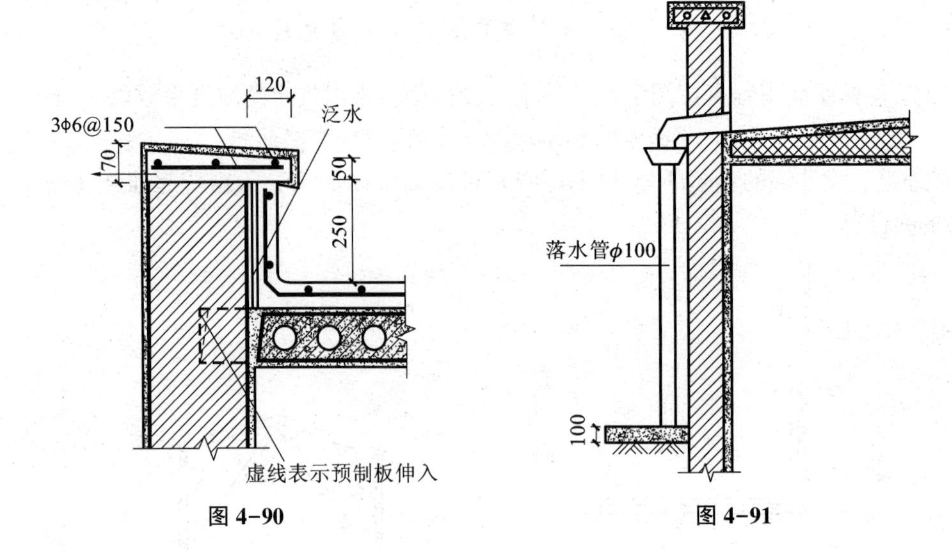

图 4-90　　图 4-91

（7）变形缝填缝、盖缝以延长米计算（图 4-92）。

（8）建筑物墙基防水、防潮层，见图 4-93。

建筑物墙基防水、防潮层，外墙长度按中心线、内墙按净长乘以宽度以 m^2 计算。

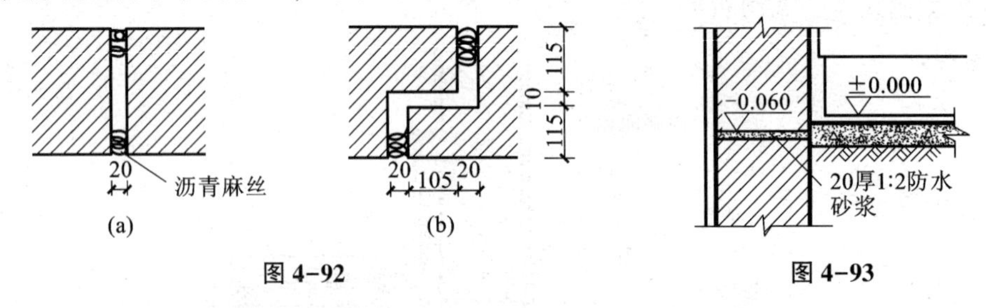

图 4-92　　图 4-93

4.7.5　计算实例

【例 4-27】 彩色水泥瓦屋面，杉木条基层。设计采用 450mm×380mm 的瓦，单价为 2 500元/千张，试计算基价。

【解】 套用定额 7-1，换算比例为：

$$385\times\frac{235}{450\times380}=0.529$$

换算后的定额基价为：

$$2\ 137.32+1.7\times0.529\times2\ 500-1.7\times1\ 128=2\ 467.97\ （元/100m^2）$$

【例 4-28】 根据图 4-94 计算四坡水屋面工程量及斜脊长度。

【解】
$$S=8\times24\times1.118=214.66\ （m^2）$$

$$斜脊长度=0.5\times8\times1.5\times4=24.0\ （m）$$

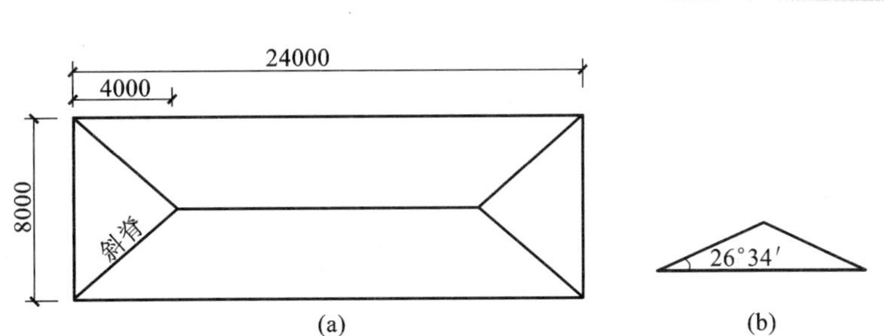

图 4-94

【例 4-29】图 4-95 为某工程屋面图，已知屋面做法为：20 厚 1∶2.5 水泥砂浆找平，1∶8 水泥炉渣找坡（最薄处 30mm 厚），找坡坡度 2%，SBS 防水卷材二遍。计算屋面的工程量及直接工程费。

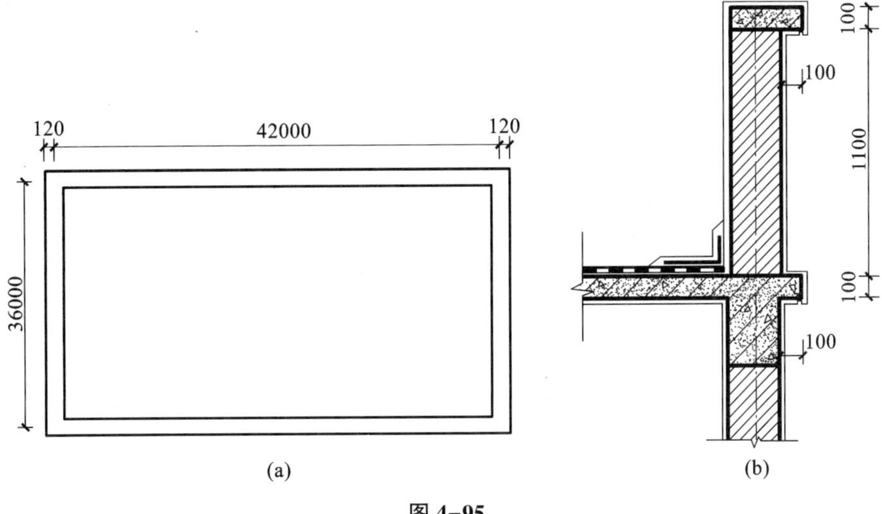

图 4-95

【解】水泥砂浆找平工程量＝（42-0.24）×（36-0.24）＝1 493.34（m^2）

水泥炉渣找坡工程量＝1 493.34×（17.88×2%+0.03+0.03）÷2＝313.60（m^3）

屋面 SBS 防水卷材工程量＝1 493.34+（41.76+35.76）×2×0.25＝1 532.1（m^2）

建筑工程预算书见表 4-43。

表 4-43　建筑工程预算书

序号	编号	项目名称	单位	数量	单价/元		总价/元	
					单价	工资	总价	工资
1	B1-1 换	混凝土基层上 水泥砂浆找平层厚度 20mm 水泥砂浆 1∶2.5	100m^2	14.933	719.17	280.73	10 739.37	4 192.14
2	A8-206	屋面保温 1∶8 水泥炉渣	10m^3	31.36	1 357.17	287.88	42 560.85	9 027.92
3	A7-51	SBS 卷材二层	100m^2	15.327	5 980.43	178.6	91 662.05	2 737.4
		合计					144 962.27	15 957.46

【例 4-30】计算图 4-96 所示房屋墙基防潮层的工程量及直接工程费。

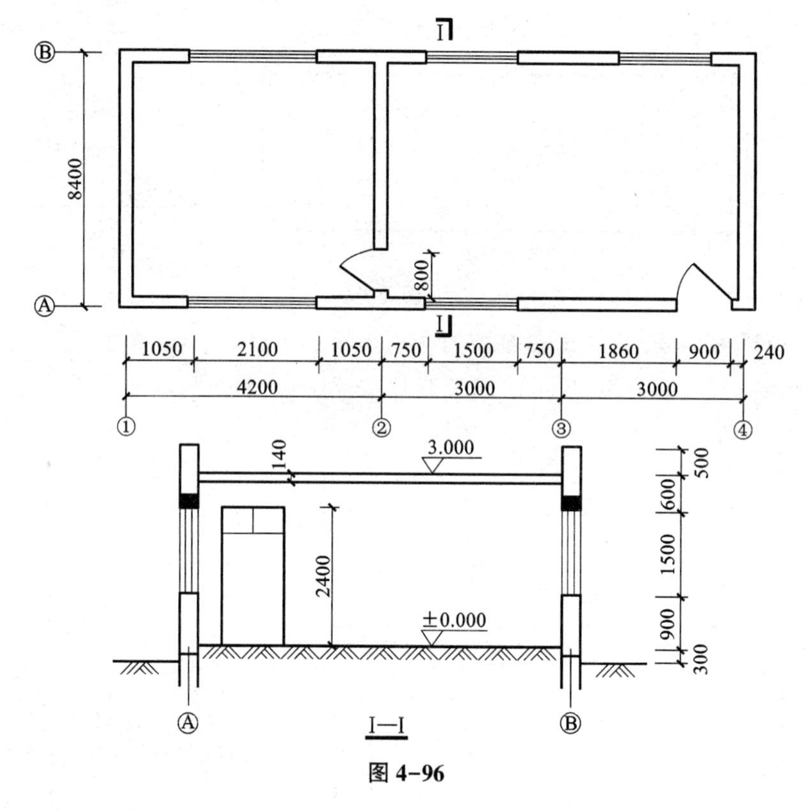

图 4-96

【解】

$$L_{外}=(10.2+8.4)\times 2=37.2\ (m)$$

$$L_{内}=8.4-0.24=8.16\ (m)$$

$$S_{防潮层}=(37.2+8.16)\times 0.24=10.89\ (m^2)$$

建筑工程预算书见表 4-44。

表 4-44 建筑工程预算书

序号	编号	项目名称	单位	数量	单价/元	总价/元
1	A7-88	墙（地）面防水、防潮 防水砂浆平面	$100m^2$	0.109	729.85	79.48

自主练习

一、单项选择题。

1. 2004预算定额中屋面防水卷材已包含的工作内容有（　　）。

A. 冷底子油　B. 女儿墙弯曲部分　C. 附加层　D. 防水卷材接缝

2. 卷材屋面工程量按图示尺寸的水平投影面积乘以规定的坡度系数以 m^2 计算，屋面（　　）部分，按图示尺寸并入屋面工程量内计算。

A. 女儿墙弯起部分　B. 伸缩缝弯起部分　C. 天窗弯起部分　D. 斜沟部分

3. 建筑物平面与立面交接处的防水层，其上卷高度超过（　　）时，按立面防水层计算。

A. 250mm　B. 500mm　C. 350mm　D. 150mm

4. 屋面防水卷材工程中，伸缩缝、女儿墙弯起部分按图示尺寸计算，如设计无规定时按（　　）计算，并入屋面防水工程量。

A. 200mm　　B. 250mm　　C. 300mm　　D. 500mm

5. 屋面工程量按（　　）计算。

A. 实铺面积　　B. 水平投影面积×坡度系数

C. 实铺面积×延尺系数　　D. 水平投影面积×偶延尺系数

6. 下列工料未包括在防水卷材定额工料中的是（　　）。

A. 附加层　　B. 接缝　　C. 收头　　D. 通风口

7. 建筑物地面防水、防潮层，按主墙间净空面积计算，不扣除（　　）所占面积。

A. 柱　　B. 0.3m^2以内的孔洞　　C. 垛　　D. 0.3m^2以外的孔洞

二、多项选择题。

1. 下列项目工程量是以延长米计算的有（　　）。

A. 变形缝填缝　　B. 变形缝盖缝　　C. 落水管　　D. 墙基防潮层

2. 计算卷材屋面防水面积时，不扣除（　　）所占面积。

A. 房上烟囱　　B. 风帽底座　　C. 通风孔　　D. 风道

三、判断题。

1. 细石混凝土防水层定额中已综合了伸缩缝工料。（　　）

2. 水泥砂浆保护层定额中已综合了预留伸缩缝的工料。（　　）

3. 屋面金属面板泛水未包括基层作水泥砂浆，发生时另按水泥砂浆泛水计算。（　　）

4. 防水卷材的附加层、接缝、收头、冷底子油等工料未计入定额内，应另行计算。（　　）

5. 伸缩缝、女儿墙弯起部分防水工程量单独计，不计入屋面防水工程量中。（　　）

6. 防水定额中的涂刷厚度（除注明外）已综合取定。（　　）

7. 屋面卷材防水中平屋顶按斜面积计算工程量。（　　）

四、计算分析题。

某房屋工程屋面平面及节点如图4-97所示，计算屋面工程工程量及直接工程费。

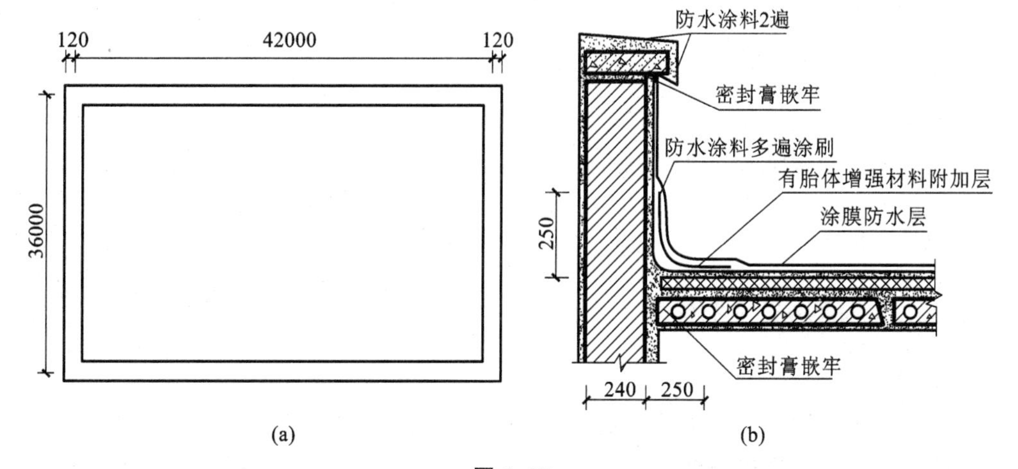

图4-97

任务8　防腐、隔热、保温工程

4.8.1　基础知识

（1）防腐工程分类。

防腐工程分为刷油防腐和耐酸防腐两类。

①刷油防腐。刷油是一种经济而有效的防腐措施。它对于各种工程建设来说，不仅施工方便，而且具有优良的物理性能和化学性能，因此应用范围很广。刷油除了起防腐作用外还能起到装饰和标志作用。目前常用的防腐材料有：沥青漆、酚树脂漆、酚醛树脂漆、氯磺化聚乙烯漆、聚氨酯漆等。

②耐酸防腐。耐酸防腐是运用人工或机械将具有耐腐蚀性能的材料浇筑、涂刷、喷涂、粘贴或铺砌在应防腐的工程构件表面上，以达到防腐蚀的效果。常用的防腐材料有：水玻璃耐酸砂浆、混凝土；耐酸沥青砂浆、混凝土；环氧砂浆、混凝土及各类玻璃钢等。根据工程需要，可用防腐块料或防腐涂料作面层。

（2）保温隔热。

保温隔热常用的材料有软木板、聚苯乙烯泡沫塑料板、加气混凝土块、膨胀珍珠岩板、沥青玻璃棉、沥青矿渣棉、微孔硅酸钙、稻壳等。这些材料可用于屋面、墙体、柱子、楼地面、天棚等部位。屋面保温层中应设有排气管或排气孔。

保温材料可按照重度、成分、范围、形状和施工方法的不同划分类别。

①按照重度不同，可分为重质（400～600kg/m^3）、轻质（150～350kg/m^3）和超轻质（小于150kg/m^3）三类。

②按照成分不同，可分为有机和无机两类。

③按照适用温度范围不同，可分为高温用（700℃以上）、中温用（100℃～700℃）和低温用（小于100℃）三类。

④按照形状不同，可分为粉末、粒状、纤维状、块状等，又可分为多孔、矿纤维和金属等。

⑤按照施工方法不同，可分为湿抹式、填充式、绑扎式、包裹缠绕式等。

屋面保温隔热层的作用是：减弱室外气温对室内的影响，或保持因采暖、降温措施而形成的室内气温。对保温隔热所用的材料，要求其相对密度小，耐腐蚀并有一定的强度。常用的保温隔热材料有石灰炉渣、水泥珍珠岩、加气混凝土和微孔硅酸钙等，还有预制混凝土板架空隔热层。

4.8.2　定额套用说明

（1）防腐。

①整体面层、隔离层适用于平面、立面的防腐耐酸工程，包括沟、坑、槽。

②块料面层以平面砌为准，砌立面者按平面砌相应项目，人工乘以系数1.38；踢脚板人工乘以系数1.56，其他不变。

③各种砂浆、胶泥、混凝土材料的种类，配合比及各种整体面层的厚度，如设计与定额不同时，可以换算。但各种块料面层的结合层砂浆或胶泥厚度不变。

④本章的各种面层，除软聚氯乙烯塑料地面外，均不包括踢脚板。

⑤花岗岩板以六面剁斧的板材为准。如底面为毛面，水玻璃砂浆增加 0.38m^3；耐酸沥青砂浆增加 0.44m^3。

（2）保温隔热。

①本定额适用于中温、低温及恒温的工业厂（库）房隔热工程，以及一般保温工程。

②本定额只包括保温隔热材料的铺贴，不包括隔气防潮、保护层或衬墙等。

③隔热层铺贴，除松散稻壳、玻璃棉、矿渣棉为散装外，其他保温材料均以石油沥青（30#）作胶结材料。

④稻壳已包括装前的筛选、除尘工序，稻壳中如需增加药物防虫，材料另行计算，人工不变。

⑤玻璃棉、矿渣棉包装材料和人工均已包括在定额内。

⑥墙体铺贴块体材料，包括基层涂沥青一遍。

4.8.3 工程量计算规则

（1）防腐。

①防腐工程项目应区分不同防腐材料种类及厚度，按设计实铺面积以 m^2 计算。应扣除凸出地面的构筑物、设备基础等所占的面积，砖垛等凸出墙面部分按展开面积，计算并入墙面防腐工程量内。

②踢脚板按实铺长度乘以高度以 m^2 计算，应扣除门洞所占面积并相应增加侧壁展开面积。

③平面砌筑双层耐酸块料时，按单层面积乘以 2 计算。

④防腐卷材接缝、附加层、收头等人工、材料已计入定额中，不另行计算。

（2）保温隔热。

①保温隔热层应区分不同保温隔热材料，除另有规定者外，均按设计实铺厚度以 m^3 计算。

②保温隔热层的厚度按隔热材料（不包括胶结材料）净厚度计算。

③地面隔热层按围护结构墙体间净面积乘以设计厚度以 m^3 计算，不扣除柱、垛所占的体积。

④墙体隔热层、外墙按隔热层中心线、内墙按隔热层净长乘以图示尺寸的高度及厚度以 m^2 计算，应扣除冷藏门洞口和管道穿墙洞口所占的体积。

⑤柱包隔热层，按图示的隔热层中心线的展开长度乘以图示尺寸的高度及厚度以 m^3 计算。

⑥其他保温隔热层。

A. 池槽隔热层按图示池、槽保温隔热层的长、宽及其厚度以 m^3 计算，其中池壁按墙面计算，池底按地面计算。

B. 门洞口侧壁周围的隔热部分，按图示隔热层尺寸以 m^3 计算，并入墙面的保温隔热工程量内。

C. 柱帽保温隔热层按图示保温隔热层体积并入天棚保温隔热层工程量内。

4.8.4 计算实例

【例 4-31】 某车间平面图如图 4-98 所示，墙厚为 240mm，地面构造层次从下至上依次为：素土加碎石夯实 70mm 厚，耐酸沥青胶泥卷材二毡三油隔离层；150mm 厚 C10 混凝土垫层；水玻璃耐酸胶泥砌耐酸瓦砖面层；车间踢脚线为水玻璃耐酸胶泥砌耐酸瓷砖，高 30cm。计算该车间地面工程量，并求出直接工程费。

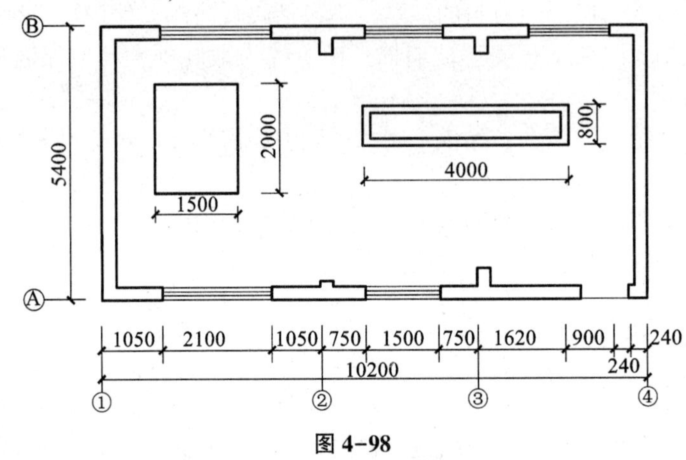

图 4-98

【解】 碎石垫层工程量 = ［（10.2−0.24）×（5.4−0.24）−1.5×2−4×0.8］×0.07

= 3.164（m^3）

隔离层 =（10.2−0.24）×（5.4−0.24）−1.5×2−4×0.8 = 45.19（m^2）

水玻璃胶泥 20mm 厚砌耐酸瓷砖工程量 = 45.19m^2

建筑工程预算书见表 4-45。

表 4-45 建筑工程预算书

序号	编号	项目名称	单位	数量	单价/元	总价/元
1	A4-7	卵（碎）石干铺垫层	10m^3	0.316	900.03	284.41
2	A8-139	防腐隔离层 耐酸沥青胶泥卷材二毡三油	100m^2	0.452	2 329.24	105 2.82
3	A8-95	水玻璃胶泥结合层（树脂胶泥勾缝）瓷砖 230mm×113mm×65mm	100m^2	0.452	14 428.1	6521.49

一、单项选择题。

1. 下列描述正确的是（ ）。

A. 所有耐酸面层均包括踢脚线，设计有踢脚线时，不另行计算

B. 所有耐酸面层均未包括踢脚线，设计有踢脚线时，工程量并入地面，直接套相应

定额

C. 耐酸块料面层均未包括踢脚线，设计有踢脚线时，应计算踢脚线工程量，套用相应踢脚线定额

D. 耐酸块料面层均未包括踢脚线，设计有踢脚线时，应计算踢脚线工程量，套用相应踢脚线定额，人工乘以系数1.56

2. 天棚保温吸音层定额中的厚度是按（　　）编制的。

A. 50mm　　B. 100mm

C. 不分厚度以 m^3　　D. 视不同的材料分别考虑

3. 耐酸防腐块料面层以平面铺砌为准，立面铺砌套平面定额，人工乘以系数（　　），其余不变。

A. 1.05　　B. 1.1　　C. 1.2　　D. 1.38

4. 耐酸防腐块料面层以平面铺砌为准，立面铺砌套平面定额，踢脚板人工乘以系数（　　），其余不变。

A. 1.2　　B. 1.38　　C. 1.5　　D. 1.56

5. 平面砌双层耐酸块料时，按单面面积乘以系数（　　）计算。

A. 1.5　　B. 1.56　　C. 2　　D. 2.5

二、多项选择题。

1. 下列人工材料已计入防腐卷材定额中，不再另行计算的是（　　）。

A. 接缝　　B. 附加层　　C. 收头　　D. 以上都是

2. 以下内容与定额取定规格不同，材料按比例调整，其余不变的有（　　）。

A. 屋面瓦片　　B. 屋面水泥砂浆保护层砂浆厚度

C. 屋面砂浆或找平层厚度　　D. 天棚保温吸音板厚度

E. 混凝土散水混凝土厚度　　F. 镶板门门板厚度

3. 下列工作内容已包括在隔高层清单项目中的是（　　）。

A. 基层清理　　B. 刷油

C. 煮沥青　　D. 胶泥调制

E. 隔高层铺设

4. 在清单工程量计算中，耐酸防腐工程项目按设计实铺面积以 m^2 计算，平面项目应扣除（　　）所占的面积。

A. 凸出地面的建筑物　　B. 设备基础

C. 柱　　D. 垛

三、判断题。

1. 耐酸防腐块料面层以平面铺砌为准，立面铺砌套平面定额，人工乘以系数1.56，踢脚板人工乘以系数1.38，其余不变。（　　）

2. 水玻璃面层及结合层定额中未包括涂稀胶泥工料，发生时另列项目计算。（　　）

3. 耐酸面层均未包括踢脚线工料，如涉及有踢脚线时，套用相应面层定额。（　　）

4. 防腐卷材接缝、附加层、收头等人工材料未计入定额中，应另行计算。（　　）

5. 踢脚板按实铺长度乘以高度以 m^2 计算，应扣除门洞所占的面积，门洞侧壁不增加。(　　)

6. 防腐工程项目中的养护应包括在报价内。(　　)

四、计算题。

某工程屋顶平面图及剖面图如图 4-99 所示，其屋面工程从上至下做法如下：

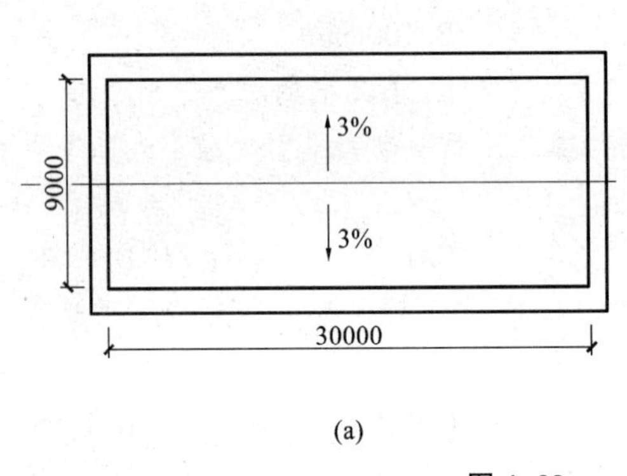

(a)

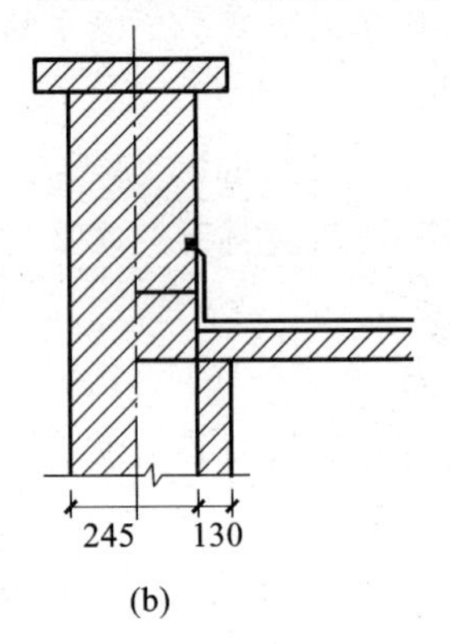

(b)

图 4-99

①水泥砂浆保护层。

②冷底子油一道，二毡三油防水层一道。

③20mm 厚 1∶3 水泥砂浆找平层。

④炉渣混凝土 CL7.5 找 3% 坡，最薄处 30mm 厚。

⑤60mm 厚干铺珍珠岩。

⑥钢筋混凝土结构层。

试对此做法列项，并计算各分项工程量及直接工程费。

任务 9　建筑物超高增加费

4.9.1　基础知识

（1）建筑物超高增加费概述。

建筑物的檐口至设计室外标高之差超过 20m 时，施工过程中的人工、机械的效率降低，消耗量增加，还需要增加加压水泵及其他上下联系的工作，这些都会产生建筑物超高费用。

（2）超高增加费包含的内容。

①垂直运输机械降效；

②上人电梯费用；

③人工降效；

④自来水加压及附属设施；

⑤上下通信器材的摊销；

⑥白天施工照明和夜间高空安全信号增加费；

⑦临时卫生设施；

⑧其他。

（3）名词解释。

①檐高，指设计室外地坪到檐口的高度。突出主体建筑屋顶的楼梯间、电梯间、屋顶水箱间、屋面天窗等不计入檐高之内（图 4-100）。

②层数，指建筑物地面以上部分的层数。

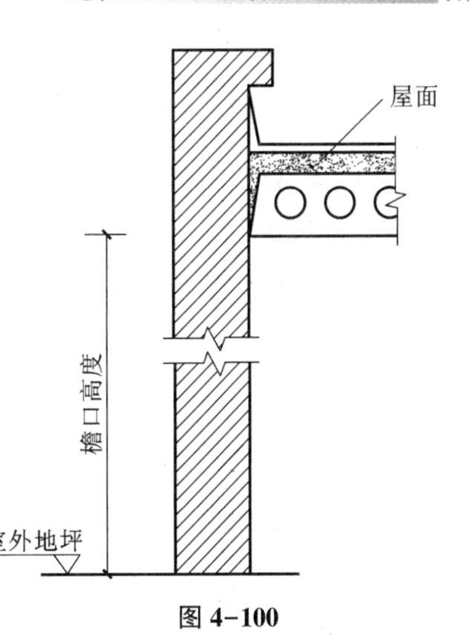

图 4-100

4.9.2 定额套用说明

（1）本定额适用于建筑物檐高 20m（层数 6 层）以上的工程。当檐高或层数两者之一符合定额规定时，即可套用相应定额子目。

（2）檐高是指设计室外地坪到檐口的高度。突出主体建筑屋顶的楼梯间、电梯间、屋顶水箱间、屋面天窗等不计入檐高之内。

（3）层数是指建筑物地面以上部分的层数。突出主体建筑屋顶的楼梯间、电梯间、水箱间等不计算层数。

（4）同一建筑物高度不同时，按不同高度的定额子目分别计算。

（5）建筑物超高增加费的内容包括：人工降效、垂直运输机械降效、自来水加压及附属设施等费用。

（6）吊装机械降效费按定额第六章吊装项目中的全部机械费用乘以表 4-46 所列定额降效系数计算。

表 4-46　吊装机械定额降效系数

檐高	30m 以内	40m 以内	50m 以内	60m 以内	70m 以内	80m 以内	90m 以内	100m 以内	110m 以内	120m 以内
降效系数	0. 076 7	0. 150 0	0. 222 0	0. 340 0	0. 464 3	0. 592 5	0. 723 3	0. 856 0	0. 990 0	1. 125 0

4.9.3 工程量计算规则

（1）建筑物超高增加费按超过檐高 20m 以上（6 层）的建筑面积以 m^2 计算。

（2）超高部分的建筑面积按建筑面积计算规则的规定计算。

6 层以上的建筑物，有自然层分界（层高在 3. 3m 以内时）的按自然层计算超高部分的建筑面积；无自然层分界的单层建筑物和层高较高的多层或高层建筑物，总高度超过 20m 时，其超过部分可按每 3. 3m 高折算为一层计算超过部分的建筑面积。高度折算后的余量大于等于 2m 时，可增加一层计算超高建筑面积，不足 2m 时不计。

（3）构件吊装工程的吊装机械降效费按第六章吊装项目中的全部机械费用套用相应檐高的降效系数计算。

4.9.4 计算实例

【例 4-32】 某高层酒店，1~2 层每层层高为 5.6m，3~16 层每层层高为 3.6m，每层建筑面积为 720m²，计算其超高增加费。

【解】 高度=5.6×2+3.6×14=61.6（m）>20m，需计算超高增加费；

因层高大于 3.3m，故需折算：(61.6-20) ÷3.3=12 层+2 米，计 13 层。

超高建筑面积=13×720=9 360（m²）

建筑工程预算书见表 4-47。

表 4-47 建筑工程预算书

序号	编号	项目名称	单位	数量	单价/元	总价/元
1	A9-5	超高增加费：檐高（层数）20~70m（7~21 层以内）	100m²	93.6	2 074.47	194 170.4

自主练习

一、单项选择题。

1. 建筑物超高增加费适用于建筑物檐高（　　）以上的工程。

A. 20m　　B. 25m　　C. 30m　　D. 35m

2. 定额中的建筑物檐高是指（　　）至建筑物檐口底的高度。

A. 自然地面　　B. 设计室内地坪　　C. 设计室外地坪　　D. 原地面

3. 某项目檐高 30m，属于超高增加费内容的是（　　）。

A. 脚手架　　B. 人工降效　　C. 泵送商品混凝土　　D. 水泥砂浆墙面抹灰

二、多项选择题。

1. 建筑物超高增加费包含的内容有（　　）。

A. 垂直运输机械降效　　B. 上人电梯费用

C. 自来水加压及附属设施　　D. 脚手架

2. 突出主体建筑屋顶不计入檐高之内的是（　　）。

A. 楼梯间　　B. 电梯间　　C. 屋顶水箱间　　D. 屋面天窗

三、计算题。

计算如图 4-101 所示建筑物的超高增加费。

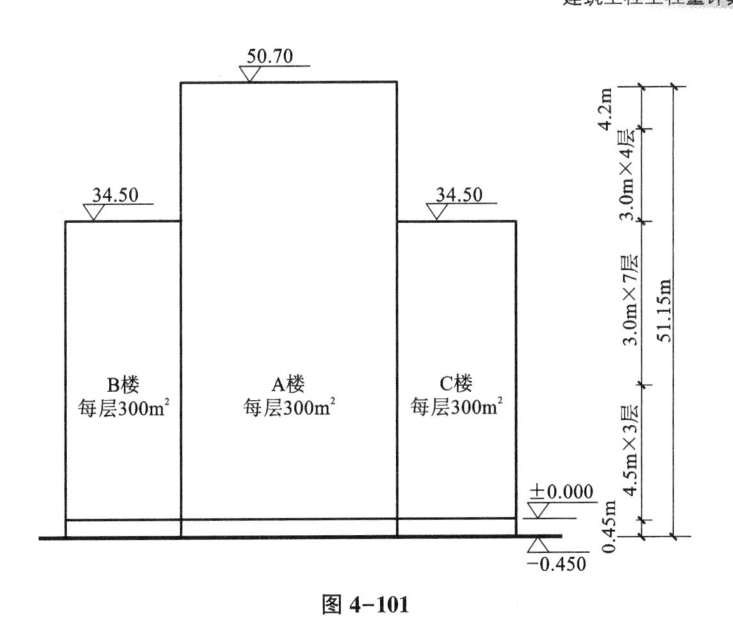

图 4-101

任务 10　混凝土、钢筋混凝土模板及支撑工程

4.10.1　基础知识

模板工程是指支承现浇混凝土的整个系统，由模板、支撑支架及紧固件等组成。

（1）组合钢模板。

组合钢模板是指用几种定型钢模板和配件组成的模板。定型钢模板包括平面模板、阴角模板、阳角模板、连接角模板等，配件包括 U 形卡、L 形插销、钩头螺栓、紧固螺栓、对拉螺栓、卡具等。

（2）定型钢模板。

定型钢模板是指根据定型构件的形状，用钢材制成模具的模板。有标准和非标准两种定型模板。

（3）九夹板模板。

九夹板模板是复合木模板中的一种，它是一种板面厚度为 9mm 的胶合板。复合模板是指用胶合成木制、竹制活塑料纤维等制作的板面，用钢、木等制成框架，并配制成各种配件而组成的复合模板。常用的有框架胶合板模板、框架竹胶板模板等。

（4）滑升模板。

滑升模板简称滑模，它由一套高约 1.2m 的模板、操作平台和提升系统三部分组装而成，然后在模板内浇筑混凝土并不断向上绑扎钢筋，同时利用提升装置将模板不断向上提升，直至结构浇筑完成。如模板用钢模板，则称钢滑升模板。

（5）砖地模。

砖地模，指按照构件大小平面，用砖砌后用水泥砂浆抹平做成的底模。

（6）砖胎模。

砖胎模，指按构件形状用砖砌后抹水泥砂浆的方法做成的胎模，胎模一般作为构件的底模。

4.10.2 定额套用说明

（1）现浇混凝土模板按不同构件，分别以组合钢模板、钢支撑或木支撑，九夹板模板、钢支撑或木支撑，木模板、木支撑编制。使用其他模板时，可以编制补充单位估价表。

（2）一个工程使用不同模板时，以一个构件为准计算工程量及套用定额。如同一构件使用两种模板，则以与混凝土接触面积大的模板套用定额。

（3）预制钢筋混凝土模板，按不同构件分别以组合钢模板、九夹板模板、木模板、定型钢模、长线台钢拉模，并配制相应的砖地模、砖胎模、混凝土地模、长线台混凝土地模编制。使用其他模板时，可以编制补充单位基价表。

（4）模板工作内容包括：清理、场内运输、安装、刷隔离剂、浇灌混凝土时模板维护、拆模、集中堆放、场外运输。木模板包括制作（预制包括刨光，现浇不刨光），组合钢模板、九夹板模板包括装箱。

（5）现浇混凝土梁、板、柱、墙是按支模高度（地面至板底或板面至板底的高度）3.6m 编制的，超过 3.6m 时，超过部分工程量另计支撑超高增加费。

（6）用钢滑升模板施工的烟囱、水塔及贮仓是按无井架施工计算的，并综合了操作平台，不再计算脚手架及竖井架。

（7）用钢滑升模板施工的烟囱、水塔、提升模板使用的钢爬杆用量是按 100% 摊销计算的，贮仓是按 50% 摊销计算的，设计要求不同时，另行换算。

（8）倒锥壳水塔塔身钢滑升模板项目，也适用于一般水塔塔身滑升模板工程。

（9）烟囱钢滑升模板项目均包括烟囱筒身、牛腿、烟道口；水塔钢滑升模板均已包括直筒、门窗洞口等模板用量。

（10）整板基础、带形基础的反梁、基础梁或地下室墙侧面的模板用砖侧模时，可按砖基础计算，同时不计算相应面积的模板费用。

（11）钢筋混凝土墙及高度大于 700mm 的深梁模板的固定，若审定的施工组织设计采用对拉螺栓时，可按实计算。

（12）钢筋混凝土后浇带按相应定额子目中模板人工乘以系数 1.2 计算；模板用量及钢筋支撑按相应定额子目中模板人工乘以系数 1.5 计算。

（13）坡屋面坡度大于等于 1/4（26°34′）时，套相应的定额子目，但子目中人工乘以系数 1.15，模板用量及钢支撑乘以系数 1.30。

4.10.3 工程量计算规则

（1）现浇混凝土及钢筋混凝土模板工程量，按以下规定计算。

①现浇混凝土及钢筋混凝土模板工程量，除另有规定者外，均应区别模板的不同材质，按混凝土与模板接触面的面积以 m^2 计算。

②设备基础螺栓套留孔，分别按不同深度以个计算。

③现浇钢筋混凝土柱、梁、板、墙的支模高度即室外地坪至板底（梁底）或板面（梁面）至板底（梁底）之间的高度，以3.6m以内为准，超过3.6m的部分，另按超过部分每增高1m增加支撑工程量。不足0.5m时不计，超过0.5m按1m计算。

④现浇钢筋混凝土墙、板上单孔面积在0.3m^{2}以内的孔洞，不予扣除，洞侧壁模板也不增加，但凸出墙、板面的混凝土模板应相应增加；单孔面积在0.3m^{2}以外时，应予扣除，洞侧壁模板并入墙、板模板工程量内计算。

⑤杯形基础杯口高度大于杯口大边长度的，套高杯基础定额项目。

⑥柱与梁、柱与墙、梁与梁等连接的重叠部分以及伸入墙内的梁头、板头部分，均不计算模板面积。

⑦构造柱均按图示外露部分计算模板面积。留马牙槎的按最宽面计算模板宽度。构造柱与墙接触面不计算模板面积。

⑧现浇钢筋混凝土阳台、雨篷，按图示外挑部分尺寸的水平投影面积计算。挑出墙外的牛腿梁及板边模板不另行计算。雨篷的翻边按展开面积并入雨篷内计算。

⑨现浇钢筋混凝土楼梯，以图示露明面尺寸的水平投影面积计算，不扣除宽度小于500mm楼梯井所占面积。楼梯的踏步、踏步板、平台梁等侧面模板，不另行计算。楼梯和楼面相连时，以楼梯梁外边为界。

⑩混凝土台阶不包括梯带，按图示台阶尺寸的水平投影面积计算，台阶端头两侧不另计算模板面积。

⑪现浇混凝土小型池槽按构件外围体积计算，池槽内、外侧及底部模板不另行计算。

⑫混凝土扶手以延长米计算。

（2）预制钢筋混凝土构件模板工程量按以下规定计算。

①预制钢筋混凝土构件模板工程量，除另有规定者外，均按混凝土实体积以m^{3}计算。混凝土地模已包括在定额中，不另行计算。空腹构件应扣除空腹体积。

②预制桩的体积，按设计全长乘以桩的截面积计算（不扣除桩尖虚体积）。但预制桩尖应按虚体积计算。

③小型池槽按外形体积以m^{3}计算。

（3）构筑物模板工程量按以下规定计算。

①构筑物的模板工程量，除另有规定者外，区别现浇、预制和构件类别，分别按现浇及预制钢筋混凝土构件模板工程量有关规定计算。

②液压滑升模板施工的烟囱、水塔塔身、贮仓及预制倒圆锥形水塔罐壳模板等均按混凝土体积，以m^{3}计算。

③大型池槽等分别按基础、墙、板、梁、柱等有关规定计算并套相应定额项目。

（4）钢屋架、钢托架制作平台摊销的工程量同钢屋架、钢托架的工程量。

现浇钢筋混凝土构件模板含量参考表4-48。

表 4-48 现浇钢筋混凝土构件模板含量参考表

定额项目		含模量/（m^2/m^3）
带形基础	毛石混凝土	2. 91
	无筋混凝土	3. 49
	钢筋混凝土（有肋式）	2. 38
	钢筋混凝土（无肋式）	0. 79
独立基础	毛石混凝土	2. 04
	钢筋混凝土	2. 11
杯形基础		1. 97
高杯基础		4. 51
满堂基础	无梁式	0. 60
	有梁式	1. 34
独立式桩承台		1. 84
混凝土基础垫层		1. 38
设备基础	$5m^3$ 以内	3. 06
	$20m^3$ 以内	1. 94
	$100m^3$ 以内	1. 41
	$100m^3$ 以外	0. 62
柱	矩形柱	10. 53
	异形柱	9. 32
	圆形柱	7. 84
	构造柱	7. 92
基础梁		8. 33
单梁、连续梁		8. 89
异形梁		11. 05
过梁		11. 86
拱形梁		7. 62
弧形梁		8. 73
圈梁、压顶		7. 05
直形墙		14. 40
电梯井壁		11. 49

续表

<table>
<tr><th colspan="3">定额项目</th><th>含模量/（m^2/m^3）</th></tr>
<tr><td colspan="3">圆弧墙</td><td>7.04</td></tr>
<tr><td colspan="3">短肢剪力墙</td><td>8.39</td></tr>
<tr><td colspan="3">有梁板</td><td>6.98</td></tr>
<tr><td colspan="3">无梁板</td><td>4.53</td></tr>
<tr><td colspan="3">平板</td><td>8.90</td></tr>
<tr><td colspan="3">拱形板</td><td>8.04</td></tr>
<tr><td colspan="3">双层拱形屋面板</td><td>30.00</td></tr>
<tr><td colspan="3">楼梯（m^2）</td><td>1.0</td></tr>
<tr><td colspan="3">阳台（m^2）</td><td>1.0</td></tr>
<tr><td colspan="3">雨篷（m^2）</td><td>1.0</td></tr>
<tr><td colspan="3">台阶（m^2）</td><td>1.0</td></tr>
<tr><td colspan="3">栏板</td><td>33.89</td></tr>
<tr><td colspan="3">门框</td><td>12.17</td></tr>
<tr><td colspan="3">框架柱接头</td><td>10.46</td></tr>
<tr><td colspan="3">暖气沟、电缆沟</td><td>11.30</td></tr>
<tr><td colspan="3">挑檐天沟</td><td>15.18</td></tr>
<tr><td colspan="3">小型构件</td><td>21.83</td></tr>
<tr><td colspan="3">扶手（m）</td><td>1.00</td></tr>
<tr><td colspan="3">小型池槽</td><td>1.00</td></tr>
<tr><td rowspan="5">贮水（油）池</td><td colspan="2">无梁盖</td><td>3.25</td></tr>
<tr><td colspan="2">肋形盖</td><td>1.11</td></tr>
<tr><td colspan="2">无梁盖柱</td><td>8.79</td></tr>
<tr><td colspan="2">沉淀池水槽</td><td>21.10</td></tr>
<tr><td colspan="2">沉淀池壁基梁</td><td>4.30</td></tr>
<tr><td rowspan="4">贮仓</td><td rowspan="3">圆形</td><td>顶板</td><td>7.35</td></tr>
<tr><td>底板</td><td>2.59</td></tr>
<tr><td>主壁</td><td>9.17</td></tr>
<tr><td colspan="2">矩形壁</td><td>9.72</td></tr>
</table>

续表

定额项目			含模量/（m^2/m^3）
水塔	塔身	筒式	15.97
		柱式	11.53
		内壁	14.21
		外壁	11.98
	塔顶		7.41
	塔底		5.69
	回廊及平台		9.26
贮水（油）池	池底	平底	0.20
		坡底	0.93
	池壁	矩形	10.05
		圆形	11.64
地沟	沟底		13.5
	沟壁		89
	沟顶		50

4.10.4 计算实例

【例 4-33】 计算图 4-102 所示独立基础模板的工程量及措施费。

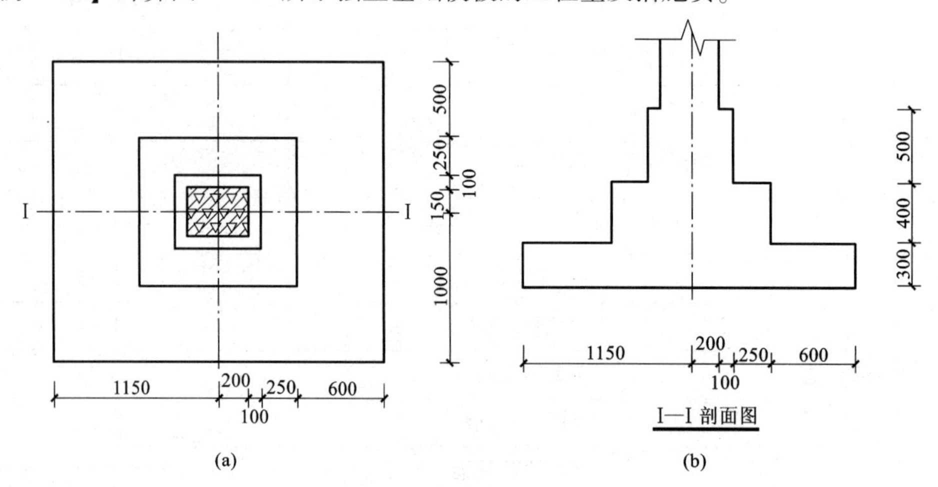

图 4-102

【解】 模板面积：$S=(0.3\times2+0.25\times2)\times2\times0.5+(0.55\times2+0.5\times2)\times2\times0.4+(1.15\times2+1\times2)\times2\times0.3=5.36\ (m^2)$

建筑工程预算书见表 4-49。

表 4-49　建筑工程预算书

序号	编号	项目名称	单位	数量	单价/元	总价/元
1	A10-17	现浇独立基础 钢筋混凝土 九夹板模板（木撑）	$100m^2$	0. 046	1 856. 8	85. 41

【例 4-34】 计算图 4-103 所示现浇柱、梁模板的工程量及措施费，室外标高-0. 150m，柱底标高-0. 750m，首层梁顶标高 4. 850m，二层梁顶标高 8. 850m。

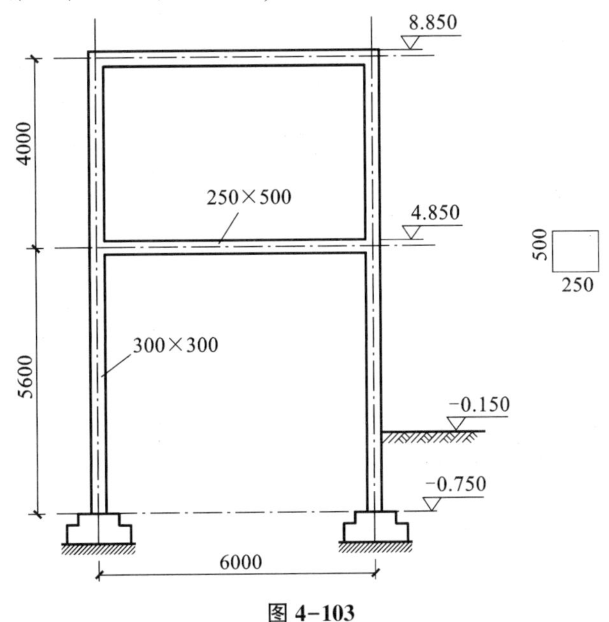

图 4-103

【解】 柱模板面积＝［0. 3×4×（5. 6+4）－0. 25×0. 5×2］×2＝22. 54（m^2）

梁模板面积＝（0. 25+0. 5×2）×（6－0. 3）×2＝14. 25（m^2）

首层支模高度＝4. 85+0. 15－0. 5＝4. 5（m）>3. 6m

故要计支撑超高增加费。

又

4. 5－3. 6＝0. 9（m）

则要计增高 1m 增加支撑工程量。

首层柱超高部分面积＝［（4. 85+0. 15－3. 6）×0. 3×4－0. 25×0. 5］×2＝3. 11（m^2）

首层梁超高部分面积＝7. 125m^2

二层支模高度＝4－0. 5＝3. 5（m）<3. 6m

故不计支撑超高增加费。

建筑工程预算书见表 4-50。

表 4-50 建筑工程预算书

序号	编号	项目名称	单位	数量	单价/元	总价/元
1	A10-53	现浇矩形柱九夹板模板（钢撑）	$100m^2$	0.225	1 940.13	436.53
2	A10-62	现浇柱支撑高度超过 3.6m 每增加 1m 钢撑	$100m^2$	0.031	106.28	3.29
3	A10-69	现浇单梁、连续梁九夹板模板（钢撑）	$100m^2$	0.143	2 401.14	343.36
4	A10-82	现浇梁支撑高度超过 3.6m 每超过 1m 钢撑	$100m^2$	0.071	207.41	14.73

【例 4-35】计算图 4-104 所示现浇有梁板模板工程量及措施费。

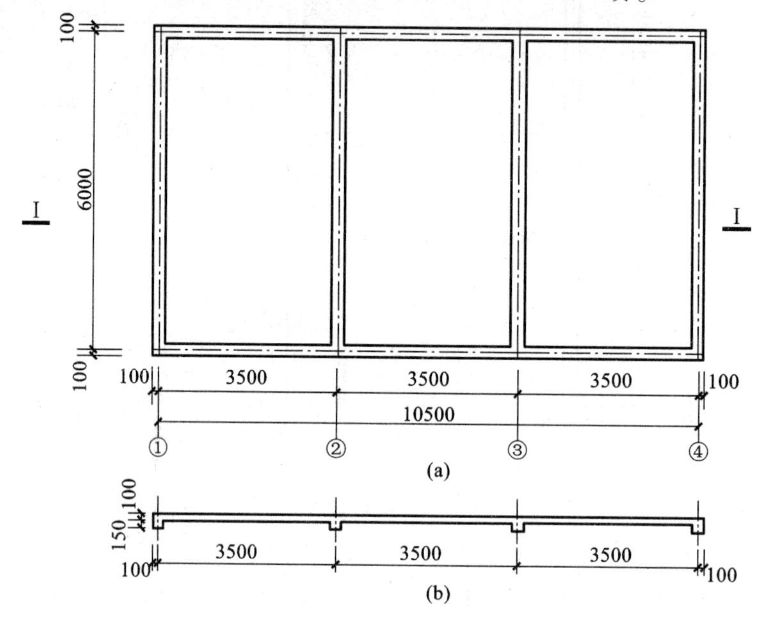

图 4-104

【解】

$$S_{底}=(10.5+0.2)\times(6+0.2)=66.34\ (m^2)$$

$$S_{外侧}=(10.7+6.2)\times2\times0.25=8.45\ (m^2)$$

$$S_{内侧}=(3.5-0.2)\times0.15\times6+(6-0.2)\times0.15\times6=8.19\ (m^2)$$

$$S_{总计}=66.34+8.45+8.19=82.98\ (m^2)$$

建筑工程预算书见表 4-51。

表 4-51 建筑工程预算书

序号	编号	项目名称	单位	数量	单价/元	总价/元
1	A10-99	现浇有梁板九夹板模板（钢撑）	$100m^2$	0.83	2 137.11	1 773.8

【例 4-36】计算图 4-105 所示现浇有梁板模板工程量及措施费。

【解】 $S_{底}=(6.8\times2+0.24)\times(3.6+5.4+0.24)-1.32$（柱面积）

$=126.56\ (m^2)$

$S_{外侧}=(13.84-0.35\times3)\times0.45\times2+(9.24-0.4\times3)\times0.55\times2$

$=20.36\ (m^2)$

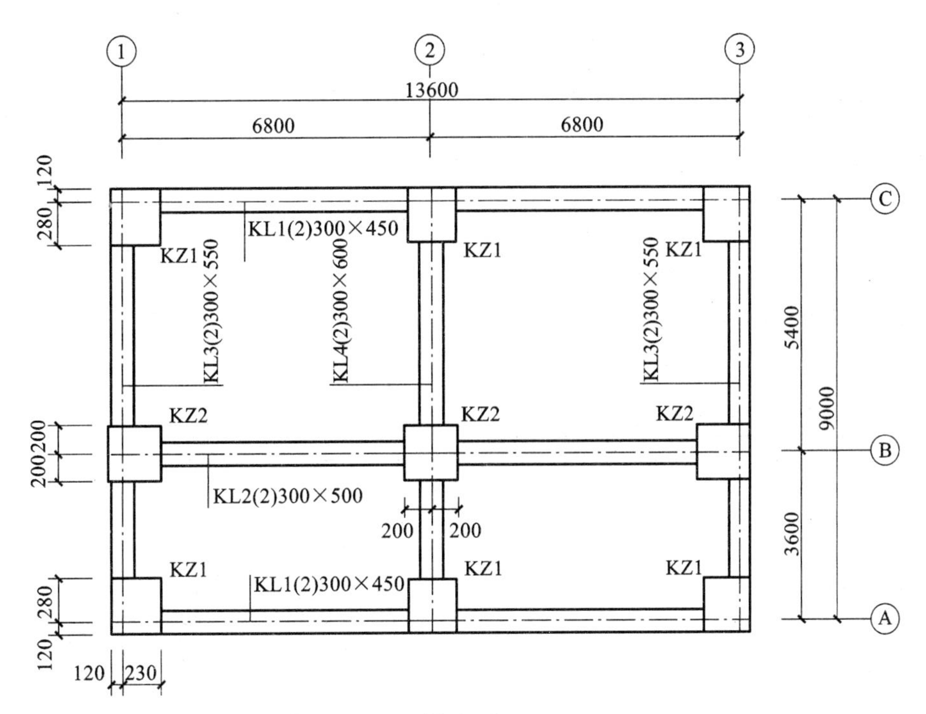

图 4-105

$S_{内侧}=(13.84-0.35\times3)\times(0.45-0.1)\times2+(13.84-0.4\times3)\times(0.5-0.1)\times2+(9.24-0.4\times3)\times(0.55-0.1)\times2+(9.24-0.4\times3)\times(0.6-0.1)\times2$

$=34.17\ (m^2)$

$$S_{总计}=S_{底}+S_{外侧}+S_{内侧}=126.56+20.36+34.17=181.09\ (m^2)$$

建筑工程预算书见表 4-52。

表 4-52 建筑工程预算书

序号	编号	项目名称	单位	数量	单价/元	总价/元
1	A10-99	现浇有梁板九夹板模板（钢撑）	$100m^2$	1.81	2 137.11	3 868.17

自主练习

一、单项选择题。

1. 现浇矩形钢筋混凝土框架柱，截面尺寸为 400mm×500mm，柱高 3.5m，该框架柱的模板工程量为（　　）。

A. 6.3m^2　　B. 4.75m^3　　C. 4.67m^2　　D. 6.94m^3

2. 计算模板工程量时应扣除的体积是（　　）。

A. 无梁板的柱帽　　B. 预埋铁件　　C. 截面 1.2m^2 柱　　D. 0.3m^2 孔洞

3. 雨篷模板按（　　）计算。

A. 雨篷混凝土体积乘以含模系数

B. 与混凝土接触的面积

C. 雨篷水平投影面积

D. 雨篷水平投影面积加 250mm 以内侧板面积

4. 以下内容当层高超过 3.6m 时不需计算支模超高费的支模是（　　）。

A. 阳台　　B. 雨篷　　C. 地下室顶板　　D. 电梯井壁

二、计算题。

某工程二层楼面结构布置见图 4-106。已知楼层标高为 4.500m，楼板厚 120mm，计算有梁板模板面积及措施费。

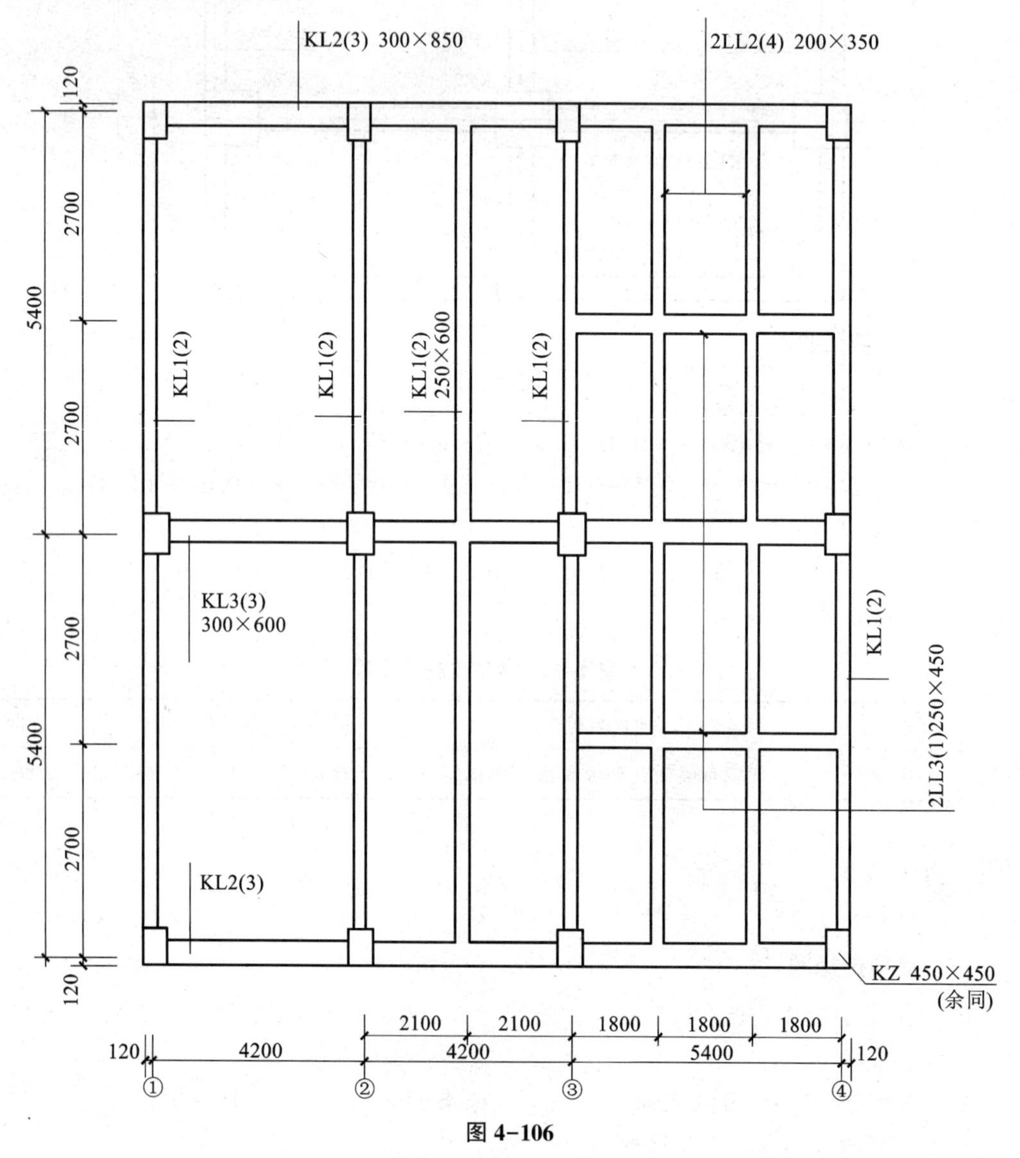

图 4-106

任务11　脚手架工程

4.11.1　基础知识

(1) 脚手架。

专为高空施工操作，堆放和运送材料，并保证施工安全而设置的架设工具或操作平台，称为脚手架。其工作内容通常包括脚手架的塔设与拆除，安全网铺设，铺、拆、翻脚手架片等全部内容。当建筑物超过规范允许搭设与拆除脚手架高度（不宜超过50m）时，应采用钢挑架，钢挑架上下间距通常不超过18m。

阻燃密目安全网是指用来防止人、物坠落，或用来避免、减轻坠落及物击伤害，有阻燃功能的网具。安全网一般由网体、边绳、系绳等构件组成。

(2) 脚手架分类。

①里脚手架。内墙砌筑高度在3.6m以内。

②外脚手架。

A. 单排，内墙砌筑高度大于3.6m，外墙檐高在15m以内时。

B. 双排，外墙檐高超过15m，外墙装饰面积超过外墙表面60%以上的现浇钢筋混凝土独立柱、单梁。

③挑脚手架。挑出外墙面在1.2m以上的阳台、雨篷。

④满堂脚手架。满堂基础以及带形基础底宽超过3m，柱基、设备基础底面积超过$20m^2$。

4.11.2　定额套用说明

(1) 凡砖石砌体、现浇钢筋混凝土墙、贮水（油）池、贮仓、设备基础、独立柱等高度超过1.2m，均需计算脚手架。

(2) 定额中分别列有钢管脚手架和毛竹脚手架，实际使用哪种架子，即套用相应的定额子目。

(3) 外脚手架定额中均综合了上料平台、护卫栏杆等。24m以内外架还综合了斜道的工料。

(4) 烟囱脚手架综合了垂直运输架、斜道、缆风绳、地锚等。

(5) 水塔脚手架按相应的烟囱脚手架人工乘以系数1.11，其他不变。

(6) 架空运输道，以架宽2m为准，如架宽超过2m，应按相应项目乘以系数1.2，超过3m时，按相应项目乘以系数1.5。

(7) 装饰用的脚手架，按《装饰定额》有关规定计算，套用相应定额子目。

4.11.3　工程量计算规则

(1) 一般计算规则。

①建筑物外墙脚手架以檐高（设计室外地坪至檐口滴水高度）划分。毛竹架：檐高在

7m 以内时，按单排外架计算；外墙檐高超过 7m 时，按双排外架计算。钢管架：檐高在 15m 以内时，按单排外架计算；檐高超过 15m 时，按双排外架计算。檐高虽未超过 7m 或 15m，但外墙门窗及装饰面积超过外墙表面积 60% 以上时，均按双排脚手架计算。

②建筑物内墙脚手架，内墙砌筑高度（凡设计室内地面或楼板面至上层楼板或顶板下表面或山墙高度的 1/2 处）在 3.6m 以内的，按里脚手架计算；砌筑高度超过 3.6m 时，按其高度的不同分别套用相应单排或双排外脚手架计算。

③计算里、外脚手架时，均不扣除门、窗洞口、空圈洞口等所占的面积。

④同一建筑物高度不同时，应按不同高度（按建筑物的垂直方向进行划分）分别计算。

⑤围墙脚手架，凡室外自然地坪至围墙顶面的砌筑高度在 3.6m 以下的，按里脚手架计算；砌筑高度超过 3.6m 时，按相应单排脚手架计算。

⑥滑升模板施工的钢筋混凝土烟囱、筒仓，不另计算脚手架。

⑦砌筑贮仓、贮水（油）池、设备基础，按双排外脚手架计算。

⑧满堂基础以及带形基础底宽超过 3m，柱基、设备基础底面积超过 $20m^2$ 时，按底板面积计算满堂脚手架。

（2）砌筑脚手架计算规则。

①外脚手架按外墙外边线长度乘以外墙砌筑高度以 m^2 计算，突出墙外宽度在 24cm 以内的墙垛、附墙烟囱等不计算脚手架；宽度超过 24cm 时按图示尺寸展开计算，并入外脚手架工程量内。外墙砌筑高度是指设计室外地面至砌体顶面的高度，山墙为 1/2 高。

②里脚手架按墙面垂直投影面积计算。

③独立柱按图示柱结构外围周长另加 3.6m，乘以砌筑高度以 m^2 计算，套用相应双排外脚手架定额。柱砌筑高度指设计室外地面或楼板面至上层楼板顶面的距离。

（3）现浇钢筋混凝土脚手架计算规则。

①现浇钢筋混凝土独立柱，按柱图示周长另加 3.6m，乘以柱高以 m^2 计算，套用相应双排外脚手架定额。柱高指设计室外地面或楼板面至上层楼板顶面的距离。建筑物周边的框架边柱不计算脚手架。

②现浇钢筋混凝土单梁、连续梁、墙，按设计室外地面或楼板上表面至楼板底之间的高度，乘以梁、墙净长以 m^2 计算，套用相应双排外脚手架定额。

③室外楼梯按楼梯垂直投影长边的一边长度乘以楼梯总高度套相应双排外脚手架定额。

④挑出外墙面在 1.2m 以上的阳台、雨篷，可按顺墙方向长度计算挑脚手架。

（4）其他脚手架计算规则。

①烟囱、水塔脚手架，区别不同搭设高度，以座计算。

②电梯井脚手架，按单孔以座计算。

③架空运输脚手架，按搭设长度以延长米计算。

④斜道区别不同高度以座计算。

⑤砌筑贮仓脚手架，不分单筒或贮仓组均按贮仓外边线周长，乘以设计室外地面至贮仓上口之间的高度，以 m^2 计算。

4.11.4 主要工程量计算公式

（1）砌筑外脚手架计算公式。

$$S=\text{外墙外边线长度}\times\text{外墙砌筑高度} \qquad (4-28)$$

外墙砌筑高度是指设计室外地面至砌体顶面的高度。

①有女儿墙算至女儿墙顶。

②框架结构算至屋面板。

③山墙为 1/2 平均高。

（2）砌筑里脚手架计算公式。

里脚手架按墙面垂直投影面积计算。

$$S=\text{内墙净长}\times\text{内墙净高} \qquad (4-29)$$

4.11.5 计算实例

【例 4-37】某砖墙结构房屋如图 4-107 所示，楼板厚度为 100mm，试计算其脚手架工程量及措施费。

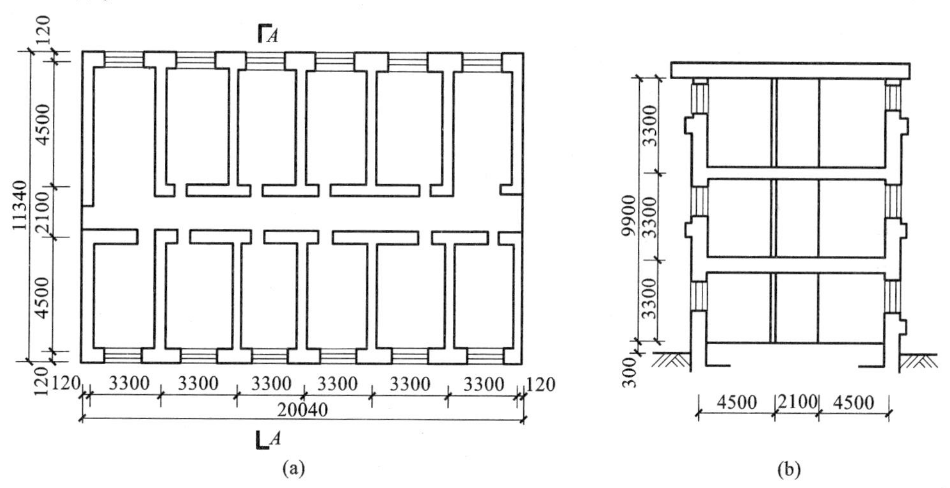

图 4-107

（a）平面图；（b）A—A 剖面图

【解】 $S_{外墙脚手架}=(20.04+11.34)\times2\times(9.9+0.3)=640.15\ (m^2)$

$S_{内墙脚手架}=[4.5+3.3\times5-0.24+(4.5-0.24)\times9+3.3\times6-0.24]\times(9.9-0.2)$

$=763\ (m^2)$

建筑工程预算书见表 4-53。

表 4-53 建筑工程预算书

序号	编号	项目名称	单位	数量	单价/元	总价/元
1	A11-5	钢管脚手架 15m 内双排	$100m^2$	6.402	639.41	4 093.5
2	A11-13	里脚手架钢管	$100m^2$	7.63	113.94	869.36

【例 4-38】某砖墙结构房屋如图 4-108 所示，试计算外墙砌筑脚手架工程量及措施费。

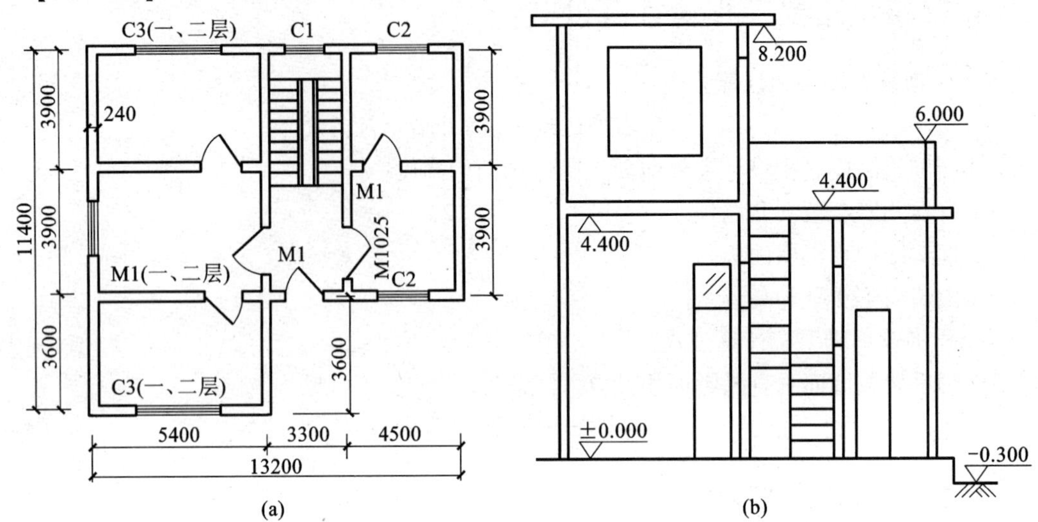

图 4-108

（a）平面图；（b）立面图

【解】8.2m 高：

$$S_{外墙脚手架} = (5.4+0.24+11.4+0.24+5.4+0.24+3.6) \times (8.2+0.3) = 225.42\ (m^2)$$

6m 高：

$$S_{外墙脚手架} = [(4.5+3.3) \times 2+3.9+3.9+0.24] \times (6+0.3) = 148.93\ (m^2)$$

4.4~8.2m 高：

$$S_{外墙脚手架} = (3.9+3.9+0.24) \times (8.2-4.4) = 30.55\ (m^2)$$

$$S_{总} = 225.42+148.93+30.55 = 404.90\ (m^2)$$

建筑工程预算书见表 4-54。

表 4-54　建筑工程预算书

序号	编号	项目名称	单位	数量	单价/元	总价/元
1	A11-5	钢管脚手架 15m 内双排	$100m^2$	4.05	639.41	2 589.61

自主练习

计算题。

1. 某厂房如图 4-109 所示，试计算其外脚手架工程量及措施费。
2. 某砖墙结构房屋如图 4-110 所示，试计算其外脚手架工程量及措施费。
3. 某砖墙结构房屋如图 4-111 所示，试计算其脚手架工程量及措施费。

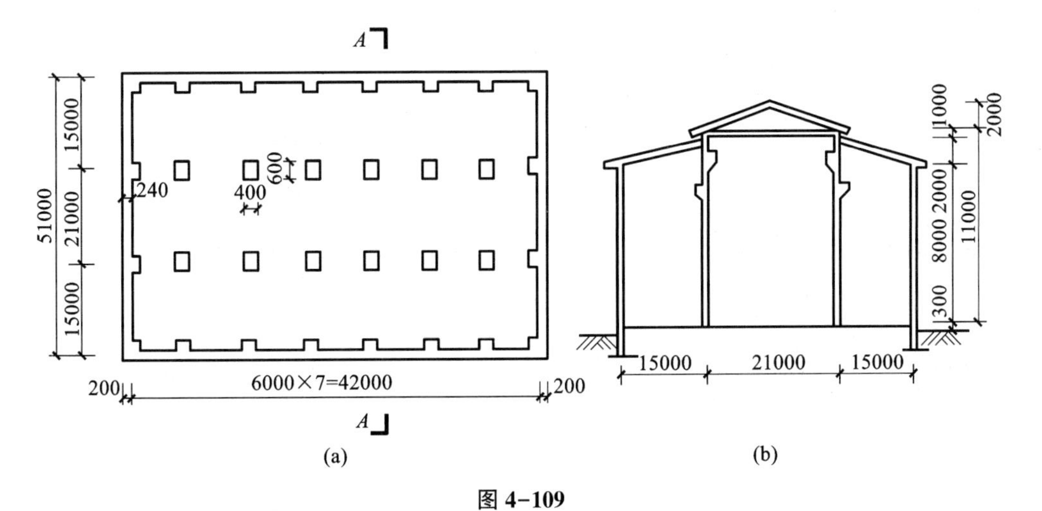

图 4-109

（a）平面图；（b）*A*—*A* 剖面图

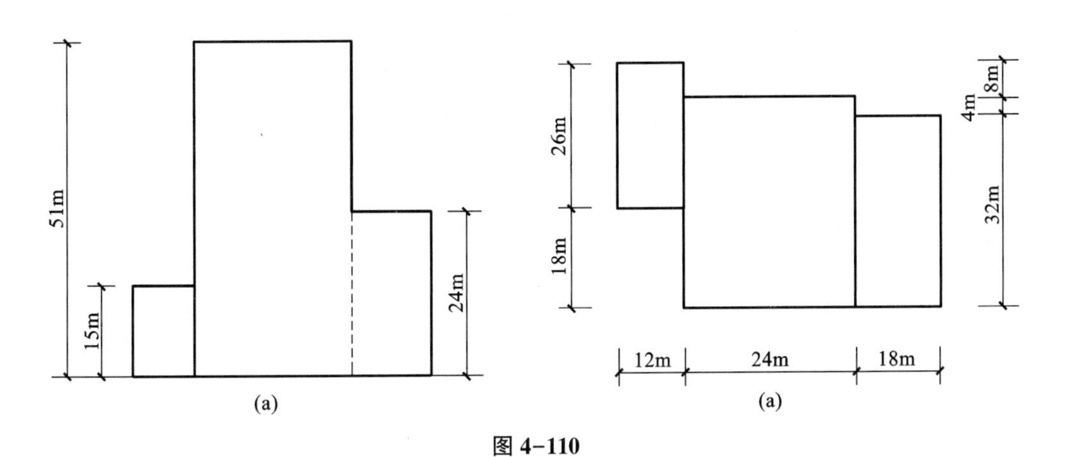

图 4-110

（a）建筑物立面图；（b）建筑物平面图

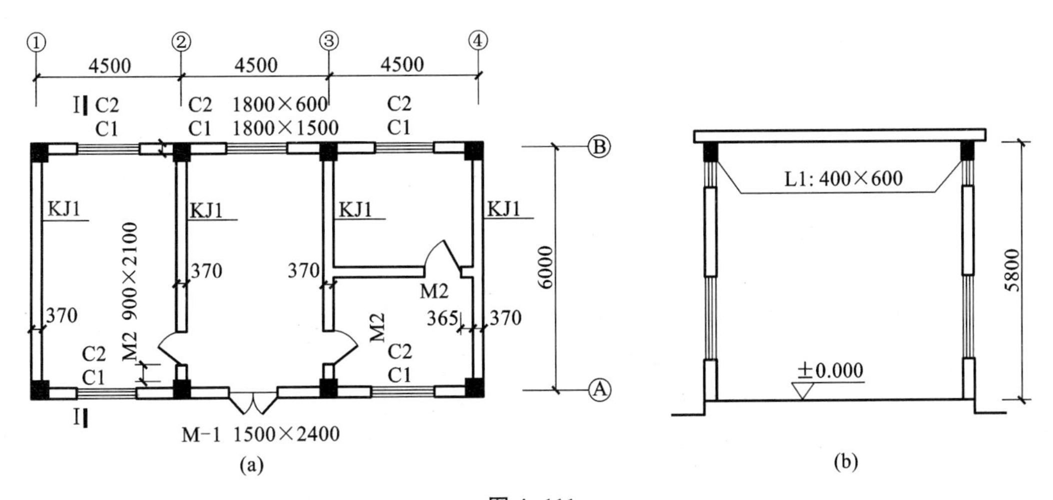

图 4-111

任务 12　垂直运输工程

4.12.1　基础知识

（1）垂直运输工具。

建筑工程中垂直运输工具常为卷扬机和自升式塔式起重机。地下室施工按塔吊配置；檐高 30m 以内按单桶慢速 1t 内卷扬机及塔吊配置；檐高 120m 以内按单筒快速 1t 内卷扬机及塔吊和施工电梯配置；超过 120m 按塔吊和施工电梯配置。

（2）垂直运输费用的使用范围。

因为采用上述运输工具而产生的垂直运输的相关费用，在计算时要根据建筑物的类别、高度、层高面区别对待。

4.12.2　定额套用说明

（1）建筑物垂直运输。

①建筑物垂直运输仅适用于施工主体结构（包括屋面保温防水）所需的垂直运输费用。即执行《建筑定额》的所有工程项目。凡执行《装饰定额》的工程项目其垂直运输按《装饰定额》规定计算。

②檐高是指设计室外地坪至檐口的滴水高度，凸出主体建筑屋顶的楼梯间、电梯间、屋顶水箱间、屋面天窗等不计入檐高之内。层数是指建筑物地面以上部分的层数，凸出主体建筑屋顶的楼梯间、电梯间、水箱间等不计算层数。

③本定额工作内容，包括单位工程在合理工期内完成主体结构全部工程项目（包括屋面保温防水）所需的垂直运输机械台班，不包括机械的场外运输、一次安拆及路基铺垫和轨道铺拆等费用。

④同一建筑物有多种用途（或多种结构），按不同用途（或结构）分别计算建筑面积，并均以该建筑物总高度为准，分别套用各自相应的定额。当上层建筑面积小于下层建筑面积的 50% 时，应垂直分割为两部分，按不同高度的定额子目分别计算。

⑤定额中现浇框架是指柱、梁全部为现浇的钢筋混凝土框架结构，如部分现浇（柱、梁中有一项现浇），按现浇框架定额乘以系数 0.96，如楼板也为现浇混凝土，按现浇框架定额乘以系数 1.04。

⑥预制钢筋混凝土柱、钢屋架的单层厂房按预制排架定额计算。

⑦单身宿舍按住宅定额乘以系数 0.9。

⑧本定额是以一类厂房为准编制的，二类厂房定额乘以系数 1.14。厂房分类如下：

一类厂房是指机加工、机修、五金、缝纫、一般纺织（粗纺、制条、洗毛等）及无特殊要求的车间。

二类厂房是指厂房内设备基础及工艺要求较复杂、建筑设备或建筑标准较高的车间。如铸造、锻压、电镀、酸碱、电子、仪表、手表、电视、医药、食品等车间。

建筑标准较高的车间是指车间有吊顶或油漆的顶棚、内墙面贴墙纸（布）或油漆墙面、水磨石地面三项，其中一项所占建筑面积达到全车间建筑面积50%及50%以上的车间。

⑨服务用房是指城镇、街道、居民区具有较小规模综合服务功能的设施，建筑面积不超过1 000m²，层数不超过三层的建筑。如副食品店、百货店、餐饮店等。

⑩檐高3.6m以内的单层建筑，不计算垂直运输机械台班。

⑪本定额项目的划分是以建筑物檐高、层数两个指标界定的，只要有一个指标达到定额规定，即可套用定额项目。

（2）构筑物垂直运输。

构筑物的高度是指设计室外地坪至构筑物的顶面高度。凸出构筑物主体的机房等高度，不计入构筑物高度内。

4.12.3 工程量计算规则

（1）建筑物垂直运输机械台班，区分不同建筑物的结构类型及高度按建筑面积以m²计算。建筑面积按建筑面积计算规则计算。

（2）构筑物垂直运输机械台班以座计算。超过规定高度时再按每增高1m定额项目计算，其高度不足1m时，按1m计算。

【例4-39】 某医院门诊大楼20层部分檐口（图4-112）高度为63m，18层部分檐口高度为50m，15层檐口高度为36m。建筑面积：1~15层，每层1 000m²；16~18层，每层800m²；19~20层，每层300m²。采用塔吊施工，现浇框架结构，计算该工程垂直运输费。

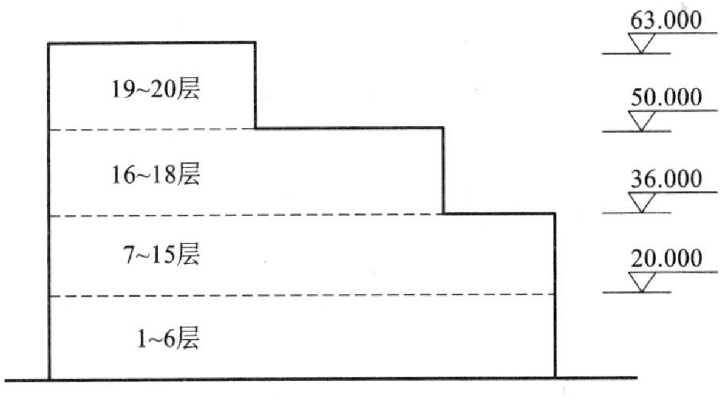

图4-112

【解】 该工程垂直分割为两部分：

①20层檐高63m部分。

$$S=20\times300=6\ 000\ (m^2)$$

②18层檐高50m部分。

$$S=15\times(1\ 000-300)+3\times(800-300)=12\ 000\ (m^2)$$

建筑工程预算书见表4-55。

表 4-55 建筑工程预算书

序号	编号	项目名称	单位	数量	单价/元	总价/元
1	A12-78	垂直运输，20m（6层）以上塔吊，医院、宾馆、图书馆（现浇框架）檐高（层数）70m（22层）内	$100m^2$	60	4 104. 39	246 263. 4
2	A12-77	垂直运输，20m（6层）以上塔吊，医院、宾馆、图书馆（现浇框架）檐高（层数）60m（19层）内	$100m^2$	120	3 888. 02	466 562. 4

【例 4-40】 某商住楼工程如图 4-113 所示，每层建筑面积 $800m^2$，一层为商场，二层为设备层，三至五层为住宅。采用塔吊施工，现浇框架结构，计算该工程垂直运输费。

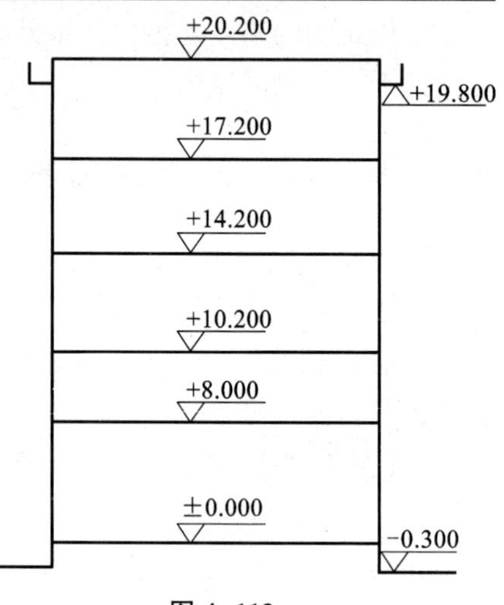

图 4-113

【解】 按不同用途（或结构）分别计算建筑面积。

$$檐高=19.8+0.3=20.1\ (m)$$

①一层商场：

$$S=800m^2$$

②二至五层住宅：

$$S=800\times4=3\ 200\ (m^2)$$

建筑工程预算书见表 4-56。

表 4-56 建筑工程预算书

序号	编号	项目名称	单位	数量	单价/元	总价/元
1	A12-95	垂直运输，20m（6层）以上塔吊，商场（现浇框架）檐高（层数）30m（10层）内	$100m^2$	8	2 529. 02	20 232. 16
2	A12-42	垂直运输，20m（6层）以上塔吊，住宅（现浇框架）檐高（层数）30m（10层）内	$100m^2$	32	1 785. 8	57 145. 6

自主练习

单项选择题。

1. 建筑物垂直运输适用于（　　）工程的定额。

A. 执行《建筑定额》的所有工程项目

B. 执行《建筑定额》《装饰定额》的所有工程项目

C. 构筑物工程

D. 执行《装饰定额》的工程项目

2. 垂直运输工程定额包括（　　）费用。

A. 单位工程在合理工期内完成全部工作所需的垂直运输机械台班费

B. 大型机械的场外运输

C. 大型机械的安装拆卸

D. 轨道铺拆和基础等费用

3. 檐高（　　）m 的单层建筑物不计算垂直运输机械台班。

A. 4. 5　　B. 2. 2　　C. 2. 1　　D. 3. 6

4. 单身宿舍按住宅定额乘以系数（　　）。

A. 0. 9　　B. 0. 8　　C. 1. 1　　D. 1. 108

5. 某宾馆工程框架结构，檐高 18m，无地下室。采用卷扬机为垂直运输机械，则定额编号和基价分别为（　　）。

A. 12-3，952　　B. 12-4，181 3　　C. 12-5，837. 5　　D. 12-6，153 0. 8

6. 定额中现浇框架是指柱、梁全部为现浇的钢筋混凝土框架结构，如部分现浇（柱、梁中有一项现浇）时，按现浇框架定额乘以系数（　　）。

A. 0. 96　　B. 0. 9　　C. 0. 8　　D. 1. 1

任务 13　常用大型机械安拆和场外运输费用表

定额套用说明如下：

（1）轨道铺拆费用表。

①轨道铺拆以直线形为准，如铺设弧线形，计算时乘以系数 1. 15。

②本定额不包括轨道和枕木之间增加其他型钢或钢板的轨道、自升塔式起重机行走轨道、自升塔式起重机固定式基础、施工电梯和混凝土搅拌站的基础等。应按《建筑定额》中有关规定计算。

（2）特、大型机械每安装、拆卸一次费用表。

①安拆费中已包括机械安装完毕后的试运转费用。

②自升式塔式起重机的安拆费是以塔高 45m 确定的，如塔高超过 45m，每增高 10m，安拆费增加 20%，其增高部分的折旧费按相应定额子目折旧费的 5% 计算，并入台班基价中。

（3）特、大型机械场外运输费用表。

①本表费用已包括机械的回程费用。

②凡利用自身行走装置转移的大型机械场外运输费用按下列规定计算。

a. 履带式行走装置者：2km 以内按 0. 5 台班计算，5km 以内按 1 台班计算；

b. 轮胎式行走装置者：5km 以内按 0. 5 台班计算，10km 以内按 1 台班计算，25km 以内按 2 台班计算；

c. 汽车式行走装置者：10km 以内按 0. 5 台班计算，25km 以内按 1 台班计算。

③本表除列运距 25km 以内的机械进出场费用外，还列有运距 25km 以外 50km 以内每增

加 1km 的进出场费用。

每增加 1km 费用，按运输机械的平均车速求出。

运输车辆平均车速按表 4-57 计算。

表 4-57　运输车辆平均车速

载重汽车	重车（载）30km/h	平板拖车组	重车 15km/h
	空车（载）40km/h		空车 25km/h

项目5　装饰工程工程量计算及定额的应用

内容提要

本项目详细介绍了装饰工程的定额计量与计价，按照定额的章节划分为十个任务，分别描述了各个任务的基础知识、本任务的定额说明、定额计算规则以及相关实例。

能力要求

知识要点	能力要求	相关知识
楼地面工程定额计量与计价	(1) 掌握楼地面工程工程量计算规则、计算方法； (2) 理解定额计价表中计算规则、定额说明相关内容	垫层、找平、面层材料、防水层、楼梯栏杆
墙柱面工程定额计量与计价	(1) 掌握墙柱面工程工程量计算规则、计算方法； (2) 理解定额计价表中计算规则、定额说明相关内容	内墙做法、外墙做法、墙面保温、墙面防水、墙面面层、零星与装饰线槽
天棚工程定额计量与计价	(1) 掌握天棚工程工程量计算规则、计算方法； (2) 理解定额计价表中计算规则、定额说明相关内容	天棚抹灰、石膏板吊顶、龙骨吊顶、阳台与雨棚抹灰
油漆、涂料及裱糊定额计量与计价	(1) 掌握油漆、涂料及裱糊装饰工程工程量计算规则、计算方法； (2) 理解定额计价表中计算规则、定额说明相关内容	油漆、涂料等涂膜工艺
其他装饰工程定额计量与计价	(1) 掌握其他装饰工程工程量计算规则、计算方法； (2) 理解定额计价表中计算规则、定额说明相关内容	木门窗制作安装工艺、超高增加费用、垂直运输

重难点

1. 重点：装饰工程各个项目工程量编制。
2. 难点：装饰工程项目工程量编制时，各做法与定额套用的匹配。

任务1　楼地面工程

5.1.1　基础知识

楼地面工程是指使用各种面层材料对楼地面进行装饰的工程，包括整体面层、块料面层、其他材料面层等。

（1）楼地面构造。

楼地面工程中地面构造一般为面层、垫层和基层（素土夯实），楼层地面构造一般为面层、找平层和楼板。当地面和楼层地面的基本构造不能满足使用或构造要求时，可增设结合层、隔离层、填充层等其他构造层，如有保温、隔热、防水要求的楼地面，应该加填充层、隔离层、结合层等。具体见图5-1。

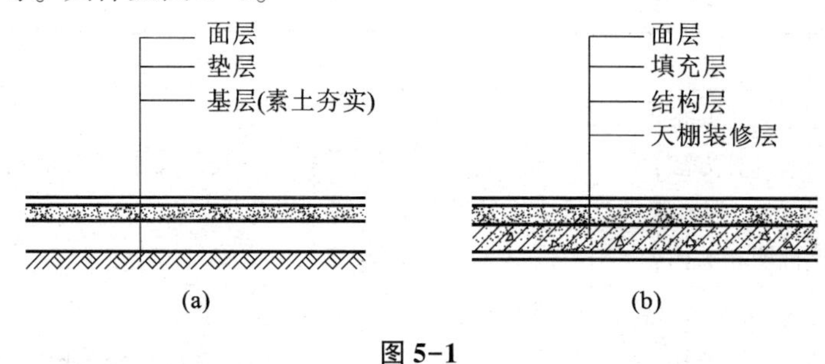

图5-1

（a）底层地面；（b）楼层地面

（2）楼地面常用材料。

地面垫层材料常用的有混凝土、砂、炉渣、碎（卵）石等；结合层材料常用的有水泥砂浆、干硬性水泥砂浆、黏结剂等；填充层材料有水泥炉渣、加气混凝土块、水泥膨胀珍珠岩块等；找平层常用水泥砂浆和混凝土；隔离层材料有防水涂膜、热沥青、油毡等。面层分整体面层、块材面层、橡塑面层、其他面层。其中，整体面层材料常用的有混凝土、水泥砂浆、现浇水磨石、自流平楼地面；块材面层常用材料有天然石材（大理石、花岗岩等）、陶瓷锦砖、地砖、预制水磨石等；橡塑面层常用材料有橡胶地板、塑料地板等；其他面层常用的材料有木地板、防静电地板、金属复合地板、地毯等。

（3）整体面层。

整体面层工程包括找平层、水泥砂浆面层、现浇水磨石面层、细石混凝土面层。

①找平层。找平层一般设在混凝土或硬基层或填充材料上。其中，填充材料是指泡沫混凝土块、加气混凝土块、石灰炉渣、珍珠岩等非整体基层构造层材料。找平层用水泥砂浆或水泥混凝土铺设。

②水泥砂浆面层。水泥砂浆面层是指在楼地面上抹厚度一般为20~25mm的水泥砂浆构造面层，水泥砂浆常用配合比为1∶2。

③现浇水磨石面层。现浇水磨石面层采用水泥与石料的拌和料铺设，面层厚度除有特殊要求外，宜为12~18mm，且按石子粒径确定。水磨石面层的下面常用1∶3水泥砂浆作结合

层，结合层上采用稠膏状水泥砂浆粘镶玻璃条或金属条，在嵌条格内抹水泥石子浆，拍平，反复压实。待石子浆有适当强度后，用磨石机将其表面磨光，普通水磨石面层磨光遍数不小于3遍，高级水磨石面层的厚度和磨光遍数由设计确定，在水磨石面层磨光后用草酸清洗干净后再打蜡。

（4）块料面层。

块料面层按施工工艺分为湿作业和干作业两类。

铺贴块料面层的种类有大理石、花岗岩、预制水磨石、缸砖、广场砖、钢化玻璃等。

施工方法：在垫层上或钢筋混凝土楼板上抹1∶3水泥砂浆找平，抹平、压实，然后用水泥砂浆（干硬性水泥砂浆）或黏结剂粘贴。

（5）其他材料面层。

①橡塑地板（橡胶、塑料地板）。橡塑地板是以PVC、UP等树脂为主，加入其他辅助材料加工而成的预制或现场铺设的地面材料。橡塑地板采用的黏结剂主要有乙烯类（聚醋酸乙烯乳液），氯丁橡胶类，聚氨酯、环氧树脂、合成橡胶溶剂类及沥青类等。

②地毯。地毯可分有毛地毯和化纤地毯两大类。

A. 楼地面地毯，可分为固定式和不固定式两种铺设方式。

固定式又可分带垫和不带垫两种铺设方式。固定式是先将地毯截开，再拼缝，黏结成一块整片，然后用胶黏剂或倒刺板条固定在地面基层上的一种铺设方式。

不固定式即为活动式一般摊铺，它是将地毯明摆浮搁在地面基层上，不做任何固定处理。

B. 楼梯地毯。楼梯地毯一般按满铺考虑。满铺是指从梯段最顶端做到梯段最底级，整个楼梯全部铺设地毯，满铺地毯又分带胶垫和不带胶垫两种，有底衬的地毯不用胶垫，无底衬的地毯要铺设胶垫。

③木地板。木地板的面层按其构造不同，有实铺和空铺两种。

空铺木地板是由木搁栅（架空）、剪刀撑、毛地板（双层木板面层或拼花木板面层的下层）、面层板等组成的。

实铺木地板在钢筋混凝土楼板或混凝土等垫层上，由木搁栅（不架空）、木地板组成，木搁栅料面呈梯形，宽面在下，其截面尺寸及间距应符合设计要求。

5.1.2 定额套用说明

（1）本章中各种砂浆、混凝土的配合比，如设计规定与定额不同，可以换算。

（2）整体面层、块料面层中的楼地面项目，均不包括踢脚线工料；楼梯不包括踢脚线、侧面及板底抹灰，应另按相应定额项目计算。

（3）踢脚线高度是按150mm编制的，如设计高度与定额高度不同，材料用量可以调整，但人工、机械用量不变。高度超过300m，按墙面相应定额计算。

（4）螺旋楼梯的装饰，按相应弧形楼梯项目计算：人工、机械定额量乘以系数1.20，块料材料定额量乘以系数1.10，整体面层、栏杆、扶手材料定额量乘以系数1.05。

（5）现浇水磨石定额项目已包括酸洗、打蜡，其余项目均不包括酸洗、打蜡。

（6）台阶不包括牵边、侧面装饰，应另按相应定额项目计算。

（7）台阶包括水泥砂浆防滑条，其他材料作防滑条时，则应另行计算防滑条。

（8）同一铺贴面上有不同种类、材质的材料时，应分别按本章相应子目执行。

（9）扶手、栏杆、栏板适用于楼梯、走廊、回廊及其他装饰性栏杆、栏板。扶手、栏杆分别列项计算。栏板、栏杆、扶手造型图见本定额后面附图。

（10）除定额项目中注明厚度的水泥砂浆可以换算外，其他一律不作调整。

（11）块料面层切割成弧形、异形时损耗按实际损耗计算，人工乘以系数1.2，其他不变。

（12）铝合金扶手包括弯头，其他扶手不包括弯头制作，弯头应按弯头单项定额计算。

（13）宽度在300mm以内的室内周边边线套波打线项目。

（14）零星项目面层适用于楼梯侧面、台阶的牵边和侧面，楼地面300mm以内的边线以及镶拼大于0.015m^{2}的点缀面积，小便池、蹲台、池槽以及面积在1m^{2}以内且定额未列项目的工程。

（15）木地板填充材料按照《建筑定额》相应子目执行。

（16）大理石、花岗岩楼地面拼花按成品考虑。

（17）单块面积小于0.015m^{2}的石材执行点缀子目。其他块料面层的点缀执行大理石点缀子目。

（18）大理石、花岗岩踢脚线用云石胶粘贴时，按相应定额子目执行，不换算。

（19）块料面层不包括酸洗、打蜡，如设计要求酸洗、打蜡，按相应定额执行。

（20）本部分块料面层按半成品考虑。

5.1.3 工程量计算规则

（1）整体面层找平层按主墙间净空面积以m^{2}计算。应扣除凸出地面的构筑物、设备基础、室内管道、地沟等所占的面积，不扣除柱、垛、间壁墙、附墙烟囱及面积在0.3m^{2}以内的孔洞所占面积，但门洞、空圈、暖气包槽、壁龛等开口部分也不增加。

（2）块料面层按饰面的实铺面积计算，不扣除0.1m^{2}以内的孔洞所占面积。拼花部分按实贴面积计算。

（3）楼梯面积（包括踏步、休息平台，以及小于500mm宽的楼梯井面积）按水平投影面积计算。

（4）台阶面层（包括踏步及最上一层踏步沿300mm）按水平投影面积计算。

（5）整体面层踢脚板以延长米计算，洞口、空圈长度不予扣除，门洞、空圈、垛、附墙烟囱等侧壁长度也不增加。块料楼地面踢脚线按实贴长乘高以m^{2}计算，成品及预制水磨石块踢脚线按实贴面积以延长米计算。楼梯踏步踢脚线按相应定额基价乘以系数1.15计算。

（6）防滑条按实际长度以延长米计算。

（7）点缀按个计算，计算主体铺贴地面面积时，不扣除点缀所占面积。圆形及弧形点缀镶贴，人工定额量乘以系数1.20，材料定额量乘以系数1.15。

（8）零星项目按实铺面积计算。

（9）栏杆、栏板、扶手均按其中心线长度以延长米计算，计算扶手时不扣除弯头所占长度。

（10）弯头按个计算。

(11) 石材底面刷养护液按底面面积加4个侧面面积以 m^2 计算。

(12) 楼梯木地板饰面按展开面积计算。

5.1.4 计算实例

【例5-1】 12mm厚1:2.5水泥白石子浆本色水磨石楼地面(带嵌条),求该项目基价。

【解】 套定额B1-12,换算后:

$$基价=3\ 338.4-281.93\times3\div5=3\ 169.24\ (元/100m^2)$$

【例5-2】 15mm厚1:1.5白水泥彩色石子浆水磨石楼地面(带嵌条),求该项目基价。

【解】 套定额B1-12,换算后:

$$基价=3\ 338.4+1.73\times(514.47-428.31)=3\ 487.45\ (元/100m^2)$$

【例5-3】 图5-2为某工程底层平面图,已知地面为现浇水泥砂浆地面,踢脚线为150mm高水泥砂浆,地面做法为:20mm厚1:2.5水泥砂浆,35mm厚C20细石混凝土,1.5mm厚聚氨酯防水层,30mm厚C20细石混凝土找平层,60mm厚C15混凝土垫层,求地面的各项工程量,并计算直接工程费。

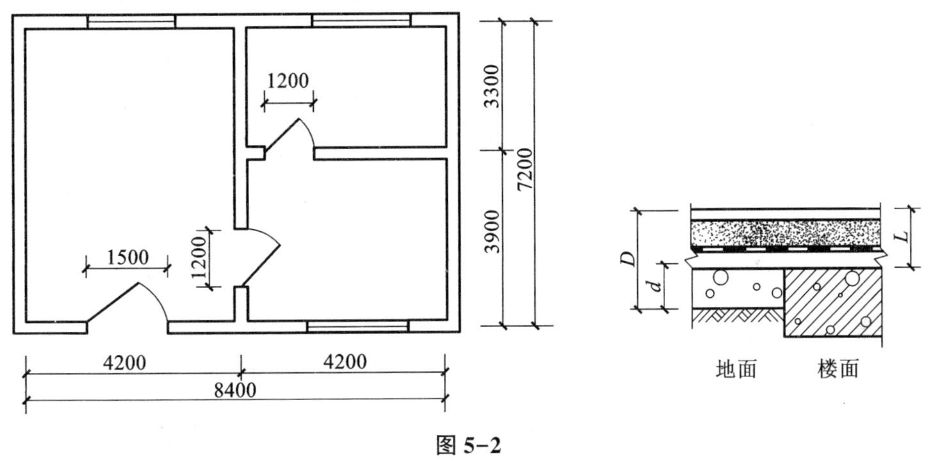

图5-2

【解】 (1) 水泥砂浆地面工程量。

(4.2-0.24)×(7.2-0.24)+(3.9-0.24)×(4.2-0.24)+(3.3-0.24)×(4.2-0.24)=54.17 (m^2)

(2) 水泥砂浆踢脚线工程量。

(4.2-0.24+7.2-0.24)×2+(3.9-0.24+4.2-0.24)×2+(3.3-0.24+4.2-0.24)×2=51.12 (m)

(3) 35mm厚C20细石混凝土工程量为54.17 m^2。

(4) 防潮层工程量等于地面面层工程量,为54.17 m^2。

(5) 30mm厚C20细石混凝土找平层工程量等于地面面层工程量,为54.17 m^2。

(6) 60mm厚C15混凝土垫层工程量为:

$$54.17\times0.06=3.25\ (m^3)$$

建筑工程预算书见表5-1。

表 5-1　建筑工程预算书

序号	编号	项目名称	单位	数量	单价/元	总价/元
1	B1-6	水泥砂浆 楼地面 厚 20mm	$100m^2$	0.542	839.21	454.85
2	B1-10	水泥砂浆 踢脚板（底 12mm、面 8mm）	100m	0.511	233.76	119.45
3	B1-4 换	细石混凝土找平层 厚度 30~35mm	$100m^2$	0.542	1 066.33	577.95
4	A7-124	涂膜防水 聚氨酯涂 刷两遍	$100m^2$	0.542	3 684.72	1 997.12
5	B1-4	细石混凝土找平层 厚度 30mm	$100m^2$	0.542	918.9	498.04
6	A4-13 换	混凝土 垫层 C15 140/32.5	$10m^3$	0.325	1 880.41	611.13

【例 5-4】 求图 5-3 所示地面分项工程量，并计算直接工程费。

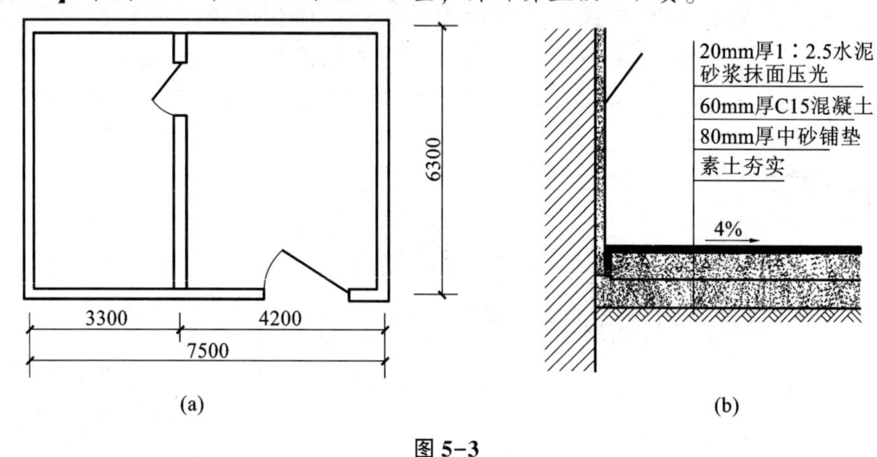

图 5-3

【解】（1）1：2.5 水泥砂浆抹面工程量：

$$(3.3-0.24)\times(6.3-0.24)+(4.2-0.24)\times(6.3-0.24)=42.54\ (m^2)$$

（2）C15 混凝土垫层工程量：

$$42.54\times0.06=2.55\ (m^3)$$

（3）中砂垫层工程量：

$$42.54\times0.08=3.4\ (m^3)$$

建筑工程预算书见表 5-2。

表 5-2　建筑工程预算书

序号	编号	项目名称	单位	数量	单价/元	总价/元
1	B1-6	水泥砂浆 楼地面 厚 20mm	$100m^2$	0.425	839.21	356.66
2	A4-13 换	混凝土 垫层 C15 140/32.5	$10m^3$	0.255	1 880.41	479.5
3	A4-2	砂垫层	$10m^3$	0.34	352.39	119.81

【例 5-5】 如图 5-4 所示，地面做法为：5mm 厚陶瓷锦砖，20mm 厚 1：3 水泥砂浆，60mm 厚 C15 混凝土垫层，求陶瓷锦砖地面的工程量。

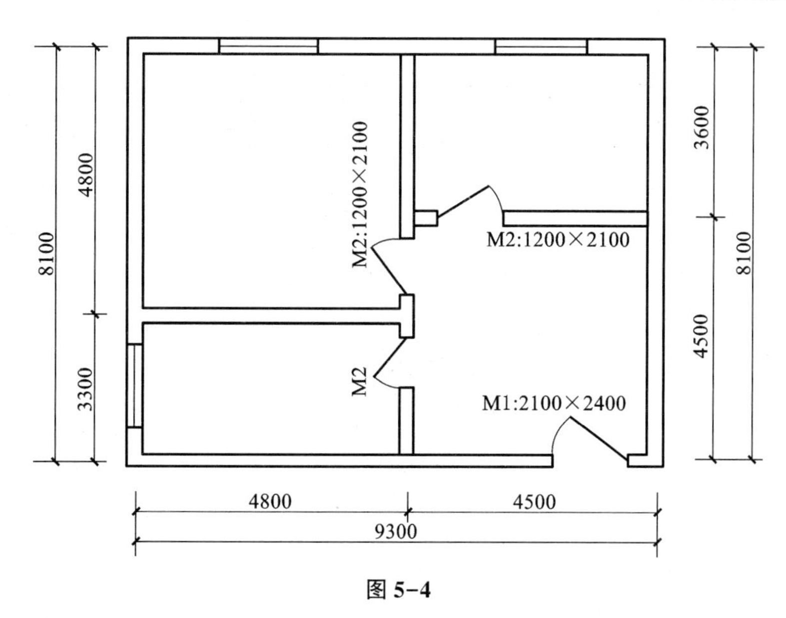

图 5-4

【解】陶瓷锦砖按饰面净面积计算，包括门洞面积。

工程量=室内面积+门洞面积

=(4.8−0.24)×(4.8−0.24)+(4.8−0.24)×(3.3−0.24)+(4.5−0.24)×(3.6−0.24)+(4.5−0.24)×(4.5−0.24)+2.1×0.24+1.2×0.24×3（门洞）

=68.58（m^2）

水泥砂浆找平层工程量=67.2m^2

混凝土垫层工程量=67.2×0.06=4.03（m^3）

建筑工程预算书见表 5-3。

表 5-3 建筑工程预算书

序号	编号	项目名称	单位	数量	单价/元	总价/元
1	B1-113	陶瓷锦砖 楼地面 不拼花 水泥砂浆	100m^2	0.686	3 558.01	2 440.79
2	B1-1	混凝土或硬基层上 水泥砂浆找平层 厚度 20mm	100m^2	0.672	665.18	447
3	A4-13 换	混凝土 垫层 C15 140/32.5	10m^3	0.403	1 880.41	757.81

【例 5-6】 某酒店大厅铺贴 800mm×800mm 的黑色大理石板，其中有一块拼花，如图 5-5 所示，求其工程量。

【解】（1）拼花工程量：

$$\pi\times\left(\frac{2.5}{2}\right)^2=4.91\ (m^2)$$

（2）拼花之外面层工程量：

(11.4−0.24)×(10.8−0.24)+4.2×0.24+2.1×0.24×2（门洞口）−4.91（拼花）−0.5×0.5×2=114.46（m^2）

建筑工程预算书见表 5-4。

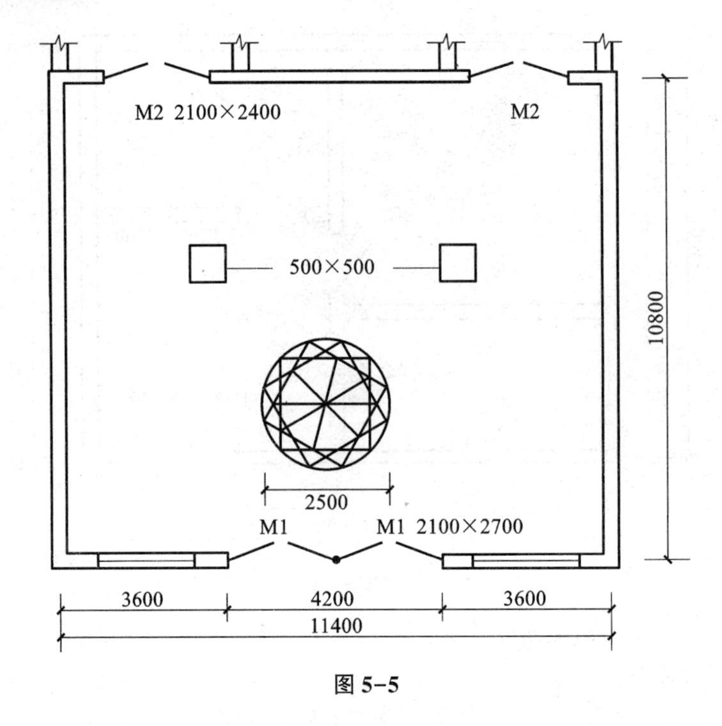

图 5-5

表 5-4 建筑工程预算书

序号	编号	项目名称	单位	数量	单价/元	总价/元
1	B1-25	大理石 水泥砂浆 楼地面（周长2 400mm 以外）单色	$100m^2$	1. 15	14 351. 4	16 504. 13
2	B1-27	大理石 水泥砂浆 拼花	$100m^2$	0. 049	27 553. 4	1 350. 12

【例 5-7】 图 5-6 为某综合楼入口处台阶平面图，台阶做法为水泥砂浆铺贴花岗岩，试计算其工程量并计算直接工程费。

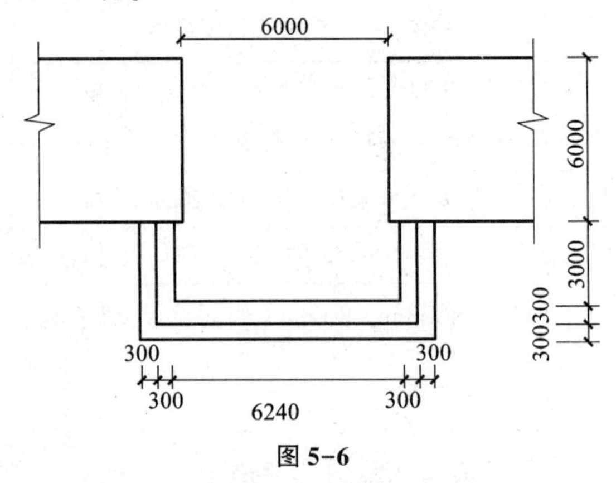

图 5-6

【解】 花岗岩台阶面的工程量=（6. 24+0. 3×4）×0. 3×3+（3−0. 3）×0. 3×3×2

=11. 56（m^2）

建筑工程预算书见表 5-5。

表 5-5 建筑工程预算书

序号	编号	项目名称	单位	数量	单价/元	总价/元
1	B1-61	花岗岩 水泥砂浆 台阶	$100m^2$	0. 116	23 122. 14	2 682. 17

【例 5-8】图 5-7 所示楼梯水泥砂浆贴花岗岩面层，靠墙一边做踢脚线。踢脚线高度为 150mm，求其楼梯地面装饰工程量及工程直接费。

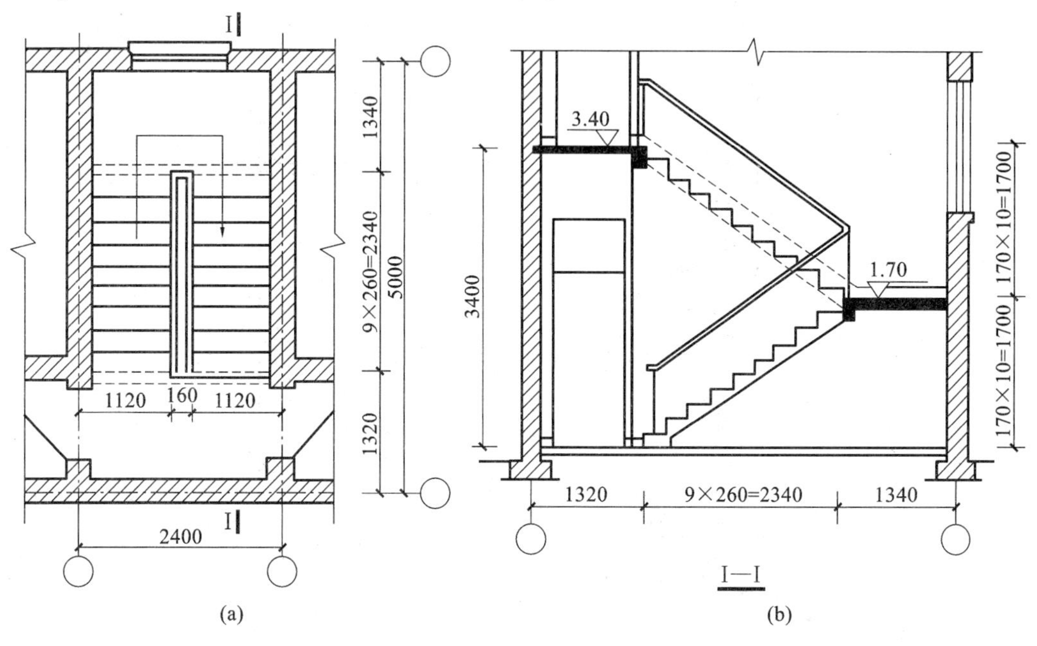

图 5-7

【解】楼梯水平投影面积＝（2. 4-0. 24）×（2. 34+0. 3+1. 34-0. 12）＝8. 34（m^2）

休息平台踢脚线长度＝2. 4-0. 24+（1. 34-0. 12）×2＝4. 6（m）

楼梯踏步踢脚线长度＝$\sqrt{2.34^2+1.7^2}\times2\times1.15=6.65$（m）

踢脚线长度小计＝4. 6+6. 65＝11. 25（m）

建筑工程预算书见表 5-6。

表 5-6 建筑工程预算书

序号	编号	项目名称	单位	数量	单价/元	总价/元
1	B1-59	花岗岩 水泥砂浆 楼梯	$100m^2$	0. 083	22 145. 8	1 838. 1
2	B1-57	花岗岩 水泥砂浆 成品踢脚线	100m	0. 113	1 632. 08	184. 43

【例 5-9】求图 5-8 所示楼梯的铁花铸铁栏杆、硬木扶手及弯头工程量（100mm×60mm）。

【解】定额工程量：

$$梯踏步斜长系数=\frac{\sqrt{0.3^2+0.15^2}}{0.3}=1.118$$

铁花栏杆长＝2. 7×1. 118×4+2. 1×1. 118＝14. 42（m）

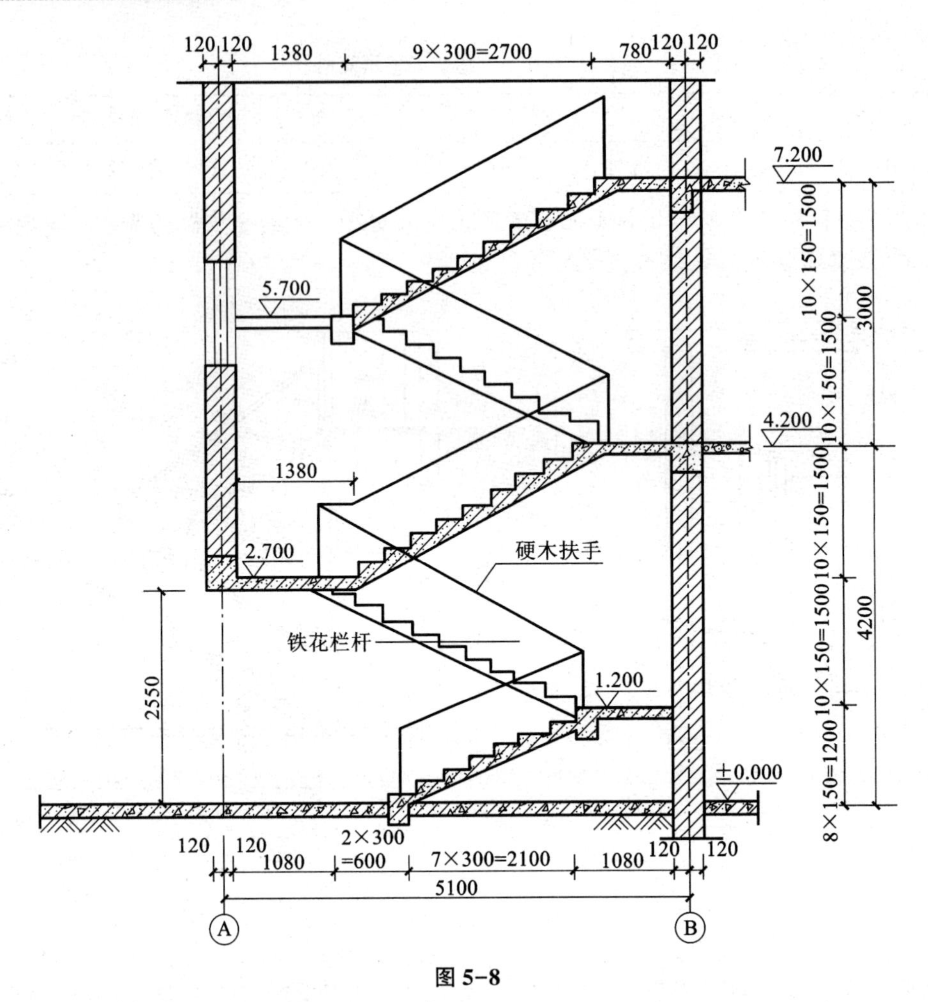

图 5-8

硬木扶手长：14.22m（同栏杆长）；硬木弯头：4×2+1=9（个）。

建筑工程预算书见表 5-7。

表 5-7 建筑工程预算书

序号	编号	项目名称	单位	数量	单价/元	总价/元
1	B1-227	铁花栏杆 铸铁	100m	0.152	19 958	3 033.61
2	B1-236	硬木扶手 直形 100mm×60mm	100m	0.152	6 240.3	948.53
3	B1-259	硬木 弯头 100mm×60mm	个	9	68.36	615.24

自主练习

一、单项选择题。

1. 螺旋形楼梯的装饰，定额按（　　）。

A. 相应定额子目的人工、机械乘以系数 1.0

B. 相应定额子目的人工、机械乘以系数 1.1

C. 相应定额子目的人工、机械乘以系数 1.2

D. 相应定额子目的人工、机械乘以系数 1.5

2. 块料面层的楼梯定额包括（　　）。

A. 块料面层　　B. 楼梯底面抹灰　　C. 楼梯侧面抹灰　　D. 楼梯踢脚线

3. 螺旋楼梯的装饰，整体面层、栏杆、扶手材料定额量乘以系数（　　）。

A. 1.1　　B. 1.05　　C. 1.2　　D. 1.25

4. 块料面层点缀适用于每个块料在（　　）m^2 以内的点缀项目。

A. 0.05　　B. 0.3　　C. 0.015　　D. 0.5

5. 整体面层、找平层的工程量，应扣除地面上（　　）的面积。

A. 间壁墙　　B. 附墙烟囱

C. 凸出地面的设备基础　　D. 0.3m^2 以内的孔洞

6. 楼地面工程中，地面垫层工程量，按底层（　　）乘以设计垫层厚度以 m^3 计算。

A. 主墙中心线间净面积　　B. 建筑面积

C. 主墙间净面积　　D. 主墙外边线间面积

7. 在计算楼梯工程量时，不扣除宽度小于（　　）的楼梯井面积。

A. 300mm　　B. 400mm　　C. 500mm　　D. 600mm

8. 某工程在 1：3 水泥砂浆铺贴大理石面层螺旋形楼梯，其定额基价为（　　）元/m^2。

A. 250.89　　B. 274.22　　C. 229.86　　D. 293.44

9. 以下有关楼地面工程说法正确的是（　　）。

A. 整体面层砂浆厚度与定额不同时，不允许调整

B. 整体面层砂浆配合比设计与定额不同时，不允许调整

C. 整体面层、块料面层中的楼地面项目均不包括找平层

D. 整体面层、块料面层中的楼地面项目包括踢脚线

10. 计算楼地面工程量时，不应扣除（　　）所占的面积。

A. 设备基础　　B. 间壁墙

C. 凸出地面的构筑物　　D. 地沟

11. 楼地面工程中踢脚线高度超过（　　）者，按墙柱面相应定额执行。

A. 12cm　　B. 15cm　　C. 20cm　　D. 30cm

二、计算题。

1. 用 1：3 干硬性水泥砂浆铺贴广场砖（不拼图案），求该项目基价。

2. 如图 5-9 所示，求楼梯面积镶贴凸凹假麻石块的工程量。

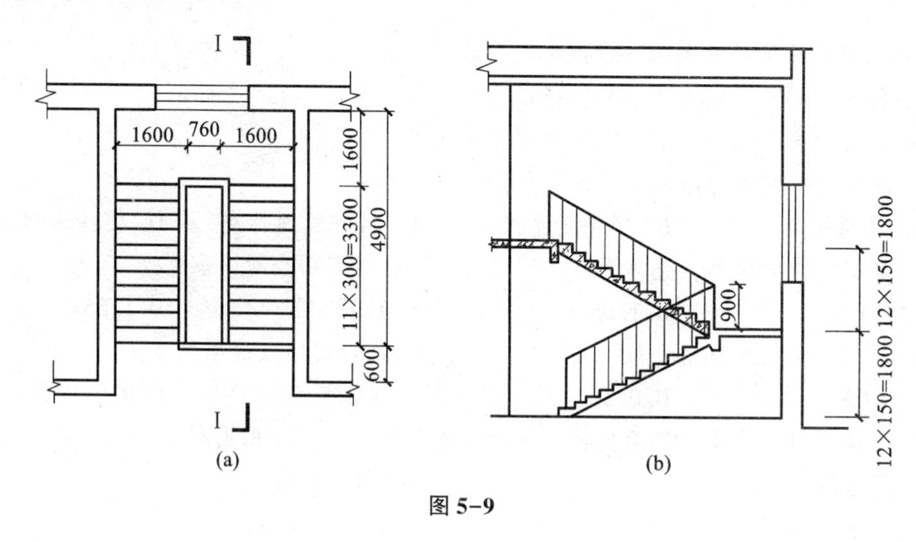

图 5-9

任务 2　墙、柱面工程

5. 2. 1　基础知识

（1）墙、柱面构造。

墙面装饰的基本构造包括底层、中间层、面层三部分。底层是经过对墙体表面做抹灰处理，将墙体找平并保证与面层连接牢固。中间层是底层与面层连接的中介，除使连接牢固、可靠外，经过适当处理还可起防潮、防腐、保温隔热以及通风等作用。面层是墙体的装饰层。

（2）墙、柱面常用材料。

常用的饰面材料有墙纸、墙布、木质板材、石材、金属板、瓷砖、镜面玻璃、织物或皮革及各类抹灰砂浆和涂料等。抹灰有一般抹灰和装饰抹灰之分，一般抹灰有石灰砂浆、水泥砂浆、混合砂浆。装饰抹灰有斩假石、水磨石、拉条、甩毛等。墙面装饰在多数情况下是两种以上的材料混合使用。

（3）墙、柱面装饰施工。

墙面的做法也因面层材料而异。墙纸（布）采用直接粘贴法。木质板材和软面包层是通过竖向木龙骨与墙体连接的。木龙骨截面应为（20~35）mm×（30~45）mm，间距应为400~600mm。木质构造应采取防潮与防火措施，即在墙面上先用防潮砂浆粉刷，后刷冷底子油，再贴上防潮油毡，同时在木龙骨和木饰面板上刷防火涂料。石材和瓷砖饰面的构造做法基本是用加胶的水泥砂浆与墙体连接。石材由于其质量较大，常需要另外一些方法，如干挂和灌挂固定法等。镜面玻璃饰面的构造做法是在墙体防潮层上设木龙骨，于木龙骨上铺胶合板或纤维板并做一层防潮处理，然后在其上固定镜面玻璃。

（4）名词解释。

①粘贴法。其一般用 1∶2 或 1∶3 的水泥砂浆做结合层，适用于较小规格的大理石及花

岗岩，施工工艺为：基层处理→抹底灰→弹线→浸砖→粘贴→勾缝（图5-10）。

②挂贴法。其适用于中等规格的大理石及花岗岩，挂贴法的施工工艺为：基层处理→绑扎钢筋网→钻孔、剔槽、挂丝→安装饰面板V灌浆→嵌缝（图5-11）。

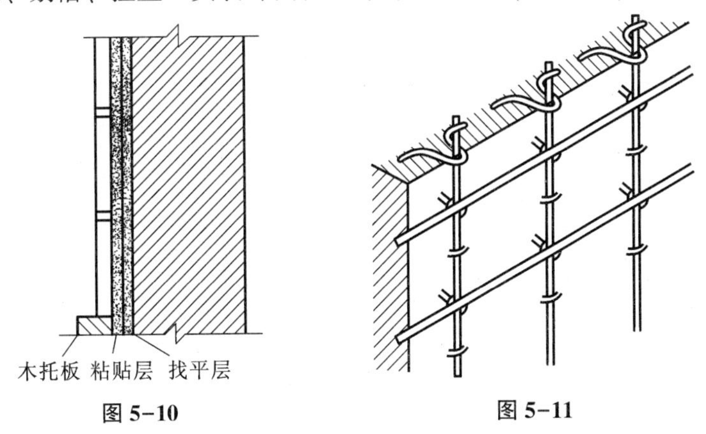

图5-10

图5-11

③干挂法。其适用于较大规格的大理石及花岗岩，干挂法的施工工艺为：基层处理→弹线→板材打孔→固定连接件→安装饰面板→嵌缝（图5-12）。

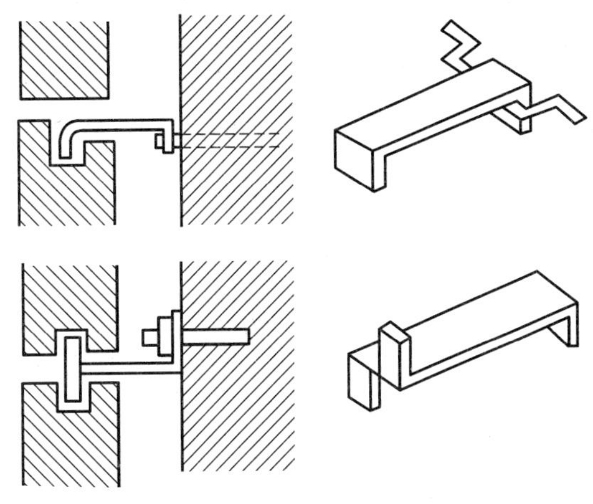

图5-12

（5）幕墙工程。

我国的建筑幕墙产品经历了一个从无到有飞速发展的过程，幕墙类型包括了玻璃幕墙、金属幕墙、石材幕墙等，结构形式也由原来单一的框支撑式幕墙发展成点支撑式幕墙、双层幕墙等多种形式。

5.2.2 定额套用说明

（1）本项目定额凡注明砂浆种类、配合比、饰面材料及型材的型号规格与设计不同时，可按设计规定调整，但人工、机械消耗量不变。

（2）本项目定额中的镶贴块料面层均未包括打底抹灰，打底抹灰按一般抹灰子目执行。但人工乘以系数0.7。

（3）抹灰砂浆厚度：如设计与定额取定不同，除定额有注明厚度的项目可以换算外，其他一律不作调整。抹灰厚度，按不同的砂浆分别列在定额项目中，同类砂浆列总厚度，不同砂浆分别列出厚度，如定额项目中（18+6）mm 即表示两种不同砂浆的各自厚度。

（4）墙面抹石灰砂浆分两遍、三遍、四遍，其标准如下。

①两遍：一遍底层，一遍面层。

②三遍：一遍底层，一遍中层，一遍面层。

③四遍：一遍底层，一遍中层，两遍面层。

（5）抹灰等级与抹灰遍数、工序、外观质量的对应关系见表 5-8。

表 5-8　抹灰等级与抹灰遍数、工序、外观质量的对应关系

名称	普通抹灰	中级抹灰	高级抹灰
遍数	两遍	三遍	四遍
主要工序	分层找平、修整、表面压光	阳角找方、设置标筋、分层找平、修整、表面压光	阳角找方、设置标筋、分层找平、修整、表面压光
外观质量	表面光滑、洁净，接槎平整	表面光滑、洁净，接槎平整，压线清晰、顺直	表面光滑、洁净，颜色均匀，无抹纹压线，平直方正，清晰美观

（6）加气混凝土砌块墙抹灰按轻质墙面定额套用。其表面清扫每 100m^2 另计 2.5 工日；如面层再加 107 胶，每 100m^2 按下列工料计算：人工 1.7 工日，32.5 号水泥 25kg，中粗砂 0.017m^3，107 胶 14kg，水 4m^3。

（7）圆弧形、锯齿形等不规则墙面抹灰、镶贴块料按相应项目人工乘以系数 1.15，材料乘以系数 1.05。

（8）离缝镶贴面砖定额子目，面砖消耗量分别按缝宽 5mm、10mm 以内和 20mm 以内考虑，如灰缝不同或灰缝超过 20mm 以上，其块料及灰缝材料（水泥砂浆 1∶1）用量允许调整，其他不变。

（9）块料镶贴和装饰抹灰的“零星项目”适用于挑檐、天沟、腰线、窗台线、门窗套、压顶、栏板、扶手、遮阳板、阳台雨篷周边等。一般抹灰的“零星项目”适用于各种壁柜、碗柜、过人洞、暖气壁龛、池槽、花台以及 1m^2 以内的抹灰。一般抹灰的“装饰线条”适用于门窗套、挑檐、天沟、腰线、压顶、扶手、遮阳板、楼梯边梁、阳台雨篷周边、宣传栏边框等凸出墙面或抹灰面展开宽度小于 300mm 以内的竖、横线条抹灰。超过 300mm 的线条抹灰按“零星项目”执行。

（10）独立柱饰面面层定额未列项目者，按相应墙面项目套用，工程量按实抹（贴）面积计算。

（11）单梁单独抹灰、镶贴、饰面，按独立柱相应项目执行。

（12）木龙骨基层是按双向计算的，如设计为单向，人工、材料消耗量乘以系数 0.55。弧形木龙骨基层按相应子目定额消耗量乘以系数 1.10。

（13）定额木材种类除注明者外，均以一、二类木种为准，当采用三、四类木种时，人工及机械乘以系数 1.3。

（14）面层、隔墙（间壁）、隔断（护壁）定额内，除注明者外均未包括压条、收边、装饰线（板），如设计要求时，应按第六章相应子目执行。

（15）面层、木基层均未包括刷防火涂料，如设计要求时，应按第五章相应子目执行。

（16）玻璃幕墙设计有平开、推拉窗者，仍执行幕墙定额，窗型材、窗五金相应增加，其他不变。

（17）玻璃幕墙中的玻璃按成品玻璃考虑，幕墙中的避雷连接、防火隔离层定额已综合，但幕墙的封边、封顶的费用另行计算。

（18）隔墙（间壁）、隔断（护壁）等定额中龙骨间距、规格如与设计不同时，定额用量允许调整。

（19）干挂块料面层、隔断、幕墙的型钢骨架不包括油漆，油漆按第五章相应子目计算。

（20）铝塑板幕墙子目中铝塑板的消耗量已包含折边用量，不得另行计算。

（21）幕墙实际施工时，材料用料与定额用量不符时，均按实换算。人工、机械不变。

（22）干挂大理石（花岗岩）子目中，大理石（花岗岩）单价包含钻孔、开槽费用。

（23）铝单板、不锈钢等相关子目中均未包含折边弯弧加工费。

（24）雕花玻璃、冰裂玻璃等其他成品玻璃套相应成品玻璃子目。

（25）挂贴大理石、花岗岩未做钢筋网时，应扣除钢筋含量，人工乘以系数 0.9。

（26）墙面干挂块料面层如使用铁件，按钢骨架计算。

5.2.3 工程量计算规则

（1）内墙抹灰工程量按以下规定计算。

①内墙抹灰面积，应扣除门窗洞口和空圈所占的面积，不扣除踢脚板、挂镜线、0.3m^2 以内的孔洞和墙与构件交接处的面积，洞口侧壁也不增加。墙垛和附墙烟囱侧壁面积与内墙抹灰工程量合并计算。

②内墙面抹灰的长度，以主墙间的图示净长尺寸计算。其高度确定如下：

A. 无墙裙时，其高度按室内地面或楼面至天棚底面计算。

B. 有墙裙时，其高度按墙裙顶至天棚底面计算。

C. 有吊筋时，装饰天棚的内墙面抹灰，其高度按室内地面或楼面至天棚底面另加100mm 计算。

③内墙裙抹灰面积按内墙净长乘以高度计算。应扣除门窗洞口和空圈所占的面积，门窗洞口和空圈的侧壁不另增加，墙垛、附墙烟囱侧壁面积并入墙裙抹灰面积内计算。

（2）外墙一般抹灰工程量按以下规定计算。

①外墙抹灰面积按外墙面的垂直投影面积以 m^2 计算。应扣除门窗洞口、外墙裙和大于0.3m^2 孔洞所占面积，洞口侧壁面积不另增加。附墙垛、梁、柱侧面抹灰面积并入外墙面抹灰工程量内计算。

②外墙裙抹灰面积按其长度和高度计算，扣除门窗洞口和大于 0.3m^2 孔洞所占面积，门窗洞口及孔洞的侧壁面积不增加。

③栏板、栏杆（包括立柱、扶手或压顶等）抹灰按立面垂直投影面积乘以系数 2.2以 m^2 计算。

④墙面勾缝按垂直投影面积计算。应扣除墙裙和墙面抹灰的面积，不扣除门窗洞口、门

窗套、腰线等零星抹灰所占的面积，附墙柱和门窗洞口侧面的勾缝面积不增加。

⑤抹灰面嵌条、分格的工程量同抹灰面面积。

（3）外墙装饰抹灰工程量按以下规定计算。

①外墙面装饰抹灰面积，按垂直投影面积计算，扣除门窗洞口和0.3m^2以上的孔洞所占的面积，门窗洞口及孔洞侧壁面积也不增加。附墙垛、梁、柱侧面抹灰面积并入外墙抹灰面积工程量内。

②女儿墙（包括泛水、挑砖）、阳台栏板（不扣除花格所占孔洞面积）内侧抹灰按垂直投影面积乘以系数1.10，带压顶者乘以系数1.30按墙面定额执行。

③“零星项目”按设计图示尺寸以展开面积计算。

④装饰抹灰分格、嵌缝按装饰抹灰面面积计算。

（4）ZL胶粉聚苯颗粒外墙保温（外饰涂料）按外墙面的垂直投影面积以m^2计算。应扣除门窗洞口和大于0.3m^2孔洞所占面积，洞口侧壁面积不另增加。附墙垛、梁、柱侧面积及门窗套、凸出墙外的腰线面积并入外墙工程量内计算。

（5）镶贴块料面层工程量按以下规定计算。

①墙面贴块料面层，按实贴面积计算。面砖镶贴子目用于镶贴柱时人工定额量乘以系数1.10，其他不变。

②墙面贴块料饰面高度在300mm以内者，按踢脚板定额执行。

（6）独立柱、梁工程量按以下规定计算。

①一般抹灰、装饰抹灰，挂贴预制水磨块按柱结构断面周长乘以高度以m^2计算。其他装饰按外围饰面尺寸乘以高度以m^2计算。

②挂贴大理石中其他零星项目的大理石是按成品考虑的，大理石柱墩、柱帽按个计算。

③除定额已列有柱帽、柱墩的项目外，其他项目的柱帽、柱墩工程量按设计图示尺寸以展开面积计算，并入相应柱面积内，每个柱帽或柱墩另增人工抹灰0.25工日，块料0.38工日，饰面0.5工日。

（7）墙（柱）面木龙骨、基层板、饰面板均按实铺面积计算，不扣除0.1m^2以内的孔洞所占面积。

（8）隔断按净长乘以高度计算，扣除门窗洞口及0.3m^2以上孔洞所占面积。

（9）浴厕木隔断、塑钢隔断按下横档底面至上横档顶面高度乘以图示长度以m^2计算，同材质门扇面积并入隔断面积内计算。

（10）全玻隔断的不锈钢边框工程量按边框展开面积计算。

（11）全玻隔断、全玻幕墙如有加强肋者，工程量按其展开面积计算；玻璃幕墙、铝板幕墙按展开面积计算。

（12）瓷板倒角磨边，按交角延长米计算。

（13）干挂块料面层、隔断、幕墙的型钢架按施工图包含预埋铁件、加工铁板等，以t计算。

5.2.4 计算实例

【例5-10】某工程楼面建筑平面如图5-13所示，该建筑内墙净高为3.3m，窗台高900mm。墙面为混合砂浆底纸筋灰面抹灰，计算墙面装饰直接工程费及人工费（M1:

900mm×2 400mm，M2：900mm×2 400mm，C1：1 800mm×1 800mm）。

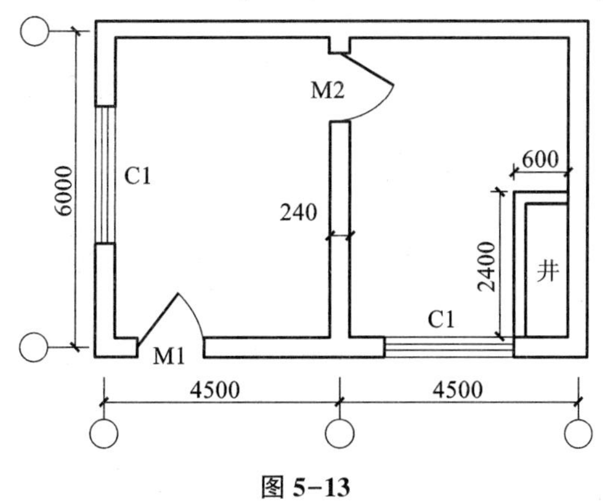

图 5-13

【解】$S=3.3\times(4.5-0.24+6-0.24)\times2\times2-1.8\times1.8\times2-0.9\times2.4\times3$

$=132.26-6.48-6.48=119.30\ (m^2)$

建筑工程预算书见表 5-9。

表 5-9　建筑工程预算书

序号	编号	项目名称	单位	数量	单价/元	总价/元
1	B2-33	墙面、墙裙 混合砂浆（14+6）mm 砖墙	$100m^2$	1.193	784.68	936.12

【例 5-11】某工程楼面建筑平面如图 5-13 所示，该建筑内墙净高为 3.3m，窗台高 900mm。设计内墙裙为水泥砂浆贴 152mm×152mm 瓷砖，高度为 1.8m，其余部分墙面为混合砂浆底纸筋灰面抹灰，计算墙面装饰直接工程费及人工费（M1：900mm×2 400mm，M2：900mm×2 400mm，C1：1 800mm×1 800mm）。

【解】(1) 列项，计算工程量。

①水泥砂浆贴瓷砖墙裙：

$S=1.8\times[(4.5-0.24+6-0.24)\times2\times2-0.9\times3]-(1.8-0.9)\times1.8\times2+$

$0.12\times(1.8\times8+0.9\times4)=66.2\ (m^2)$

②墙面混合砂浆抹灰：

$S=3.3\times(4.5-0.24+6-0.24)\times2\times2-1.8\times1.8\times2-0.9\times2.4\times3-$

$(67.28-3.24)=55.26\ (m^2)$

(2) 建筑工程预算书见表 5-10。

表 5-10　建筑工程预算书

序号	编号	项目名称	单位	数量	单价/元		总价/元	
					单价	工资	总价	工资
1	B2-33×a0.7 换	墙面、墙裙 混合砂浆 14+6mm 砖墙	$100m^2$	0.553	636.44	345.89	351.95	191.28
2	B2-191	瓷板 152×152 水泥砂浆粘贴墙面	$100m^2$	0.662	2 925.58	696.13	1 936.73	460.84

【例 5-12】如图 5-14 所示，雨篷侧板外贴花岗岩（用干粉型黏结剂黏结），试计算雨篷装饰的直接工程费。

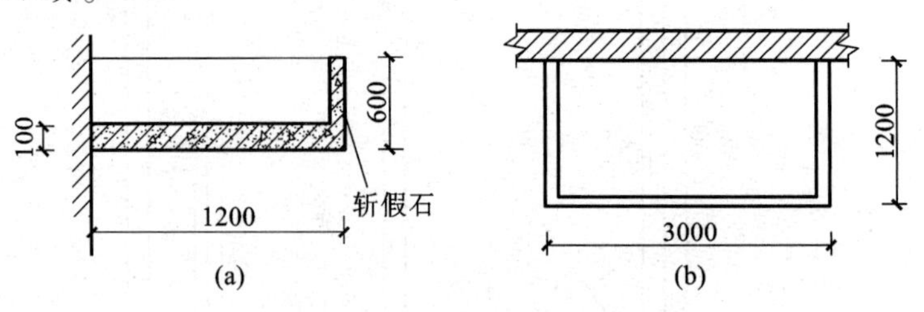

图 5-14

【解】雨篷水泥砂浆抹灰：

$$S=(1.2+1.2+3)\times 0.6=3.24\ (\mathrm{m}^2)$$

建筑工程预算书见表 5-11。

表 5-11 建筑工程预算书

序号	编号	项目名称	单位	数量	基价/元	合计/元
1	B2-138	粘贴花岗岩 干粉型黏结剂贴 零星项目	$100\mathrm{m}^2$	0.032	22 377.83	716.09

【例 5-13】某营业房钢筋混凝土独立柱共 10 根，构造如图 5-15 所示。柱面挂贴 600mm×600mm 大理石面层，试计算其工程量及定额直接费。

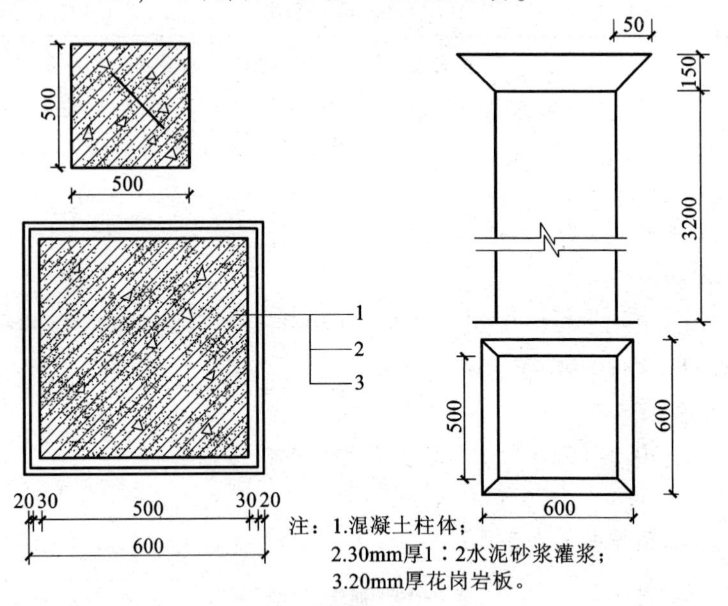

图 5-15

【解】①柱身挂贴大理石工程：

$$0.6\times 4\times 3.2\times 10=76.8\ (\mathrm{m}^2)$$

②大理石柱帽计 10 个。

建筑工程预算书见表 5-12。

表 5-12 建筑工程预算书

序号	编号	项目名称	单位	数量	基价/元	合计/元
1	B2-109	挂贴大理石 混凝土柱面	$100m^2$	0. 768	16 523. 79	12 690. 27
2	B2-154	大理石 柱帽	10 个	1	7 359. 17	7 359. 17

【例 5-14】 某工程如图 5-16 所示，外墙面抹水泥砂浆，底层为 1∶3 水泥砂浆打底 14mm 厚，面层为 1∶2 水泥砂浆抹面 6mm 厚；外墙裙水刷石，1∶3 水泥砂浆打底 14mm 厚，素水泥浆两遍，1∶1.5 水泥白石子 12mm 厚，挑檐水刷白石，求外墙面抹灰和外墙裙及挑檐装饰抹灰工程量（M1：1 000mm×2 500mm，C1：1 200mm×1 500mm）。

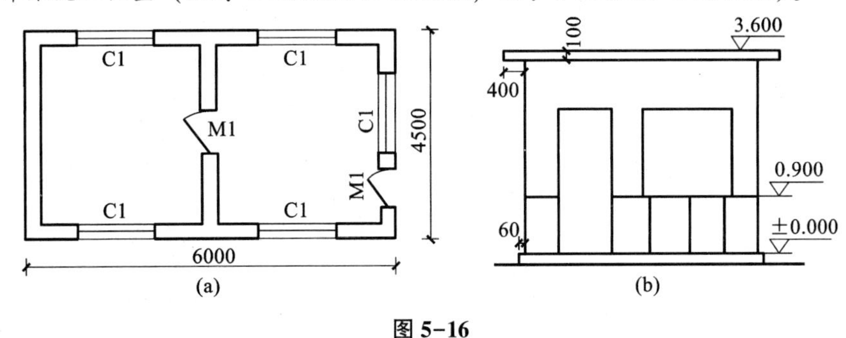

图 5-16

【解】 ①墙面一般抹灰工程量。

外墙面抹灰工程量＝外墙面长度×墙面高度－门窗等面积＋附墙柱的侧面抹灰面积

外墙面水泥砂浆工程量＝(6+4. 50）×2×（3. 6−0. 10−0. 90）−1. 00×（2. 50−0. 90）−1. 20×1. 50×5＝44（m^2）

②墙面装饰抹灰工程量。

外墙装饰抹灰工程量＝外墙面长度×抹灰高度－门窗等面积＋附墙柱的侧面抹灰面积

外墙裙水刷白石子工程量＝［（6+4. 500）×2−1. 00］×0. 90＝18（m^2）

③零星项目装饰抹灰工程量。

零星项目装饰抹灰工程量按设计图示尺寸展开面积计算。

挑檐水刷石工程＝［（6+4. 5）×2+0. 4×8］×0. 1+［（6+4. 5）×2+0. 4×4］×0. 4＝11. 46（m^2）

建筑工程预算书见表 5-13。

表 5-13 建筑工程预算书

序号	编号	项目名称	单位	数量	单价/元	总价/元
1	B2-22	墙面、墙裙抹水泥砂浆（14+6）mm 砖墙	$100m^2$	0. 44	926. 17	407. 51
2	B2-65 换	水刷白石子砖、混凝土墙面装饰 12+10~厚度（水泥砂浆）14mm，厚度（水泥白石子浆）12mm	$100m^2$	0. 18	2 387. 68	429. 78
3	B2-68	水刷白石子装饰 零星项目	$100m^2$	0. 115	4 130	474. 95

【例 5-15】 如图 5-17 所示，求阳台栏板抹水泥砂浆工程量。

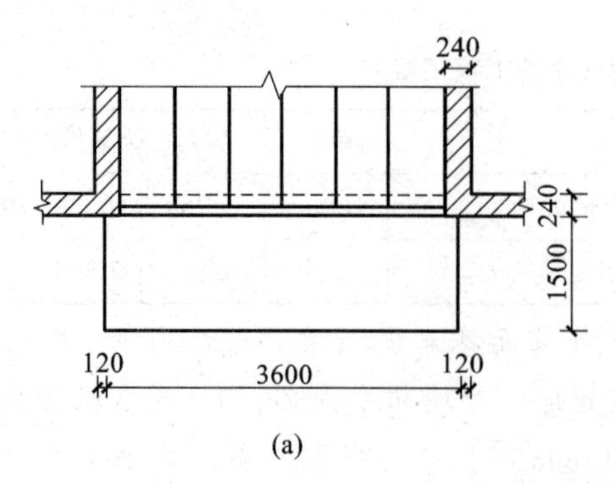

(a)

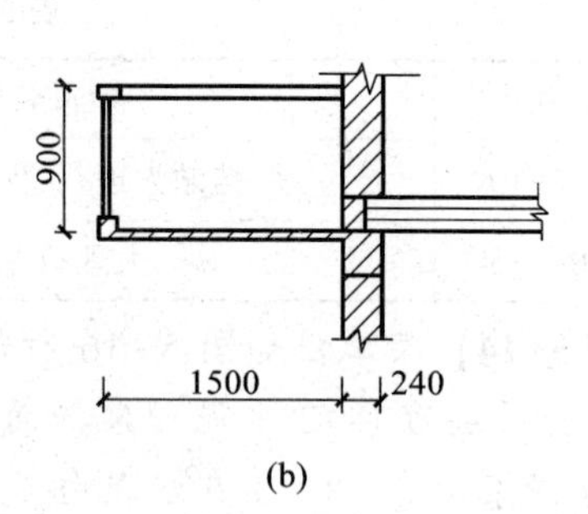

(b)

图 5–17

【**解**】阳台栏板抹水泥砂浆工程量：

$$(3.6+0.12\times2+1.5\times2)\times0.9\times2.2=13.54\ (m^2)$$

建筑工程预算书见表 5–14。

表 5–14 建筑工程预算书

序号	编号	项目名称	单位	数量	单价/元	总价/元
1	B2–22	抹水泥砂浆 砖墙	100m²	0.135	926.17	125.03

自主练习

一、单项选择题。

1. 除定额已列有柱帽、柱墩的项目外，其他项目的柱帽、柱墩工程量（　　）。

A. 以展开面积计算，并入相应柱面积内　　B. 按体积计算

C. 按水平投影面积计算　　D. 单独计算

2. 墙抹灰有吊顶而不抹到顶者，高度算至吊顶底面加（　　）。

A. 10cm　　B. 15cm　　C. 20cm　　D. 25cm

3. 外墙一般抹灰，下列不属于零星抹灰项目的是（　　）。

A. 门窗套　　B. 栏板　　C. 扶手　　D. 挑檐

4. 一般抹灰的“装饰线条”适用于门窗套、挑檐、天沟、腰线、压顶、扶手、遮阳板、楼梯边梁、阳台雨篷周边、宣传栏边框等凸出墙面或抹灰面展开宽度小于（　　）mm 以内的竖、横线条抹灰。

A. 150　　B. 50　　C. 200　　D. 300

5. 单梁镶贴块料套（　　）定额进行费用计算。

A. 墙面抹灰　　B. 柱面抹灰　　C. 柱面镶贴块料　　D. 墙面镶贴块料

6. 木龙骨基层定额中的龙骨按双向考虑，如设计单向，材料及人工均乘以系数（　　）。

A. 1.0　　B. 1.25　　C. 1.15　　D. 0.55

7. 弧形幕墙套定额，人工乘以系数（　　）。

A. 0.95　　B. 1.1　　C. 1.25　　D. 1.15

8. 柱面抹灰按设计图示尺寸以（　　）计算。

A. 水平投影　　　　　　　　　　B. 柱结构断面周长乘以高度
C. 侧面投影　　　　　　　　　　D. 个

二、多项选择题。

1. 零星抹灰和零星镶贴块料定额适用的零星项目有（　　）。
A. 挑檐　　B. 天沟　　C. 墙面　　D. 窗台线
E. 压顶　　F. 柱面

2. 大理石、花岗柱墩、柱帽的工程量按（　　）计算。
A. 最大外径周长乘以高　　　　　B. 最小外径周长乘以高
C. 平均外径周长乘以高　　　　　D. 个数
E. 展开面积

3. 柱墩、柱帽的工程量并入相应柱内计算，每个柱墩、柱帽的抹灰，镶贴块料，饰面另增加人工，下面说法中正确的是（　　）。
A. 抹灰增加 0.25 工日　　　　　B. 镶贴块料增加 0.38 工日
C. 饰面增加 1 工日　　　　　　 D. 不需要增加

4. 块料镶贴和装饰抹灰的“零星项目”适用于（　　）。
A. 腰线　　B. 雨篷　　C. 门窗套　　D. 栏板内侧
E. 单个面积在 $1m^2$ 以内的零星项目

三、判断题。

1. 抹灰定额中，雨篷侧板高度超过 500mm 时，定额综合高度以上部分套墙面相应定额。（　　）

2. 木龙骨定额中龙骨按单向考虑，如设计为双向，材料费乘以系数 1.15。（　　）

3. 柱梁饰面面积按图示外围饰面面积计算。（　　）

4. 幕墙面积按设计图示尺寸以外围面积计算。全玻璃幕墙带肋部分并入墙面积计算。（　　）

5. 檐沟的抹灰长度按檐沟外侧的实际长度计算。（　　）

6. 墙面、墙群抹灰面积按实际图示尺寸计算，不扣除附墙柱、梁、垛等侧壁面积。（　　）

7. 弧形幕墙套墙定额，面板单价不用调整，人工乘以系数 1.15，骨架弯弧费另计。（　　）

8. 零星抹灰定额适用于雨篷周边及单个面积在 $0.3m^2$ 以内的其他各种零星项目。（　　）

9. 雨篷抹灰，如局部抹灰种类不同，另按相应“零星项目”计算差价。（　　）

10. 女儿墙内侧抹灰按立面投影面积乘以系数。（　　）

四、计算分析题。

1. 某工程楼面建筑平面如图 5-18 所示，该建筑内墙净高为 3.3m，窗台高 900mm。设计内墙裙为 1∶2 水泥砂浆贴 152mm×152mm 瓷砖，15mm 厚 1∶3 水泥砂浆打底，墙裙高度为 1.8m，其余部分墙面为 20mm 厚 1∶1.6 混合砂浆底纸筋抹灰，计算墙裙面砖、墙面抹灰工程量，并套定额计算墙面装饰工程直接工程费（假设窗台板为花岗岩窗台板，不考虑门窗框厚度）。已知

M1：1 000mm×2 100mm；M2：800mm×2 100mm；

M3：800mm×2 100mm；M4：1 000mm×2 500mm；

C1：1 800mm×1 800mm；C2：1 500mm×1 800mm；C3：1 800mm×1 500mm。

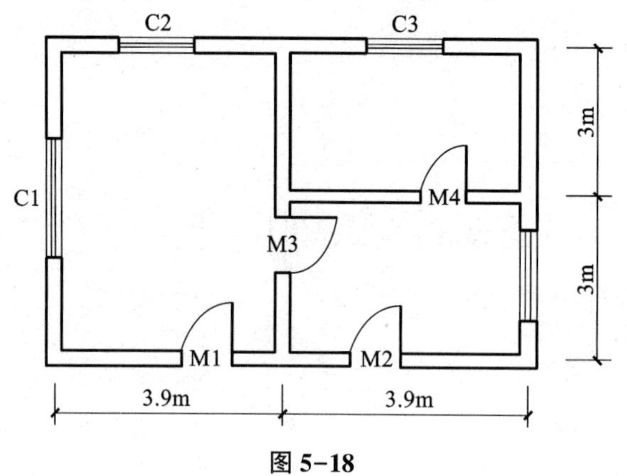

图 5-18

2. 图 5-19 为三层住宅楼的平面图，厨房、卫生间内墙面贴釉面砖，其他内侧面为混合砂浆抹面、刷乳胶漆两遍。楼层高 2.8m，现浇板厚 100mm，求内墙面装修工程量。

M2：900mm×2 100mm；M3：800mm×2 100mm；

M4：700mm×2 100mm；M5：1 000mm×2 500mm；

C1：1 500mm×1 500mm；C2：1 200mm×1 500mm；C3：900mm×1 500mm。

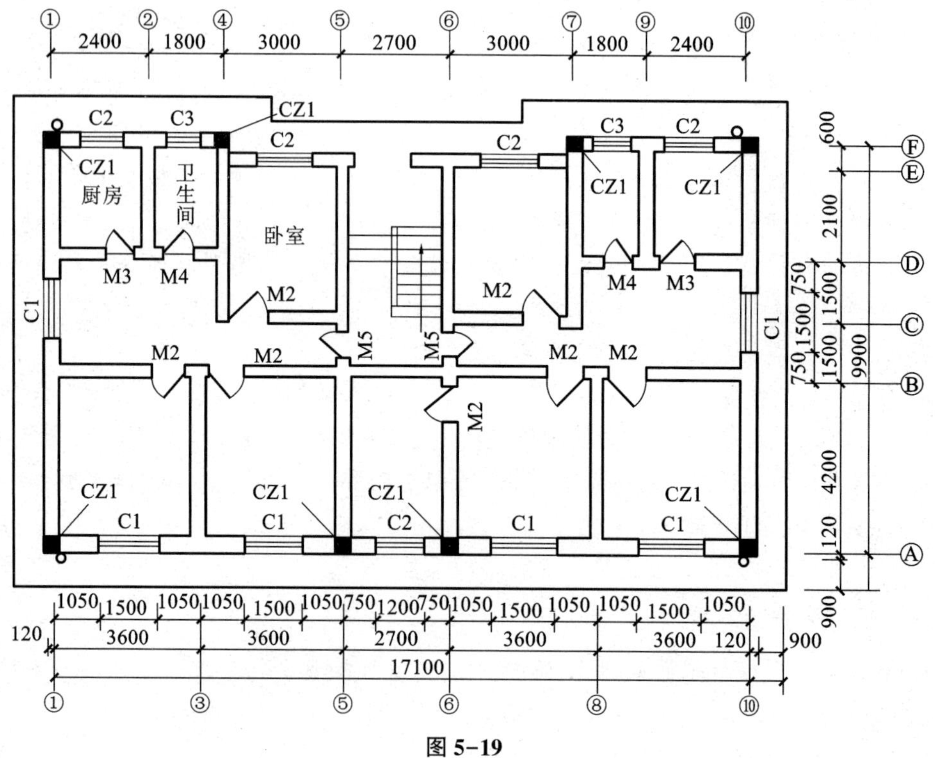

图 5-19

任务3 天棚工程

5.3.1 基础知识

天棚工程包括天棚抹灰、天棚吊顶装饰和天棚其他装饰。

(1) 天棚抹灰工程。

①按抹灰等级和技术要求分为普通抹灰和高级抹灰两个等级。

②按抹灰材料分为石灰砂浆（纸筋灰浆面）抹灰、混合砂浆抹灰、水泥砂浆抹灰。

③按天棚基层分为混凝土抹灰、钢板网抹灰、板条抹灰及其他板面天棚抹灰。

(2) 天棚吊顶装饰。

吊顶具有保温、隔热、隔声和吸声的作用，也是隐蔽电气、暖气、通风空调、通信和防火报警管线设备等工程的隐蔽层。其按施工工艺的不同，分为暗龙骨吊顶（又称隐蔽式吊顶）和明龙骨吊顶（又称活动式吊顶）。

天棚吊顶由天棚龙骨、天棚基层、天棚面层组成。

①天棚吊顶龙骨。常用的吊顶龙骨按材质分为木龙骨和金属龙骨两大类：

a. 木龙骨，由大、中龙骨和吊木等组成，按构成分为单层和双层两种。

b. 金属龙骨。一般有轻钢龙骨和铝合金龙骨两种。

(a) 轻钢龙骨一般采用冷轧薄钢板或镀锌钢板，经裁剪冷弯捆扎成型。其按载重能力分为上人轻型钢龙骨和不上人轻型钢龙骨，按型材断面分为U形龙骨和T形龙骨。轻钢龙骨由大龙骨、主龙骨、次龙骨、横龙骨和各种连接件组成。主龙骨间距为900~1 200mm，一般取1 000mm。次龙骨间距宜为300~600mm。

(b) 铝合金龙骨是使用较多的一种顶龙骨，常用的龙骨断面有T形、U形等集中形式，由大龙骨、主龙骨、次龙骨、边龙骨及各种连接件组成。图5-20所示为T形龙骨天棚。

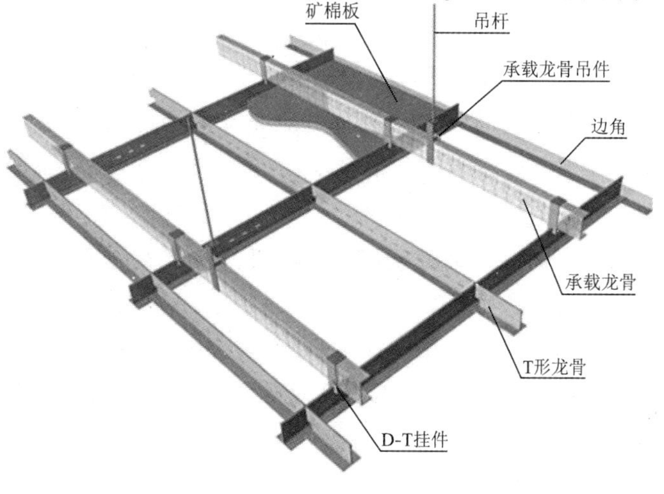

图5-20

②吊顶面层（基层）。

a. 一般吊顶面层材料有普通胶合板，硬质纤维板、石膏板、塑料板等。

b. 有特殊要求的天棚面层有矿棉板、吸音板、防火板等。

c. 装饰性要求较高的吊顶面层材料，有铝塑板、铝合金扣板、条板、镜面胶板、镜面不锈钢板等。

(3) 天棚其他装饰及其他吊顶。

天棚其他装饰包括灯带、送风口、回风口等项目。

①灯槽、灯带按设计构造形式分，有悬挑式灯槽、灯带和镶入式灯槽、灯带。

②送（回）风口，按材料不同分为实木送（回）风口、塑料送（回）风口、铝合金送(回) 风口。

有的天棚格栅式装饰是由单体构件组合而成的，有木格栅、铝合金栅等，形成送风口，回风口和灯槽、灯带，其成品按材质分有实木、铝合金等。天棚吊顶按照装饰要求可以做成不同的装饰形式，如格栅吊顶、吊筒吊顶、藤条造型、悬挂吊顶、网架（装饰）吊顶等。

根据采用的材料、工艺不同，有的吊顶在装饰面板格吊顶龙骨之间采用细木工板、夹板做基层。

5.3.2 定额套用说明

(1) 本定额凡注明了砂浆种类和配合比的，如与设计不同时，可按设计规定调整。

(2) 本定额除部分项目为龙骨、基层、面层合并列项外，其余均为天棚龙骨、基层、面层分别列项编制。

(3) 本定额龙骨的种类、间距、规格和基层、面层材料的型号、规格是按常用材料和常用做法考虑的，如与设计要求不同时，材料可以调整，但人工、机械不变。

(4) 天棚轻钢龙骨、铝合金龙骨按面层标高的不同分为一级和跌级天棚，天棚面层在同一标高者称为一级天棚，不在同一标高且高差在 20cm 以上者称为跌级天棚。

(5) 天棚木龙骨封板层在同一标高者，称为一级天棚；天棚封板层不在同一标高者称为跌级天棚。

(6) 轻钢龙骨、铝合金龙骨定额中为双层结构（即中、小龙骨紧贴大龙骨底面吊挂），如为单层结构（大、中龙骨底面在同一水平上），人工乘以系数 0.85。

(7) 对于小面积的跌级吊顶，当跌级（或落差）长度小于顶面周长的 50% 时，将级差展开面积并入天棚面积，仍按一级吊顶划分；当级差长度大于顶面周长的 50% 时，按跌级吊顶划分。

(8) 本定额中平面天棚和跌级天棚指一般直线型天棚，不包括灯光槽的制作安装。灯光槽制作安装应按本项目相应子目执行。艺术造型天棚项目中包括灯光槽的制作安装，其断面示意图见本定额后面附图。

(9) 龙骨架、基层、面层的防火处理，应按本定额第五章相应子目执行。

(10) 天棚检查孔的工料已包括在定额项目内，不另行计算。

(11) 铝塑板、不锈钢饰面天棚中，铝塑板、不锈钢折边消耗量、加工费另计。

5.3.3 工程量计算规则

(1) 天棚抹灰工程量按以下规定计算。

①天棚抹灰面积按主墙间的净面积计算，不扣除间壁墙、垛、柱、附墙烟囱、检查口和管道所占的面积。带梁天棚的梁两侧抹灰面积，并入天棚抹灰工程量内计算。

②密肋梁和井字梁天棚抹灰面积，按展开面积计算。

③天棚抹灰如带有装饰线，按三道线以内或五道线以内以延长米计算，线角的以一个凸出的棱角为一道线。

④檐口天棚的抹灰面积，并入相同的天棚抹灰工程量内计算。

⑤天棚中的折线、灯槽线、圆弧形线、拱形线等艺术形式的抹灰，按展开面积计算。

⑥阳台底面抹灰按水平投影面积以 m^2 计算，并入相应天棚抹灰面积内。阳台如带悬臂梁者，其工程量乘以系数 1.30。阳台上表面的抹灰按水平投影面积以 m^2 计算，套楼地面的相应定额子目。

⑦雨篷底面或顶面抹灰分别按水平投影面积计算，并入相应天棚抹灰面积内。雨篷顶面带反沿或反梁者，其工程量乘以系数 1.20；底面带悬臂梁者，其工程量也乘以系数 1.20。

⑧板式楼梯底面的装饰工程量按水平投影面积乘以系数 1.15 计算，梁式及螺旋楼梯底面按展开面积计算。

(2) 各种吊顶天棚龙骨按墙间净面积计算，不扣除检查口、附墙烟囱、柱、垛和管道所占面积。但天棚中的折线，迭落等圆弧形、高低吊灯槽等龙骨面积不展开计算。

(3) 天棚基层板、装饰面层，按墙间实钉（粘贴）面积以 m^2 计算，不扣除检查口、附墙烟囱、垛和管道、开挖灯孔及 $0.3m^2$ 以内孔洞所占面积。

(4) 本项目定额中龙骨、基层、面层合并列项的子目，工程量计算规则同第 (2) 条。

(5) 灯光槽以延长米计算。

(6) 保温层按实铺面积计算。

(7) 嵌缝、贴胶带以延长米计算。

5.3.4 计算实例

【例 5-16】 某工程现浇井字梁顶棚如图 5-21 所示，石灰砂浆打底，计算天棚直接工程费。

【解】 列项，计算工程量：

$S=(6.60-0.24)\times(4.40-0.24)+(0.40-0.12)\times6.36\times2+(0.25-0.12)\times3.86\times2\times2-(0.25-0.12)\times0.15\times4=31.95\ (m^2)$

建筑工程预算书见表 5-15。

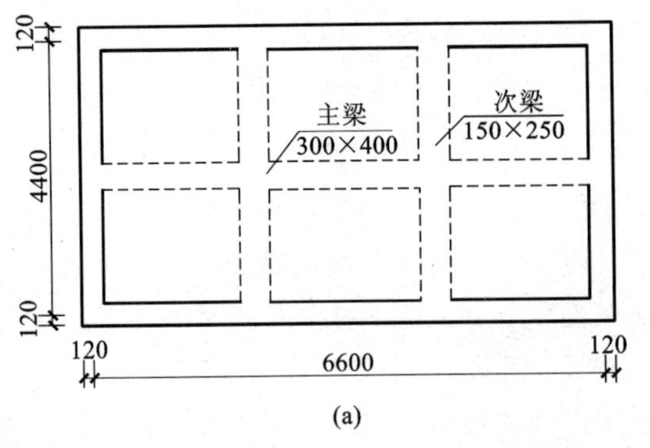

(a)

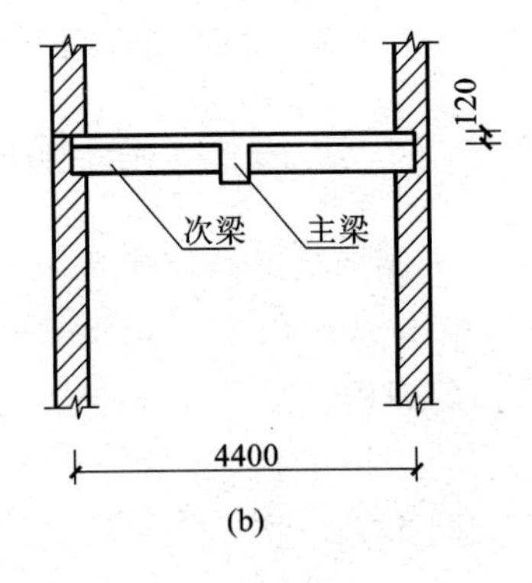

(b)

图 5-21

表 5-15　建筑工程预算书

序号	编号	项目名称	单位	数量	单价/元	总价/元
1	B3-1	混凝土面天棚 石灰砂浆 现浇	$100m^2$	0.32	868.29	277.85

【例 5-17】如图 5-22 所示，现浇混凝土面，水泥石灰砂浆打底，仿瓷涂料刷两遍，求天棚抹灰和油漆工程量，并套用定额，求直接工程费。

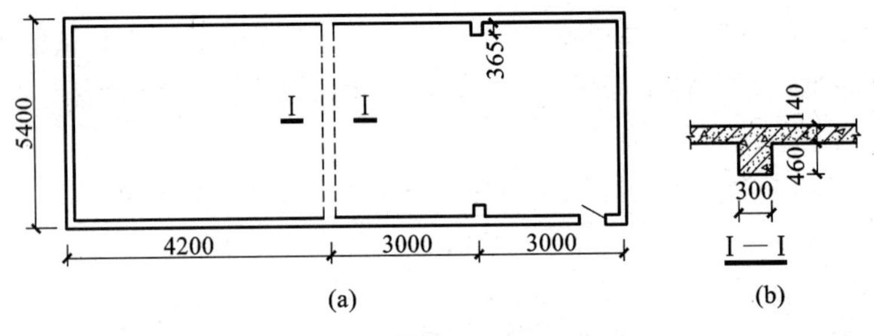

(a)　　(b)

图 5-22

【解】　$S=(10.2-0.24)\times(5.4-0.24)+0.46\times(5.4-0.24)\times2$

$=56.140\ (m^2)$

建筑工程预算书见表 5-16。

表 5-16　建筑工程预算书

序号	编号	项目名称	单位	数量	基价/元	合计/元
1	B3-1	混凝土面天棚 石灰砂浆 现浇	$100m^2$	0.561	868.29	487.11
2	B5-310×a1.1 换	仿瓷涂料 两遍	$100m^2$	0.561	380.48	213.45

【例 5-18】求图 5-23 所示天棚装饰工程量，并套用定额，求直接工程费。已知房间净长 9m，净宽 7.2m。

【解】(1) 轻钢龙骨不上人型：

$$S=9\times(7.2-0.2)=63\ (m^2)$$

(2) 石膏板面层：$S=63m^2$。

(3) 乳胶漆刷三遍：$S=63m^2$。

建筑工程预算书见表 5-17。

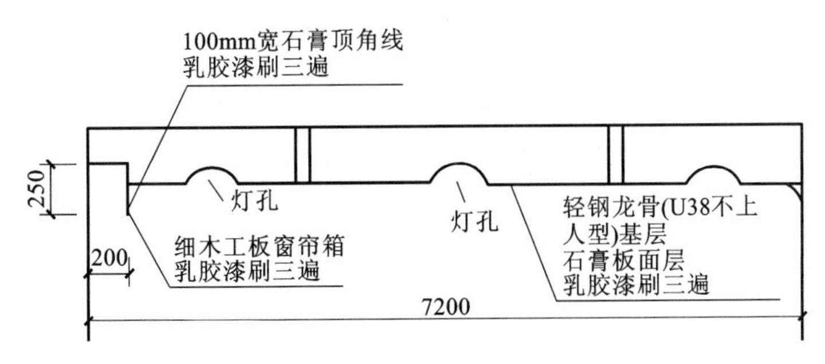

图 5-23

表 5-17 建筑工程预算书

序号	编号	项目名称	单位	数量	基价/元	合计/元
1	B3-91	石膏板天棚面层 安在U形轻钢龙骨上	$100m^2$	0.63	1 751.83	1 103.65
2	B3-33	不上人型装配式U形轻钢天棚龙骨 规格300mm×300mm 一级	$100m^2$	0.63	3 514.82	2 214.34
3	B5-277×a1.1换	乳胶漆抹灰面两遍油漆遍数3遍	$100m^2$	0.63	598.57	377.1

【例5-19】 如图5-24所示，求阳台底抹石灰砂浆工程量。

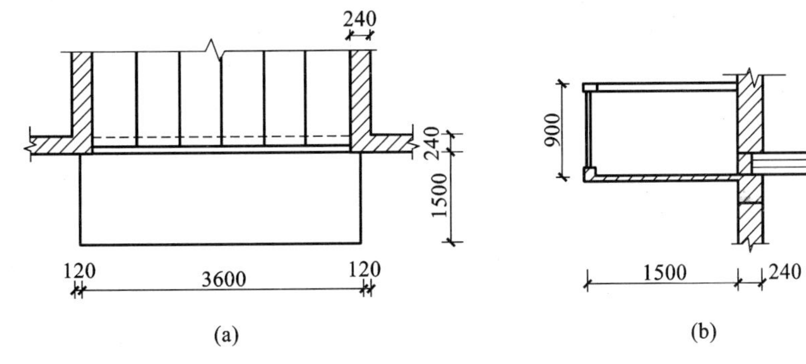

图 5-24

【解】 阳台底抹石灰砂浆工程量计算如下：

$$(3.6+0.12\times2)\times1.5=5.76\ (m^2)$$

建筑工程预算书见表5-18。

表 5-18 建筑工程预算书

序号	编号	项目名称	单位	数量	单价/元	总价/元
1	B3-1	混凝土面天棚 石灰砂浆 现浇	$100m^2$	0.058	868.29	50.36

【例5-20】 某工程天棚平面如图5-25所示，设计为不上人U形轻钢龙骨石膏板吊顶，龙骨规格为450mm×450mm。计算天棚装饰费用。

【解】 天棚骨架工程量：

$$S=(4.5+0.6\times2)\times(7.5+0.6\times2)=49.59\ (m^2)$$

天棚平面工程量：

$$S=(4.5+0.6\times2)\times(7.5+0.6\times2)+(4.5+7.5)\times2\times0.3=56.79\ (m^2)$$

建筑工程预算书见表5-19。

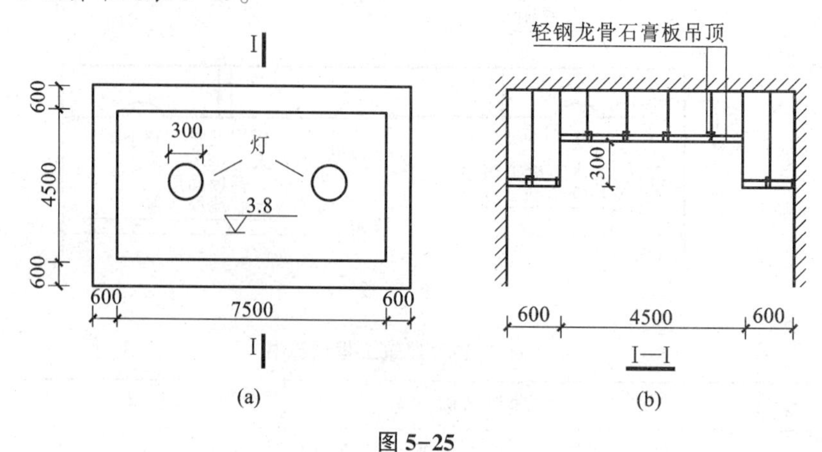

图5-25

表5-19 建筑工程预算书

序号	编号	项目名称	单位	数量	单价/元		总价/元	
					单价	工资	总价	工资
1	B3-36	不上人型装配式U形轻钢天棚龙骨规格为450mm×450mm跌级	$100m^2$	0.5	3 776.8	709.2	1 873.3	351.76
2	B3-91	石膏板天棚面层安在U形轻钢龙骨上	$100m^2$	0.57	1 751.8	402	995.04	228.34

小贴士

(1)“天棚抹灰”项目基层类型是指现浇混凝土板、预制混凝土板、木板、钢板网天棚等。

(2)基层材料：指底板或面层背的加强材料。

(3)龙骨中距：指相邻龙骨中线之间的距离。

(4)格栅吊顶适用于木格栅、金属格栅、塑料格栅等。

(5)吊筒吊顶适用于木(竹)质吊筒、金属吊筒、塑料吊筒等。其形状包括圆形、矩形、弧形等。

(6)灯带格栅有不锈钢格栅、铝合金格栅、玻璃类格栅等。送风口、回风口，按形状划分有直形、弧形；按材料划分有金属、塑料、木质等。

(7)天棚抹灰面积，按设计图示尺寸以水平投影面积计算，不扣除间壁墙(包括半砖墙)、垛、柱、附墙烟囱、检查口和管道所占面积。板式楼梯抹灰按斜面积计算。吊顶定额按打眼安装吊杆考虑，如设计为预埋铁件时另行换算。

(8)天棚吊顶骨架工程量按设计图纸尺寸以水平投影面积计算，不扣除间壁墙、检查口、附墙烟囱、柱、垛和管道所占面积，但应扣除与天棚相连的窗帘箱所占面积。

(9)天棚饰面工程量按展示面积计算，不扣除0.3m^2以内孔洞所占面积。

自主练习

一、单项选择题。

1. 天棚抹灰面积，按设计图示尺寸以（　　）计算。

A. 平面面积　　B. 水平投影面积　　C. 体积　　D. 展开面积

2. 带梁天棚，梁两侧的抹灰（　　）。

A. 不计算面积　　B. 并入天棚抹灰内计算

C. 按体积计算　　D. 按断面积计算

3. 天棚吊顶骨架工程量按设计图示尺寸以（　　）计算。

A. 平面积　　B. 水平投影面积　　C. 体积　　D. 展开面积

4. 平面天棚与阶梯式（跌级式）天棚面层相连时，阶梯式（跌级式）天棚的计算范围按一阶梯（跌极式）最上（下）一级边沿加（　　）计算。

A. 20cm　　B. 30cm　　C. 35cm　　D. 40cm

5. 天棚饰面工程量按展开面积计算，不扣除（　　）以内孔洞所占面积。

A. 0.25m^2　　B. 0.3m^2　　C. 0.35m^2　　D. 0.4m^2

6. 板式楼梯底面单独抹灰，套（　　）定额。

A. 墙面抹灰　　B. 天棚抹灰　　C. 梁抹灰　　D. 板抹灰

二、多项选择题。

1. 天棚抹灰面积，不扣除（　　）所占面积。

A. 间壁墙（包括半砖墙）　　B. 垛、柱

C. 0.35m^2 孔洞　　D. 附墙烟囱

E. 检查口　　F. 管道

2. 下列说法正确的是（　　）。

A. 带梁天棚，梁两侧的抹灰并入天棚抹灰内计算

B. 天棚吊顶骨架工程量按设计图示尺寸以水平投影面积计算，不扣除间壁墙、检查口、附墙烟囱、柱、垛和管道所占面积，应扣除与天棚相连的窗帘箱等所占的面积

C. 天棚饰面工程量按投影面积计算，不扣除 0.3m^2 以内孔洞所占面积

D. 天棚面层在同一标高者为平面天棚

E. 送风口和回风口以成品安装考虑

三、计算分析题。

如图 5-26 所示，某客厅吊顶为 U38 型不上人轻钢龙骨石膏板，龙骨间距为 450mm×450mm，乳胶漆刷三遍。试计算其工程量及定额直接费。

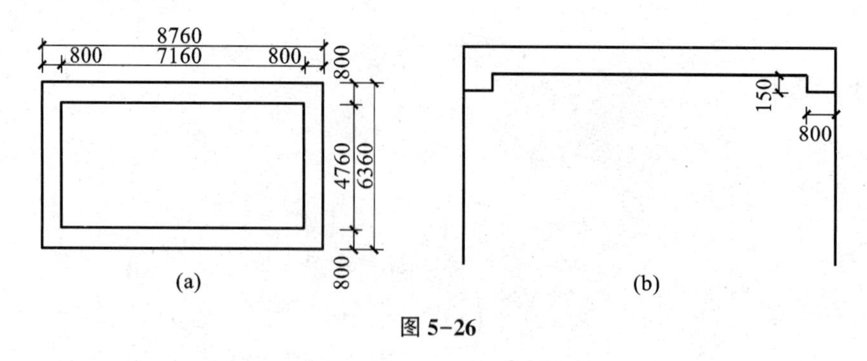

图 5-26

任务 4　门窗工程

5.4.1　基础知识

（1）门是重要的建筑构件，也是重要的装饰部件。门的种类按材料不同分为木门、钢门、铝合金门、塑料门、玻璃门、复合材料门等。

（2）门按开启方式可分为图 5-27 所示几种。

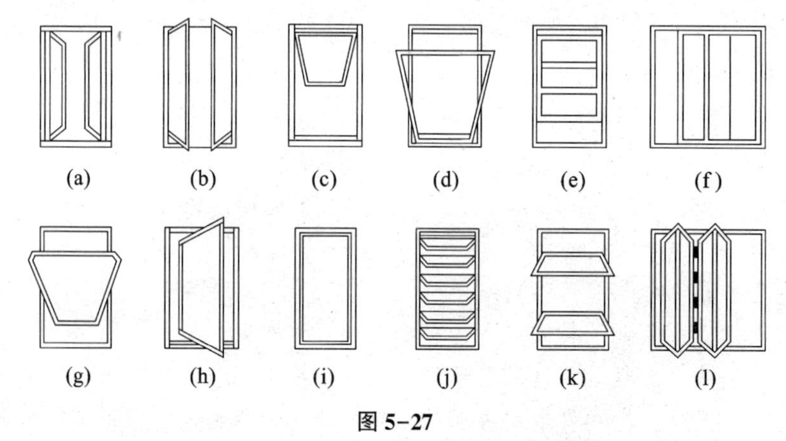

图 5-27

（a）外平开；（b）内平开；（c）上悬；（d）下悬；（e）垂直推拉；（f）水平推拉；（g）中悬；（h）立转；（i）固定；（j）百叶；（k）滑轴；（l）折叠

（3）木门包括门框和门扇两部分。框有上框、边框和中框（带亮子的门），各框之间采用榫连接。门扇按结构形式分为夹板门（图 5-28）、镶板门（图 5-29）和实木门。

镶板门是将实木板嵌入门扇木框的凹槽内装配而成的，木框上用来装镶板的凹槽宽度依镶板厚度而定，镶嵌后板边距底槽应有 2mm 左右的间隙。

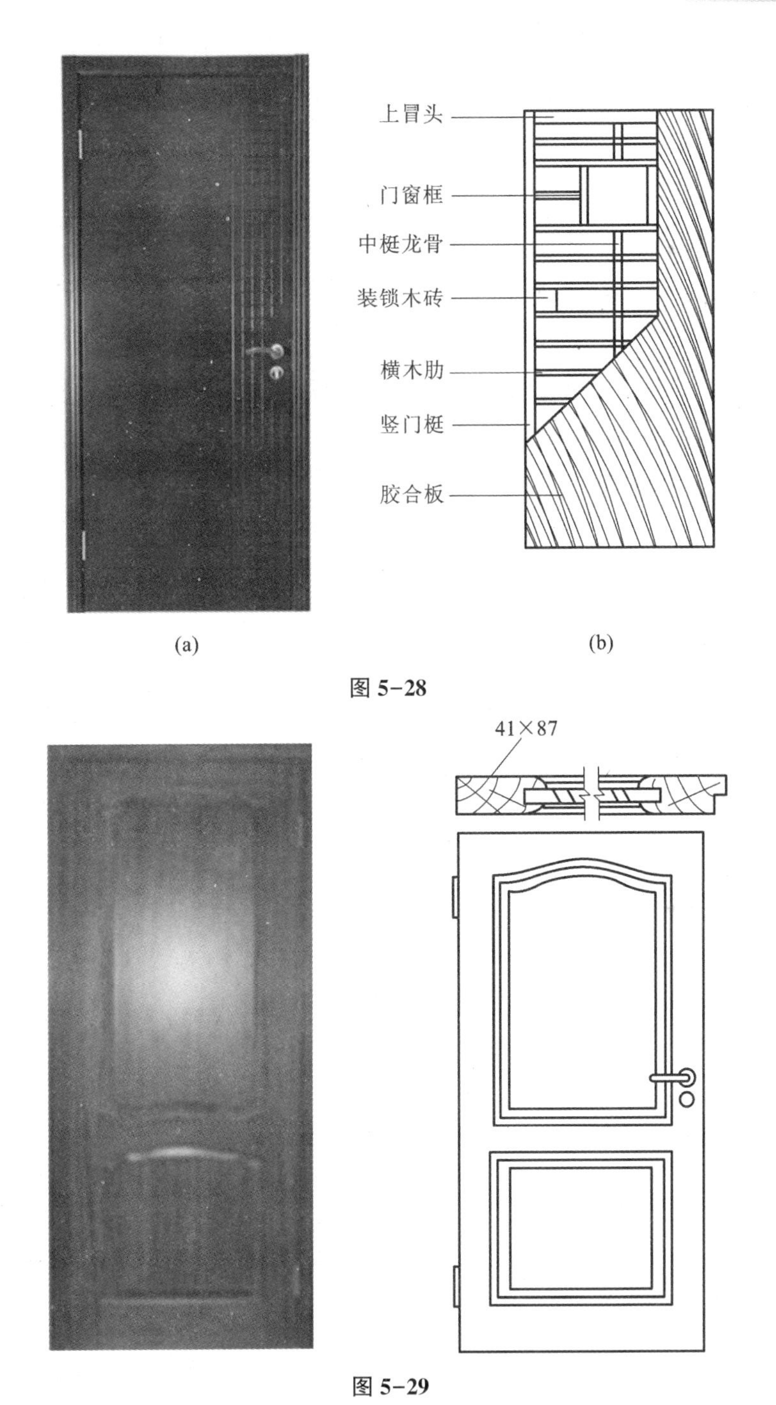

(a) (b)

图 5-28

图 5-29

门通常需做门套（图 5-30），门套有木制、金属制或石材制。

全玻璃门在公共建筑中应用较多。全玻璃门用厚 10mm 以上的平板玻璃或钢化玻璃直接加工成门扇，一般无门框。全玻璃门有手动和自动两种类型，开启方式有平开和推拉两种。

（4）名词解释。

毛料是指原木经过加工而没有刨光的各种规格的锯材。

净料是指原木经过加工刨光而符合设计尺寸要求的锯材。

断面是指材料的横截面，即按材料长度垂直方向剖切而得的截面。

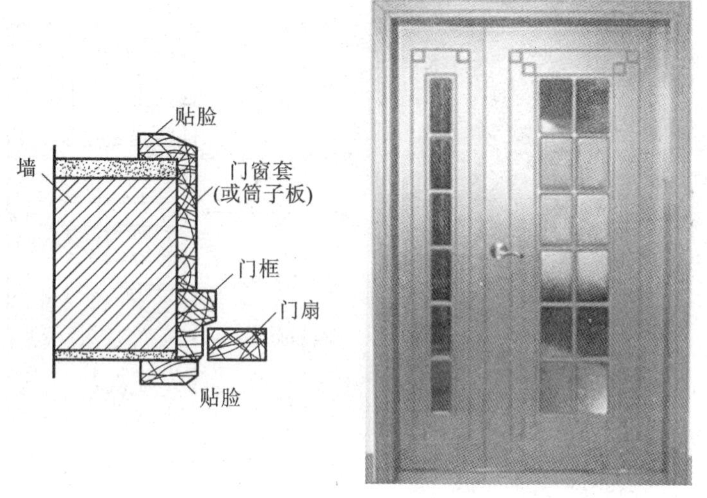

图 5-30

5.4.2 定额套用说明

(1) 普通木门窗。

①本定额是按机械和手工操作综合编制的。不论实际采取何种操作方法，均按定额执行。

②本定额木材木种分类如下。

一类：红松、水桐木、樟子松。

二类：白松（方杉、冷杉）、杉木、杨木、柳木、椴木。

三类：青松、黄花松、秋子木、马尾松、东北榆木、柏木、苦楝木、梓木、黄菠萝、椿木、楠木、柚木、樟木。

四类：栎木（柞木）、檀木、色木、槐木、荔木、麻栗木（麻栎、青刚）、桦木、荷木、水曲柳、华北榆木。

③本章木材木种均以一、二类木种为准，如采用三、四类木种，分别乘以下列系数：木门窗制作，按相应项目人工和机械乘以系数 1.3；木门窗安装，按相应项目人工和机械乘以系数 1.16；其他项目按相应项目人工和机械乘以系数 1.35。

④定额中木材是以自然干燥条件下含水率为准编制的，需人工干燥时，其费用另行计算。

⑤本定额板、方材规格分类见表 5-20。

表 5-20 定额板、方材规格分类

项目	按宽厚尺寸比例分类	按板材厚度，方材宽、厚乘积				
板材	宽度大于等于 3 倍的厚度	名称	薄板	中板	厚板	特厚板
		厚度/mm	≤18	19~35	36~65	≥66
方材	宽度小于 3 倍的厚度	名称	小方	中方	大方	特大方
		宽×厚/cm^2	≤54	55~100	101~225	≥226

⑥定额中所注明的木材断面或厚度均以毛料为准。如设计图纸注明的断面或厚度为净

料，应增加刨光损耗，板、方材一面刨光增加3mm；两面刨光增加5mm；圆木每立方米体积增加0.05m^3。

⑦定额中木门窗框、扇取定的断面与设计规定的不同时，应按比例换算。框断面以边框断面为准（如框裁口为钉条者加贴条的断面），扇料以主梃断面为准。换算公式为：

$$\frac{\text{设计断面（加刨光损耗）}}{\text{定额断面}}\times\text{定额材积} \tag{5-1}$$

⑧木门窗不论现场制作还是由附属加工厂制作，均执行本定额，现场外制作点至安装地点的运输按本章规定计算。

⑨本定额普通木门窗、天窗，按框制作、框安装、扇制作、扇安装分列项目。

⑩定额中的普通木窗、钢窗等适用于平开式，推拉式，中转式，上、中、下悬式。

（2）钢门窗安装以成品安装编制，成品价包括五金配件的价格。

（3）铝合金门窗制作、安装项目不分现场或施工企业附属加工厂制作，均执行本定额。

（4）铝合金地弹门制作型材（框料）按101.6mm×44.5mm、厚1.2mm方管制定，单扇平开门、双扇平开窗按38系列制定，推拉窗按90系列制定。如实际采用的型材断面及厚度与定额取定规格不符，可按图示尺寸乘以实际线密度加6%的施工损耗计算型材重量。

（5）成品门窗安装项目中，门窗附件包含在成品门窗单价内考虑；铝合金门窗制作、安装项目中未含五金配件，五金配件按本章附表选用。

5.4.3 工程量计算规则

（1）普通木门窗制作、安装工程量均按以下规定计算。

①各类门窗制作、安装工程量均按门窗洞口面积计算。

②普通窗上部带有半圆窗的工程量应分别按半圆窗和普通窗计算。其以普通窗和半圆窗之间的框上裁口线为分界线。

（2）钢门窗安装玻璃按洞口面积计算。钢门上部安玻璃，按安装玻璃部分的面积计算。

（3）铝合金门窗、彩板组角门窗、塑钢门窗均按框外围面积以m^{2}计算。纱扇制作、安装按扇外围面积计算。

（4）卷闸门安装按其安装高度乘以门的实际宽度以m^{2}计算。安装高度算至滚筒顶点为准。带卷筒罩的按展开面积增加。电动装置安装以套计算，小门安装以个计算，小门面积不扣除。

（5）防盗门、不锈钢格栅门按框外围面积以m^{2}计算。防盗窗按展开面积计算。

（6）成品防火门以框外围面积计算，即防火卷帘门从地（楼）面至端板顶点的高度乘以设计宽度。

（7）装饰实木门框制作、安装以延长米计算。装饰门扇、门窗制作、安装按扇外围面积计算。装饰门扇及成品门扇安装以樘或扇计算。

（8）门扇双面包不锈钢板、门扇单面包皮制和装饰板隔音面层，均按单面面积计算。

（9）不锈钢板包门框、门窗套、花岗岩门套、门窗筒子板按展开面积计算。

（10）窗帘盒、窗帘轨以延长米计算。

（11）窗台板按实铺面积计算。

（12）电子感应门及转门按定额尺寸以樘计算。

（13）不锈钢电动伸缩门以 m 计算。

（14）木门窗运输按洞口面积以 m^2 计算。木门窗在现场制作的，不得计取运输费用。

5.4.4 计算实例

【例 5-21】 某工程楼面建筑平面如图 5-31 所示，设计门窗为有亮胶合板木门和铝合金推拉窗（M1：900mm×2 400mm，M2：900mm×2 400mm，C1：1 800mm×1 800mm），计算门窗费用。

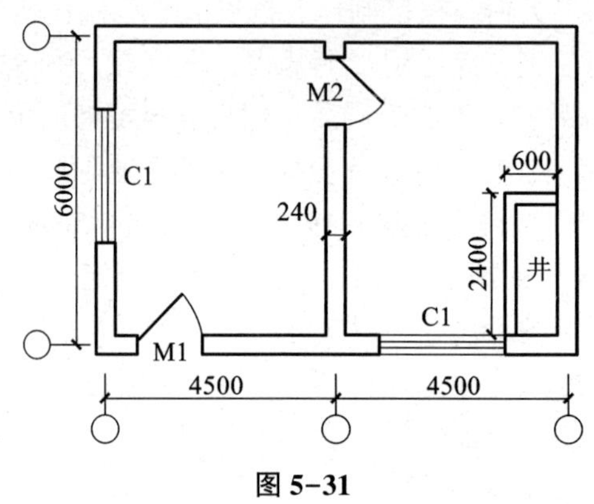

图 5-31

【解】 木门：

$$S=0.9\times2.4\times2=4.32\ (m^2)$$

铝合金窗：

$$S=1.8\times1.8\times2=6.48\ (m^2)$$

建筑工程预算书见表 5-21。

表 5-21 建筑工程预算书

序号	编号	项目名称	单位	数量	单价/元		总价/元	
					单价	工资	合价	工资
1	B4-49	无纱胶合板门 单扇带亮 门框制作	100m²	0. 043	1 937. 48	290. 45	83. 31	12. 49
2	B4-50	无纱胶合板门 单扇带亮 门框安装	100m²	0. 043	1 006. 83	521. 26	43. 29	22. 41
3	B4-51	无纱胶合板门 单扇带亮 门扇制作	100m²	0. 043	3 549. 64	804. 67	152. 63	34. 6
4	B4-52	无纱胶合板门 单扇带亮 门扇安装	100m²	0. 043	724. 12	542. 7	31. 14	23. 34
5	B4-238	推拉窗制作、安装双扇带亮	100m²	0. 065	17 544. 2	2 124. 24	1 140. 37	138. 08

【例 5-22】 某工程门套及贴脸尺寸如图 5-32 所示，门套采用榉木装饰板，贴脸采用 80×20 木装饰线条，计算装饰工程费用。

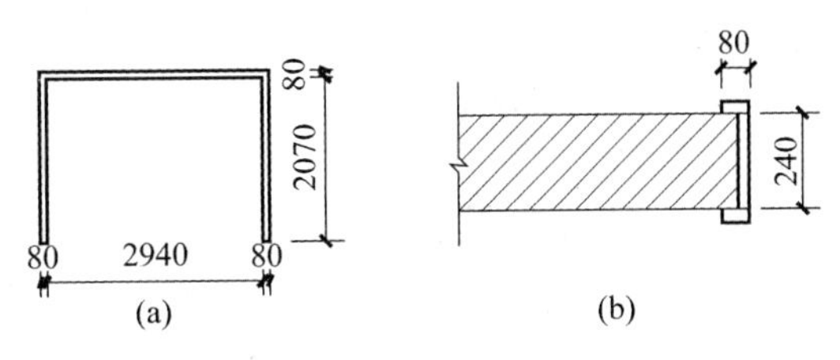

图 5-32

【解】门窗套：2×0.24×2.07+0.24×2.94＝1.699 2（m^2）

贴脸：（2.07+0.04）×4+（2.94+0.08）×2＝14.48（m）

建筑工程预算书见表 5-22。

表 5-22　建筑工程预算书

序号	编号	项目名称	单位	数量	单价/元	总价/元
1	B4-315	门窗套	$100m^2$	0.017	10 017.54	170.29
2	B6-67	木质装饰线条 80 内	100m	0.145	1 467.62	212.51

自主练习

一、单项选择题。

1. 下列木材中，属于一、二类木种的是（　　）。

A. 榉木　　B. 枫木　　C. 樱桃木　　D. 椴木

2. 普通钢门窗定额，按（　　）计算工程量。

A. 门窗框外围固尺寸　　B. 门窗框中心线尺寸

C. 设计门窗洞口面积　　D. 门窗框净尺寸

3. 以下有关门窗工程量计算的说法错误的是（　　）。

A. 纱窗扇按扇外围面积计算

B. 防盗窗按外围展开面积计算

C. 金属卷闸门按（滚筒中心高度+0.3m）×实际宽度以 m^2 计算

D. 电子电感门按樘计算

E. 无框玻璃门按门扇计算

4. 无框玻璃门工程量按（　　）面积计算。

A. 洞口　　B. 框外围　　C. 扇外围　　D. 实际

5. 装饰木门扇定额已包括（　　）。

A. 门框的制作、安装　　B. 门扇制作，门扇的安装应另列项目计算

C. 每扇门安装两只铜合页　　D. 门锁安装

6. 以下关于门窗工程说法准确的是（　　）。

A. 木门窗制作定额按三类木种编制

B. 普通木门窗、金属门窗工程量按设计门窗洞口面积计算

C. 金属卷闸门定额包括活动小门

D. 无框玻璃门按洞口面积计算工程量

二、多项选择题。

1. 按设计门窗洞口面积计算工程量的有（　　）。

A. 普通木窗　　B. 铝合金门窗

C. 无框玻璃门　　D. 钢门窗

E. 铝合金卷闸门

2. 铝合金门窗定额中允许调整、换算的条件有（　　）。

A. 玻璃品种不同　　B. 铝合金型材厂家不同

C. 五金配件不同　　D. 人工、机械含量不同

3. 木门的小五金包括（　　）。

A. 普通折页　　B. 风钩　　C. 木螺丝　　D. 门拉手

E. 铁插销

任务5　油漆、涂料、裱糊工程

5.5.1　基础知识

（1）涂料的组成。

①主要成膜物质。主要成膜物质是决定涂料性质的最主要成分，它的作用是将其他组分黏结成一个整体，并附着在被涂基层的表层，形成坚韧的保护膜。它具有单独成膜的能力，也可以黏结其他组分共同成膜。

②次要成膜物质。次要成膜物质自身没有成膜的能力，要依靠主要成膜物质的黏结才可成为涂膜的一个组成部分。颜料就是次要成膜物质，它对涂膜的性能及颜色有重要作用。

③辅助成膜物质。辅助成膜物质不能构成涂膜或不是构成涂膜的主体，但对涂料的成膜过程有很大影响，或对涂膜的性能起一定辅助作用，它主要包括溶剂和助剂两大类。

（2）涂料的分类。

建筑涂料的产品种类繁多，一般按下列几种方法进行分类。

①按使用的部位不同可分为：外墙涂料、内墙涂料、顶棚涂料、地面涂料、门窗涂料、屋面涂料等。

②按涂料成膜物质的组成不同可分为：油性涂料，是指传统的以干性油为基础的涂料，即以前所称的油漆；有机高分子涂料，包括聚醋酸乙烯系、丙烯酸树脂系、环氧系、聚氨酯系、过氯乙烯系等，其中丙烯酸树脂系建筑涂料性能优越；无机高分子涂料，包括有硅溶胶类、硅酸盐类等；有机无机复合涂料，包括聚乙烯醇水玻璃涂料、聚合物改性水泥涂料等。

③按涂料分散介质（稀释剂）的不同可分为：溶剂型涂料、水乳型涂料、水溶型涂料。

（3）常用的建筑涂料。

①清油。清油又称鱼油、熟油。其多用于稀释厚漆和红丹防锈漆，或作为打底涂料、配

腻子，也可单独涂刷基层表面，但漆膜柔韧，易发黏。

②厚漆。厚漆又称铅油。漆膜柔软，黏结性好，但光亮度、坚硬性较差。其广泛用作各种面漆前的涂层打底，或单独用作要求不高的木质、金属表面涂覆。使用时需加适量清油、溶剂稀释。

③调和漆。调和漆质地均匀，稀稠适度，漆膜耐蚀、耐晒、经久不裂，遮盖力强，耐久性较好，施工方便，适用于室内外钢铁、木材等材料表面。常用的有油性调和漆和磁性调和漆等品种。

④清漆。清漆分油质清漆和挥发性清漆两类。油质清漆俗称凡立水，如脂胶清漆、酚醛清漆等，漆膜干燥快，光泽好，用于物件表面罩光。挥发性清漆如虫胶清漆（俗称泡立水），是将漆片（虫胶片）溶于酒精（纯度95%以上）内制得的。其使用方便，干燥快，漆膜坚硬、光亮，但耐水、耐热、耐候性差，易失光，多用于室内木材面层打底和罩面。

⑤防锈漆。防锈漆有油性防锈漆和树脂防锈漆两类。常用油性防锈漆有红丹油性防锈漆和铁红油性防锈漆。树脂防锈漆有红丹酚醛防锈漆、锌黄醇酸防锈漆等。两类防锈漆均有良好的防锈性能，主要用于涂刷钢铁结构表面防锈打底。

⑥乳胶漆。常用的乳胶漆有聚醋酸乙烯乳胶漆。其漆膜坚硬、平整、表面无光，色彩明快柔和，附着力强，干燥快（约2h），耐大气污染、耐暴晒、耐水浇，涂刷方便，新墙面稍（3d以上）经干燥即可涂刷。其适用于高级建筑室内抹灰面、木材的面层涂刷，也可用于室外抹灰面，是一种性能良好的新型水性涂料和优良墙漆。

⑦JH80-1无机建筑涂料。JH80-1无机建筑涂料是以金属硅酸钾为主要成膜物质，加入适量固化剂、填料及分散剂搅拌而成的水性无机硅酸盐高分子无机涂料。其有各种颜色，具有良好的遮盖力，耐水、耐酸（碱）、耐污染、耐热、耐低温、耐擦洗，色泽明亮，可用于各种基层外墙的建筑饰面。施工方法以喷涂效果最佳，也可刷涂和滚涂。这种涂料所含水分已在生产时按比例调好，使用时不能任意加水稀释，只需充分搅拌使之均匀，即可直接使用。

⑧JH80-2无机建筑涂料。JH80-2无机建筑涂料是以胶态二氧化硅为主要成膜物质的单相组分水溶性高分子无机涂料。这种涂料有各种颜色，涂膜耐酸、耐碱、耐沸水、耐冻融、耐污染，刷涂性好。其主要用于外墙饰面，也可用于要求耐擦洗的内墙。

⑨乙丙乳液涂料。乙丙乳液涂料是由乙丙乳液（醋酸乙烯-丙烯酸酯共聚乳液）、颜料及其他助剂组成的，以水为溶剂。其有各种颜色，施工方便，耐老化、耐污染，遮盖力、质感均优于乳胶漆，可刷、喷、滚涂，适用于外墙饰面涂刷，代替水刷石、干粘石工艺。

5.5.2 定额套用说明

（1）本定额刷涂、刷油采用手工操作；喷塑、喷涂采用机械操作。操作方法不同时，不予调整。

（2）门窗油漆定额内包括多面油漆和贴脸、玻璃压条的油漆工料在内。

（3）油漆浅、中、深各种颜色，已综合在定额内，颜色不同时，不予调整。

（4）本定额在同一平面上的分色及门窗内外分色已综合考虑。如需做美术图案者，另行计算。

（5）定额内规定的喷、涂、刷遍数与设计要求不同时，可按每增加一遍定额项目进行调整。

（6）喷塑（一塑三油）、底油、装饰漆、面油，其规格划分如下。

①大压花：喷点压平、点面积在 1.2cm² 以上。

②中压花：喷点压平、点面积为 1～1.2cm²。

③喷中点、幼点：喷点面积在 1cm² 以下。

（7）定额中的双层木门窗（单裁口）是指双层框扇。三层二玻一纱窗是指双层框三层扇。

（8）定额中的单层木门刷油是按双面刷油考虑的，如采用单面刷油，其定额含量乘以系数 0.49。

（9）定额中的木扶手油漆不带托板考虑。

（10）天棚顶面刮仿瓷涂料、刷乳胶漆、喷涂等，套相应子目后，其人工乘以系数 1.10。

5.5.3　工程量计算规则

（1）定额中的隔墙、护壁、柱、天棚木龙骨及木地板中木龙骨带毛地板，刷防火涂料工程量计算规则如下。

①隔墙、护壁木龙骨按其面层正立面投影面积计算。

②柱木龙骨按其面层外围面积计算。

③天棚木龙骨按其水平投影面积计算。

④木地板中木龙骨及木龙骨带毛地板按地板面积计算。

（2）隔墙、护壁、柱、天棚面层及木地板刷防火涂料，执行其他木材面刷防火涂料相应子目。

（3）木材面油漆、金属面油漆的工程量分别按表 5-23～表 5-31 规定计算。

①木材面油漆。

②金属面油漆。

表 5-23　执行木门定额工程量系数表

项目名称	系数	工程量计算方法
单层木门	1.00	按单面洞口面积计算
双层（一玻一纱）木门	1.36	
双层（单裁口）木门	2.00	
单层全玻门	0.83	
木百叶门	1.25	
厂库大门	1.10	

表 5-24 执行木窗定额工程量系数表

项目名称	系数	工程量计算方法
单层玻璃窗	1.00	按单面洞口面积计算
双层（一玻一纱）木窗	1.36	
双层框扇（单裁口）木窗	2.00	
双层框三层（二玻一纱）木窗	2.60	
单层组合窗	0.83	
双层组合窗	1.13	
木百叶窗	1.50	

表 5-25 执行木扶手定额工程量系数表

项目名称	系数	工程量计算方法
木扶手（不带托板）	1.00	以延长米计算
木扶手（带托板）	2.60	
窗帘盒	2.04	
封檐板、顺水板	1.74	
挂衣板、黑板框、单独木线条 100mm 以外	0.52	
挂镜线、窗帘棍、单独木线条 100mm 以内	0.35	

表 5-26 执行其他木材面定额工程量系数表

项目名称	系数	工程量计算方法
木板、纤维板、胶合板天棚	1.00	长×宽
木护墙、木墙裙	1.00	
窗台板、筒子板、盖板、门窗套、踢脚线	1.00	
清水板条天棚、檐口	1.07	
木方格吊顶天棚	1.20	
吸音板墙面、天棚面	0.87	
暖气罩	1.28	
木间壁、木隔断	1.90	按单面外围面积计算
玻璃间壁露明墙筋	1.65	
木栅栏、木栏杆（带扶手）	1.82	
衣柜、壁柜	1.00	按实刷展开面积计算
零星木装修	1.10	按展开面积计算
梁柱饰面	1.00	按展开面积计算

续表

项目名称	系数	工程量计算方法
屋面板（带檩条）	1.11	斜长×宽
木屋架	1.79	跨度（长）×中高×1/2
鱼鳞板墙	2.48	长×宽

表 5-27　执行木地板定额工程量系数表

项目名称	系数	工程量计算方法
木地板	1.00	长×宽
木楼梯	2.30	按水平投影面积计算

表 5-28　执行单层钢门窗定额工程量系数表

项目名称	系数	工程量计算方法
单层钢门窗	1.00	按洞口面积计算
双层（一玻一纱）钢门窗	1.48	
钢百叶钢门	2.74	
半截百叶钢门	2.22	
满钢门或包铁皮门	1.63	
钢折叠门	2.30	
射线防护门	2.96	框（扇）外围面积
厂库房平开、推拉门	1.70	
铁丝网大门	0.81	
间壁	1.85	长×宽
平板屋面	0.74	斜长×宽
瓦垄板屋面	0.89	
排水、伸缩缝盖板	0.78	按展开面积计算
吸气罩	1.63	水平投影面积

表 5-29　执行其他金属面定额工程量系数表

项目名称	系数	工程量计算方法
钢屋架、天窗架、挡风架、屋架梁、支撑、檩条	1.00	按质量以 t 计算
墙架（空腹式）	0.50	
墙架（格板式）	0.82	
钢柱、吊车梁、花式梁柱、空花构件	0.63	
操作台、走台、制动梁钢梁车挡	0.71	
钢栅栏门、栏杆、窗栅	1.71	
钢爬梯	1.18	
轻型屋架	1.42	
踏步式钢扶梯	1.05	
零星铁件	1.32	

表 5-30　执行金属平屋面定额工程量系数表

项目名称	系数	工程量计算方法
平板屋面	1.00	斜长×宽
瓦垄板屋面	1.20	
排水、伸缩缝盖板	1.05	按展开面积计算
吸气罩	2.20	按水平投影面积计算
包镀锌铁皮门	2.20	按洞口面积计算

表 5-31　抹灰面油漆、涂料、裱糊

项目名称	系数	工程量计算方法
混凝土楼梯底（板式）	1.15	按水平投影面积计算
混凝土楼梯底（梁式）	1.00	按展开面积计算
混凝土花格窗、栏杆花饰	1.82	按单面外围面积计算
楼地面、天棚、墙、柱、梁面	1.00	按展开面积计算

5.5.4　计算实例

【例 5-23】 某工程有单扇木内门 30 樘，洞口尺寸为 900mm×2 100mm；带纱木门 30 樘，洞口尺寸为 900mm×2 100mm。双扇木内玻璃窗 30 樘，洞口尺寸为1 200mm×600mm；三扇带纱木外窗 30 樘，洞口尺寸为1 500mm×1 800mm。门窗油漆均为：刮腻子、磨光、底油一遍、调和漆二遍。试计算该工程木门窗油漆工程量及其费用。

【解】 (1) 单层木门油漆工程量。

根据表 5-32 可知相应系数：

$$单层木门工程量=0.9\times2.1\times30\times1=56.7\ (m^2)$$

$$带纱木门工程量=0.9\times2.1\times30\times1.36=77.11\ (m^2)$$

$$项目工程量合计=56.7m^2+77.11m^2=133.81m^2$$

（2）单层木窗油漆工程量。

根据表 5-32 可知相应系数：

$$单层木窗工程量=1.2\times0.6\times30\times1=21.6\ (m^2)$$

$$带纱木窗工程量=1.5\times1.8\times30\times1.36=110.16\ (m^2)$$

$$项目工程量合计=21.6m^2+110.16m^2=131.76m^2$$

建筑工程预算书见表 5-32。

表 5-32　建筑工程预算书

序号	编号	项目名称	单位	数量	基价/元	合计/元
1	B5-1	底油一遍、刮腻子、调和漆二遍单层木门	$100m^2$	1.34	1 086.19	1 455.49
2	B5-2	底油一遍、刮腻子、调和漆二遍单层木窗	$100m^2$	1.32	1 009.24	1 332.20

【例 5-24】 如图 5-33 所示某办公楼会议室双开门节点图，采用二遍聚氨酯漆，门洞尺寸为宽 1.2m×高 2.1m，墙厚 240mm，试根据计算规则，分别计算其门套、门贴脸、门扇、门线条的油漆工程量。

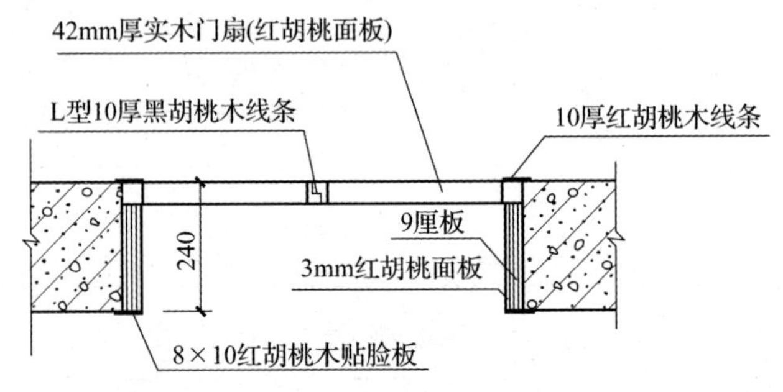

图 5-33

【解】 门扇：$1.2\times2.1=2.52\ (m^2)$

门套：$(1.2+2.1\times2)\times0.24=1.296\ (m^2)$

门贴脸：$(1.2+2.1\times2)\times2=10.8\ (m)$

门线条：$2.1\times2=4.2\ (m)$

建筑工程预算书见表 5-33。

表 5-33　建筑工程预算书

序号	编号	项目名称	单位	数量	单价/元	总价/元
1	B5-61	润油粉、刮腻子、聚氨酯漆二遍 单层木门	$100m^2$	0.025	2 178.89	54.47
2	B5-64	润油粉、刮腻子、聚氨酯漆二遍 其他木材面	$100m^2$	0.013	1 376.61	17.9
3	B5-63	润油粉、刮腻子、聚氨酯漆二遍 木扶手（不带托板）	100m	0.15	443.15	66.47

自主练习

一、单项选择题。

1. 木线条适用于（　　）油漆。

A. 木板条　　B. 单独木线条　　C. 木扶手　　D. 其他木材面

2. ϕ159mm 以上钢圆柱，H 型钢的屋架、梁、柱油漆套（　　）油漆定额。

A. 金属面　　B. 其他金属面　　C. 钢门窗　　D. 零星金属

3. 混凝土栏杆、花格窗抹灰油漆按（　　）计算。

A. 平面积　　B. 水平投影面积

C. 单面垂直投影面积　　D. 展开面积

4. 楼梯木扶手油漆工程量按扶手中心线斜长计算，弯头长度应计算在扶手长度内，乘以系数（　　）。

A. 0. 9　　B. 1. 0　　C. 1. 1　　D. 1. 2

5. 木材踢脚板按相应装饰面工程量乘以系数（　　）计算。

A. 1. 0　　B. 1. 1　　C. 1. 2　　D. 1. 3

6. 金属面油漆工程量按（　　）计算。

A. 质量　　B. 体积　　C. 展开面积　　D. 厚度

7. 木楼梯油漆工程量按水平投影面积乘以系数（　　）计算。

A. 2. 1　　B. 2. 2　　C. 2. 3　　D. 2. 4

8. 以下关于油漆、涂料工程量定额说法错误的是（　　）。

A. 定额已综合考虑操作方法，实际不同时不作调整

B. 调和漆定额按两遍考虑，实际遍数不同时可作调整

C. H 型钢柱工程量按质量以 t 计算

D. 单层木门油漆工程量按门洞面积乘以系数计算

9. 定额中的单层木门刷油是按双面刷油考虑的，如采用单面刷油，其定额含量乘以系数（　　）计算。

A. 0. 33　　B. 0. 36　　C. 0. 49　　D. 0. 5

10. 天棚顶面刮防瓷、刷乳胶漆、喷涂等，套相应子目后，其人工乘以系数（　　）计算。

A. 1. 18　　B. 1. 1　　C. 1. 15　　D. 1. 5

二、多项选择题。

1. 定额项目中的单层木门适用的项目名称包括（　　）。

A. 单层木门　　B. 半百叶门

C. 水百叶窗　　D. 长库大门

E. 成品门

2. 定额项目中的其他木材面适用的项目名称包括（　　）。

A. 木扶手
B. 门窗套
C. 零星木装修
D. 木星架
E. 木线条

3. 定额项目中的其他金属适用的项目名称包括（　　）。

A. 钢管栏杆
B. ϕ159mm 以上的钢圆柱
C. 窗架
D. 零星铁件
E. 钢管

三、计算题

1. 某工程有百叶门 120m²，采用聚氯酯漆油面，聚氯酯油漆单价为 14.5 元/kg。试计算该油漆工程定额直接费。

2. 某办公楼有单层木门 10 樘，洞口尺寸为 800mm×1 800mm。双扇木内玻璃窗 20 樘，洞口尺寸为1 200mm×2 000mm。门窗油漆均为：刮腻子、底油一遍、调和漆三遍。试计算该工程木门窗油漆工程量及其费用。

任务 6　其他工程

5.6.1　定额套用说明

（1）本章定额项目在实际施工中使用的材料品种、规格与定额取定不同时，可以换算，但人工、机械不变。

（2）本章定额中铁件已包括刷防锈漆一遍，如设计需涂刷油漆、防火涂料，按第五章相应子目执行。

（3）柜类、货架定额中未考虑面板拼花及饰面板上贴其他材料的花饰、造型艺术品，货架、柜类图见本定额后面附图。柜类、货架设计如与附图不同时，则均执行非附图家具类项目。

（4）非附图家具的定额项目：

①家具类不分家具功能、名称，只按家具结构部位分别按台面、侧面、层板、抽屉、柜门、底板、顶板、背板套用相应定额，凡无定额子目可套的部位，均套侧面板相应子目。饰面板层数如与定额不同，可按实际层数调整，饰面板减少一层，人工乘以系数 0.75，未贴饰面板，人工费乘以系数 0.5。

②木质推拉柜门套平开柜门子目，但应扣减桥型铰链、门吸，增加轨道。轨道套门窗工程中轨道安装子目。

③家具类不适用实木家具。

（5）暖气罩挂板式是指钩挂在暖气片上；平墙式是指凹入墙内；明式是指凸出墙面；半凹半凸式按明式定额子目执行。

（6）装饰线条：

①石膏、木装饰线均以成品安装为准。

②石材装饰线条均以成品安装为准。成品石材装饰线条已含的磨边、磨圆角均包括在成品的单价中，不再另计。

（7）石材磨边、磨斜边、磨半圆边及台面开孔子目均为现场磨制。

（8）装饰线条以墙面上直线安装为准，如天棚安装直线形、圆弧形或其他图案者，按以下规定计算：

①天棚面安装直线装饰线条人工乘以系数1.34。

②天棚面安装圆弧装饰线条人工乘以系数1.6，材料乘以系数1.1。

③墙面安装圆弧装饰线条人工乘以系数1.2，材料乘以系数1.1。

④装饰线条做艺术图案者，人工乘以系数1.8，材料乘以系数1.1。

（9）招牌基层：

①平面招牌是指安装在门前墙面上的招牌；箱体招牌、竖式标箱是指六面体固定在墙面上的招牌、标箱；沿雨篷、檐口、阳台走向立式招牌，按平面招牌复杂项目执行。

②一般招牌和矩形招牌是指正立面平整无凸面；复杂招牌和异形招牌是指正立面有凹凸造型。

③招牌的灯饰均不包括在定额内。

（10）美术字安装：

①美术字均以成品安装固定为准。

②美术字不分字体均执行本定额。

5.6.2 工程量计算规则

（1）柜橱、货架类均以正立面的高（包括脚的高度在内）乘以宽以 m^2 计算。

（2）收银台、试衣间等以个计算，其他以延长米计算。

（3）非附图家具按其成品各部位最大外切矩形正投影面积以 m^2 计算（抽屉按挂面投影面积，层板不扣除切角的投影面积）。

（4）暖气罩（包括脚的高度在内）按边框外围尺寸垂直投影面积计算。

（5）招牌、灯箱。

①平面招牌基层按正立面面积计算，复杂形的凹凸造型部分也不增减。

②沿雨篷、檐口或阳台走向的立式招牌基层，按平面招牌复杂形执行时，应按展开面积计算。

③箱体招牌和竖式标箱的基层，按外围体积计算。凸出箱外的灯饰、店徽及其他艺术装潢等均另行计算。

④灯箱的面层按展开面积以 m^2 计算。

⑤广告牌钢骨架质量以t计算。

（6）压条、装饰线条均按延长米计算。

（7）石材、玻璃开孔按个计算，金属面开孔按周长以m计算。

（8）石材及玻璃磨边按延长米计算。

（9）美术字安装按字的最大外围矩形面积以个计算。

（10）镜面玻璃安装、盥洗室木镜箱以正立面面积计算。

(11) 塑料镜箱、毛巾环、肥皂盒、金属帘子杆、浴缸拉手、毛巾杆安装以只或副计算。洗漱台以台面延长米计算（不扣除孔洞面积)。

(12) 拆除工程量按拆除面积或长度计算，执行相应子目。

自主练习

一、单项选择题。

1. 设计的洗漱台铁件含量与定额不同时，(　　)。

A. 不予调整　　B. 只调整单价　　C. 按实调整　　D. 只调整材料规格

2. 拆除楼地面工程量按铲除面积计算，执行相应子目，但厚度超过 15cm 时，应（　　）。

A. 按增减 1cm 调整　B. 不予调整　　C. 调整机械　　D. 调整材料

二、多项选择题。

1. 本章定额项目在实际施工中使用的材料品种、规格与定额取定不同时，可以换算，(　　）不变。

A. 人工　　B. 材料品种　　C. 机械　　D. 材料规格

2. 压条、装饰线条均按（　　）计算，石材、玻璃开孔按（　　）计算。

A. 延长米　　B. 面积　　C. 体积　　D. 个数

任务 7　超高增加费

5.7.1　定额套用说明

(1) 本定额适用于建筑物檐高在 20m 以上的工程。

(2) 檐高是指设计室外地坪至檐口的高度。凸出主体建筑屋顶的电梯间、水箱间等不计入檐高之内。

5.7.2　工程量计算规则

装饰装修楼面（包括楼层所有装饰装修工程量）区别不同的垂直运输高度（单层建筑物是檐口高度）以人工费与机械费之和按元分别计算。

5.7.3　计算实例

【例 5-25】 某 12 层住宅装饰工程，分部分项工程人工费共 110 万元，机械费共 75 万元，标准层，每层层高 3m。计算该装饰工程超高增加费。

【解】 本工程檐高大于 20m，应计算超高增加费。20~40m 为 7~12 层，故

$$人工、机械费 = (110+75) \times 0.5 = 92.5\ (万元)$$

根据《江西省装饰装修工程消耗量定额及统一基价表（2004年）》可知：定额为B7-1，人工、机械降效系数为9.35%，故：

超高增加费=92.5×9.35%=8.65（万元）

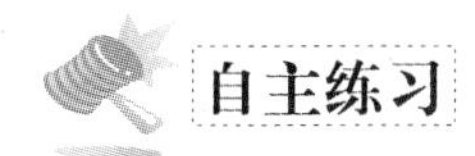
自主练习

单项选择题。

1. 建筑物檐高（　　）的工程需计算超高增加费。

A. 50m以上　　B. 40m以上　　C. 30m以上　　D. 20m以上

2. 檐高是指（　　）至檐口的高度。突出主体建筑屋顶的电梯间、水箱间等(　　)檐高之内。

A. 设计室外地坪　　B. 不计入　　C. 设计室内地坪　　D. 计入

3. 装饰装修楼面超高增加费区别不同的垂直运输高度以（　　）与（　　）之和按元分别计算。

A. 人工费　　B. 材料费　　C. 机械费　　D. 直接工程费

任务8　成品保护

5.8.1　定额套用说明

成品保护是指对已做好的项目面层上覆盖保护层，实际施工中未覆盖的不得计算成品保护费。

5.8.2　工程量计算规则

成品保护按被保护面积计算。

任务9　装饰装修脚手架

5.9.1　定额套用说明

装饰装修脚手架包括满堂脚手架、外脚手架、内墙面粉饰脚手架。

5.9.2　工程量计算规则

（1）满堂脚手架，按实际搭设的水平投影面积计算，不扣除附墙柱、柱所占的面积，其基本层高以3.6~5.2m为准。凡超过3.6m，但在5.2m以内的天棚抹灰及装饰，应计算满堂脚手架基本层；层高超过5.2m，每增加1.2m计算一个增加层，增加层的层数=（层高-5.2m）÷1.2m，按四舍五入取整数。室内凡计算了满堂脚手架者，其内墙面粉饰不再计算粉饰架，只按每100m² 墙面垂直投影面积增加改架工1.28工日计算。

（2）装饰装修外脚手架，按外墙的外边线长乘以墙高以m² 计算，不扣除门窗洞口的面积。同一建筑物各面墙的高度不同，且不在同一定额步距内时，应分别计算工程量。定额中所指的高度，是指建筑物自设计室外地坪面至外墙顶点或构筑物顶面的高度。

（3）独立柱按柱周长增加3.6m乘以柱高套用装饰装修外脚手架相应高度的定额。

（4）内墙面粉饰脚手架，均按内墙面垂直投影面积计算，不扣除门窗洞口的面积。

（5）高度超过3.6m的喷浆，每100m² 按50元包干使用。

5.9.3 计算实例

【例5-26】 某建筑物天棚高6.5m，天棚为装饰抹灰，试确定满堂脚手架的基本层和增加层层数。

【解】 天棚高6.5m>3.6m，基本层为1层。

$$增加层=(6.5-5.2)\div 1.2=1\ (层)$$

因此，该建筑物满堂脚手架有1个基本层和1个增加层。

【例5-27】 某建筑物平面尺寸约为30m×40m，层数4层，总高度18m，首层高4.2m，其他层高3.8m，每层室内净空面积约为1 000m²。拟进行二次装修，外墙贴面砖，内墙和天棚一般抹灰，施工组织设计中外墙脚手架采用钢管，室内搭设竹架满堂脚手架。试计算该工程脚手架费用。

【解】（1）外墙脚手架工程量。

$$(30+40)\times 2\times 18=2\ 520\ (m^2)$$

（2）满堂脚手架工程量。

基本层：

$$4\times 1\ 000=4\ 000\ (m^2)$$

建筑工程预算书见表5-34。

表5-34 建筑工程预算书

序号	编号	项目名称	单位	数量	基价/元	合计/元
1	B9-4	装饰外墙脚手架 钢管 高在20m以内	100m²	25.20	422.02	10 634.90
2	B9-10	满堂脚手架 竹架 基本层	100m²	40	456.86	18 274.40

【例5-28】 某工程楼面建筑平面如楼地面工程图，共二层，首层层高4.5m，第二层层高3.6m，室外标高-0.3m，檐口标高8.1m，楼板厚度100，计算建筑及装饰脚手架费用。

【解】 建筑外架：$(6+0.24+4.5+4.5+0.24)\times 2\times(8.1+0.3)=251.076\ (m^2)$

建筑内墙脚手架：首层：$(6-0.24)\times(4.5-0.1)=25.344\ (m^2)$

二层：$(6-0.24)\times(3.6-0.1)=20.16\ (m^2)$

建筑工程预算书见表5-35。

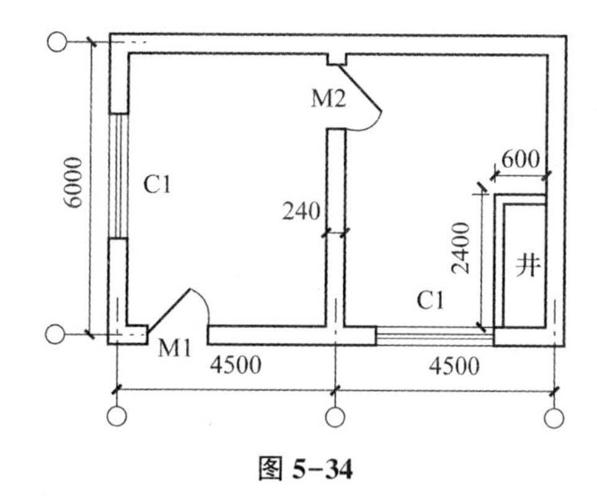

图 5-34

表 5-35 建筑工程预算书

序号	编号	项目名称	单位	数量	单价/元	总价/元
1	A11-5	钢管脚手架 15m 内双排	$100m^2$	2. 51	639. 41	1 604. 91
2	A11-4	钢管脚手架 15m 单排	$100m^2$	0. 25	503. 15	125. 79
3	A11-13	里脚手架钢管	$100m^2$	0. 20	113. 94	22. 79

装饰满堂脚手架：(4. 5−0. 24) × (6−0. 24) ×2−0. 6×2. 4＝47. 64 (m^2)

装饰内粉架：[(6−0. 24) ×3+ (4. 5−0. 24) ×4] ×3. 5＝120. 12 (m^2)

改架费：(4. 5−0. 24+6−0. 24) ×2×4. 4×2＝176. 352 (m^2)

建筑工程预算书见表 5-36。

表 5-36 建筑工程预算书

序号	编号	项目名称	单位	数量	单价/元	总价/元
1	B9-12	满堂脚手架钢管架基本层	$100m^2$	0. 48	513. 54	246. 50
2	B9-15	内墙面粉饰脚手架钢管架	$100m^2$	1. 20	103. 05	123. 66
3	说明	改价工	$100m^2$	1. 76	42. 88	75. 47

自主练习

一、单项选择题。

1. 一单层建筑天棚净高 8. 3m，其满堂脚手架的增加层数为（　　）。

A. 1 层　　B. 2 层　　C. 3 层　　D. 4 层

2. 装饰装修外脚手架，按外墙的（　　）长乘墙高以平方米计算，不扣除门窗洞口的面积。

A. 中心线　　B. 外边线　　C. 净长　　D. 轴线长

3. 室内天棚装饰面距设计室内地面在（　　）m 以上时，应计算满堂脚手架。

A. 3. 3　　B. 3. 6　　C. 4. 0　　D. 5. 2

4. （　　）不单独计算装饰脚手架。

A. 砖围墙　　　B. 现浇混凝土柱　　　C. 石砌挡土墙　　　D. 现浇混凝土板

5. 满堂脚手架基本层操作高度为（　　）。

A. 3. 6m　　　B. 5. 2m　　　C. 0. 6～1. 2m

二、多项选择题。

1. 下列材料中，属于周转性材料的是（　　）。

A. 钢管脚手架　　　B. 挡土板　　　C. 胶合板模板　　　D. 麻刀

2. 装饰脚手架包括（　　）。

A. 外脚手架　　　B. 内粉脚手架　　　C. 里脚手架　　　D. 满堂脚手架

3. 独立柱按柱周长增加（　　）乘以柱高，套用（　　）定额。

A. 5. 2m　　　B. 3. 6m

C. 装饰外脚手架相应高度的定额　　　D. 装饰内粉脚手架相应高度的定额

任务 10　垂直运输

5. 10. 1　定额套用说明

（1）本章定额垂直运输按人工运输和机械运输两种方式考虑。人工运输指不能利用机械载运材料而通过楼梯人力进行垂直运输的方式。再次装饰装修利用电梯进行垂直运输按实计算。

（2）垂直运输高度：设计室外地坪以上部分指室外地坪至相应楼面的高度。

（3）檐口高度在 3. 6m 以内的单层建筑物，不计垂直运输机械费。

（4）单层高度超过 3. 6m 或一层以上的地下室可计算垂直运输费。

（5）人工垂直运输按自然层计算垂直运输费。

（6）本定额不包括大型机械进出场及安拆费。

5. 10. 2　工程量计算规则

（1）人工运输工程量按每层所有装饰装修人工费计算。

（2）机械运输。

①装饰装修楼（包括楼层所有装饰装修工程量）区别不同垂直运输高度（单层建筑物是檐口高度）按定额工日分别计算。

②地下室按其全部装饰装修工程的工日数，套用 20m 以内高度的定额子目。

5. 10. 3　计算实例

【例 5-29】 某 3 层建筑物，经计算得出每层所有装饰装修人工费为20 000元。试计算其人工垂直运输费。

【解】 3×20 000＝60 000（元）

根据《江西省装饰装修工程消耗量定额及统一基价表（2004年）》可知：定额为B10-3，则

人工垂直运输费=60 000×7.55%=4 530（元）

自主练习

单项选择题。

1. 檐口高度3.6m以内的单层建筑物，（　　）垂直运输费。

A. 一半高计算　　B. 全部计算　　C. 不计

2. 人工运输工程量按（　　）计算。

A. 每层所有装饰装修人工费　　B. 每层所有装饰装修材料费

C. 每层所有装饰装修机械费　　D. 每层所有装饰装修直接工程费

3. 机械运输中，地下室按全部装饰装修工程的工日数，套用（　　）的定额子目。

A. 60~80m以内垂直运输高度　　B. 40~60m以内垂直运输高度

C. 20~40m以内垂直运输高度　　D. 20m以内垂直运输高度

项目 6　建筑工程费用定额

内容提要

费用定额是形成工程造价并且将工程量转化为货币单位这一过程中的一件重要工具，通过对它的合理使用，可以给出工程除了直接工程费以外的其他费用。本项目中详细描述了如何使用工程费用定额。

能力要求

知识要点	能力要求	相关知识
工程费用的组成	(1) 掌握建筑安装工程费用的组成； (2) 掌握建筑安装工程费用定额的计取标准； (3) 理解建筑安装工程类别的划分； (4) 理解建筑安装工程费用定额的编制原则	技术措施、组织措施、规费、企业管理费、利润、税金
取费类别的划分	(1) 掌握工程类别的划分； (2) 熟悉费用类别的使用	跨度、檐口、建筑类型

重难点

1. 重点：不同专业工程费用的组成。
2. 难点：装饰工程项目工程量编制时，各做法与定额套用的匹配。

任务 1　建筑安装工程费用项目组成

6.1.1　建筑安装工程费按照费用构成要素划分

建筑安装工程费按照费用构成要素划分，由人工费、材料（包含工程设备，下同）费、施工机具使用费、企业管理费、利润、规费和税金组成。其中人工费、材料费、施工机具使用费、企业管理费和利润包含在分部分项工程费、措施项目费、其他项目费。

(1) 人工费：指按工资总额构成规定，支付给从事建筑安装工程施工的生产工人和附属生产单位工人的各项费用。其内容包括以下几点。

①计时工资或计件工资：指按计时工资标准和工作时间或对已做工作按计件单价支付给

个人的劳动报酬。

②奖金：指对超额劳动和增收节支支付给个人的劳动报酬。如节约奖、劳动竞赛奖等。

③津贴、补贴：指为了补偿职工特殊或额外的劳动消耗和因其他特殊原因而支付给个人的津贴，以及为了保证职工工资水平不受物价影响而支付给个人的物价补贴。如流动施工津贴、特殊地区施工津贴、高温（寒）作业临时津贴、高空津贴等。

④加班加点工资：指按规定支付给个人的在法定节假日工作的加班工资和在法定日工作时间外延时工作的加点工资。

⑤特殊情况下支付的工资：指根据国家法律、法规和政策规定，因病、工伤、产假、计划生育假、婚丧假、事假、探亲假、定期休假、停工学习、执行国家或社会义务等原因按计时工资标准或计时工资标准的一定比例支付的工资。

（2）材料费：指施工过程中耗费的原材料、辅助材料、构配件、零件、半成品或成品、工程设备的费用。其内容包括以下几点。

①材料原价：指材料、工程设备的出厂价格或商家供应价格。

②运杂费：指材料、工程设备从来源地运至工地仓库或指定堆放地点所产生的全部费用。

③运输损耗费：指材料在运输、装卸过程中不可避免的损耗。

④采购及保管费：指为组织采购、供应和保管材料、工程设备的过程中所需要的各项费用，包括采购费、仓储费、工地保管费、仓储损耗。

工程设备是指构成或计划构成永久工程一部分的机电设备、金属结构设备、仪器装置及其他类似的设备和装置。

（3）施工机具使用费：指施工作业所产生的施工机械、仪器仪表使用费或其租赁费。

①施工机械使用费。其以施工机械台班耗用量乘以施工机械台班单价表示，施工机械台班单价应由下列七项费用组成。

A. 折旧费：指施工机械在规定的使用年限内，陆续收回其原值的费用。

B. 大修理费：指施工机械按规定的大修理间隔台班进行必要的大修理，以恢复其正常功能所需的费用。

C. 经常修理费：指施工机械除大修理以外的各级保养和临时故障排除所需的费用。其包括为保障机械正常运转所需替换设备与随机配备工具、附具的摊销和维护费用，机械运转中日常保养所需润滑与擦拭的材料费用及机械停滞期间的维护和保养费用等。

D. 安拆费及场外运费：安拆费指施工机械（大型机械除外）在现场进行安装与拆卸所需的人工、材料、机械和试运转费用以及机械辅助设施的折旧、搭设、拆除等费用；场外运费指施工机械整体或分体自停放地点运至施工现场或由一施工地点运至另一施工地点的运输、装卸、辅助材料及架线等费用。

E. 人工费：指机上司机（司炉）和其他操作人员的人工费。

F. 燃料动力费：指施工机械在运转作业中所消耗的各种燃料及水、电等费用。

G. 税费：指施工机械按照国家规定应缴纳的车船使用税、保险费及年检费等。

②仪器仪表使用费：指工程施工所需使用的仪器仪表的摊销及维修费用。

（4）企业管理费：指建筑安装企业组织施工生产和经营管理所需的费用。其内容包括以下几点。

①管理人员工资：指按规定支付给管理人员的计时工资、奖金、津贴补贴、加班加点工

资及特殊情况下支付的工资等。

②办公费：指企业管理办公用的文具、纸张、账表、印刷、邮电、书报、办公软件以及现场监控、会议、水电、烧水和集体取暖降温（包括现场临时宿舍取暖降温）等产生的费用。

③差旅交通费：指职工因公出差、调动工作的差旅费、住勤补助费，市内交通费和误餐补助费，职工探亲路费，劳动力招募费，职工退休、退职一次性路费，工伤人员就医路费，工地转移费以及管理部门使用的交通工具的油料、燃料等费用。

④固定资产使用费：指管理和试验部门及附属生产单位使用的属于固定资产的房屋、设备、仪器等的折旧、大修、维修或租赁费。

⑤工具用具使用费：指企业施工生产和管理使用的不属于固定资产的工具、器具、家具、交通工具和检验、试验、测绘、消防用具等的购置、维修和摊销费。

⑥劳动保险和职工福利费：指由企业支付的职工退职金，按规定支付给离休干部的经费，集体福利费，夏季防暑降温、冬季取暖补贴，上下班交通补贴等。

⑦劳动保护费：指企业按规定发放的劳动保护用品的支出。如工作服、手套、防暑降温饮料以及在有碍身体健康的环境中施工的保健费用等。

⑧检验试验费：指施工企业按照有关标准规定，对建筑以及材料、构件和建筑安装物进行一般鉴定、检查所发生的费用，包括自设试验室进行试验所耗用的材料等费用。不包括新结构、新材料的试验费，对构件做破坏性试验及其他特殊要求检验试验的费用和建设单位委托检测机构进行检测的费用，对此类检测产生的费用，由建设单位在工程建设其他费用中列支。但对施工企业提供的具有合格证明的材料进行检测不合格的，该检测费用由施工企业支付。

⑨工会经费：指企业按《中华人民共和国工会法》规定的全部职工工资总额比例计提的工会经费。

⑩职工教育经费：指按职工工资总额的规定比例计提，企业为职工进行专业技术和职业技能培训，专业技术人员继续教育、职工职业技能鉴定、职业资格认定以及根据需要对职工进行各类文化教育所发生的费用。

⑪财产保险费：指施工管理用财产、车辆等的保险费用。

⑫财务费：指企业为施工生产筹集资金或提供预付款担保、履约担保、职工工资支付担保等所产生的各种费用。

⑬税金：指企业按规定缴纳的房产税、车船使用税、土地使用税、印花税等。

⑭其他：包括技术转让费、技术开发费、投标费、业务招待费、绿化费、广告费、公证费、法律顾问费、审计费、咨询费、保险费等。

（5）利润：指施工企业完成所承包工程后获得的盈利。

（6）规费：指按国家法律、法规规定，由省级政府和省级有关权力部门规定必须缴纳或计取的费用。其包括社会保险费、住房公积金及工程排污费。

①社会保险费。

A. 养老保险费：指企业按照规定标准为职工缴纳的基本养老保险费。

B. 失业保险费：指企业按照规定标准为职工缴纳的失业保险费。

C. 医疗保险费：指企业按照规定标准为职工缴纳的基本医疗保险费。

D. 生育保险费：指企业按照规定标准为职工缴纳的生育保险费。

E. 工伤保险费：指企业按照规定标准为职工缴纳的工伤保险费。

②住房公积金：指企业按照规定标准为职工缴纳的住房公积金。

③工程排污费：指企业按照规定缴纳的施工现场工程排污费。

其他应列而未列入的规费，按实际发生计取。

（7）税金：指国家税法规定的应计入建筑安装工程造价内的营业税、城市维护建设税、教育费附加以及地方教育附加。

按费用构成要素划分，建筑安装工程费用项目组成见图 6-1。

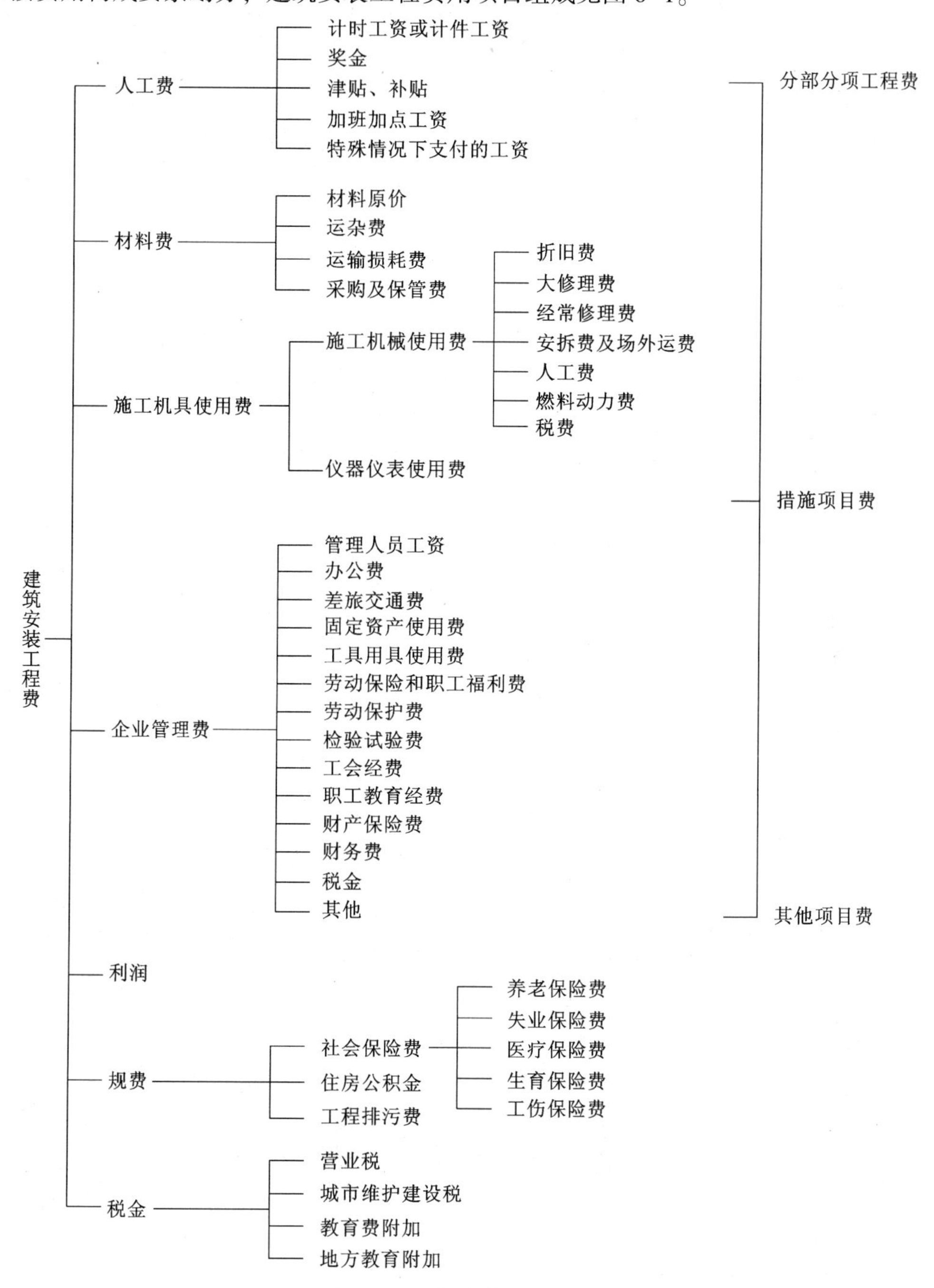

图 6-1

6.1.2 建筑安装工程费用定额的编制原则

建筑安装工程费用定额是工程造价的重要计价依据。因此，它的合理性和准确性直接影响工程造价的合理性与准确性。为了确保它的编制质量，必须贯彻以下三大原则。

（1）社会平均水平原则。

建筑安装工程费用定额是与相应预算定额配套使用，合理确定工程造价的计价依据。因此，它的水平应与预算定额一致，即按社会平均水平来确定，反映社会必要劳动时间消耗。在实际中确定各费用的费率时，还应考虑两个因素：一是能及时、准确地反映企业技术和施工管理水平，有利于促进企业管理水平的提高；二是要考虑材料价格和人工费的变化因素。同时，还应严格执行国务院、财政部、人力资源部、社会保障部和各省、自治区、直辖市人民政府的有关规定。

（2）简明适用原则。

要结合建设工程的技术、经济特点和实际，认真分析各项费用的性质，理顺费用的项目划分，且项目划分要适当，费率要准确、合理，计算要简便适用。费率的划分，应按工程类别划分，实行同一工程、同一费率。

（3）灵活性与准确性相结合原则。

费用定额应实事求是，尽可能反映实际消耗水平。实际施工中必须发生的费用，必须予以考虑。防止“刮风给风钱、下雨给雨钱”的做法。在编制其他直接费用定额时，要充分考虑施工现场条件对工程造价的影响，从而制订出切合实际的费用项目与标准；在编制现场经费、间接费定额时，要充分考虑施工生产和经营者管理水平，要贯彻实事求是、勤俭节约的原则和有利于指导企业提高经营管理水平的原则，以及有利于提高企业竞争力的原则。

6.1.3 建筑工程计价程序

（1）以直接费为计算基础的计价程序见表6-1。

表6-1　以直接费为计算基础的计价程序表

序号	费用项目	计算方法	备注
（1）	分项直接工程量	人工费+材料费+机械费	
（2）	间接费	（1）×相应费率	
（3）	利润	[（1）+（2）]×相应利润率	
（4）	合计	（1）+（2）+（3）	
（5）	含税造价	（4）×[（1）+相应税率]	

（2）以人工费和机械费为计算基础的计价程序见表6-2。

表 6-2　以人工费和机械费为计算基础的计价程序表

序号	费用项目	计算方法	备注
(1)	分项直接工程量	人工费+材料费+机械费	
(2)	其中：人工费和机械费	人工费+机械费	
(3)	间接费	(2) ×相应费率	
(4)	利润	(2) ×相应利润率	
(5)	合计	(1) + (3) + (4)	
(6)	含税造价	(5) × [(1) +相应税率]	

(3) 以人工费为计算基础的计价程序见表 6-3。

表 6-3　以人工费为计算基础的计价程序表

序号	费用项目	计算方法	备注
(1)	分项直接工程量	人工费+材料费+机械费	
(2)	直接工程费中人工费	人工费	
(3)	间接费	(2) ×相应费率	
(4)	利润	(2) ×相应利润率	
(5)	合计	(1) + (3) + (4)	
(6)	含税造价	(5) × [(1) +相应税率]	

6.1.4　组织措施费计取标准摘要

(1) 安全文明施工措施费（包括环境保护、文明施工和安全施工费用）计取标准，见表 6-4。

表 6-4　安全文明施工措施费计取标准

按定额专业划分	计费基础	安全文明措施费/%
建筑工程	工料机费	1.20
装饰工程	工料机费	0.80
大型土石方及单独土石方工程、桩基工程、混凝土及木构件、金属构件制作安装工程	工料机费	0.55

注：1. 本费用计取标准为《江西省建筑安装工程费用定额（2004 年）》计取标准。
2. 获得江西省（市）安全文明样板工地的工程，按上述费率乘以系数 1.15 计算，竣工安全文明综合评价不合格的工程，按上述费率乘以系数 0.85 计算。
3. 计费程序中的组织措施费不包含安全文明施工措施费的内容，安全文明施工措施费单列，计入总价。

(2) 临时设施费计取标准，见表 6-5。

表 6-5　临时设施费计取标准

工程类别			计费基础	临时设施费/%
建筑工程		一类	工料机费	2.47
		二类		2.23
		三类		1.68
		四类		1.26
其中	桩基工程	一类	工料机费	2.04
		二类		1.83
		三类		1.38
	混凝土、木构件制作安装工程	一类	工料机费	1.92
		二类		1.73
		三类		1.30
		四类		0.98
	金属结构制作安装工程	一类	工料机费	1.64
		二类		1.47
		三类		1.11
		四类		0.83
大型土石方及单独土石方工程		机械施工	工料机费	1.84
		人工施工	人工费	3.65
装饰工程		一类	人工费	7.97
		二类		7.18
		三类		6.10
		四类		5.19

注：本费用计取标准为《江西省建筑安装工程费用定额（2004 年）》计取标准。

（3）检验试验费等六项组织措施费计取标准，见表 6-6。

表 6-6　检验试验费等六项组织措施费计取标准　　（单位:%）

计费基础		工料机费（建筑、机械土石方）	人工费（安装、人工土石方/装饰）
综合费率		1.75	8.72/7.00
其中	1. 检验试验费	0.25	1.25/1.00
	2. 夜间施工增加费	0.35	1.75/1.40
	3. 二次搬运费	0.35	1.75/1.40
	4. 冬、雨季施工增加费	0.25	1.25/1.40
	5. 生产工具用具使用费	0.35	1.75/1.40
	6. 工程定位、点交、场地清理费	0.20	1.00/0.80
	7. 其他组织措施费	—	—

注：本费用计取标准为《江西省建筑安装工程费用定额（2004年）》计取标准。

6.1.5　各项费用计取标准摘要

（1）企业管理费计取标准摘要（表 6-7）。

表 6-7　企业管理费计取标准

工程类别			计费基础	临时设施费/%
建筑工程		一类	工料机费	8.03
		二类		7.51
		三类		5.45
		四类		3.54
其中	桩基工程	一类	工料机费	6.21
		二类		5.87
		三类		4.52
	混凝土、木构件制作安装工程	一类	工料机费	5.84
		二类		5.59
		三类		4.33
		四类		3.10
	金属结构制作安装工程	一类	工料机费	4.59
		二类		4.52
		三类		3.58
		四类		2.51
大型土石方及单独土石方工程		机械施工	工料机费	4.90
		人工施工	人工费	11.40
装饰工程		一类	人工费	26.96
		二类		23.45
		三类		18.93
		四类		13.33

注：本费用计取标准为《江西省建筑安装工程费用定额（2004年）》计取标准。

（2）利润计取标准摘要（表 6-8）。

表 6-8　利润计取标准

工程类别		计费基础	利润/%
建筑工程	一类	工料机费	6.50
	二类		5.50
	三类		4.00
	四类		3.00

续表

工程类别			计费基础	利润/%
其中	桩基工程	一类	工料机费	6.25
		二类		5.25
		三类		3.75
	混凝土、木构件制作安装工程	一类	工料机费	6.00
		二类		5.00
		三类		3.50
		四类		2.50
	金属结构制作安装工程	一类	工料机费	5.75
		二类		4.75
		三类		3.25
		四类		2.25
大型土石方及单独土石方工程		机械施工	工料机费	4.50
		人工施工	人工费	7.00
装饰工程		一类	人工费	25.08
		二类		20.77
		三类		16.79
		四类		12.72

注：本费用计取标准为《江西省建筑安装工程费用定额（2004年）》计取标准。

(3) 规费计取标准摘要（表6-9）。

表6-9 规费计取标准 （单位:%）

计算基础		工料机费（建筑、机械土石方）	人工费（安装、人工土石方/装饰）
1. 社会保障费			
其中	(1) 养老保险费	3.25	21.67/16.25
	(2) 失业保险费	0.16	1.07/0.80
	(3) 医疗保险费	0.98	6.53/4.90
2. 住房公积金		0.81	5.40/4.05
3. 危险作业意外伤害保险		0.10	0.66/0.50
4. 工程排污费		0.05	0.33/0.25
1~4小计		5.35	35.66/26.75
5. 工程定额测定费		0.20	
6. 上级（行业）管理费		0.50（清单）10.6（定额）	

注：1. 本费用计取标准为《江西省建筑安装工程费用定额（2004年）》计取标准。
2. 表中工程定额测定费系数为非住宅工程系数；住宅工程系数为0.14；一项工程既有住宅建设又有非住宅建设，分别按不同标准计算。
3. 工程定额测定费、上级（行业）管理费不论建筑、装饰工程均以“工料机费”为计费基础，具体计算方法按计费程序规定。
4. 上级（行业）管理费中系数0.5适用于清单计价，系数0.6适用于定额计价。

（4）税金计取标准摘要（表6-10）。

税金包括营业税、城市建设维护税、教育费附加综合税率。

表6-10　税金计取标准

工程所在地 / 项目	市区	县城、镇	市区、县城或镇
	不含税工程造价		
综合税率/%	3.477	3.413	3.284

任务2　建筑工程费用计算程序表

建筑工程费用计算采用定额计价。

（1）以工料机费为基础的单位工程工程费用计算程序表，见表6-11。

表6-11　以工料机费为基础的单位工程工程费用计算程序表

序号	费用项目	计算方法
一	直接工程费	∑ 定额基价×相应工程量
二	单价措施费	∑ 定额基价×相应工程量
三	总价措施费	（1）+（2）
1	安全防护、文明施工措施费	①+②
①	临时设施费	[（一）+（二）]×费率
②	环保、文明、安全施工费	[（一）+（二）+①+（2）+（六）+（七）+（八）]×费率
2	检验试验等六项费	[（一）+（二）]×费率
四	价差	价差×相应数量
五	估价	不含税
六	企业管理费	[（一）+（二）+（三）-②]×费率
七	利润	[（一）+（二）+（三）+（六）-②]×费率
八	规费	[（一）+（二）+（三）+（六）+（七）-②]×费率
九	其他费（不含税）	按规定计算
十	增值税（进项税额）	（3）+（4）+（5）+（6）

续表

序号	费用项目	计算方法
3	其中：材料费的进项税额	分类材料费×平均税率÷（1+平均税率）
4	机械费的进项税额	根据机械费组成计算进项税额
5	总价措施费的进项税额	总价措施费×平均税率÷（1+平均税率）
6	企业管理费的进项税额	企业管理费×平均税率÷（1+平均税率）
十一	增值税（销项税额）	［（一）+（二）+（三）+（四）+（五）+（六）+（七）+（八）+（九）-（十）］×11%
十二	总造价	（一）+（二）+（三）+（四）+（五）+（六）+（七）+（八）+（九）-（十）+（十一）

注：本费用程序为江西省营改增后建筑工程费用计算程序。

（2）以人工费为基础的单位工程工程费用计算程序表，见表 6-12。

表 6-12　以人工费为基础的单位工程工程费用计算程序表

序号	费用项目	计算方法
一	直接工程费	Σ定额基价×相应工程量（其中人工费为 A）
二	单价措施费	Σ定额基价×相应工程量（其中人工费为 B）
三	总价措施费	（1）+（2）（其中人工费为 $C=C_1+C_2$）
1	安全防护、文明施工措施费	①+②
①	临时设施费	［A+B］×费率（其中 15% 为人工费 C_1）
②	环保、文明、安全施工费	［（一）+（二）+①+（2）+（六）+（七）+（八）］×费率
2	检验试验等六项费	［A+B］×费率（其中 15% 为人工费 C_2）
四	价差	价差×相应数量
五	估价	不含税
六	企业管理费	［A+B+C］×费率
七	利润	［A+B+C］×费率
八	规费	［A+B+C］×费率
九	其他费（不含税）	按规定计算
十	增值税（进项税额）	（3）+（4）+（5）+（6）
3	其中：材料费的进项税额	分类材料费×平均税率÷（1+平均税率）
4	机械费的进项税额	根据机械费组成计算进项税额
5	总价措施费的进项税额	总价措施费×平均税率÷（1+平均税率）
6	企业管理费的进项税额	企业管理费×平均税率÷（1+平均税率）
十一	增值税（销项税额）	［（一）+（二）+（三）+（四）+（五）+（六）+（七）+（八）+（九）-（十）］×11%

续表

序号	费用项目	计算方法
十二	总造价	（一）+（二）+（三）+（四）+（五）+（六）+（七）+（八）+（九）+（十）+（十一）

注：1. 本费用程序为江西省营改增后建筑工程费用计算程序。

2. 技术措施项目视详列的人工、材料、机械耗用量，以每项“××元”表示的，或无工日耗用量的，以人工费为基础计取有关费用时，人工费按15%比例计算。

3. 组织措施费人工系数按15%计算。

任务3　建筑工程类别划分标准及说明

6.3.1　建筑工程类别划分标准

（1）建筑工程类别划分标准见表6-13。

表6-13　建筑工程类别划分标准

项目			单位	工程类别			
				一类	二类	三类	四类
工业建筑	单层	檐口高度	m	≥18	≥12	≥9	<9
		跨度	m	≥24	≥18	≥12	<12
	多层	檐口高度	m	≥27	≥18	≥12	<12
		建筑面积	m^2	≥6 000	≥4 000	≥1 500	<1 500
民用建筑	公共建筑	檐口高度	m	≥39	≥27	≥18	<18
		跨度	m	≥27	≥18	≥15	<15
		建筑面积	m^2	≥9 000	≥6 000	≥3 000	<3 000
	其他建筑	檐口高度	m	≥39	≥27	≥18	<18
		层数	层	≥13	≥18	≥15	<15
		建筑面积	m^2	≥10 000	≥7 000	≥3 000	<3 000
	烟囱（高度）	钢筋混凝土	m	≥1 000	≥50	<50	—
		砖	m	≥50	≥30	<30	—
	水塔	高度	m	≥40	≥30	<30	—
		容量	m^3	≥80	≥60	<60	—
	贮水（油）池	容量	m^3	≥1 200	≥800	<800	—
	贮仓	高度	m	≥30	≥20	<20	—

续表

项目		单位	工程类别			
			一类	二类	三类	四类
桩基	按工程类别划分说明第 11 条执行					
炉窑砌筑工程					专业炉窑	其他炉窑

注：1. 工程类别划分标准为《江西省建筑安装工程费用定额（2004年）》建筑安装工程类别划分标准。

2. 工程类别划分标准具有地方特点，例如，对于“工业建筑”有些省份还按“吊车吨位”考虑。计取标准数据也有差异。

（2）装饰工程类别划分标准。

①公共建筑的装饰工程按相应建筑工程类别划分标准执行。其他装饰工程按建筑工程相应类别降低一类执行，但不低于四类。

②局部装饰工程（装饰建筑面积小于总建筑面积 50%）按第①条规定，降低一类执行，但不低于四类。

③仅进行金属门窗、塑料门窗、幕墙、外墙饰面等局部装饰的工程按三类标准执行。

④除一类工程外，有特殊声、炮、超净、恒温要求的装饰工程，按原标准提高一类执行。

6.3.2 建筑工程类别划分说明

（1）工程类别划分根据不同的单位工程，按其繁简、施工难易程度，根据江西省建筑市场历年来实际施工项目，并结合企业资质等级标准确定。

（2）一个单位工程由几种不同的工程类别组成时，其工程类别按从高到低合计占总建筑面积为 50% 时的工程类别确定。

（3）凡有钢筋混凝土地下室的单位工程（不含半地下室），且地下室建筑面积占底层建筑面积的 60% 以上，其工程类别按其单位工程类别（除一类工程外）增高一级执行。

（4）建筑物高度是指设计室外地面至檐口滴水高度（不包括女儿墙，高出屋面的电梯间、楼梯间、水箱间、塔间、塔楼、屋面天窗等的高度）；构筑物高度是指设计室外地面至构筑物顶面高度；跨度是指轴线之间的宽度。大于标准层面积 50% 的顶层计算高度和层数。

（5）工业建筑工程：指从事物质生产和直接为生产服务的建筑工程，主要包括生产（加工）车间、实验车间、仓库，科研单位独立实验室、化验室，民用锅炉房和其他生产用建筑工程。

（6）公共建筑工程：指为满足人们物质文化生活需要和进行社会活动而建设的非生产性建筑物，如办公楼、教学楼、图书馆、医院、宾馆、商场、车站、影剧院、礼堂、体育馆、纪念馆等以及相关类似的工程。除此以外为其他民用建筑工程。

（7）构筑物工程：指与工业和民用建筑工程相配套且独立于工业和民用建筑工程的工

程，主要包括烟囱、水塔、仓类、池类等。

（8）桩基础工程：指天然地基上的浅基础不能满足建筑物、构筑物的稳定性要求时而采用的一种深基础，主要包括各种现浇和预制柱。其单项取费只适用于单独承担桩基础施工的工程。

（9）大型土石方工程和单独土石方工程：指单独编制概（预）算或一个单位工程内挖方或填方（不能挖、填相加）在4 000m^{3}以上的土石方工程。

（10）框、排架结构不低于三类工程取费。锯齿形屋架厂房，按二类工程取费。锅炉房单机蒸发量大于等于20t或总蒸发量大于等于50t时执行一类工程取费，小于以上蒸发量时分别以檐高或跨度为准。单独地下停车场、地下商场执行一类工程取费。冷库工程执行一类工程取费。造型相似的普通别墅群执行四类工程取费，造型独特的单个别墅执行三类工程取费。

（11）混凝土、木构件制作安装工程，金属结构制作安装工程类别划分按附属的建筑工程类别划分标准执行。人工挖孔桩按三类工程取费，其他桩基工程类别划分按相应的建筑工程类别划分标准执行，但不低于三类工程取费。

（12）与建筑物配套的零星项目，如化粪池、检查井、地沟等按相应的主体建筑工程类别等级标准确定。围墙按建筑工程四类取费标准计取费用。

（13）同一工程类别中有几个指标时，以符合其中一个指标为准。

（14）工程类别标准中未包含的特殊工程类别，由各地、市工程造价管理部门根据具体情况预先选定，并附工程详细资料报省造价管理站审批后确定。

任务4　建筑工程项目适用范围

建筑工程项目适用于一般工业与民用建筑新建、扩建、改建工程的永久性和临时性的房屋及构筑物，也适用于炉窑砌筑工程和设备基础、围墙、管道沟等工程，以及附属上述单位工程内挖方或填方在4 000m^{3}以上的土石方工程。其包括以下工程。

（1）桩基工程。

桩基工程适用于单独承担各种桩基工程（含制、运、安、打），也适用于分包单位向总包单位的结算。

①混凝土预制构件、木构件制作安装工程。其适用于单独承担各种混凝土预制构件和木构件的制作安装工程，也适用于分包单位向总包单位的结算。

②金属结构制作安装工程。其适用于单独承担一般建筑工程中的金属构件的柱、梁、吊车梁、屋架、屋架梁、拉撑杆、平台、走台、操作台、楼梯、栏杆、楼板、门窗等的制作安装工程，也适用于分包单位向总包单位的结算。

（2）大型土石方及单独土石方工程。

其适用于单独编制概（预）算的土石方工程，如运动场、机场、游泳池、人工湖（河）、场地平整等所发生的挖、填土石方，或附属在一个单位工程内挖方或填方量（不得挖、填相加）在4 000m^3 以上的土石方工程。

（3）装饰工程。

其适用于一般建筑工程的装饰工程，也适用于单独承担的装饰工程及分包单位向总包单位的结算（包括新建工程的装饰和二次装修）。

任务5 江西省建筑业营改增后现行建设工程计价规则和依据调整办法

6.5.1 调整原则

遵循增值税“价税分离”的税制要求和维持营改增前后建设工程项目费用水平基本不变的思路，对江西省现行建设工程计价定额基价、取费标准、计费程序基本不做调整，对包含在材料费、机械费、总价措施费和企业管理费中可抵扣的进项税额从含税造价中扣除，在扣除税价的基础上计算增值税（销项税额），进而形成增值税下的工程总造价［工程总造价=税前工程总造价×（1+11%）］。考虑到增值税的价外税属性，将附加税（城市建设维护税、教育费附加、地方教育费附加）放入企业管理费中。

6.5.2 调整方法

本办法按照增值税一般计税方法的税制要求，对现行建设工程计价定额的计算规则和依据进行调整，把包括在材料费、机械费、总价措施费和企业管理费中的进项税额扣除，具体方法如下。

6.5.2.1 材料费

（1）材料单价按运到施工现场交货的情况考虑，其费用包括原价、运杂费和场外运输损耗费，另加采保费。材料费中包括的进项税额按下列公式计算：

$$C_{\triangle}=C_{b}\cdot\frac{T}{1+T}$$

式中 $C_{\triangle}$——材料费中可抵扣进项税额；

C_{b}——含税材料费；

T——材料适用的平均税率，详见表6-14。

表6-14 材料适用的平均税率

序号	材料种类	增值税适用税率或征收率/%	平均税率或征收率/%
1	砖、瓦、石灰、砂、土、石、商品水泥混凝土、自来水	3	3.04

续表

序号	材料种类	增值税适用税率或征收率/%	平均税率或征收率/%
2	苗木、原木、各类农业产品、图书、报纸、杂志	13	12.77
3	有色金属、不锈钢制品	17	16.85
4	其他材料（设备）	17	16.66
5	其他材料费		15.00

注：其中采保费按照江西省规定费率，保持现有水平不变，其中考虑30%含有可扣进项税额，税率按17%计。

（2）材料差价按含税价格调整。材料市场信息价按含税价及相应增值税率发布。

6.5.2.2 机械费

现行定额机械台班单价由折旧费、大修费、经常修理费、安拆费及场外运输费、台班人工费、台班燃料动力费组成，其中可抵扣进项税额按表6-15方法及适用增值税率计算。

表6-15 机械费调整方法及适用税率

序号	施工机具台班单价	调整方法及适用税率
1	机械台班单价	
1.1	折旧费	以购进货物适用的税率17%计算抵扣进项税额
1.2	大修费	以接受修理修配劳务适用的税率17%计算抵扣进项税额
1.3	经常修理费	考虑部分外修和购买零配件费用（按该项费用的70%考虑），以接受修理修配劳务和购进货物适用的税率17%计算抵扣进项税额
1.4	安拆费及场外运输费	按自行安拆、运输考虑，不予扣减
1.5	台班人工费	组成内容为工资总额，不予扣减
1.6	台班燃料动力费	以购进货物适用的相应税率或征收率扣减，其中自来水税率征收率为3%，其他燃料动力以适用税率17%计算抵扣进项税额
2	其他机械费	现行定额项目中的其他机械费按15%的平均税率计算可抵扣进项税额

6.5.2.3 总价措施费

总价措施费是指在现行费用定额中按费率计算的措施费用，如安全文明施工费、夜间施工增加费、检验试验费等按费率计算的费用。其综合税率按以下规定计算可抵扣的进项税额。

（1）安全文明施工费、检验试验费等六项措施费按6%的平均税率计算可抵扣的进项税额。

（2）以系数计算的项目费用（如安装工程中的脚手架搭拆费等）按平均税率4%计算可抵扣的进项税额。

6.5.2.4 企业管理费

（1）现行企业管理费包括12项费用。其中办公费、固定资产使用费、工具用具使用费等3项内容包含可抵扣的进项税额。其可抵扣的进项税额按平均税率2.25%计算。

（2）由于增值税价外税的属性，附加税（城市建设维护税、教育费附加、地方教育费附加）放在增值税后计算已不合适，因此将其纳入企业管理费中计算，附加税无可抵扣进项税额。各专业定额企业管理费（间接费）增加一项附加税，其增加费率见表6-16。

表6-16 企业管理费增加（附加税）费率

<table>
<tr><th colspan="4">工程类别</th><th>取费基数</th><th>增加费率/%</th></tr>
<tr><td colspan="2" rowspan="12">建筑工程</td><td rowspan="3">一类</td><td>在市区</td><td rowspan="12">工料机费</td><td>0.628</td></tr>
<tr><td>在县城、镇</td><td>0.521</td></tr>
<tr><td>不在市区、城、镇</td><td>0.314</td></tr>
<tr><td rowspan="3">二类</td><td>在市区</td><td>0.622</td></tr>
<tr><td>在县城、镇</td><td>0.516</td></tr>
<tr><td>不在市区、城、镇</td><td>0.311</td></tr>
<tr><td rowspan="3">三类</td><td>在市区</td><td>0.607</td></tr>
<tr><td>在县城、镇</td><td>0.504</td></tr>
<tr><td>不在市区、城、镇</td><td>0.304</td></tr>
<tr><td rowspan="3">四类</td><td>在市区</td><td>0.596</td></tr>
<tr><td>在县城、镇</td><td>0.496</td></tr>
<tr><td>不在市区、城、镇</td><td>0.298</td></tr>
<tr><td rowspan="9">其中</td><td rowspan="9">桩基工程</td><td rowspan="3">一类</td><td>在市区</td><td rowspan="9">工料机费</td><td>0.534</td></tr>
<tr><td>在县城、镇</td><td>0.443</td></tr>
<tr><td>不在市区、城、镇</td><td>0.267</td></tr>
<tr><td rowspan="3">二类</td><td>在市区</td><td>0.529</td></tr>
<tr><td>在县城、镇</td><td>0.439</td></tr>
<tr><td>不在市区、城、镇</td><td>0.265</td></tr>
<tr><td rowspan="3">三类</td><td>在市区</td><td>0.527</td></tr>
<tr><td>在县城、镇</td><td>0.437</td></tr>
<tr><td>不在市区、城、镇</td><td>0.264</td></tr>
</table>

续表

工程类别				取费基数	增加费率/%
其中	混凝土、木构件制作安装工程	一类	在市区	工料机费	0. 508
			在县城、镇		0. 422
			不在市区、城、镇		0. 254
		二类	在市区		0. 503
			在县城、镇		0. 417
			不在市区、城、镇		0. 252
		三类	在市区		0. 498
			在县城、镇		0. 413
			不在市区、城、镇		0. 249
		四类	在市区		0. 493
			在县城、镇		0. 409
			不在市区、城、镇		0. 247
	金属结构件制作安装工程	一类	在市区		0. 443
			在县城、镇		0. 368
			不在市区、城、镇		0. 222
		二类	在市区		0. 438
			在县城、镇		0. 364
			不在市区、城、镇		0. 219
		三类	在市区		0. 433
			在县城、镇		0. 359
			不在市区、城、镇		0. 217
		四类	在市区		0. 427
			在县城、镇		0. 354
			不在市区、城、镇		0. 214
大型土石方及单独土石方工程	机械施工		在市区	工料机费	0. 589
			在县城、镇		0. 489
			不在市区、城、镇		0. 295
	人工施工		在市区	人工费	0. 622
			在县城、镇		0. 516
			不在市区、城、镇		0. 311

续表

工程类别			取费基数	增加费率/%
装饰工程	一类	在市区	人工费	2.100
		在县城、镇		1.743
		不在市区、城、镇		1.050
	二类	在市区		2.070
		在县城、镇		1.718
		不在市区、城、镇		1.035
	三类	在市区		2.030
		在县城、镇		1.685
		不在市区、城、镇		1.015
	四类	在市区		2.000
		在县城、镇		1.660
		不在市区、城、镇		1.000
安装工程	一类	在市区	人工费	4.400
		在县城、镇		3.652
		不在市区、城、镇		2.200
	二类	在市区		4.370
		在县城、镇		3.627
		不在市区、城、镇		2.185
	三类	在市区		4.310
		在县城、镇		3.577

6.5.3 其他规定

（1）依据计价规则和调整原则，对增值税下工程造价的计算程序及表格需做相应调整，具体由江西省建设工程造价管理局承担发布。

（2）材料（设备）暂估价先按含税价计入综合单价，然后按本办法计算可抵扣进项税额，进行除税；专业工程暂估价应为营改增后的工程造价。

自主练习

单项选择题。

1. 某二层框架结构厂房檐高 7.2m，建筑面积为 900m²，其建筑工程与装饰工程取费标准分别为（　　）。

A. 建筑工程三类，装饰工程三类　　B. 建筑工程三类，装饰工程四类

C. 建筑工程四类，装饰工程四类　　D. 建筑工程四类，装饰工程三类

2. 下列费用不属于组织措施费的是（　　）。

A. 检验试验费　　B. 夜间施工增加费

C. 冬雨季施工增加费　　D. 垂直运输费

3. 某纪念馆，其建筑工程按三类工程取费，其装饰工程装饰建筑面积大于总建筑面积的50%，其装饰工程取费标准为（　　）。

A. 三类　　B. 四类　　C. 二类　　D. 一类

4. 2004年江西省费用定额中建筑工程管理费的计费基础是（　　）。

A. 工料机费　　B. 措施费中的人工费

C. 措施费　　D. 直接费中的人工费

5. 下列不属于规费的是（　　）。

A. 工程排污费　　B. 社会保障费

C. 住房公积金　　D. 夜间施工费

6. 下列项目属于直接工程费的是（　　）。

A. 人工费　　B. 组织措施费

C. 企业管理费　　D. 利润

7. 建筑物施工增加费适用于建筑物檐高（　　）以上的工程。

A. 20m　　B. 25m　　C. 30m　　D. 35m

参考文献

[1] 中国建筑标准设计研究院 . 11G101-1 混凝土结构施工图平面整体表示方法制图规则和构造详图（现浇混凝土框架、剪刀墙、梁、板）[M] . 北京：中国计划出版社，2011.

[2] 江西省建设工程造价管理站 . 江西省建筑工程消耗量定额及统一基价表（2004年）[M] . 长沙：湖南科技出版社，2004.

[3] 上官子昌 . 11G101-1 图集应用：平法钢筋算量 [M] . 北京：中国建筑工业出版社，2012.

[4] 袁建新 . 建筑工程量计算 [M] . 北京：中国建筑工业出版社，2010.

[5] 蒋晓燕 . 建筑工程计量与计价 [M] . 2 版 . 北京：人民交通出版社，2012.

[6] 胡洋，孙旭琴，李清奇 . 建筑工程计量与计价 [M] . 南京：南京大学出版社，2012.

建 筑 设 计 说 明

一般规定

一、工程概况

1.建设地址

本工程为江西省国防工办六二零单位总装工房多层框架结构，生产危险性等级为丁类。

2.设计依据

（1）政府主管部门对本工程建设的批准文号和主要精神.

（2）经政府主管部门审查批准和经建设单位审查同意的最后方案.

（3）建设单位提供的建设场地测量图和工程地质勘测报告.

（4）主管部门和建设单位对本工程设计的特殊要求.

（5）国家颁布现行的有关设计规范,规程和规定.

3.技术经济指标

占地面积: 702.56m^2　　总建筑面积: 1180.92m^2

层数: 二层　　建筑分类: 车间

耐火等级: 二级　　建筑高度: 7.950m

二、总平面布置

本子项总平面布置位置另详见总图

三、建筑施工质量的要求

本工程必须遵照国家颁布现行的建筑施工安装及验收规范和有关规定进行施工,确保建筑施工质量.

四、对建筑材料的选用

本工程所采用的建筑材料必须是符合国家有关部门分析检测合格的产品,所有防火材料和构配件必须提供析验报告, 并需经过省. 市消防部门审定为合格者方可采用. 本工程的主要装修材料和构配件的饰面材料应事先做出样品, 经设计师会同建设单位研究决定后再行施工.

五、图纸会审

本工程在施工前施工单位和建设单位必须对各专业施工图进行联合会审, 如发现问题应按照设计单位提交的修改通知书进行施工.

六、预留、预埋

施工中凡与设备专业有关的部位,必须按设备专业施工图要求做好留洞,沟,井和预埋,预留工作,不得在施工完后随意开槽打洞, 以免影响工程质量, 土建图与设备专业图纸有矛盾时应事先与有关设计人员联系,取得一致后方可施工.

七、选用标准图和尺寸单位

本工程建筑施工图除图中特殊标明外, 所选用的大样均为省编和华东协编建筑标准设计图集构造号.图中尺寸除特殊标明外, 标高以m为单位其他尺寸均以mm为单位.

八、开工及使用前的审查

本工程在开工前和建成投入使用前都必须得到当地消防主管部门审查批准.

九、 当建筑设计说明与施工详图有矛盾时, 应以说明为准, 未经设计单位和职业建筑师同意, 自行修改设计并施工后产生不良后果, 由决定修改人承担全部责任.

工程做法

一、屋面工程

1. 屋面 :采用有组织排水,屋面做法详建施3, 屋面防水等级为Ⅲ级。
2. 屋面泛水详建施3。
3. 本工程屋面采用ø100PVC水落管。

二、墙体工程

1. 本工程建筑墙体±0.000 以下采用Mu10烧结多孔砖, M5.0 水泥砂浆砌筑, ±0.000 以上采用Mu10 烧结多孔砖, M5 混合砂浆砌筑。墙体厚度除注明外, 均采用240 厚。除注明外, 轴线均以墙中定位。未注明门垛均为120 .
2. 本工程墙体所有的砌块和砂浆标号, 墙体中钢筋混凝土承重柱和构造柱, 墙体门窗洞口和预留洞口的过梁, 墙体与混凝土柱拉接, 屋面砖砌山花的钢筋混凝土梁柱, 砖砌女儿墙中钢筋混凝土立柱等构造做法均详见结施图, 建施图仅作示意.
3. 本工程墙体在相对室内-0.06m标高处, 用25厚掺5%防水粉的1: 2水泥砂浆作水平防潮层.
4. 所有墙体门洞阳角均用20厚1: 2水泥砂浆粉刷做1500高, 每边宽50半径25的隐形互角.

三、楼地面工程

1. 本工程楼地面标高均指建筑标高(若按毛坯房设计, 此标高为结构标高).
2. 在施工钢筋混凝土楼面时, 必须按照水施、电施设计图事先预埋和预留沟槽洞孔, 不得事后随意开槽打洞.

四、装修工程

1. 外墙: 所有外墙均采用20厚1: 2.5防水水泥砂浆粉底, 外墙打底后应刷封底涂料增强黏结力, 再刷两遍罩面涂料。(色彩详见立面图), 所有外饰先做试块, 经设计人员认可后大面积施工。
2. 内部装修。

   地面: 做法详见赣 01J301-27/14;

   内墙: 做法详见赣 02J802-7_a/28;

   天棚: 做法详见赣 02J802-1_b/53;

   踢脚板: 做法详见赣 01J301-1/63。
3. 本工程室内装修必须按《建筑内部装修设计防火规范》(GB50222—1995)有关规定进行设计装修和施工. 应采用难燃和不燃材料, 严禁采用燃烧时产生毒气的装修材料, 当少数部位不得不采用可燃材料装修时也必须采用经过阻燃处理的装饰材料, 严禁直接采用易燃、可燃材料进行装修; 以杜绝火灾隐患。

五、门窗工程

1. 本工程所采用的门窗种类、编号、名称、型号及洞口尺寸、数量等均详见本设计中的门窗一览表.
2. 本工程的所有木夹板门、塑钢门、防火门必须按照门窗表中所选用的门窗图集的有关要求进行制作、运输和安装, 确保门窗质量.
3. 本工程中所选的防火门除按相关图集制作安装外, 其成品必须得到消防主管部门检查合格的许可, 达不到相应防火标准的产品严禁在本工程中使用.
4. 本工程中门窗的强度、抗风性、水密性、气密性、平整度等技术要求均应达到国家有关规定; 平开门的安装位置平开启方向, 墙边立樘
5. 外窗用白塑钢无色玻璃窗, 其中外窗保温性能不低于建筑外窗保护性能分级的V级水平, 外窗空气渗透性能不低于Ⅲ级水平.

七、油漆

1. 除特殊说明外本工程木夹板门、楼梯间硬木扶手等木构件均刷浅黄色(或浅栗壳色)树脂漆二道.
2. 本工程所有木构件与砖墙及混凝土梁柱接触处, 均刷防腐漆一度防腐.
3. 本工程埋入砖墙和混凝土中的构件均刷防锈漆一度防锈, 所有配电箱、消火栓及所有外露铁件除特殊说明外, 均用防锈漆打底一度、表面刷调和漆二度、颜色宜为白色、浅黄色、浅绿色、尽量与环境色协调.

八、安全措施

1. 本工程所有楼梯栏杆和平台栏杆其净高不得小于1050.
2. 本工程防雷接地措施详见电施图.
3. 本工程中所有栏杆的竖杆空隙不得大于110, 而且不能有可供少儿爬踏的水平分隔, 以免造成伤亡事故.
4. 本工程中为保证不锈钢栏杆的强度, 其不锈钢壁厚不得小于3mm
5. 本工程中所有室内外二次装修工程均不得随意改变和破坏原有的承重结构。

九、室外构配件

1. 本工程中室外散水为900宽, 混凝土散水做法详见赣04J701-1/12。
2. 本工程中斜坡做法详见赣 04J701-1/5。
3. 外墙装修时干挂的门窗、窗套、线角、装饰柱和其它装饰构件, 均必须与墙体有牢固连结, 以免下落伤人.
4. 散水、坡道、台阶等与主体建筑之间设 20 宽变形缝, 缝底填沥青麻丝, 20厚PVC油膏嵌缝。
5. 室外工程须待主体建筑及室外管线施工完成后进行。

图 纸 目 录

图号	图纸名称	图纸规格
建施1	设计说明 图纸目录 门窗表	A2
建施2	底层平面图　二层平面图	A1
建施3	屋顶平面图　①～⑨立面图　⑨～①立面图　Ⓐ～Ⓓ立面图 1－1剖面图	A1

门 窗 表

类型	编号	洞口尺寸	图集代号	图集编号	数量	备注
门	M1	2400x3000			1	落地弹簧玻璃门，甲方自定作
	M2	1500x3000	98J741	PJM$_{2a}$-1530	4	平开夹板门
	M3	3600X4200			2	钢推拉门，甲方自定作
	M4	900X2100	98J741	PJM$_{2a}$-0921	20	平开夹板门
窗	C1	3600X2100	赣98J606	CST-3621	25	塑钢推拉窗
	C2	1200X2100	赣98J606	CST-1221	5	塑钢推拉窗
	C3	1500x2100	赣98J606	CST-1521	2	塑钢推拉窗

			建设单位				
			工程名称	总装工房			
院　长		审　核		图纸名称	设计说明 图纸目录 门窗表	阶段	施工
总设计师		校　对				图别	建筑
项目负责人		设　计				图号	1/3
专业负责人		注 册 师				比例	
						日期	

结构设计总说明

一、一般说明：

1.本工程名称为 江西省国防工办六二零单位总装工房 结构型式为二层框架结构。
本工程 结构安全等级为二级，设计合理使用年限为50年。

2.基本风压标准值：0.45kN/m^2；基本雪压标准值0.45kN/m^2；

3.全部尺寸单位除注明外，均以毫米（mm）为单位，标高则以米（m）为单位。
本工程所注标高均为结构标高。

4.本工程砌体施工质量控制等级为B级。

5.本工程应遵守现行国家标准及有关工程施工及验收规范、规程施工。

二、设计依据

（一）本施工图依据经业主认可的方案及有关批文进行设计。

（二）选用规范，技术标准及计算软件。

1. 《混凝土结构设计规范》 GB 50010—2010
2. 《建筑结构荷载规范》 GB 50009—2012
3. 《建筑抗震设计规范》 GB 50011—2010
4. 《建筑地基基础设计规范》 GB 50007—2011
5. 《砌体结构设计规范》 GB 50003—2011
6. 《混凝土结构施工图平面整体表示方法制图规则和构造详图》(11G101—1)
7. 《多孔砖砌体结构技术规范》 JGJ 137—2001
8. 《建筑桩基技术规范》 JGJ 94—2008
9. 建设单位提供的《江西国防科技园岩土工程勘察报告》
10. 中国建筑科学研究院PKPMCAD工程部设计软件PKPM。

三、抗震设计

1. 本工程按6度抗震设防，丙类建筑，场地类别为Ⅰ类。
2. 根据《建筑抗震设计规范》GB 50011—2010第5.1.6—1条规定，该工程不进行截面抗震验算，但应符合6度抗震设防的有关抗震措施要求，抗震等级四级。

四、楼面活荷载标准值取用如下：

标准层：2.5kN/m^2；

屋面活荷载标准值：不上人屋面为0.5kN/m^2；上人屋面为2.0kN/m^2；

装修荷载：≤1.0kN/m^2；

五、地基基础

本工程基础采用天然基础，依据 建设单位提供的《江西国防科技园岩土工程勘察报告》进行设计，持力层为粉质粘土层，承载力特征值f_{ak}=200kPa,其他施工要求详 结施2。

六、钢筋混凝土结构部分

1. 结构构件纵向受力筋保护层厚度（已注明者除外）。

结构部位或层别		标高	混凝土强度等级	混凝土保护层厚度/(mm)
	基础，基础梁		C25	40
	基础垫层		C15	
	上部梁、板、柱		C25	梁30；柱 30；墙、板20；

2. 纵向受拉钢筋的最小锚固长度la及抗震锚固长度laE:

钢筋类型（钢筋直径≤25） \ la	混凝土强度等级 C20	C25	C30	C35	≥C40
HRB235	31d	27d	24d	22d	20d
HRB335	39d	34d	30d	27d	25d
HRB400、RRB400	46d	40d	36d	33d	30d

抗震等级	laE
一级抗震	1.15la
二级抗震	1.15la
三级抗震	1.05la
四级抗震	la

普通钢筋强度设计值： HPB 235（Q235） Φ：f_y=210N/mm^2

HRB 335（20MnSi） Φ：f_y=300N/mm^2

HRB 400(20MnSiV.20MnSiNb.20MnTi) Φ：f_y=360N/mm^2

3. 构件开洞及补强：

（1）管线穿过楼板预留孔洞，当洞≤300X300或直径≤300mm时，板的受力钢筋绕过洞边不得切断，当800×800≥洞≥300X300或800≥直径≥300时，按本图一 进行加筋补强。

（2）孔边及轻质隔墙下板内加强筋应放置在板底。

（3）楼板洞安装管道后必须用比楼板高一标号混凝土堵实。

4. 建筑物外沿阳角的楼（屋面）板及檐口，其板面应设置板面主筋间距150的45°附加构造筋，详见图二。跨度大于4m的板，要求板跨中起拱 L/400。板分布筋，除结构图中注明外，均为Φ6@200.

5. 钢筋混凝土圈梁详平面图，配筋详大样，纵筋搭接长度为39d 在转角丁字交叉处加设连接钢筋详见图三。当圈梁被门窗洞口截断时，应在洞口上部增设相同截面的附加圈梁。附加圈梁与圈梁的搭接长度不应小于其中到中垂直间距的二倍，且不得小于1m。

七、砌体部分

1. 所有墙体未注明均为多孔黏土砖，砖标号均为MU10，砂浆标号为：±0.000以下采用M5.0水泥砂浆，厚240. ±0.00以上采用M5混合砂浆眠砌，并用水泥砂浆灌孔。

2. 钢筋混凝土构造柱位置详见结构平面图（GZX）构造柱须先砌墙后浇注，砌墙应砌成马牙槎。详见图四。砌墙时沿墙高每隔500设2Φ6 钢筋埋入墙内1000并与柱连接。若墙垛长不满足上述长度时，则伸入长度等于墙垛长，且末端弯直钩。构造柱上下两端700mm范围内箍筋加密间距为100mm. 构造柱可不单独设基础，但应伸入室外地面下500mm或与埋深小于500mm的基础梁相连。构造柱 型式及配筋见下表。

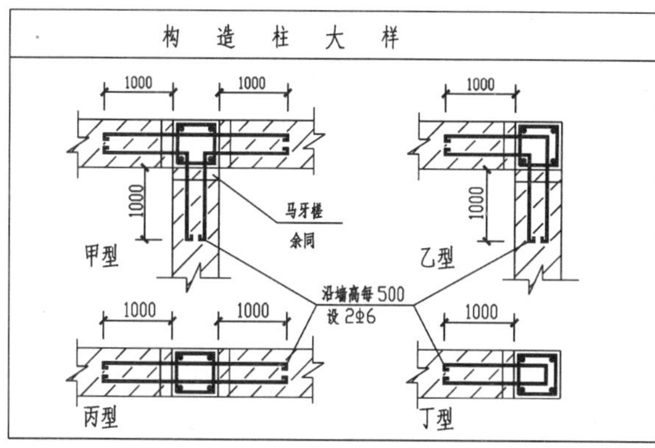

3. 内外墙交接未设构造柱处，沿墙高每隔500在灰缝内配2Φ6钢筋，每边伸入墙内1000，详见图五。

4. 填充墙墙高大于4m，需在墙体半高处设置与柱连接且沿墙全长贯通的钢筋砼水平系梁，该水平系梁梁宽 同填充墙墙厚，梁高为120mm，梁项纵筋2Φ12，梁底纵筋2Φ12，梁箍筋Φ6@200。此梁纵筋要锚入与之垂直的钢筋混凝土墙体或两端的混凝土柱内。

5. 当填充墙的水平长度大于5m时，中间以及独立墙端部加设构造柱GZ，构造柱位置详有关建施、结施布置图，其柱顶、柱脚应在主体结构中预埋4Φ12（伸出主体结构面500）。构造柱施工时需先砌墙后浇柱，柱的混凝土强度等级为C20，截面最小尺寸一般采用240墙厚，竖筋用4Φ12，箍筋用Φ6@200，墙与柱的拉结筋应在砌墙时沿墙高每隔500，预埋2Φ6伸入墙内不宜小于1000（且不应小于墙长的1/5），若墙垛长不满足上述长度时，则伸入长度等于墙垛长，且末端弯直钩。

6. 当洞顶离圈梁底小于钢筋混凝土过梁高度时，过梁与圈梁浇成整体，如图七所示。其余门窗洞顶除注明外，均采用钢筋混凝土过梁。

a. 当洞宽小于1200时，用钢筋砖过梁，梁底放3Φ8入支座长度大于370并弯直钩，用1:3水泥砂浆作保护层30厚，拱高取洞宽的1/4，用M10混合砂浆砌筑。

b. 洞宽为1200～1500时，用钢筋混凝土过梁，梁宽与墙厚同，梁高用120，底筋2Φ12，架立筋2Φ10，箍筋Φ6@200，梁的支座长度≥240。

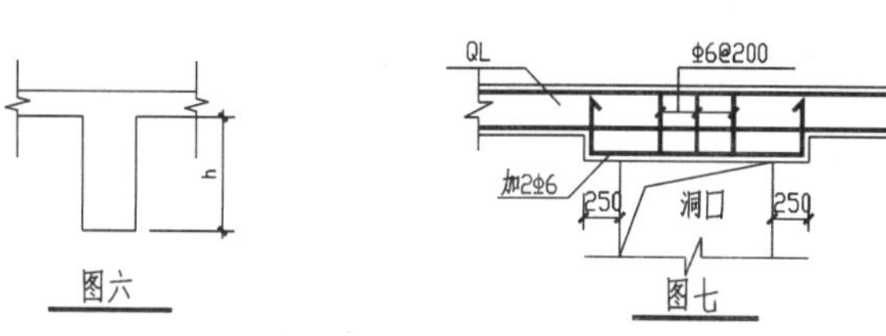

图六 图七

c. 门窗洞宽3000>L>1500者按赣99G791-GLXX-3-2施工。

f. 当洞边为混凝土柱时，须在过梁标高处的柱内预埋过梁钢筋，待施工过梁时，将过梁底筋及架立筋与之焊接。

八、6度地区砖房构造柱设置要求（除图中注明外）

房屋层数	设置部位	
四、五	外墙四角，错层部位横墙与外纵墙交接处，大房间内外墙交接处，较大洞口两侧	隔15m或单元横墙与外纵墙交接处
六、七		隔开间横墙（轴线）与外墙交接处，山墙与内纵墙交接处；
八		内墙（轴线）与外墙交接处，内墙的局部较小墙垛处

注：1.大房间指开间大于4.8m的房间；
2.较大洞口指洞口宽度>50%开间宽度的洞口。

九、其他：

1. 沉降观测
本工程应对建筑物在施工及使用过程中进行沉降观测并加以记录，沉降观测点沿建筑物周边布置间距20~30m. 若发现沉降异常请及时与设计单位联系。

2. 本图应配合建筑、水、电等专业图纸施工，设备管线需在楼板开洞或设预埋件时，应严格按施工图要求设置。在浇灌混凝土之前经检查符合设计要求后方可施工，孔洞不得后凿。图中未注明的细部尺寸详见其他专业施工图。

3. 未经技术鉴定或设计许可，不得改变结构的用途和使用环境。

4. 本图中除注明外，梁腹板高h≥450（见图六）的梁两侧沿高度配置纵向构造钢筋，间距不大于200。详见03G101-1，根数详相应梁配筋。

5. 凡本图未尽事宜请及时与设计单位联系。

6. 请严格地遵照国家有关现行规范执行。

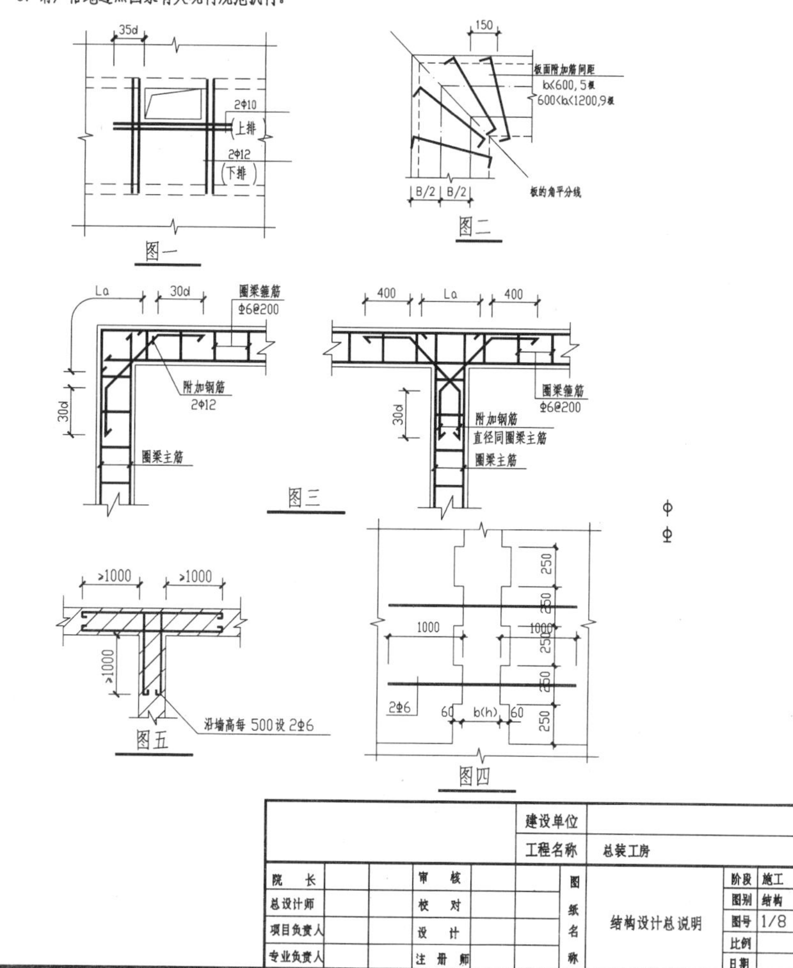

图一 图二 图三 图五 图四

建设单位				
工程名称	总装工房			
院长	审核	图纸名称	结构设计总说明	阶段 施工
总设计师	校对			图别 结构
项目负责人	设计			图号 1/8
专业负责人	注册师			比例
				日期

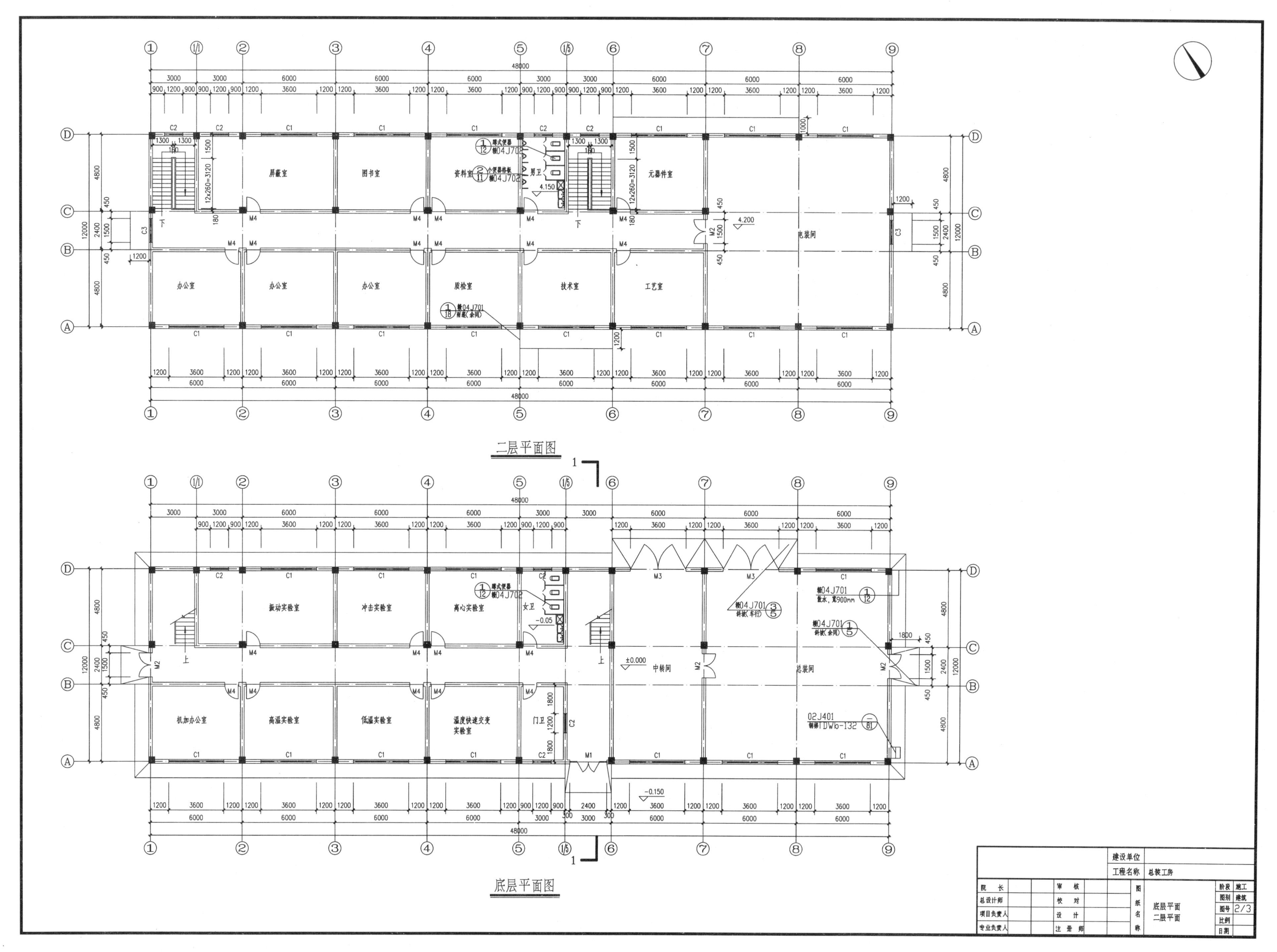

屏蔽室
图书室
资料室
男卫
元器件室
电装间
办公室
办公室
办公室
质检室
技术室
工艺室
二层平面图
振动实验室
冲击实验室
离心实验室
女卫
中转间
总装间
机加办公室
高温实验室
低温实验室
温度快速交变实验室
门卫
底层平面图
建设单位
工程名称
总装工房
院长
总设计师
项目负责人
专业负责人
审核
校对
设计
注册师
图纸名称
底层平面
二层平面
阶段
施工
图别
建筑
图号
2/3
比例
日期

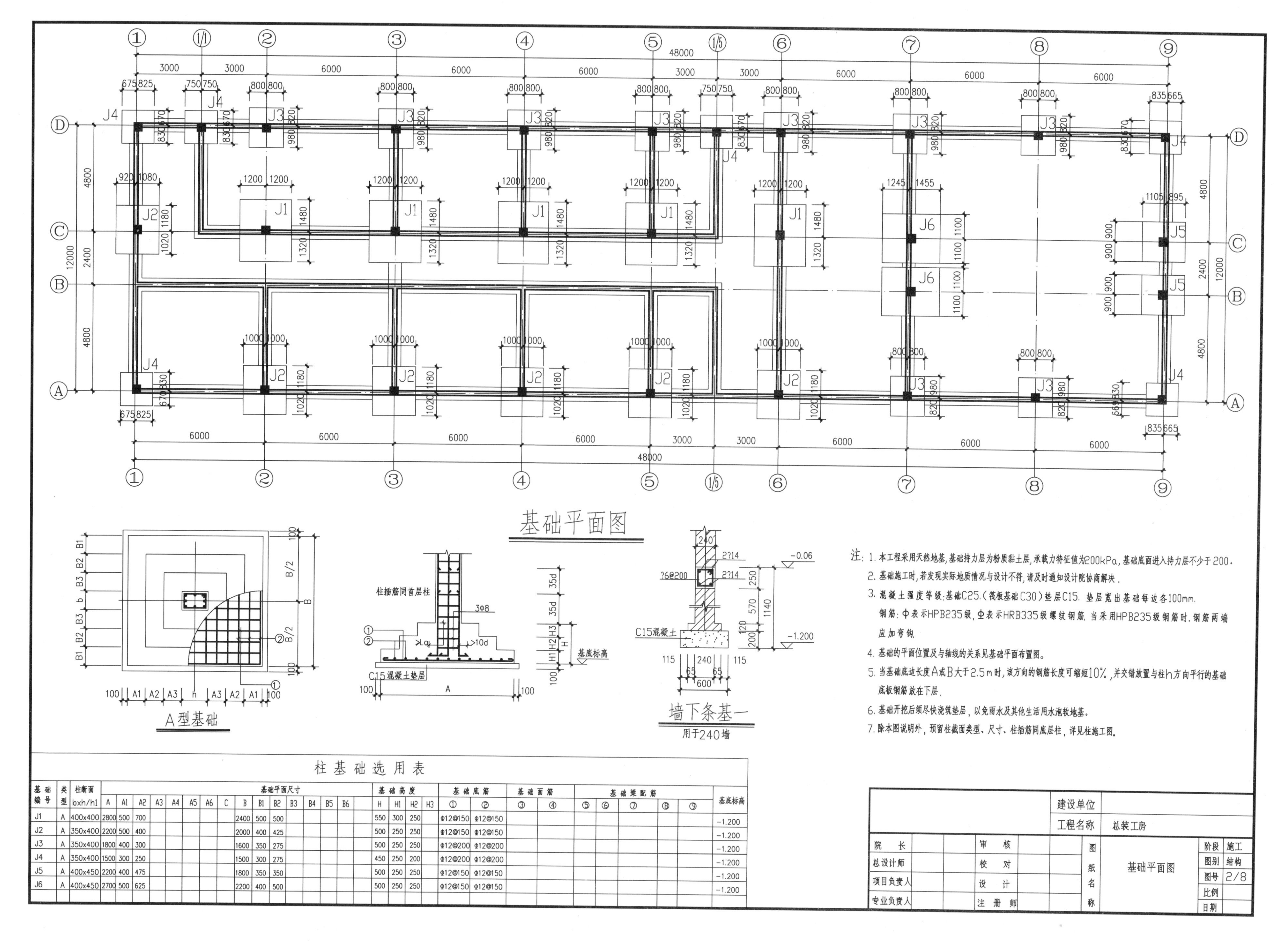

注：
1. 本工程采用天然地基，基础持力层为粉质黏土层，承载力特征值为200kPa，基础底面进入持力层不少于200.
2. 基础施工时，若发现实际地质情况与设计不符，请及时通知设计院协商解决.
3. 混凝土强度等级：基础C25.（筏板基础C30）垫层C15. 垫层宽出基础每边各100mm.
   钢筋：Φ表示HPB235级，Φ表示HRB335级螺纹钢筋. 当采用HPB235级钢筋时，钢筋两端应加弯钩.
4. 基础的平面位置及与轴线的关系见基础平面布置图。
5. 当基础底边长度A或B大于2.5m时，该方向的钢筋长度可缩短10%，并交错放置与柱h方向平行的基础底板钢筋放在下层.
6. 基础开挖后须尽快浇筑垫层，以免雨水及其他生活用水泡软地基。
7. 除本图说明外，预留柱截面类型、尺寸、柱插筋同底层柱，详见柱施工图。

柱基础选用表

基础编号	类型	柱断面	基础平面尺寸																基础高度				基础底筋		基础面筋		基础梁配筋					基底标高
		bxh/h1	A	A1	A2	A3	A4	A5	A6	C	B	B1	B2	B3	B4	B5	B6		H	H1	H2	H3	①	②	③	④	⑤	⑥	⑦	⑧	⑨	
J1	A	400x400	2800	500	700						2400	500	500						550	300	250		Φ12@150	Φ12@150								−1.200
J2	A	350x400	2200	500	400						2000	400	425						500	250	250		Φ12@150	Φ12@150								−1.200
J3	A	350x400	1800	400	300						1600	350	275						500	250	250		Φ12@200	Φ12@200								−1.200
J4	A	350x400	1500	300	250						1500	300	275						450	250	200		Φ12@200	Φ12@200								−1.200
J5	A	400x450	2200	400	475						1800	350	350						500	250	250		Φ12@150	Φ12@150								−1.200
J6	A	400x450	2700	500	625						2200	400	500						500	250	250		Φ12@150	Φ12@150								−1.200

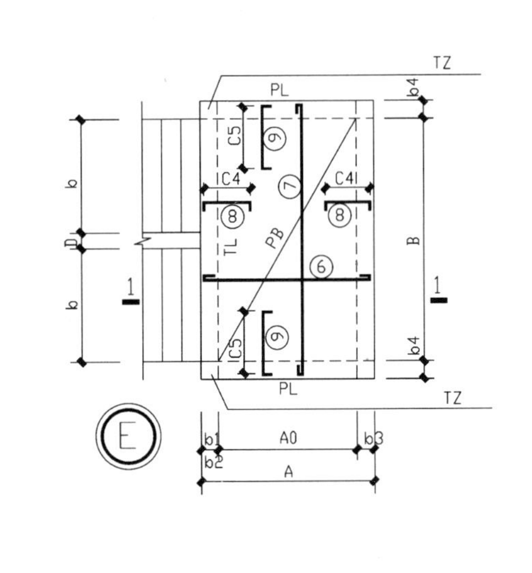

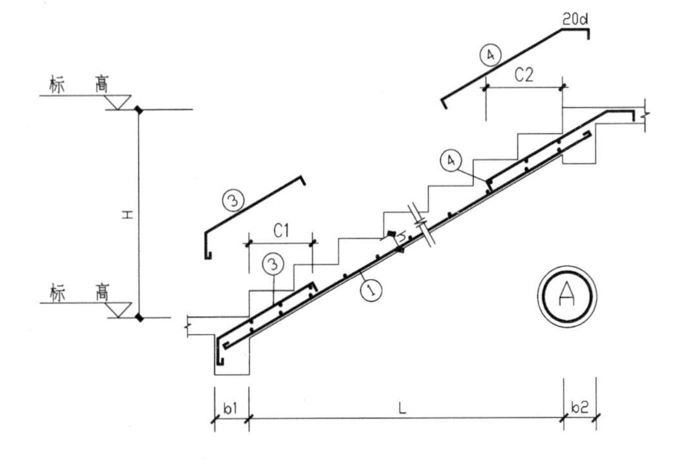

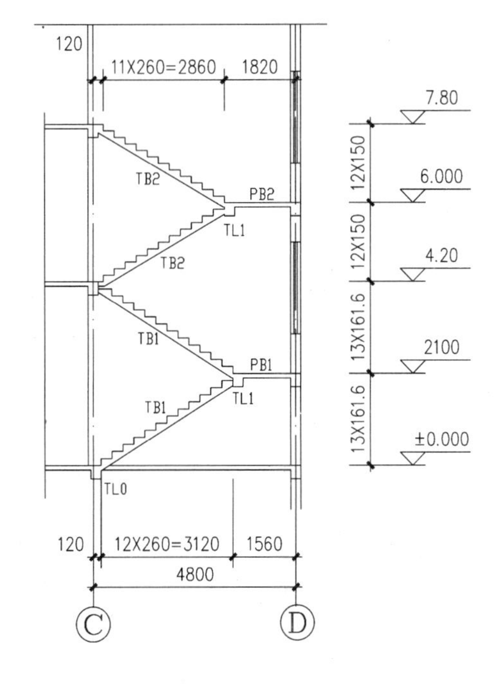

1#楼梯剖面图

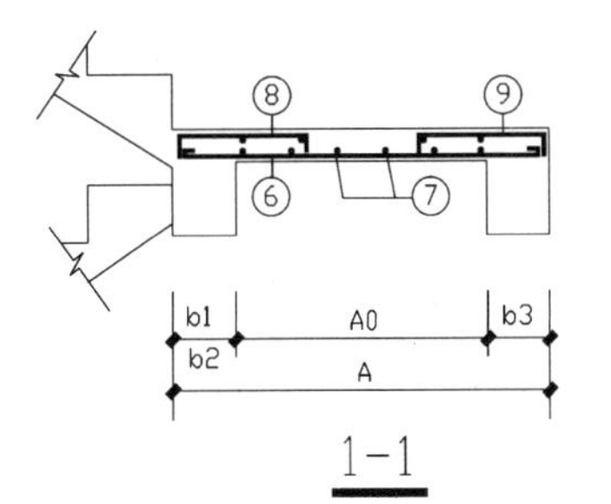

1-1

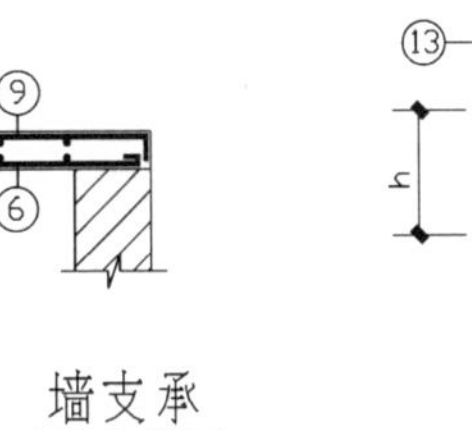

墙支承

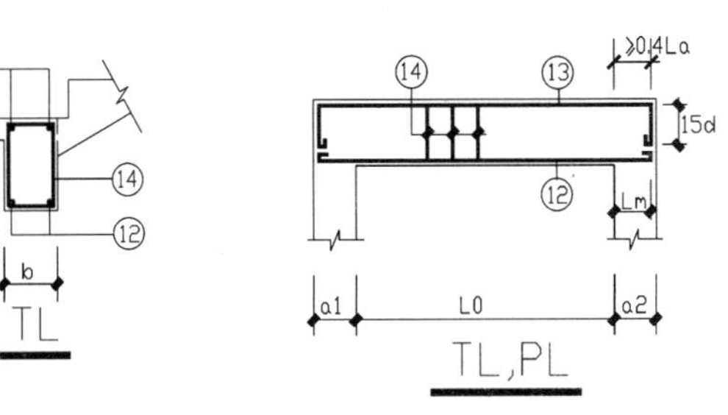

TL　　TL,PL

注：
1. 本梯表与楼层结构平面及建施楼梯大样同时使用.栏板（杆）构件及安装联结预埋件等详见建筑施工图。
2. 本梯表混凝土材料同相应楼层，钢筋为HPB235(Φ)级fy=210N/mm²。
   和HRB335(Φ)级fy=300N/mm²
3. 梯板底分布筋每步1Φ6，平台及其他部位分布筋Φ6@200
4. 板钢筋保护层20厚梁钢筋保护层30，柱钢筋保护层30.
5. 板支座负筋锚入梁内31d，(Ⅱ级钢时40d)，梁底筋伸入支座Lm为15d，梁支座负筋锚固长度La=40d，
   平台柱纵向钢筋上.下端锚固长度40d.
6. 当板厚t≥180时，应加设Φ8构造面筋，间距为③~⑤号筋间距两倍，搭接长度为31d.
7. 本图表尺寸单位为mm，标高为m。

梯段板 编号	标高	类型	断面 b•h	尺寸 D	L	L1	L2	H	级数	踏步尺寸 宽	高	支座尺寸 b1	b2	梯板配筋 ①	②	③	C1	④	C2	⑤	备注
TB1	楼梯剖面	A	1650X100	160	3120			2100	13	260	161	200	250	Φ12@150		Φ12@150	850	Φ12@150	850		
TB2	楼梯剖面	A	1650X90	160	3360			1800	120	260	150	200	250	Φ12@150		Φ12@150	800	Φ12@150	800		

平台柱配筋 编号	柱底标高	柱顶标高	b4×h2	⑩	⑪	备注
TZ	楼面	休息平台	250X250	4Φ14	Φ6@200	

平板 编号	标高	类型	断面 A×B	平台板尺寸 b1	b2	b3	b4	A0	h	h0	平台板配筋 ⑥	⑦	⑧	⑨	C4	C5	备注
PB1	详见楼梯剖面		1680X3240	200	200	250	250	1230	80		Φ8@150	Φ8@200	Φ8@200	Φ8@200	450	450	
PB2	详见楼梯剖面		1940X3240	200	200	250	250	1490	80		Φ8@150	Φ8@200	Φ8@200	Φ8@200	500	500	

楼梯梁 编号	标高	跨度 L0	断面 b•h	支座尺寸 a1	a2	配筋 ⑫	⑬	⑭	备注
TL0	0.00	2760	200X350	240	240	2Φ16	2Φ12	Φ8@200	
TL1	详见剖面图	2760	250X350	240	240	2Φ18	2Φ12	Φ8@200	
PL	休息平台	1680 1940	250X250	240	240	2Φ14	2Φ12	Φ8@200	

建设单位			
工程名称	总装工房		
院长	审核	图纸名称：楼梯大样图	阶段：施工
总设计师	校对		图别：结构
项目负责人	设计		图号：8/8
专业负责人	注册师		比例：
			日期：

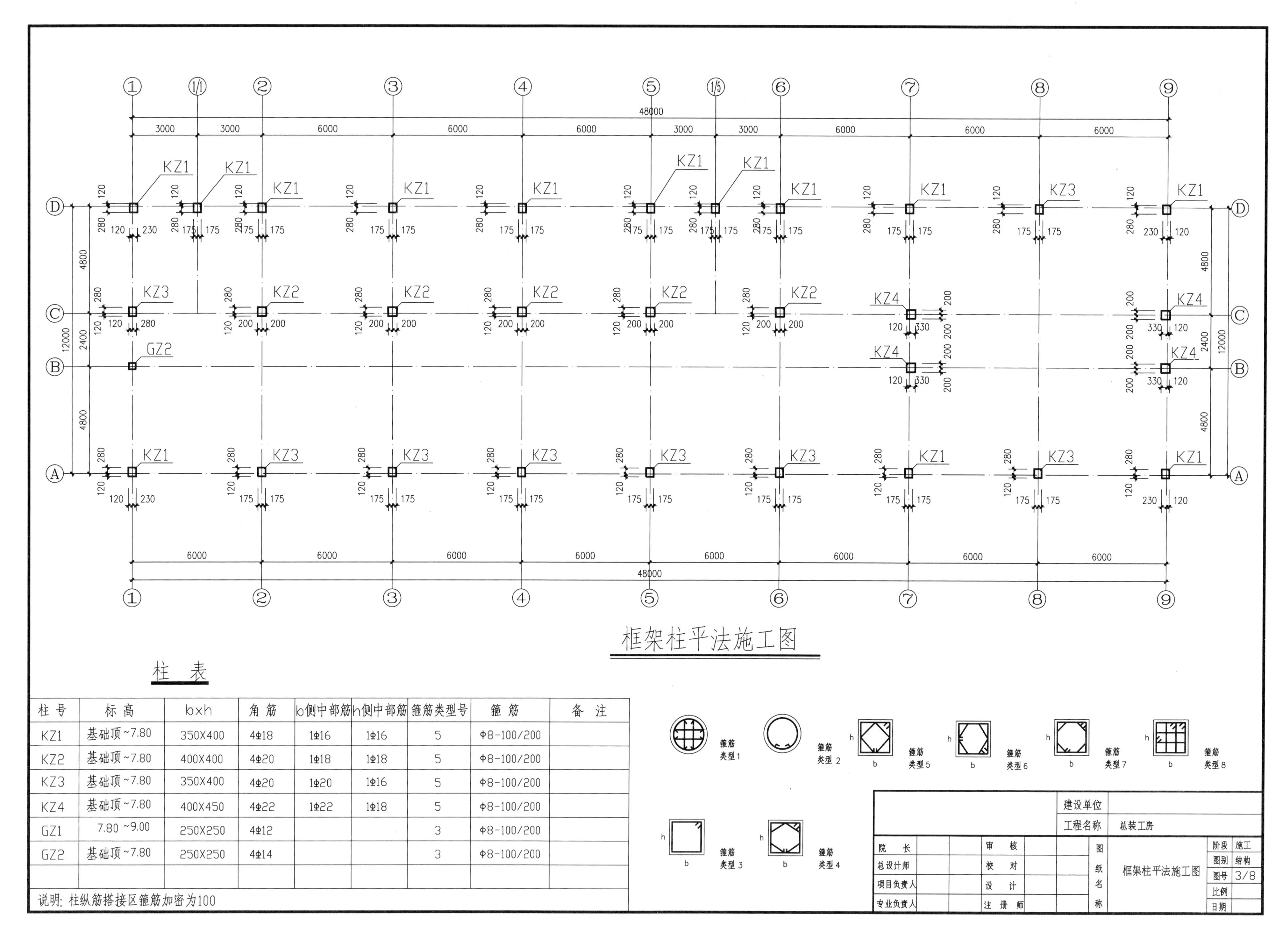

柱　表

柱号	标高	bxh	角筋	b侧中部筋	h侧中部筋	箍筋类型号	箍筋	备注
KZ1	基础顶~7.80	350X400	4Φ18	1Φ16	1Φ16	5	Φ8-100/200	
KZ2	基础顶~7.80	400X400	4Φ20	1Φ18	1Φ18	5	Φ8-100/200	
KZ3	基础顶~7.80	350X400	4Φ20	1Φ20	1Φ16	5	Φ8-100/200	
KZ4	基础顶~7.80	400X450	4Φ22	1Φ22	1Φ18	5	Φ8-100/200	
GZ1	7.80~9.00	250X250	4Φ12			3	Φ8-100/200	
GZ2	基础顶~7.80	250X250	4Φ14			3	Φ8-100/200	

说明: 柱纵筋搭接区箍筋加密为100

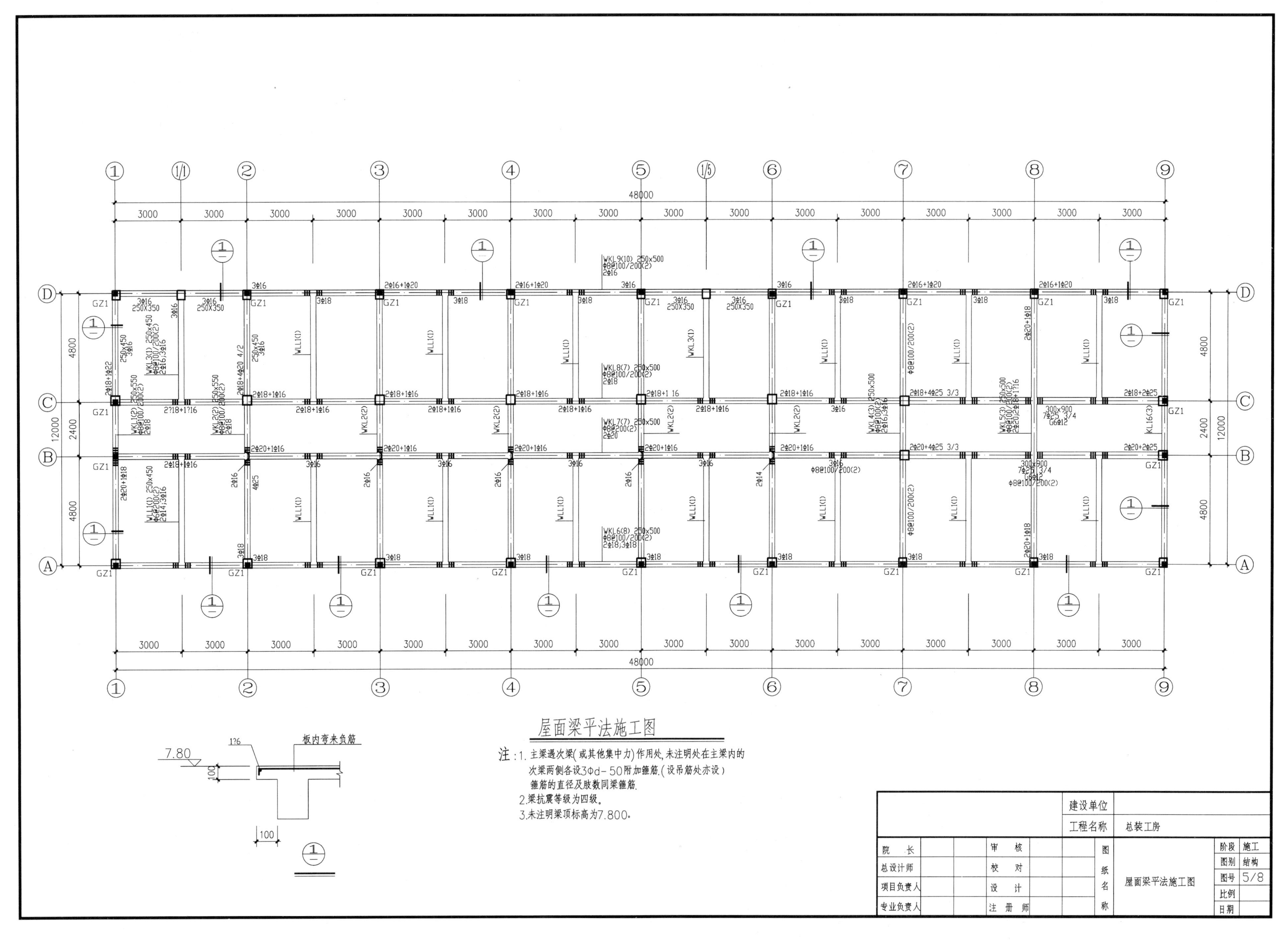
屋面梁平法施工图
注：1. 主梁遇次梁(或其他集中力)作用处，未注明处在主梁内的次梁两侧各设3Φd-50附加箍筋.(设吊筋处亦设)箍筋的直径及肢数同梁箍筋.
2.梁抗震等级为四级。
3.未注明梁顶标高为7.800。
板内弯来负筋
建设单位
工程名称
总装工房
院长
总设计师
项目负责人
专业负责人
审核
校对
设计
注册师
图纸名称
屋面梁平法施工图
阶段 施工
图别 结构
图号 5/8
比例
日期

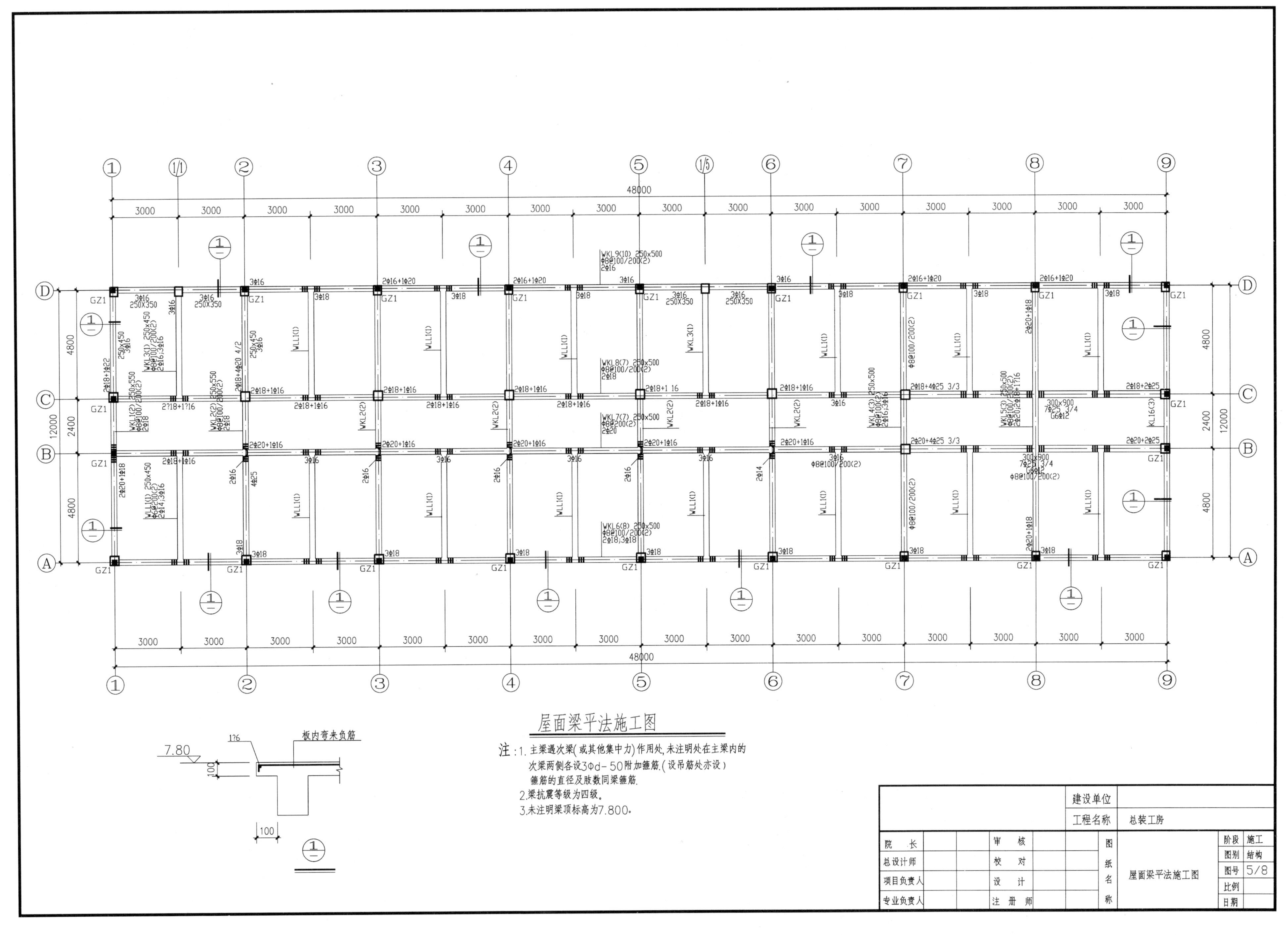
屋面梁平法施工图
注:1.主梁遇次梁(或其他集中力)作用处,未注明处在主梁内的
次梁两侧各设3Φd-50附加箍筋.(设吊筋处亦设)
箍筋的直径及肢数同梁箍筋.
2.梁抗震等级为四级.
3.未注明梁顶标高为7.800.
7.80
板内弯来负筋
100
100
建设单位
工程名称
总装工房
院 长
总设计师
项目负责人
专业负责人
审 核
校 对
设 计
注 册 师
图纸名称
屋面梁平法施工图
阶段 施工
图别 结构
图号 5/8
比例
日期
48000
12000
4800
2400
3000

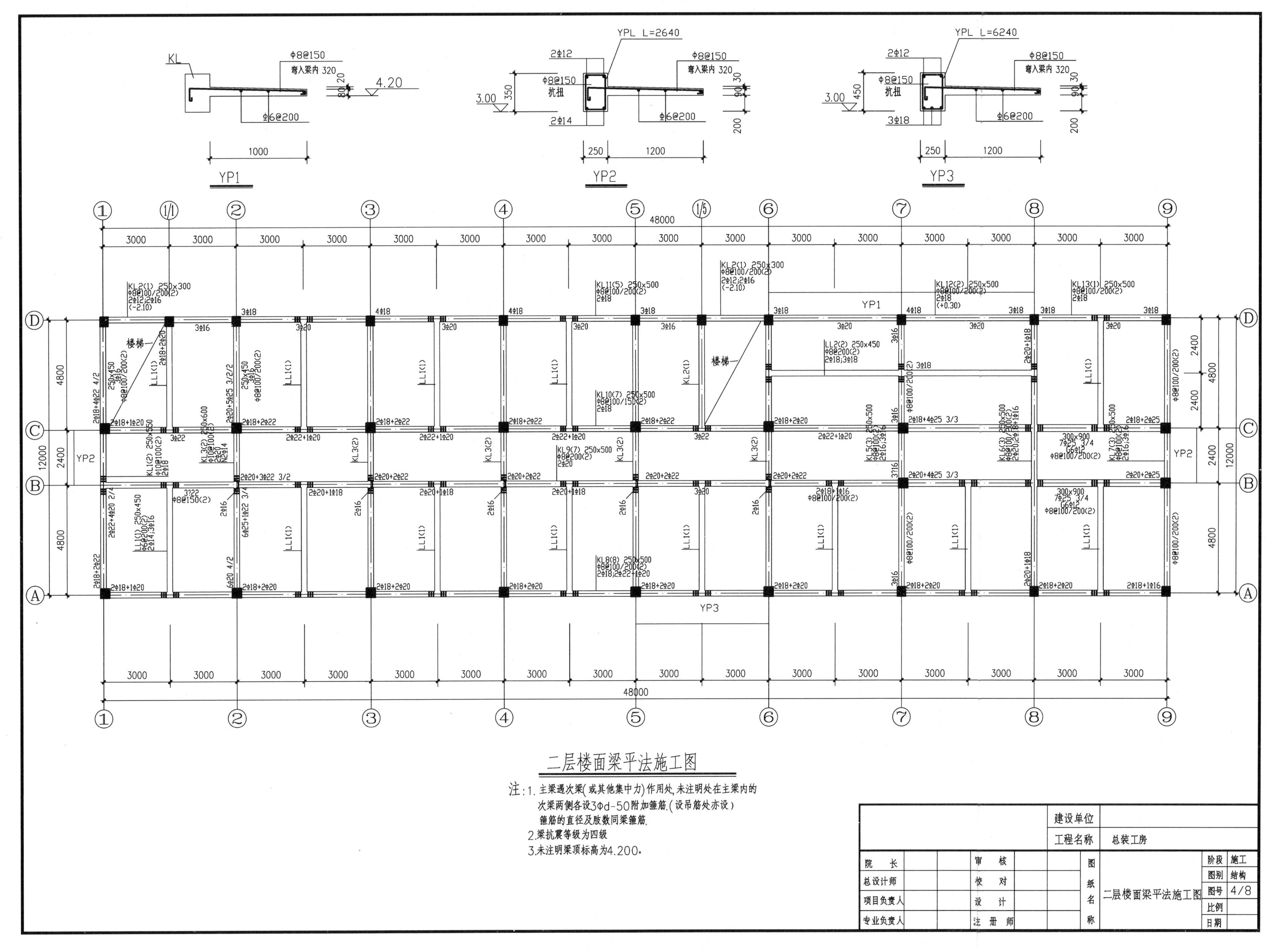
YP1
YP2
YP3
YPL L=2640
YPL L=6240
φ8@150
弯入梁内 320
φ6@200
4.20
3.00
抗扭
1000
250
1200
二层楼面梁平法施工图
注：1. 主梁遇次梁(或其他集中力)作用处，未注明处在主梁内的
次梁两侧各设3φd-50附加箍筋.(设吊筋处亦设)
箍筋的直径及肢数同梁箍筋.
2.梁抗震等级为四级
3.未注明梁顶标高为4.200。
建设单位
工程名称
总装工房
院长
总设计师
项目负责人
专业负责人
审核
校对
设计
注册师
图纸名称
二层楼面梁平法施工图
阶段
施工
图别
结构
图号
4/8
比例
日期

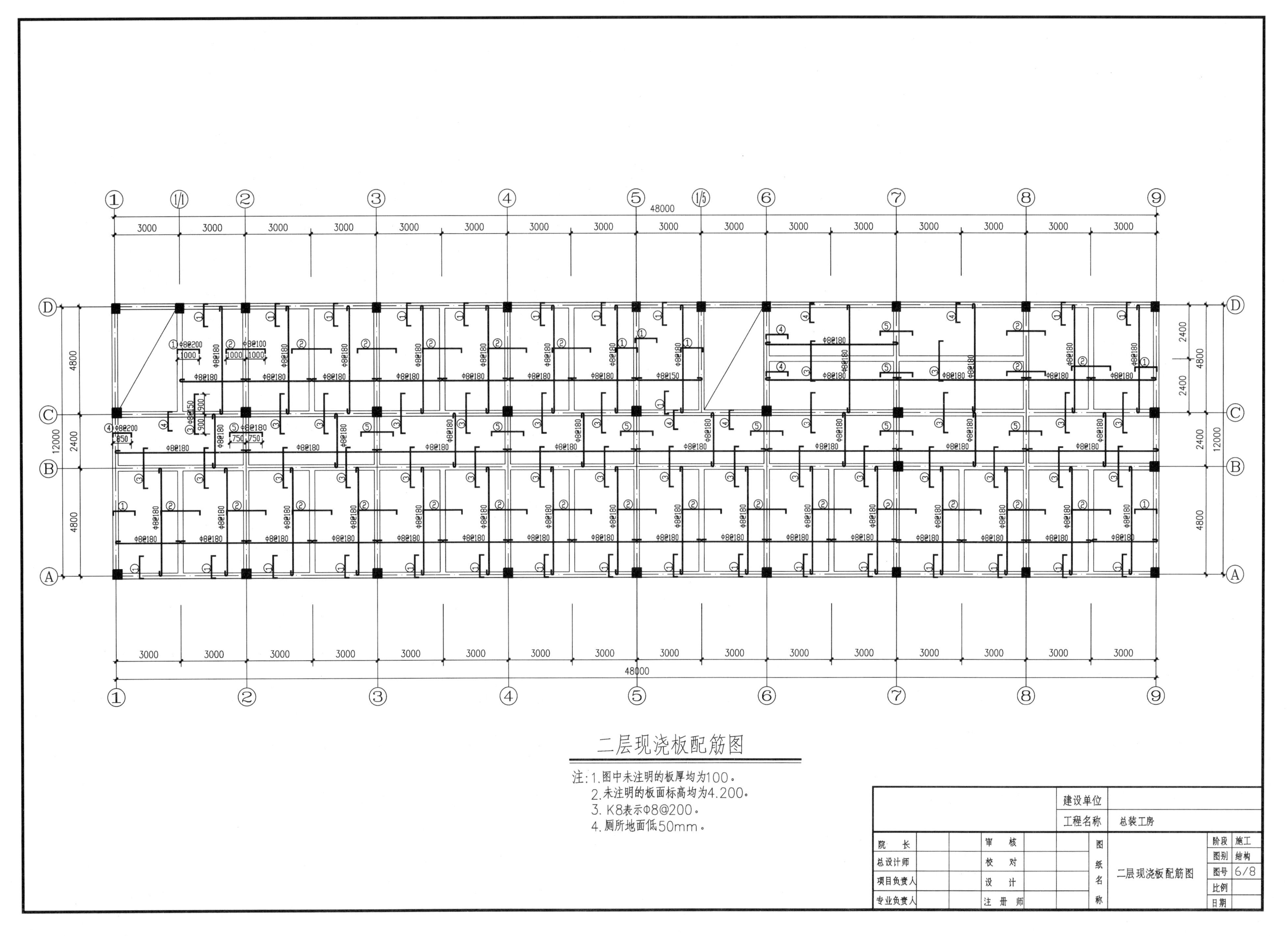
二层现浇板配筋图
注:1.图中未注明的板厚均为100。
2.未注明的板面标高均为4.200。
3. K8表示Φ8@200。
4.厕所地面低50mm。
建设单位
工程名称
总装工房
院长
总设计师
项目负责人
专业负责人
审核
校对
设计
注册师
图纸名称
二层现浇板配筋图
阶段 施工
图别 结构
图号 6/8
比例
日期

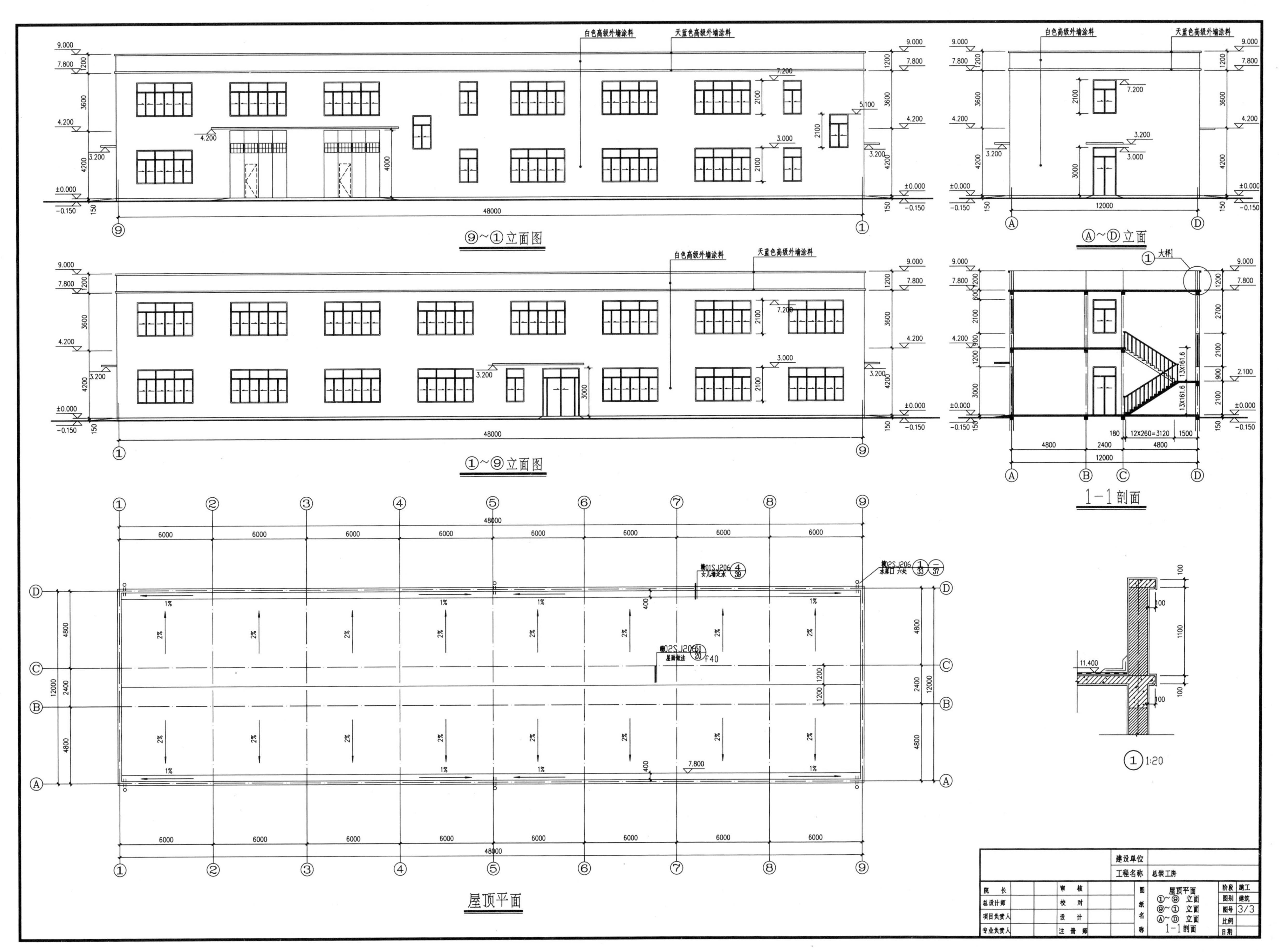

白色高级外墙涂料
天蓝色高级外墙涂料
⑨~①立面图
Ⓐ~Ⓓ立面
①~⑨立面图
1-1剖面
①大样
屋顶平面
① 1:20
48000
12000
6000
4800
2400
9.000
7.800
7.200
5.100
4.200
3.200
3.000
2.100
±0.000
-0.150
11.400
12X260=3120
13X161.6
建设单位
工程名称
总装工房
院长
总设计师
项目负责人
专业负责人
审核
校对
设计
注册师
图纸名称
屋顶平面
①~⑨ 立面
⑨~① 立面
Ⓐ~Ⓓ 立面
1-1剖面
阶段
施工
图别
建筑
图号
3/3
比例
日期

目 录
Contents

任务1　某市总装工房工程量计算书

工程量计算表如表1所示。

表1　工程量计算表

1 土(石)方工程					
序号	定额编号	分项工程名称	单位	工程量	计算式
1	A1-1	人工平整场地	m^2	848.38	$S=S_{底}+2L_{外}+16=48.24\times12.24+(48.24+12.24)\times2\times2+16=848.38$
2	A1-27	人工挖基坑	m^3	267.37	$H=1.2+0.1-0.15=1.15(m)$
					$V_{J1}=(2.4+0.2+0.3\times2)\times(2.8+0.2+0.6)\times1.15\times5=66.24$
					$V_{J2}=(2+0.2+0.3\times2)\times(2.2+0.2+0.6)\times1.15\times6=57.96$
					$V_{J3}=(1.6+0.2+0.3\times2)\times(1.8+0.2+0.3\times2)\times1.15\times9=64.58$
					$V_{J4}=(1.5+0.2+0.3\times2)\times(1.5+0.2+0.3\times2)\times1.15\times6=36.50$
					$V_{J5}=(2.2+0.2+0.3\times2)\times(1.8+0.2+0.3\times2)\times1.15\times2=17.94$
					$V_{J6}=(2.7+0.2+0.3\times2)\times(2.2+0.2+0.3\times2)\times1.15\times2=24.15$
					$V_{挖坑}=66.24+57.96+64.58+36.5+17.94+24.15=267.37$

序号	定额编号	分项工程名称	单位	工程量	计算式
3	A1-18	人工挖沟槽	m^3	215.86	轴线
					$L_{外A轴}$:48-(0.825+0.1)-(2+0.2)×5-(1.6+0.2)×2-(0.835+0.1)=31.54(m)
					$L_{外D轴}$:48-(0.825+0.1)-(1.5+0.2)×2-(1.6+0.2)×7-(0.835+0.1)=30.14(m)
					$L_{外①轴}$:12-(0.83+0.1)-(2.2+0.2)-(0.83+0.1)=7.74(m)
					$L_{外⑨轴}$:12-(0.83+0.1)-(1.8+0.2)×2-(0.83+0.1)=6.14(m)
					$L_{外总}$:31.54+30.14+7.74+6.14=75.56(m)
					$L_{内B轴}$:27-0.3+4.8-0.3=31.2(m)
					$L_{内C轴}$:24-(2.4+0.2)×4+(4.8-0.93)×2=21.34(m)
					$L_{内②轴}$:4.8-0.3-(1.18+0.1)=3.22(m)
					$L_{内③轴}$:4.8-(0.98+0.1)-(1.48+0.1)+4.8-0.3-(1.18+0.1)=5.36(m)
					$L_{内④轴}$:4.8-(0.98+0.1)-(1.48+0.1)+4.8-0.3-(1.18+0.1)=5.36(m)
					$L_{内⑤轴}$:4.8-(0.98+0.1)-(1.48+0.1)+4.8-0.3-(1.18+0.1)=5.36(m)
					$L_{内⑥轴}$:12-(0.98+0.1)-(1.32+1.48+0.2)-(1.18+0.1)=6.64(m)
					$L_{内1/1,1/5,7轴}$:4.8-(0.83+0.1)+4.8-(0.83+0.1)+4.8-0.3+12-(0.98+0.1)×2-(2.2+0.2)×2=17.28(m)
					$L_{内总}$:31.2+21.34+3.22+5.36×3+6.64+17.28=95.76(m)
					$L_{总}=L_{外总}+L_{内总}$=75.56+95.76=171.32(m)
					$H_{挖土深度}$=1.2-0.15=1.05(m)
					$V_{挖槽}=(A_{实际面}+2c_{两个工作面})\cdot H_{挖土深度}\cdot L_{总}$=(0.6+0.3×2)×1.05×171.32=215.86

续表

序号	定额编号	分项工程名称	单位	工程量	计算式
4	A1-181	回填土方夯填	m^3	396. 53	$V_{坑}=V_{挖坑}-V_{垫层}-V_{独立基础}-V_{-0.15m以下柱子}$
					J_1 上柱：$V=0.4\times0.4\times0.5\times5=0.4$
					J_2 上柱、J_3 上柱：$V=0.35\times0.4\times0.55\times15=1.155$
					J_4 上柱：$V=0.35\times0.4\times0.6\times6=0.504$
					J_5 上柱、J_6 上柱：$V=0.4\times0.45\times0.55\times4=0.396$
					$V_{总柱}=J_1+J_2+J_3+J_4=2.46$
					$V_{坑}=267.37-14.39-2.46=250.52$
					$V_{槽}=V_{挖槽}-V_{条形}-V_{-0.15m以下砖基础}$
					$V_{-0.15m下砖基础}=L_{内外墙总长}\times$砖基截面$=[(0.24\times0.85)+(0.065\times0.12\times2)]\times226.88=49.82$
					$V_{条形}=(159.08+78\times0.1)\times0.6\times0.2=20.03$
					$V_{槽}=215.86-20.03-49.82=146.01$
5	A1-195 换	单双轮车运土方	m^3	86. 7	$V_{回填土}=V_{坑}+V_{槽}=339.44$
					$V_{运}=V_{挖}-V_{填}=267.37+215.86-396.53=86.7$

3 砌筑工程

序号	定额编号	分项工程名称	单位	工程量	计算式
6	A3-1	M5 水泥砂浆砖基础	m^3	49. 82	外墙基长：$L_{A轴}=48-0.23-0.35\times6-0.35-0.23=45.09(m)$
					$L_{D轴}=48-0.23\times2-0.35\times9=44.39(m)$
					$L_{①轴}=12-0.28\times2-0.4=11.04(m)$
					$L_{⑨轴}=12-0.28\times2-0.8=10.64(m)$
					$L_{B轴}=27(m)$
					$L_{C轴}=24-1.6=22.4(m)$

续表

序号	定额编号	分项工程名称	单位	工程量	计算式
6	A3-1	M5 水泥砂浆砖基础	m^3	49.82	$L_{1/1轴}=4.8-0.28=4.52$(m)
					$L_{②轴}=4.8-0.28=4.52$(m)
					$L_{③轴}=9.6-0.28×2-0.28=8.76$(m)
					$L_{④轴}=9.6-0.28×2-0.28=8.76$(m)
					$L_{⑤轴}=9.6-0.28×2-0.28=8.76$(m)
					$L_{1/5轴}=9.6-0.28=9.32$(m)
					$L_{⑥轴}=12-0.28×2-0.4=11.04$(m)
					$L_{⑦轴}=12-0.28×2-0.4×2=10.64$(m)
					$L_{总}=45.09+44.39+11.04+10.64+27+22.4+4.52+4.52+8.76+8.76+8.76+9.32+11.04+10.64$ $=226.88$(m)
					$V_{总}=[(0.24×0.85)+(0.065×0.12×2)]×226.88=49.82$
7	A3-67 换	多孔砖墙 M5 混合砂浆	m^3	311.49	一层外墙:$L=48-0.23×2-0.35×7+48-0.23×2-0.35×9+12-0.28×2-0.4+12-0.28×2-0.4×2=111.16$(m)
					平均 $H=4.2-0.5=3.7$(m)
					$S=111.16×3.7-(4.8+2.4-0.4)×0.05+(4.8-0.28×2)×0.05+(3-0.23-0.175)×0.2+(3-0.175×2)×0.2=412.21(m^2)$
					$V=(412.21-135.72)×0.24=66.36$
					一层内墙:$L=115$(m)
					横 B 轴 $S=(27-0.12)×3.7=99.46(m^2)$
					C 轴 $S=(24-0.4×4)×3.7=82.88(m^2)$
					纵 1/1 轴 $S=(4.8-0.28)×3.75=16.95(m^2)$
					②③④⑤(A~B)轴 $S=(4.8-0.28-0.12)×3.6×4=63.36(m^2)$

续表

序号	定额编号	分项工程名称	单位	工程量	计算式
7	A3-67换	多孔砖墙M5混合砂浆	m^3	311.49	③④⑤(C~D)轴 $S=(4.8-0.28\times2)\times3.75\times3=47.7(m^2)$
					1/5轴 $S=(4.8-0.12)\times3.75+(4.8-0.28)\times3.9=35.18(m^2)$
					⑥轴 $S=(7.2-0.28-0.12)\times3.6+(4.8-0.28\times2)\times3.75=40.38(m^2)$
					⑦轴 $S=(12-0.28\times2-0.4\times2)\times3.7=39.37(m^2)$
					$V=(335.36-24.03)\times0.24=74.72$
					2层外墙：$L=111.16m$
					$H=3.6-0.5=3.1(m)$
					$S=111.16\times3.1-(4.8+2.4-0.4)\times0.05+(4.8-0.28\times2)\times0.05+(6-0.23-0.175\times3)\times0.15+(6-0.175\times4)\times0.15=346.05(m^2)$
					$V=(346.05-122.22)\times0.24=53.72$
					2层内墙：$L=122.36(m)$
					横 B轴 $S=(36-0.12-0.12)\times3.1=110.86(m^2)$
					C轴 $S=(24-0.4\times4+6-0.2-0.12)\times3.1=87.05(m^2)$
					纵 1/1轴 $S=(4.8-0.28)\times3.15=14.24(m^2)$
					②轴 $S=(4.8-0.28-0.12)\times3.05=13.42(m^2)$
					③④⑤⑥(B~D)轴 $S=(4.8-0.28\times2)\times3.15\times4=53.42(m^2)$
					③④⑤⑥(A~B)轴 $S=(4.8-0.28-0.12)\times3.05\times4=53.68(m^2)$
					⑦轴 $S=(12-0.28\times2-0.4\times2)\times3.1=32.98(m^2)$
					1/5轴 $S=(4.8-0.28-0.12)\times3.15=13.86(m^2)$
					$V=(379.51-25.29)\times0.24=85.01$
					女儿墙：$V=(48+12)\times2\times1.1\times0.24=31.68$
					$V_{总墙体}=31.68+53.72+85.01+66.36+74.72=311.49$

续表

序号	定额编号	分项工程名称	单位	工程量	计算式
8	A3-41	砌体钢筋加固	t	0.608	$L=(1+0.12+6.25\times0.006)\times2=2.315$(m) $n=(4.2+1-0.5)\div0.5\times75+(3.6-0.5)\div0.5\times77=1\ 183$(根) $G=2.315\times1\ 183\times0.006\ 17\times6\times6\div1\ 000=0.608$

4 混凝土及钢筋混凝土工程

序号	定额编号	分项工程名称	单位	工程量	计算式
9	A4-13 换	C15 混凝土基础垫层	m^3	14.39	$V_{垫层J1}=3\times2.6\times0.1\times5=3.9$
					$V_{垫层J2}=2.4\times2.2\times0.1\times6=3.17$
					$V_{垫层J3}=2\times1.8\times0.1\times9=3.24$
					$V_{垫层J4}=1.7\times1.7\times0.1\times6=1.73$
					$V_{垫层J5}=2.4\times2\times0.1\times2=0.96$
					$V_{垫层J6}=2.9\times2.4\times0.1\times2=1.39$
					$V_{总垫层}=3.9+3.17+3.24+1.73+0.96+1.39=14.39$
10	A4-16 换	带形基础混凝土	m^3	27.23	$V=226.88\times0.2\times0.6=27.23$
11	A4-35 换	C25 地圈梁	m^3	13.61	$V_{地圈梁}=L_{砖基总长}\times$圈梁截面积$=226.88\times0.25\times0.24=13.61$
12	A4-18 换	C25 混凝土独立基础	m^3	41.76	$V_{J1}=[(2.8\times2.4\times0.3)+(2.8-1)\times(2.4-1)\times0.25]\times5=13.23$
					$V_{J2}=[(2.2\times2\times0.25)+(2.2-1)\times(2-0.8)\times0.25]\times6=8.76$
					$V_{J3}=[(1.8\times1.6\times0.25)+(1.8-0.8)\times(1.6-0.7)\times0.25]\times9=8.51$
					$V_{J4}=[(1.5\times1.5\times0.25)+(1.5-0.6)\times(1.5-0.6)\times0.2]\times6=4.35$
					$V_{J5}=[(2.2\times1.8\times0.25)+(2.2-0.8)\times(1.8-0.7)\times0.25]\times2=2.75$
					$V_{J6}=[(2.7\times2.2\times0.25)+(2.7-1)\times(2.2-0.8)\times0.25]\times2=4.16$
					$V_{独立基础}=41.76$

序号	定额编号	分项工程名称	单位	工程量	计算式
13	A4-29换	C25矩形柱	m^3	37.912	KZ1在J3上 V=[0.4×0.35×(7.8+1.2-0.5)]×7=8.33
					在J4上 V=[0.4×0.35×(7.8+1.2-0.45)]×6=7.182
					KZ2在J1上 V=[0.4×0.4×(7.8+1.2-0.55)]×5=6.76
					KZ3在J2J3上 V=[0.35×0.4×(7.8+1.2-0.5)]×8=9.52
					KZ4在J5J6上 V=[0.4×0.45×(7.8+1.2-0.5)]×4=6.12
					$V_{矩形柱混凝土}$=8.33+7.182+6.76+9.52+6.12=37.912
14	A4-43换	C25现浇有梁板	m^3	189.72	$V_{板}$=(48.24×12.24-4.8×3-4.8×2.76)×0.1=56.28
					V_{KL1}(第一跨)=(7.2-0.28-0.12)×0.25×0.45=0.77
					V_{KL2}=(4.8-0.125-0.28)×0.25×0.2=0.22
					V_{KL3}=[(7.2-0.28-0.12)×0.25×0.5+(4.8-0.28-0.28)×0.25×0.35]×5=6.11
					V_{KL5}=(12-0.28-0.4-0.4-0.28)×0.25×0.4=1.06
					V_{KL6}=(12-0.28-0.28-0.3-0.3)×0.25×0.4=1.08
					V_{KL7}=(12-0.28-0.4-0.4-0.28)×0.25×0.4=1.06
					V_{KL8}=(48-0.23-0.35×7-0.28)×0.25×0.4=4.5
					V_{KL9}=(48-12-0.12-0.12-0.25×5)×0.25×0.4+(12-0.33-0.33)×0.3×0.8=6.17
					V_{KL10}=(36-0.28-0.4×5-0.12)×0.25×0.4+(12-0.33-0.33)×0.3×0.8=6.08
					V_{KK11}=(24-0.175×10)×0.25×0.4=2.23
					V_{KL12}=(12-0.175×4)×0.25×0.4=1.13
					V_{KL13}=(6-0.175-0.25)×0.25×0.4=0.56
					V_{LL1}=[(4.8-0.25)×0.25×0.35]×9+(4.8-0.275)×0.25×0.35×3+(4.8-0.28-0.125)×0.25×0.35=5.16

续表

序号	定额编号	分项工程名称	单位	工程量	计算式
14	A4-43 换	C25 现浇有梁板	m^3	189.72	$V_{LL2}=(12-0.5)\times0.25\times0.35=1.01$
					$V_{二层有梁板}=V_{总梁}+V_{板}=37.14+56.28=93.42$
					$V_{WKL1}=(7.2-0.28-0.12)\times0.25\times0.45+(4.8-0.28-0.28)\times0.25\times0.35=1.14$
					$V_{WKL2}=[(7.2-0.28-0.12)\times0.25\times0.45+(4.8-0.28-0.28)\times0.25\times0.35]\times5=5.68$
					$V_{WKL3}=[0.25\times0.35\times(4.8-0.28)]\times2=0.79$
					$V_{WKL4}=(12-0.2\times4-0.28\times2)\times0.25\times0.4=1.06$
					$V_{WKL5}=(12-0.28\times2-0.3\times2)\times0.25\times0.4=1.08$
					$V_{WKL6}=(12-0.2\times4-0.28\times2)\times0.25\times0.4=1.06$ $V_{WKL6}=(48-0.35\times7-0.23\times2)\times0.25\times0.4=4.51$
					$V_{WKL7}=(36-0.125-0.25\times5)\times0.25\times0.4+(12-0.33\times2)\times0.3\times0.8=6.18$
					$V_{WKL8}=(36-0.28-0.12-0.2\times10)\times0.25\times0.4+(12-0.33\times2)\times0.3\times0.8=6.08$
					$V_{WKL9}=(36-0.175\times11-0.23)\times0.25\times0.4+(12-0.23-0.175\times7)\times0.25\times0.25=4.04$
					$V_{WLL1}=(4.8-0.25)\times0.25\times0.35\times10+(4.8-0.275)\times0.25\times0.35\times4=5.57$
					$V_{屋面板}=48.24\times12.24\times0.1=59.05$
					$V_{屋面有梁板}=V_{总梁}+V_{屋面板}=37.19+59.05=96.24$
15	A4-33	C25 单梁	m^3	0.87	V_{KL1}(第二跨)$=(4.8-0.28-0.28)\times0.25\times0.45=0.48$ $V_{KL2}=(3-0.23-0.175)\times0.25\times0.3+(3-0.175-0.175)\times0.25\times0.3=0.39$
16	A4-48 换	楼梯混凝土	m^2	25.14	$S=[(3-0.24)\times(4.8-0.12-0.125)]\times2=25.14$
17	A4-50 换	雨篷混凝土	m^2	24.96	$S_{YP1}=1\times12=12$　$S_{YP2}=1.2\times2.4\times2=5.76$　$S_{YP3}=1.2\times6=7.2$
					$S=12+5.76+7.2=24.96$
18	B1-6	散水	m^2	94.28	$S=(120.96-12-3-2.4-2.4)\times0.9+0.81\times4=94.28$

续表

序号	定额编号	分项工程名称	单位	工程量	计算式
19	B1-6 换	斜坡	m^2	35.64	$S=2.4\times1.8\times2+3\times1.8+12\times1.8=35.64$
20	A4-60 换	女儿墙压顶混凝土	m^3	4.08	$V=0.34\times0.1\times(48+12)\times2=4.08$
21	A4-36 换	过梁混凝土	m^3	4.19	M1 过梁:$V=(2.4+0.5)\times0.24\times0.18=0.13$
					M2 过梁:$V=(1.5+0.5)\times0.24\times0.12\times4=0.23$
					11C1(一层)过梁:$V=(3.6+0.5)\times0.24\times0.18\times11=1.95$
					14C1(二层)过梁:$V=(3.6+0.5)\times0.24\times0.1\times14=1.38$
					4C2(一层):$V=(1.2+0.5)\times0.24\times0.12\times4=0.20$
					4C2(二层):$V=(1.2+0.5)\times0.24\times0.1\times4=0.16$
					2C3(二层):$V=[(1.5+0.5)\times0.24\times0.1+(1.5+0.5)\times0.24\times0.05]\times2=0.14$
					$V_{过梁}=0.13+0.23+1.95+1.38+0.2+0.16+0.14=4.19$

10 钢筋混凝土模板及支撑工程

序号	定额编号	分项工程名称	单位	工程量	计算式
22	A10-69	单梁模板	m^2	4.46	S_{KL1}(第二跨)$=(4.8-0.28\times2)\times0.25+(4.8-0.28\times2)\times0.45\times2=4.876$ $S_{KL2}=(3-0.23-0.175)\times0.25+(3-0.23-0.175)\times0.3\times2+(3-0.175-0.175)\times0.25+(3-0.175-0.175)\times0.3\times2=4.46$
23	A10-53	矩形柱模板	m^2	393.6	$KZ1=(0.35+0.4)\times2\times(7.8+0.75)\times6+(0.35+0.4)\times2\times(7.8+0.7)\times7=166.2$
					$KZ2=(0.4+0.4)\times2\times(7.8+0.65)\times5=67.6$
					$KZ3=(0.35+0.4)\times2\times(7.8+0.7)\times(5+3)=102$
					$KZ4=(0.4+0.45)\times2\times(7.8+0.7)\times(2+2)=57.8$
					$S_{总}=166.2+67.6+102+57.8=393.6$

续表

序号	定额编号	分项工程名称	单位	工程量	计算式
24	A10-62	矩形柱模板超高	m^2	26. 85	KZ1 超高部分=(0. 35+0. 4)×2×0. 75×6=6. 75
					KZ2 超高部分=(0. 4+0. 4)×2×0. 75×5=6
					KZ3 超高部分=(0. 35+0. 4)×2×0. 75×8=9
					KZ4 超高部分=(0. 4+0. 45)×2×0. 75×4=5. 1
					$S_{总}$=6. 75+6+9+5. 1=26. 85
25	A10-61	构造柱模板	m^2	26. 05	GZ1=(0. 25+0. 06×2)×2×1. 2×22=19. 54
					GZ2=(0. 25+0. 06×2)×2×(7. 8+1)=6. 51
					$GZ_{总}$=19. 54+6. 51=26. 05
26	A10-99	有梁板九夹板模板钢支撑	m^2	1 732. 85	KL1=0. 45×2×(7. 2-0. 28-0. 12)+0. 45×2+(4. 8-0. 28-0. 28)= 11. 26
					KL2=0. 3×2×(3-0. 23-0. 175)+0. 3×2×(3-0. 175-0. 175)+0. 2×2×(4. 8-0. 28-0. 125)= 4. 91
					KL3=[0. 5×2×(7. 2-0. 28-0. 12)+0. 35×2×(4. 8-0. 28-0. 28)]×5=48. 84
					KL5=0. 4×2×(12-0. 28-0. 2×4-0. 28)= 8. 51
					KL6=0. 4×2×(12-0. 28-0. 28-0. 3-0. 3)= 8. 67
					KL7=0. 4×2×(12-0. 28-0. 2×4-0. 28)= 8. 51
					KL8=0. 4×2×(48-0. 23-0. 175×14-0. 23)= 36. 07
					KL9=0. 4×2×(36-0. 125-0. 25×5-0. 12)+0. 8×2×(12-0. 33-0. 33)= 45. 75
					KL10=0. 4×2×(36-0. 28-0. 4×5-0. 12)+0. 8×2×(12-0. 33-0. 33)= 45. 02
					KL11=[(24-0. 35×5)×0. 4]×2=17. 8
					KL12=[(12-0. 175×4)×0. 4]×2=9. 04
					KL13=[(6-0. 175-0. 23)×0. 4]×2=4. 48

续表

序号	定额编号	分项工程名称	单位	工程量	计算式
26	A10-99	有梁板九夹板模板钢支撑	m²	1 732.85	LL1=[(4.8-0.125×2)×0.35×9]×2+[(4.8-0.125-0.15)×0.35×3]×2+[(4.8-0.125-0.28)×0.35]×2=41.24
					LL2=[(6-0.125×2)×0.35×2]×2=8.05
					WKL1=0.45×2×(7.2-0.28-0.12)+0.35×2×(4.8-0.28-0.28)=9.09
					WKL2=[0.45×2×(7.2-0.28-0.12)+0.35×2×(4.8-0.28-0.28)]×5=45.44
					WKL3=[0.35×2×(4.8-0.28)]×2=6.33
					WKL4=0.4×2×(12-0.2×4-0.28×2)=8.51
					WKL5=0.4×2×(12-0.28×2-0.3×2)=8.67
					WKL16=0.4×2×(12-0.28×2-0.4×2)=8.51
					WKL6=0.4×2×(48-0.23×2-0.35×7)=36.07
					WKL7=0.4×2×(36-0.125-0.25×5)+0.8×2×(12-0.33×2)=45.84
					WKL8=0.4×2×(36-0.28-0.12-0.2×10)+0.8×2×(12-0.33×2)=45.02
					WKL9=0.4×2×(36-0.175×11-0.23)+0.25×2×(12-0.23-0.175×7)=32.35
					WLL1=0.35×2×(4.8-0.25)×10+0.35×2×(4.8-0.275)×4=44.52
					$S_{板}=48.24\times12.24\times2-(0.4\times0.35\times21+0.4\times0.4\times5+0.4\times0.45\times4)\times2-3\times4.8-(3-0.24)\times4.8=1\ 144.35$
					$S_{总有梁板}=S_{KL}+S_{LL}+S_{WKL}+S_{WLL}+S_{板}=1\ 732.85$

续表

序号	定额编号	分项工程名称	单位	工程量	计算式
27	A10-32	混凝土基础垫层模板	m^2	25.92	$S_{J1}=(2.8+0.2+2.4+0.2)\times2\times0.1\times5=5.6$
					$S_{J2}=(2+0.2+2.2+0.2)\times2\times0.1\times6=5.52$
					$S_{J3}=(1.6+0.2+1.8+0.2)\times2\times0.1\times9=6.84$
					$S_{J4}=(1.5+0.2+1.5+0.2)\times2\times0.1\times6=4.08$
					$S_{J5}=(2.2+0.2+1.8+0.2)\times2\times0.1\times2=1.76$
					$S_{J6}=(2.7+0.2+2.2+0.2)\times2\times0.1\times2=2.12$
					$S_{垫层模板}=25.92$
28	A10-17	独立基础模板	m^2	95.07	$S_{J1}=[(2.8+2.4)\times2\times0.3+(1.8+1.4)\times2\times0.25]\times5=23.6$
					$S_{J2}=[(2.2+2)\times2\times0.25+(1.2+1.2)\times2\times0.25]\times6=19.8$
					$S_{J3}=[(1.8+1.6)\times2\times0.25+(1+0.9)\times2\times0.25]\times9=23.85$
					$S_{J4}=[(1.5+1.5)\times2\times0.25+(0.9+0.9)\times2\times0.2]\times6=13.32$
					$S_{J5}=[(2.2+1.8)\times2\times0.25+(1.4+1.1)\times2\times0.25]\times2=6.5$
					$S_{J6}=[(2.7+2.2)\times2\times0.25+(1.7+1.4)\times2\times0.25]\times2=8$
					$S_{独立基础模板}=95.07$
29	A10-5	带形基础模板无筋混凝土九夹板模板	m^2	90.75	$S=226.88\times0.2\times2=90.75$
30	A10-79	地圈梁模板	m^2	113.44	$S=226.88\times2\times0.25=113.44$
31	A10-119	雨篷模板	m^2	28.52	$S_{YP1}=1\times12+(12+1+1)\times0.1=13.4$　$S_{YP2}=[1.2\times2.4+(2.4+1.2+1.2)\times0.12]\times2=6.91$ $S_{YP3}=1.2\times6+(6+1.2+1.2)\times0.12=8.21$
					$S=13.4+6.91+8.21=28.52$
32	A10-79	压顶模板	m^3	36.05	$S=[(48-0.24+12-0.24)\times2+(48+0.24+12+0.24)\times2+(48+0.24+12)\times2]\times0.1=36.05$

续表

序号	定额编号	分项工程名称	单位	工程量	计算式
33	A10-66	过梁模板	m^2	38. 91	M1 过梁模板：S=2. 4×0. 24+2. 9×0. 18×2=1. 62
					M2 过梁模板：S=(1. 5×0. 24+2×0. 12×2)×4=3. 36
					11C1(一层)过梁模板：S=(3. 6×0. 24+4. 1×0. 18×2)×11=25. 74
					14C1(二层)过梁模板：S=(3. 6×0. 24+4. 1×0. 1×2)×14=23. 58
					4C2(一层)模板：S=(1. 2×0. 24+1. 7×0. 12×2)×4=2. 78
					4C2(二层)模板：S=(1. 2×0. 24+1. 7×0. 1×2)×4=2. 51
					2C3(二层)模板：S=(1. 5×0. 24+2×0. 1×2)×2=1. 52
					过梁模板：$S_{过梁模板}$=1. 62+3. 36+25. 74+23. 58+2. 78+2. 51+1. 52=61. 11
34	A10-117	楼梯模板	m^2	25. 14	S=[(3-0. 24)×(4. 8-0. 12-0. 125)]×2=25. 14

11　脚手架工程

序号	定额编号	分项工程名称	单位	工程量	计算式
35	A11-4	内脚手架（H>3. 6m）	m^2	335. 36	S=335. 36
36	A11-13	内脚手架（H<3. 6m）	m^2	379. 51	S=379. 51
37	B9-12	满堂脚手架	m^2	507. 38	S=(48-0. 24)×(12-0. 24)-(111. 16+115)×0. 24=507. 38
38	A11-5	外脚手架	m^2	1 106. 78	S=[(4. 8+0. 24)×2+(12+0. 24)×2]×9. 15=1 106. 78
39	A11-5	柱脚手架	m^2	290. 97	S=(0. 4×4+3. 6)×7. 95×5+[(0. 4+0. 45)×2+3. 6]×7. 95×2=290. 97

12　垂直运输工程

序号	定额编号	分项工程名称	单位	工程量	计算式
40	A12-12	垂直运输	m^2	1 180. 92	48. 24×12. 24×2=1 180. 92

续表

装饰工程					
序号	定额编号	分项工程名称	单位	工程量	计算式
1	A4-13 换	60 厚 C15 混凝土垫层	m^3	31.97	[(12+0.24)×(48+0.24)-(120+120.36)×0.24]×0.06=31.97
2	B1-1	15 厚 1∶3 水泥砂浆找平	m^2	532.77	(12+0.24)×(48+0.24)-(120+120.36)×0.24=532.77
3	B1-4	地面聚氨酯防水	m^2	520.19	(12+0.24)×(48+0.24)-(120+120.36)×0.24=520.19
4	B1-88	地砖面层	m^2	523.21	(12+0.24)×(48+0.24)-(120+120.36)×0.24+0.9×0.24×9+1.5×0.24×3-12.59=523.21
5	B1-91	踢脚线	m^2	103.78	{[(12-0.24)×2-0.24+(48-0.24)×2-0.24×14+120.26×2]×2-2×3.6-3×1.5-1×0.24-9×0.9}×0.15=103.78
6	B1-1 换	楼面 15 厚 1∶3 水泥砂浆	m^2	498.03	(12+0.24)×(48-0.24)-(120+120.36-4.8+3+2.4+6+6)×0.24-12.59-2.76×4.8×2=498.03
7	B1-88	地砖面层 (200×200)	m^2	487.52	(12+0.24)×(48-0.24)-(120+120.36-4.8+3+2.4+6+6)×0.24+0.9×0.24×11+1.5×0.24-12.59-2.76×4.8×2=487.52
8	A4-13 换	卫生间细石混凝土找平	m^3	25.17	(3-0.24)×(4.8-0.24)×2=25.17
9	B1-1	卫生间 15 厚 1∶3 水泥找平	m^2	25.17	(3-0.24)×(4.8-0.24)×2=25.17
10	A7-124	卫生间聚氨酯防水	m^2	25.58	[(4.8-0.24)×(3-0.24)+(4.8-0.24)×2×0.015+(3-0.24)×2×0.015-0.9×0.015]×2=25.58
11	B1-85	卫生间面层	m^2	25.54	[(4.8-0.24)×(3-0.24)+0.9×0.24-0.16×0.055-0.16×0.055-0.16×0.08]×2=25.54
12		楼梯面层	m^2	26.5	2.76×4.8×2=26.5

续表

序号	定额编号	分项工程名称	单位	工程量	计算式
13	B3-3	一层天棚抹灰	m²	590. 71	(12+0. 24)×(48-0. 24)-(120+120. 36)×0. 24+(4. 8-0. 24)×0. 35×2×13+(6-0. 24)×0. 35×2×2+(2. 4-0. 24)×0. 5×2×5+(2. 4-0. 24)×0. 4×2×2=590. 71
14	B5-310	一层天棚涂料三遍	m²	590. 71	(12+0. 24)×(48-0. 24)-(120+120. 36)×0. 24+(4. 8-0. 24)×0. 35×2×13+(6-0. 24)×0. 35×2×2+(2. 4-0. 24)×0. 5×2×5+(2. 4-0. 24)×0. 4×2×2=590. 71
15	B3-3	二层天棚抹灰	m²	584. 93	(12+0. 24)×(48-0. 24)-(120+120. 36-4. 8+3+2. 4+6+6)×0. 24+(4. 8-0. 24)×0. 35×2×15+(2. 4-0. 24)×0. 45×2×5+(2. 4-0. 24)×0. 4×2×2=584. 93
16	B5-310	二层天棚涂料三遍	m²	584. 93	(12+0. 24)×(48-0. 24)-(120+120. 36-4. 8+3+2. 4+6+6)×0. 24+(4. 8-0. 24)×0. 35×2×15+(2. 4-0. 24)×0. 45×2×5+(2. 4-0. 24)×0. 4×2×2=584. 93
17	B1-1	内墙水泥砂浆打底			
		一层 A-B/1-2(2-3,3-4,4-5)	m²	300. 70	[(4. 8-0. 24+6-0. 24)×2×(4. 2-0. 1)-0. 9×2. 1-3. 6×2. 1]×4=300. 70
		一层 A-B,C-D/5-1/5	m²	111. 23	[(3-0. 24+4. 8-0. 24)×2×(4. 2-0. 1)-0. 9×2. 1-1. 2×2. 1]×2=111. 23
		一层楼梯间	m²	97. 62	[(3-0. 24+0. 16+4. 8×2)×(4. 2-0. 1)-1. 2×2. 1]×2=97. 62
		一层 C-D/(1/1-3)	m²	99. 88	[(9-0. 24+4. 8-0. 24)×2+0. 16×4]×(4. 2-0. 1)-0. 9×2. 1-1. 2×2. 1-3. 6×2. 1=99. 88
		一层 C-D(3-4,4-5)	m²	150. 35	[(6-0. 24+4. 8-0. 24)×2×(4. 2-0. 1)-0. 9×2. 1-3. 6×2. 1]×2=150. 35
		一层 B-C/1-1/5 走廊	m²	208. 75	(27×2+2. 4-0. 24)×4. 1-0. 9×2. 1×9-1. 5×3=208. 75
		一层 A-C/1/5-6	m²	49. 81	(4. 8+3-0. 24+7. 2-0. 24)×4. 1-1. 2×2. 1-2. 4×3=49. 81
		一层(A-D)/6-7	m²	117. 14	[(6-0. 24+12-0. 24)×2+0. 08×2]×4. 1-1. 5×3-3. 6×2. 1-3. 6×4. 2=117. 14

续表

序号	定额编号	分项工程名称	单位	工程量	计算式
17	B1-1	一层(A-D)/7-9	m^2	159. 51	[(12-0. 24+12-0. 24)×2+0. 16×4+0. 33×2×4]×(4. 2-0. 1)-1. 5×3×2-3. 6×4. 2-3. 6×2. 1×3=159. 51
		内墙水泥砂浆打底	m^2	1 294. 98	300. 7+111. 23+97. 62+99. 88+150. 35+208. 75+49. 81+117. 14+159. 5=1 294. 98
18	B5-310	一层内墙仿瓷涂料面层			
		一层 A-B/1-2(2-3,3-4,4-5)	m^2	300. 70	[(4. 8-0. 24+6-0. 24)×2×(4. 2-0. 1)-0. 9×2. 1-3. 6×2. 1]×4=300. 70
		一层 A-B,C-D/5-1/5	m^2	111. 23	[(3-0. 24+4. 8-0. 24)×2×(4. 2-0. 1)-0. 9×2. 1-1. 2×2. 1]×2=111. 23
		一层 C-D(3-4,4-5)	m^2	150. 35	[(6-0. 24+4. 8-0. 24)×2×(4. 2-0. 1)-0. 9×2. 1-3. 6×2. 1]×2=150. 35
		一层楼梯间	m^2	97. 62	[(3-0. 24+0. 16+4. 8×2)×(4. 2-0. 1)-1. 2×2. 1]×2=97. 62
		一层 C-D/(1/1-3)	m^2	99. 88	[(9-0. 24+4. 8-0. 24)×2+0. 16×4]×(4. 2-0. 1)-0. 9×2. 1-1. 2×2. 1-3. 6×2. 1=99. 88
		一层 B-C/1-1/5 走廊	m^2	208. 75	(27×2+2. 4-0. 24)×4. 1-0. 9×2. 1×9-1. 5×3=208. 75
		一层 A-C/1/5-6	m^2	49. 81	(4. 8+3-0. 24+7. 2-0. 24)×4. 1-1. 2×2. 1-2. 4×3=49. 81
		一层(A-D)/6-7	m^2	117. 14	[(6-0. 24+12-0. 24)×2+0. 08×2]×4. 1-1. 5×3-3. 6×2. 1-3. 6×4. 2=117. 14
		一层(A-D)/7-9	m^2	159. 51	[(12-0. 24+12-0. 24)×2+0. 16×4+0. 33×2×4]×(4. 2-0. 1)-1. 5×3×2-3. 6×4. 2-3. 6×2. 1×3=159. 51
		一层内墙仿瓷涂料面层	m^2	1 294. 99	S=300. 7+111. 23+150. 35+97. 62+99. 88+208. 75+49. 81+117. 14+159. 51=1 294. 99

续表

序号	定额编号	分项工程名称	单位	工程量	计算式
19	B1-1	二层内墙水泥砂浆打底			
		二层 A-B/1-2(2-3,3-4,4-5,5-6,6-7)	m^2	348.98	[(4.8-0.24+6-0.24)×2×(4.2-0.1)-9×2.1-3.6×2.1]×6=348.98
		C-D/5-1/5 卫生间	m^2	38.60	(3-0.24+4.8-0.24)×2×(4.2-0.1)-9×2.1-1.2×2.1=38.60
		楼梯间	m^2	97.62	[(3-0.24+0.16+4.8×2)×(4.2-0.1)]×2-1.2×2.1×2=97.62
		C-D/(1/1-3)	m^2	99.88	[(9-0.24+4.8-0.24)×2+0.16×4]×(4.2-0.1)-0.9×2.1-1.2×2.1-3.6×2.1=99.88
		C-D(3-4,4-5,6-7)	m^2	225.52	[(6-0.24+4.8-0.24)×2×(4.2-0.1)-0.9×2.1-3.6×2.1]×3=225.52
		B-C/1-6 走廊	m^2	259.87	[(36-0.24+2.4-0.24)×2-2.76×2]×4.1-0.9×2.1×11-1.5×3-1.5×2.1=259.87
		(A-D)/7-9	m^2	155.58	[(12-0.24+12-0.24)×2+0.16×4+0.21×2×4]×(4.2-0.1)-1.5×3×2-3.6×4.2-3.6×2.1×3=155.58
		二层内墙水泥砂浆打底	m^2	1 226.05	*S*=348.98+38.6+97.62+99.88+225.52+259.87+155.58=1 226.05
		外墙面			
20	B1-1 换	20 厚 1∶2.5 水泥砂浆打底	m^2	1 042.88	(48+0.24+12+0.24)×2×(0.15+7.8+1.2)-3.6×2.1×25-1.2×2.1×7-1.5×2.1×2-1.5×3×2-2.4×3-3.6×4.2×2+(12-0.24+48-0.24)×2×1.2+(12-0.05×2+48-0.05×2)×2×0.44=1 042.88
21		外墙涂料(一底二面)	m^2	887.52	(48+0.24+12+0.24)×2×(0.15+7.8+1.2)-3.6×2.1×25-1.2×2.1×7-1.5×2.1×2-1.5×3×2-2.4×3-3.6×4.2×2+(12-0.5+48-0.5)×2×0.34=887.52
屋面防水					
22	A8-206	找坡层 1∶6 水泥炉渣	m^3	49.88	[(6-0.12)×0.02×0.5+0.03]×(12-0.24)×(48-0.24)=49.88

序号	定额编号	分项工程名称	单位	工程量	计算式
23	A8-183	隔热层聚苯乙烯泡沫塑料板	m^3	22. 47	0. 04×(12-0. 24)×(48-0. 24)= 22. 47
24	B1-1	找平层 20 厚 1 : 3 水泥砂浆	m^2	561. 66	(12-0. 24)×(48-0. 24)= 561. 66
25	A7-51	防水层1. 5厚 TBL(聚乙烯蜡)二道	m^2	591. 42	(12-0. 24)×(48-0. 24)+(12-0. 24+48-0. 24)×2×0. 25=591. 42
屋面排水					
26	A7-77	铸铁雨水口	个	6	6
27	A7-84	PVC 水漏斗	个	6	6
28	A7-82	PVC100 水落管	m	46. 50	(0. 15+7. 8-0. 2)×6=46. 50
29	A7-81	铸铁弯头	个	6	6
30	B2-25	水泥砂浆装饰线条	m	243. 52	(48. 44+12. 44)×2×2=243. 52
31	说明	改架工面积	m^2	355. 96	S=[(12-0. 24)×2-0. 24+(48-0. 24)×2-0. 24×14+120. 26×2]×2×(4. 2-0. 1-3. 6)= 355. 96
门窗工程					
32	B4-226	落地弹簧玻璃门 M1	m^2	7. 2	2. 4×3=7. 2
33	B4-53	双扇平开夹板门 M2	m^2	18	1. 5×3×4=18
34	B5-11	钢推拉平门 M3	m^2	15. 1	3. 6×4. 2×1=15. 1
35	B5-55	单扇平开夹板门 M4	m^2	37. 8	0. 9×2. 1×20=37. 8

续表

序号	定额编号	分项工程名称	单位	工程量	计算式
36	B4-57	塑钢推拉窗 C1 塑钢推拉窗 C2 塑钢推拉窗 C3	m^2	215. 46	3. 6×2. 1×25+1. 2×2. 1×8+1. 5×2. 1×2=215. 46
37	B1-204	不锈钢栏杆	m	18. 79	[(3. 12+0. 4)×1. 15×2+1. 3]×2=18. 79
38	B1-232	不锈钢扶手	m	18. 79	[(3. 12+0. 4)×1. 15×2+1. 3]×2=18. 79
39	B1-253	不锈钢弯头	个	6	6

任务 2　某市总装工房钢筋工程量计算书

钢筋工程量计算书如表 2 所示。

表 2　工程量计算表

序号	分项工程名称	单位	工程量	计算式
*	钢筋汇总	t	A6　G=8 254. 99×6. 5×6. 5×0. 006 17=2 152 A8　G=38 453. 32×8×8×0. 006 17=15 184 A10　G=685. 96×10×10×0. 006 17=423 B12　G=1 951. 85×12×12×0. 006 17=1 734 B14　G=1 369. 99×14×14×0. 006 17=1 657 B16　G=1 995. 37×16×16×0. 006 17=3 152 B18　G=2 101. 07×18×18×0. 006 17=4 200 B20　G=1 588. 67×20×20×0. 006 17=3 921 B22　G=620. 43×22×22×0. 006 17=1 853 B25　G=1 047. 99×25×25×0. 006 17=4 041	A10 内　17. 759 B20 内　14. 664 B20 外　5. 894

续表

序号	分项工程名称	单位	工程量	计算式
* *	柱钢筋	m	A8　$L=5\ 671.08$ B12　$L=146.3$ B14　$L=31.46$ B16　$L=636.82$ B18　$L=762.85$ B20　$L=656.92$ B22　$L=231.58$ 电渣压力焊　576 个	
1	KZ1 （角柱 4 个） 钢筋	m	A8　$L=174.57\times4=698.28$ B16　$L=(18.94+18.63)\times4=150.28$ B18　$L=(28.78+9.36)\times4=152.56$ 电渣压力焊 8×2×4=64(个)	外侧钢筋 3B18　$L=(7.8+1.2+12\times0.018-0.04+1.5\times34\times0.018-0.5)\times3=28.78$ 2B16　$L=(7.8+1.2+12\times0.016-0.04+1.5\times34\times0.016-0.5)\times2=18.94$ 内侧钢筋 1B18　$L=7.8+1.2+12\times0.018\times2-0.04-0.03=9.36$ 2B16　$L=(7.8+1.2+12\times0.016\times2-0.04-0.03)\times2=18.63$ 箍筋　A8@100/200 $L_1=[(0.4-0.03\times2)+(0.35-0.03\times2)]\times2+(10+1.9)\times0.008\times2=1.45$ $L_2=\sqrt{\left(\frac{0.34}{2}\right)^2+\left(\frac{0.29}{2}\right)^2}\times4+(10+1.9)\times0.008\times2=1.08$ $n=3+\frac{1.47}{0.1}+\frac{4.4-1.47-0.73}{0.2}+\frac{0.73+0.5+0.52}{0.1}+\frac{3.1-0.52\times2}{0.2}+\frac{0.5+0.52-0.03}{0.1}+2=69$(根) $\sum L=(1.45+1.08)\times69=174.57$

续表

序号	分项工程名称	单位	工程量	计算式
2	KZ1 （边柱 9 个） 钢筋	m	A8　$L=174.57\times9=1\ 571.13$ B16　$L=(9.47+28.03)\times9=337.5$ B18　$L=(19.91+18.78)\times9=348.21$ 电渣压力焊 8×2×9=144（个）	外侧钢筋 2B18　$L=(7.8+1.2+12\times0.018-0.04+1.5\times34\times0.018-0.5+20\times0.018)\times2=19.91$ 1B16　$L=7.8+1.2+12\times0.016-0.04+1.5\times34\times0.016-0.5=9.47$ 内侧钢筋 2B18　$L=(7.8+1.2+12\times0.018-0.04+12\times0.018)\times2=18.78$ 3B16　$L=(7.8+1.2+12\times0.016-0.04+12\times0.016)\times3=28.03$ 箍筋　A8@100/200 $L_1=[(0.4-0.3\times2)+(0.35-0.03\times2)]\times2+(10+1.9)\times0.008\times2=1.45$ $L_2=\sqrt{\left(\frac{0.34}{2}\right)^2+\left(\frac{0.29}{2}\right)^2}\times4+(10+1.9)\times0.008\times2=1.08$ $n=3+\frac{1.47}{0.1}+\frac{4.4-1.47-0.73}{0.2}+\frac{0.73+0.5+0.52}{0.1}+\frac{3.1-0.52\times2}{0.2}+\frac{0.5+0.52-0.03}{0.1}+2=69$（根） $\sum L=(1.45+1.08)\times69=174.57$
3	KZ2 （中柱 5 个） 钢筋	m	A8　$L=186.3\times5=931.5$ B18　$L=(18.72+18.72)\times5=187.2$ B20　$L=37.64\times5=188.2$ 电渣压力焊 8×2×5=80（个）	角筋　4B20 $L=(7.8+1.2+12\times0.02\times2-0.04-0.03)\times4=37.64$ b 侧中部筋　1B18 $L=(7.8+1.2+12\times0.018\times2-0.04-0.03)\times2=18.72$ h 侧中部筋　1B18 $L=(7.8+1.2+12\times0.018\times2-0.04-0.03)\times2=18.72$ 箍筋　A8@100/200 $L_1=(0.4-0.03\times2)\times2\times2+(10+1.9)\times0.008\times2=1.55$

续表

序号	分项工程名称	单位	工程量	计算式
3	KZ2 （中柱 5 个） 钢筋	m	A8 $L=186.3\times5=931.5$ B18 $L=(18.72+18.72)\times5=187.2$ B20 $L=37.64\times5=188.2$ 电渣压力焊 8×2×5=80（个）	$L_2=\sqrt{\left(\frac{0.34}{2}\right)^2\times2}\times4+(10+1.9)\times0.008\times2=1.15$ $n=3+\frac{1.47}{0.1}+\frac{4.4-1.47-0.73}{0.2}+\frac{0.73+0.5+0.52}{0.1}+\frac{3.1-0.52\times2}{0.2}+\frac{0.5+0.52-0.03}{0.1}+2=69$（根） $\sum L=(1.55+1.15)\times69=186.3$
4	KZ3 （边柱 8 个） 钢筋	m	A8 $L=174.57\times8=1\ 396.56$ B16 $L=18.63\times8=149.04$ B20 $L=(20.24+10.12+18.82+9.41)\times8=468.72$ 电渣压力焊 8×2×8=128（个）	外侧钢筋 2B20 $L=(7.8+1.2+12\times0.02-0.04+1.5\times34\times0.02-0.5+20\times0.02)\times2=20.24$ 1B20 $L=7.8+1.2+12\times0.02-0.04+1.5\times34\times0.02-0.5+20\times0.02=10.12$ 内侧钢筋 2B20 $L=(7.8+1.2+12\times0.02\times2-0.04-0.03)\times2=18.82$ 1B20 $L=7.8+1.2+12\times0.016\times2-0.04-0.03=9.41$ 2B16 $L=(7.8+1.2+12\times0.016\times2-0.04-0.03)\times2=18.63$ 箍筋 A8@100/200 $L_1=[(0.4-0.03\times2)+(0.35-0.03\times2)]\times2+(10+1.9)\times0.008\times2=1.45$ $L_2=\sqrt{\left(\frac{0.34}{2}\right)^2+\left(\frac{0.29}{2}\right)^2}\times4+(10+1.9)\times0.008\times2=1.08$ $n=3+\frac{1.47}{0.1}+\frac{4.4-1.47-0.73}{0.2}+\frac{0.73+0.5+0.52}{0.1}+\frac{3.1-0.52\times2}{0.2}+\frac{0.5+0.52-0.03}{0.1}+2=69$（根） $\sum L=(1.45+1.08)\times69=174.57$

续表

序号	分项工程名称	单位	工程量	计算式
5	KZ4 （边柱 2 个） 钢筋	m	A8 $L=200.1\times2=400.2$ B18 $L=18.72\times2=73.44$ B22 $L=(20.57+10.29+18.92+9.46)\times2=118.48$ 电渣压力焊 $8\times2\times2=32$（个）	外侧钢筋 2B22 $L=(7.8+1.2+12\times0.022-0.04+1.5\times34\times0.022-0.5+20\times0.022)\times2=20.57$ 1B22 $L=7.8+1.2+12\times0.022-0.04+1.5\times34\times0.022-0.5+20\times0.022=20.57$ 内侧钢筋 2B22 $L=(7.8+1.2+12\times0.022\times2-0.04-0.03)\times2=18.92$ 1B22 $L=7.8+1.2+12\times0.022\times2-0.04-0.03=9.46$ 2B18 $L=(7.8+1.2+12\times0.018\times2-0.04-0.03)\times2=18.72$ 箍筋 A8@100/200 $L_1=[(0.4-0.03\times2)+(0.45-0.03\times2)]\times2+(10+1.9)\times0.008\times2=1.65$ $L_2=\sqrt{\left(\frac{0.36}{2}\right)^2+\left(\frac{0.39}{2}\right)^2}\times4+(10+1.9)\times0.008\times2=1.25$ $n=3+\frac{1.47}{0.1}+\frac{4.4-1.47-0.73}{0.2}+\frac{0.73+0.5+0.52}{0.1}+\frac{3.1-0.52\times2}{0.2}+\frac{0.5+0.52-0.03}{0.1}+2=69$（根） $\sum L=(1.65+1.25)\times69=200.1$
6	KZ4 （中柱 2 个） 钢筋	m	A8 $L=200.1\times=400.2$ B18 $L=18.72\times2=37.44$ B22 $L=(37.83+18.72)\times2=113.1$ 电渣压力焊 $8\times2\times2=32$（个）	角筋 4B22 $L=(7.8+1.2+12\times0.022\times2-0.04-0.03)\times4=37.83$ b 侧中部筋 1B22 $L=(7.8+1.2+12\times0.022\times2-0.04-0.03)\times2=18.92$ h 侧中部筋 1B18 $L=(7.8+1.2+12\times0.018\times2-0.04-0.03)\times2=18.72$ 箍筋 A8@100/200

序号	分项工程名称	单位	工程量	计算式
6	KZ4 （中柱 2 个） 钢筋	m	A8　$L=200.1\times=400.2$ B18　$L=18.72\times 2=37.44$ B22　$L=(37.83+18.72)\times 2=113.1$ 电渣压力焊 8×2×2=32(个)	$L_1=[(0.4-0.03\times 2)+(0.45-0.03\times 2)]\times 2+(10+1.9)\times 0.008\times 2$ $=1.65$ $L_2=\sqrt{\left(\frac{0.36}{2}\right)^2+\left(\frac{0.39}{2}\right)^2}\times 4+(10+1.9)\times 0.008\times 2=1.25$ $n=3+\frac{1.47}{0.1}+\frac{4.4-1.47-0.73}{0.2}+\frac{0.73+0.5+0.52}{0.1}+$ $\frac{3.1-0.52\times 2}{0.2}+\frac{0.5+0.52-0.03}{0.1}+2=69$(根) $\sum L=(1.65+1.25)\times 69=200.1$
7	GZ1 钢筋 22 个	m	A8　$L=9.5\times 22=209$ B12　$L=6.65\times 22=146.3$ 电渣压力焊 4×1×22=88(个)	角筋　4B12 $L=(1.2-0.03+12\times 0.012\times 2+0.5\times 34\times 0.012)\times 4=6.65$ 箍筋　A8@100/200 $L=(0.25-0.03\times 2+0.25-0.03\times 2)\times 2+11.9\times 0.008\times 2=0.95$ $n=\frac{0.5}{0.1}+\frac{1.2-0.02-0.5}{0.2}+1=10$(根) $\sum L=0.95\times 10=9.5$
8	GZ2 钢筋	m	A8　$L=64.21$ B14　$L=31.46$ 电渣压力焊 4×2=8(个)	角筋　4B14 $L=(7.8+0.25+0.06-0.03-0.55+12\times 0.014\times 2)\times 4=31.46$ 箍筋　A8@100/200 $L=(0.25-0.03\times 2+0.25-0.03\times 2)\times 2+11.9\times 0.008\times 2=0.95$

续表

序号	分项工程名称	单位	工程量	计算式
8	GZ2 钢筋	m	A8　$L=64.21$ B14　$L=31.46$ 电渣压力焊 $4\times2=8$(个)	$n_1=\dfrac{\dfrac{4.2+0.06-0.55}{3}+\dfrac{3.71}{6}+0.55}{0.1}+\dfrac{4.2+0.06-\dfrac{4.2+0.06-0.55}{3}}{0.2}$ $\dfrac{\dfrac{3.71}{6}+0.55}{0.2}+1=35$(根) $n_2=\dfrac{\dfrac{3.05}{6}\times2+0.55}{0.1}+\dfrac{3.05-\dfrac{3.05}{6}\times2-0.55}{0.2}+1=25$(根) $\sum L=0.95\times(36+25)=64.21$
* *	二层梁钢筋	m	A6　$L=568.15$　A8　$L=2\ 312.2$ A10　$L=685.96$　B12　$L=160.35$ B14　$L=272.41$　B16　$L=522.6$ B18　$L=511.18$　B20　$L=697.36$ B22　$L=384.04$　B25　$L=615.77$	
9	KL1 钢筋	m	A8　$L=40.5$ A10　$L=108.66$ B16　$L=16.18$ B18　$L=26.92$ B20　$L=32.56$ B22　$L=5.93+9.87+7.6+16.4=39.8$	上部通长筋　2B18 $L=(12+0.24-0.03\times2+15\times0.018\times2+41\times0.018)\times2=26.92$ 支座上部筋 ①2B22　$L=\left(\dfrac{7.2-0.4}{3}+0.4-0.03+15\times0.022\right)\times2=5.93$ ②2B22　$L=\left(\dfrac{7.2-0.4}{3}\times2+0.4\right)\times2=9.87$ 2B22　$L=\left(\dfrac{7.2-0.4}{4}\times2+0.4\right)\times2=7.6$ 下部钢筋 ①2B22　$L=(7.2+0.4-0.03\times2+15\times0.022\times2)\times2=16.4$ 4B20　$L=(7.2+0.4-0.03\times2+15\times0.02\times2)\times4=32.56$

续表

序号	分项工程名称	单位	工程量	计算式
9	KL1 钢筋	m	A8 $L=40.5$ A10 $L=108.66$ B16 $L=16.18$ B18 $L=26.92$ B20 $L=32.56$ B22 $L=5.93+9.87+7.6+16.4=39.8$	②3B16 $L=(4.8+0.12-0.28-0.03+15\times0.016+34\times0.016)\times3$ $=16.18$ 箍筋 A10@100 ①$L=[(0.25-0.03\times2)+(0.55-0.03\times2]\times2+$ $11.9\times0.01\times2=1.598$ $n=\frac{7.2-0.4-0.05\times2}{0.1}+1=68$(根) $\sum L=1.598\times68=108.66$ A8@100/200 ②$L=[(0.25-0.03\times2)+(0.45-0.03\times2)]\times2+$ $11.9\times0.008\times2=1.35$ $n=\left(\frac{0.45\times1.5-0.05}{0.1}+1\right)\times2+$ $\frac{4.8-0.28\times2-0.45\times1.5\times2}{0.2}+1$ $=30$(根) $\sum L=1.35\times30=40.5$
10	KL2 钢筋	m	A8 $L=19.95+30.45=50.40$ B12 $L=7+10.79=17.79$ B16 $L=7.4+11.03=18.43$	(一)上部通长筋 2B12 $L=(3+0.12-0.175-0.03+15\times0.012+34\times0.012)\times2=7$ 下部钢筋 2B16 $L=(3+0.12-0.175-0.03+15\times0.016+34\times0.016)\times2=7.4$ 箍筋 A8@100/200 $L=[(0.25-0.03\times2)+(0.3-0.03\times2)]\times2+11.9\times0.008\times2$ $=1.05$ $n=\left(\frac{0.5-0.05}{0.1}+1\right)\times2+\frac{3-0.23-0.175-0.5\times2}{0.2}-1=19$(根) $\sum L=1.05\times19=19.95$

续表

序号	分项工程名称	单位	工程量	计算式
10	KL2 钢筋	m	A8　$L=19.95+30.45=50.40$ B12　$L=7+10.79=17.79$ B16　$L=7.4+11.03=18.43$	(二)上部通长筋　2B12 $L=(4.8+0.12+0.175-0.03\times2+15\times0.012\times2)\times2=10.79$ 下部钢筋　2B16 $L=(4.8+0.12+0.175-0.03\times2+15\times0.016\times2)\times2=11.03$ 箍筋　A8@100/200 $L=[(0.25-0.03\times2)+(0.3-0.03\times2)]\times2+11.9\times0.008\times2$ $=1.05$ $n=\left(\frac{0.5-0.05}{0.1}+1\right)\times2+\frac{4.8-0.35-0.5\times2}{0.2}-1=29$(根) $\sum L=1.05\times29=30.45$
11	KL3 钢筋 5 根	m	A6　$L=17.39\times5=86.95$ A8　$L=40.5\times5=202.5$ A10　$L=115.46\times5=577.3$ B14　$L=26.41\times5=132.05$ B16　$L=(16.18+4.39)\times5=102.85$ B20　$L=(27.2+5.87+4.74)\times5=189.05$ B22　$L=8.2\times5=41$ B25　$L=(4.93+15.2+49.74)\times5=349.35$	上部通长筋　2B20 $L=(12+0.12\times2-0.03\times2+15\times0.02\times2+41\times0.02)\times2=27.2$ 支座上部筋 ①2B20　$L=\left(\frac{7.2-0.4}{3}+0.4-0.03+15\times0.02\right)\times2=5.87$ 2B20　$L=\left(\frac{7.2-0.4}{4}+0.4-0.03+15\times0.02\right)\times2=4.74$ ②1B25　$L=\frac{7.2-0.4}{3}\times2+0.4=4.93$ 4B25　$L=\left(\frac{7.2-0.4}{4}\times2+0.4\right)\times4=15.2$ 下部钢筋 ①1B22　$L=7.2+0.4-0.03\times2+15\times0.022\times2=8.2$ 6B25　$L=(7.2+0.4-0.03\times2+15\times0.025\times2)\times6=49.74$ ②3B16　$L=(4.8+0.12-0.28-0.03+15\times0.016+34\times0.016)\times3$ $=16.18$

续表

序号	分项工程名称	单位	工程量	计算式
11	KL3 钢筋 5 根	m	A6 $L=17.39\times5=86.95$ A8 $L=40.5\times5=202.5$ A10 $L=115.46\times5=577.3$ B14 $L=26.41\times5=132.05$ B16 $L=(16.18+4.39)\times5=102.85$ B20 $L=(27.2+5.87+4.74)\times5=189.05$ B22 $L=8.2\times5=41$ B25 $L=(4.93+15.2+49.74)\times5=349.35$	箍筋 A10@100 ①$L=[(0.25-0.03\times2)+(0.6-0.03\times2)]\times2+11.9\times0.01\times2=1.698$ $n=\frac{7.2-0.4-0.05\times2}{0.1}+1=68$(根) $\sum L=1.698\times68=115.46$ A8@100/200 ②$L=[(0.25-0.03\times2)+(0.45-0.03\times2)]\times2+11.9\times0.008\times2=1.35\text{m}$ $n=\left(\frac{0.45\times1.5-0.05}{0.1}+1\right)\times2+\frac{4.8-0.28\times2-0.45\times1.5\times2}{0.2}+1=30$(根) $\sum L=1.35\times30=40.5$ $L=[0.25+0.05\times2+(0.6-0.03\times2)\times\sqrt{2}\times2+20\times0.016]\times2=4.39$ N2B14 $L=(12+0.12\times2-0.03\times2+15\times0.015\times2+41\times0.014)\times2=26.41$ 拉筋 A6 $L=0.25-0.03\times2+2\times1.9\times0.006+2\times0.075+2\times0.006=0.37$ $n=\frac{7.2-0.05\times2-0.4}{0.1\times2}+1+\frac{4.8-0.05\times2-0.56}{0.2\times2}+1=47$(根) $\sum L=0.37\times47=17.39$ 吊筋 2B16 $L=[0.25+0.05\times2+(0.6-0.03\times2)\times\sqrt{2}\times2+20\times0.016]\times2=4.39$

序号	分项工程名称	单位	工程量	计算式
12	KL5 钢筋	m	A8 $L=29+87=116$ B16 $L=26.63+2.05+3.28+3.28+2.05+39.95=77.24$	上部通长筋 2B16 $L=(12+0.24-0.03\times2+15\times0.016\times2+41\times0.016)\times2=26.63$ 支座上部筋 ①1B16 $L=\frac{4.8-0.48}{3}+0.4-0.03+15\times0.016=2.05$ ②1B16 $L=\frac{4.8-0.48}{3}+0.4=3.28$ ③1B16 $L=\frac{4.8-0.48}{3}+0.4=3.28$ ④1B16 $L=\frac{4.8-0.48}{3}+0.4-0.03+15\times0.016=2.05$ 下部钢筋 3B16 $L=(12+0.24-0.03\times2+15\times0.016\times2+41\times0.016)\times3=39.95$ 箍筋 A8@100 ①$L=[(0.25-0.03\times2)+(0.5-0.03\times2)]\times2+11.9\times0.008\times2=1.45$ $n=\frac{2.4-0.4-0.05\times2}{0.1}+1=20$(根) $\sum L=1.45\times20=29$ A8@100/200 ②$L=[(0.25-0.03\times2)+(0.5-0.03\times2)]\times2+11.9\times0.008\times2=1.45$ $n=\left[\left(\frac{0.5\times1.5-0.05}{0.1}+1\right)\times2+\frac{4.8-0.48-0.5\times1.5\times2}{0.2}-1\right]\times2=60$(根) $\sum L=1.45\times60=87$

续表

序号	分项工程名称	单位	工程量	计算式
13	KL6 钢筋	m	A8 $L=94.25$ B16 $L=13.32$ B18 $L=2.11+2.11+26.92=31.14$ B20 $L=27.2$	上部通长筋 2B20 $L=(12+0.24-0.03\times2+15\times0.02\times2+41\times0.02)\times2=27.2$ 支座上部筋 ①1B18 $L=\frac{4.8-0.4}{3}+0.4-0.03+15\times0.018=2.11$ ②1B18 $L=\frac{4.8-0.4}{3}+0.4-0.03+15\times0.018=2.11$ 下部钢筋 1B16 $L=12+0.24-0.03\times2+15\times0.016\times2+41\times0.016=13.32$ 2B18 $L=(12+0.24-0.03\times2+15\times0.018\times2+41\times0.018)\times2$ $=26.92$ 箍筋 A8@100/200 $L=[(0.25-0.03\times2)+(0.5-0.03\times2)]\times2+11.9\times0.008\times2=1.45$ $n=\left(\frac{0.5\times1.5-0.05}{0.1}+1\right)\times2+\frac{12-0.28\times2-0.5\times1.5\times2}{0.2}-1=65$(根) $\sum L=1.45\times65=94.25$
14	KL7 钢筋	m	A8 $L=29+87=116$ B16 $L=26.63+39.95=66.58$	上部通长筋 2B16 $L=(12+0.24-0.03\times2+15\times0.016\times2+41\times0.016)\times2=26.63$ 下部钢筋 3B16 $L=(12+0.24-0.03\times2+15\times0.016\times2+41\times0.016)\times3=39.95$ 箍筋 A8@100 ①$L=[(0.25-0.03\times2)+(0.5-0.03\times2)]\times2+$ $11.9\times0.008\times2=1.45$ $n=\frac{2.4-0.4-0.05\times2}{0.1}+1=20$(根) $\sum L=1.45\times20=29$

续表

序号	分项工程名称	单位	工程量	计算式
14	KL7 钢筋	m	A8 $L=29+87=116$ B16 $L=26.63+39.95=66.58$	A8@ 100/200 ②$L=[(0.25-0.03\times2)+(0.5-0.03\times2)]\times2+11.9\times0.008\times2=1.45$ $n=\left[\left(\frac{0.5\times1.5-0.05}{0.1}+1\right)\times2+\frac{4.8-0.48-0.5\times1.5\times2}{0.2}-1\right]\times2=60$(根) $\sum L=1.45\times60=87$
15	KL8 钢筋	m	A8 $L=410.35$ B16 $L=2.43$ B18 $L=106.3$ B20 $L=2.49+57.63+53.7=113.82$ B22 $L=108.5$	上部通长筋 2B18 $L=(48+0.24-0.03\times2+15\times0.018\times2+41\times0.018\times6)\times2=106.3$ 支座上部筋 1B20 $L=\frac{6-0.23-0.175}{3}+0.35-0.03+15\times0.02=2.49$ 1B16 $L=\frac{6-0.23-0.175}{3}+0.35-0.03+15\times0.016=2.43$ 1B20 $L=\left(\frac{6-0.35}{3}\times2+0.35\right)\times2\times7=57.63$ 下部钢筋 2B22 $L=(48+0.24-0.03\times2+15\times0.022\times2+41\times0.022\times6)\times2=108.5$ 1B20 $L=48+0.24-0.03\times2+15\times0.02\times2+41\times0.02\times6=53.7$ 箍筋 A8@ 100/200 $L=[(0.25-0.03\times2)+(0.5-0.03\times2)]\times2+11.9\times0.008\times2=1.45$ $n=\left(\frac{0.5\times1.5-0.05}{0.1}+1\right)\times16+\frac{48-0.28\times2-0.4\times7-0.5\times1.5\times16}{0.2}-8=283$(根) $\sum L=1.45\times283=410.35$

续表

序号	分项工程名称	单位	工程量	计算式
16	KL9 钢筋	m	A6　$L=37.8$ A8　$L=56.55+174+53.65+166.85$ $=451.05$ B12　$L=71.28$ B16　$L=6.84$ B18　$L=20.45+13.95=34.4$ B20　$L=107.4+41.5+21.33=170.23$ B22　$L=4.02+6.35+32.67+21.14=64.18$ B25　$L=8.01+18.36+9.15+97.69=133.21$	上部通长筋　2B20 $L=(48+0.24-0.03\times2+15\times0.02\times2+41\times0.02\times6)\times2$ $=107.4$ 支座上部筋 1B22　$L=\frac{6-0.35}{3}\times2+0.25=4.02$ 2B22　$L=\left(\frac{6-0.35}{4}\times2+0.35\right)\times2=6.35$ 2B22　$L=\left(\frac{6-0.25}{3}\times2+0.25\right)\times2\times4=32.67$ 1B25　$L=\frac{12-0.33\times2}{3}\times2+0.45=8.01$ 3B25　$L=\left(\frac{12-0.33\times2}{4}\times2+0.45\right)\times3=18.36$ 2B25　$L=\left(\frac{12-0.33\times2}{3}+0.45-0.03+15\times0.025\right)\times2=9.15$ 下部钢筋 3B22　$L=(6+0.125-0.125-0.03+15\times0.022+34\times0.022)\times3=21.14$ 2B20　$L=(18-0.25+34\times0.02\times2+41\times0.02\times2)\times2=41.5$ 1B18　$L=18-0.25+34\times0.018\times2+41\times0.02\times2=20.45$ 3B20　$L=(6-0.25+34\times0.02\times2)\times3=21.33$ 2B18　$L=(6-0.25+34\times0.018\times2)\times2=13.95$ 1B16　$L=6-0.25+34\times0.016\times2=6.84$ 7B25　$L=(12+0.24-0.03\times2+15\times0.025\times2+41\times0.025)\times7=97.69$

续表

序号	分项工程名称	单位	工程量	计算式
16	KL9 钢筋	m	A6　$L=37.8$ A8　$L=56.55+174+53.65+166.85$ $=451.05$ B12　$L=71.28$ B16　$L=6.84$ B18　$L=20.45+13.95=34.4$ B20　$L=107.4+41.5+21.33=170.23$ B22　$L=4.02+6.35+32.67+21.14=64.18$ B25　$L=8.01+18.36+9.15+97.69=133.21$	箍筋 A8@150　①$L=[(0.25-0.03\times2)+(0.5-0.03\times2)]\times2+11.9\times0.008\times2=1.45$ $n=\dfrac{6-0.25-0.05\times2}{0.15}+1=39$(根) $\sum L=1.45\times39=56.55$ A8@200　②$L=[(0.25-0.03\times2)+(0.5-0.03\times2)]\times2+11.9\times0.008\times2=1.45$ $n=\dfrac{24-0.25-0.05\times2}{0.2}+1=120$(根) $\sum L=1.45\times120=174$ A8@100/200　③$L=[(0.25-0.03\times2)+(0.5-0.03\times2)]\times2+11.9\times0.008\times2=1.45$ $n=\left(\dfrac{0.5\times1.5-0.05}{0.1}+1\right)\times2+\dfrac{6-0.125-0.12-0.5\times1.5\times2}{0.2}-1=37$(根) $\sum L=1.45\times37=53.65$

续表

序号	分项工程名称	单位	工程量	计算式
16	KL9 钢筋	m	A6　$L=37.8$ A8　$L=56.55+174+53.65+166.85$ $=451.05$ B12　$L=71.28$ B16　$L=6.84$ B18　$L=20.45+13.95=34.4$ B20　$L=107.4+41.5+21.33=170.23$ B22　$L=4.02+6.35+32.67+21.14=64.18$ B25　$L=8.01+18.36+9.15+97.69=133.21$	A8@ 100/200　④$L=[(0.3-0.03\times2)+(0.9-0.03\times2)]\times2+11.9\times0.008\times2=2.35$ $n=\left(\frac{0.9\times1.5-0.05}{0.1}+1\right)\times2+\frac{12-0.66-0.9\times1.5\times2}{0.2}-1=71$(根) $\sum L=2.35\times71=166.85$ G6B12　$L=(12-0.66+15\times0.012\times3)\times6=71.28$ 拉筋 A6 $L=0.3-0.03\times2+2\times1.9\times0.006+2\times0.075+2\times0.006=0.42$ $n=\left(\frac{12-0.33\times2-0.05\times2}{0.4}+1\right)\times3=90$(根) $\sum L=0.42\times90=37.8$
17	KL10 钢筋	m	A6　$L=37.8$ A8　$L=368.3+166.85=535.15$ B12　$L=71.28$ B16　$L=6.69$ B18　$L=106.3$ B20　$L=2.43+8.27+20.6+7.04=38.34$ B22　$L=33.07+20.09+41.8+21.29+14.19=130.44$ B25　$L=8.01+18.36+9.15+97.69=133.21$	上部通长筋　2B18 $L=(48+0.24-0.03\times2+15\times0.018\times2+41\times0.018\times6)\times2=106.3$ 支座上部筋 1B20　$L=\frac{6-0.28-0.2}{3}+0.12+0.2-0.03+15\times0.02=2.43$ 2B22　$L=\left(\frac{6-0.4}{3}\times2+0.4\right)\times2\times4=33.07$ 2B20　$L=\left(\frac{6-0.4}{3}\times2+0.4\right)\times2=8.27$ 1B25　$L=\frac{12-0.33\times2}{3}\times2+0.45=8.01$ 3B25　$L=\left(\frac{12-0.33\times2}{4}\times2+0.45\right)\times3=18.36$

续表

序号	分项工程名称	单位	工程量	计算式
17	KL10 钢筋	m	A6 $L=37.8$ A8 $L=368.3+166.85=535.15$ B12 $L=71.28$ B16 $L=6.69$ B18 $L=106.3$ B20 $L=2.43+8.27+20.6+7.04=38.34$ B22 $L=33.07+20.09+41.8+21.29+14.19=130.44$ B25 $L=8.01+18.36+9.15+97.69=133.21$	2B25 $L=\left(\frac{12-0.33\times2}{3}+0.45-0.03+15\times0.025\right)\times2=9.15$ 下部钢筋 3B22 $L=(6+0.12-0.2-0.03+15\times0.022+34\times0.022)\times3=20.9$ 2B22 $L=(18-0.4+34\times0.022\times2+41\times0.02\times2)\times2=41.5$ 1B20 $L=18-0.4+34\times0.02\times2+41\times0.02\times2=20.6$ 3B22 $L=(6-0.4+34\times0.022\times2)\times3=21.29$ 2B22 $L=(6-0.4+34\times0.022\times2)\times2=14.19$ 1B20 $L=6-0.32+34\times0.02\times2=7.04$ 7B25 $L=(12+0.24-0.03\times2+15\times0.025\times2+41\times0.025)\times7=97.69$ 箍筋 A8@100/150 ③$L=[(0.25-0.03\times2)+(0.5-0.03\times2)]\times2+11.9\times0.008\times2=1.45$ $n=\left(\frac{0.5\times1.5-0.05}{0.1}+1\right)\times12+\frac{36-0.4\times6-0.5\times1.5\times12}{0.15}-6=254$(根) $\sum L=1.45\times254=368.3$ A8@100/200 ④$L=[(0.3-0.03\times2)+(0.9-0.03\times2)]\times2+11.9\times0.008\times2=2.35$ $n=\left(\frac{0.9\times1.5-0.05}{0.1}+1\right)\times2+\frac{12-0.66-0.9\times1.5\times2}{0.2}-1=71$(根) $\sum L=2.35\times71=166.85$

序号	分项工程名称	单位	工程量	计算式
17	KL10 钢筋	m	A6　$L=37.8$ A8　$L=368.3+166.85=535.15$ B12　$L=71.28$ B16　$L=6.69$ B18　$L=106.3$ B20　$L=2.43+8.27+20.6+7.04=38.34$ B22　$L=33.07+20.09+41.8+21.29+14.19=130.44$ B25　$L=8.01+18.36+9.15+97.69=133.21$	G6B12 $L=(12-0.66+15\times0.012\times3)\times6=71.28$ 拉筋 A6 $L=0.3-0.03\times2+2\times1.9\times0.006+2\times0.075+2\times0.006=0.42$ $n=\left(\frac{12-0.33\times2-0.05\times2}{0.4}+1\right)\times3=90$(根) $\sum L=0.42\times90=37.8$
18	KL11 钢筋	m	A8　$L=216.05$ B16　$L=22.52$ B18　$L=52.69+4.12+8.23+8.23+4.12=77.39$ B20　$L=63.09$	上部通长筋　2B18 $L=(24-0.35-0.03\times2+15\times0.018\times2+41\times0.018\times3)\times2=52.69$ 支座上部筋 ①1B18　$L=\frac{6-0.35}{3}\times2+0.35=4.12$ ②2B18　$L=\left(\frac{6-0.35}{3}\times2+0.35\right)\times2=8.23$ ③2B18　$L=\left(\frac{6-0.35}{3}\times2+0.35\right)\times2=8.23$ ④1B18　$L=\frac{6-0.35}{3}\times2+0.35=4.12$ 下部钢筋 3B16　$L=(3+0.175-0.175-0.03+15\times0.016+34\times0.016)\times3\times2=22.52$ 3B20　$L=(6-0.35+34\times0.02\times2)\times3\times3=63.09$

续表

序号	分项工程名称	单位	工程量	计算式
18	KL11 钢筋	m	A8　$L=216.05$ B16　$L=22.52$ B18　$L=52.69+4.12+8.23+8.23+4.12=77.39$ B20　$L=63.09$	箍筋　A8@ 100/200 $L=[(0.25-0.03\times2)+(0.5-0.03\times2)]\times2+11.9\times0.008\times2=1.45$ $n=\left(\frac{0.5\times1.5-0.05}{0.1}+1\right)\times10+\frac{24-0.35\times5-0.5\times1.5\times10}{0.2}-5=149$(根) $\sum L=1.45\times149=216.05$
19	KL12 钢筋	m	A8　$L=114.55$ B18　$L=27.18+4.95+8.23=40.45$ B20　$L=41.7$	上部通长筋　2B18 $L=(12+0.175-0.175-0.03+15\times0.018+34\times0.018+41\times0.018)\times2=27.18$ 支座上部筋 1B18　$L=\left(\frac{6-0.35}{3}+0.35-0.03+15\times0.018\right)\times2=4.95$ 2B18　$L=\left(\frac{6-0.35}{3}\times2+0.35\right)\times2=8.23$ 下部钢筋 3B20　$L=(6+0.175-0.175-0.03+15\times0.02+34\times0.02)\times3\times2=41.7$ 箍筋　A8@ 100/200 $L=[(0.25-0.03\times2)+(0.5-0.03\times2)]\times2+11.9\times0.008\times2=1.45$ $n=\left(\frac{0.5\times1.5-0.05}{0.1}+1\right)\times4+\frac{12-0.35\times2-0.5\times1.5\times2}{0.2}-2=79$(根) $\sum L=1.45\times79=114.55$

续表

序号	分项工程名称	单位	工程量	计算式
20	KL13 钢筋	m	A8　$L=55.1$ B18　$L=13.59+4.91=18.5$ B20　$L=20.69$	上部通长筋　2B18 $L=(6+0.12-0.175-0.03+15\times0.018+34\times0.018)\times2=13.59$ 支座上部筋 3B18　$L=\left(\frac{6-0.35}{3}+0.35-0.03+15\times0.018\right)\times2=4.95$ 下部钢筋 3B20　$L=(6+0.12-0.175-0.03+15\times0.02+34\times0.02)\times3$ $=20.69$ 箍筋　A8@100/200 $L=[(0.25-0.03\times2)+(0.5-0.03\times2)]\times2+11.9\times0.008\times2$ $=1.45$ $n=\left(\frac{0.5\times1.5-0.05}{0.1}+1\right)\times2+\frac{6-0.175-0.23-0.5\times1.5\times2}{0.2}-1=38$(根) $\sum L=1.45\times38=55.1$
21	LL1 钢筋 13 根	m	A6　$L=31.2\times13=405.6$ B14　$L=10.82\times13=140.66$ B16　L=14.8×13=192.4	上部通长筋　2B14 $L=(4.8+0.125\times2-0.03\times2+15\times0.014\times2)\times2=10.82$ 下部钢筋 3B16　$L=(4.8-0.25+12\times0.016\times2)\times3=14.8$ 箍筋　A6@200 $L=[(0.25-0.03\times2)+(0.45-0.03\times2)]\times2+11.9\times0.006\times2$ $=1.3$ $n=\frac{4.8-0.25-0.05\times2}{0.2}+1=24$(根) $\sum L=1.3\times24=31.2$

续表

序号	分项工程名称	单位	工程量	计算式
22	LL2 钢筋	m	A8　$L=81$ B18　$L=26.94+4.08+38.76=69.78$	上部通长筋　2B18 $L=(12+0.125\times2-0.03\times2+15\times0.018\times2+41\times0.018)\times2$ $=26.94$ 支座上部筋 1B18　$L=\frac{6-0.25}{3}\times2+0.25=4.08$ 下部钢筋 3B18　$L=(12-0.25+12\times0.018\times2+41\times0.018)\times3=38.76$ 箍筋　A8@ 200 $L=[(0.25-0.03\times2)+(0.45-0.03\times2)]\times2+11.9\times0.008\times2$ $=1.35$ $n=\left(\frac{6-0.25-0.05\times2}{0.2}+1\right)\times2=60$(根) $\sum L=1.35\times60=81$
* *	屋面梁钢筋	m	A6　$L=512.4$　　A8　$L=2\ 848.18$ B12　$L=142.56$　　B14　$L=151.48$ B16　$L=807.82$　　B18　$L=818.4$ B20　$L=253$　　B22　$L=4.93$ B25　$L=432.22$	
23	WKL1 钢筋	m	A8　$L=66.65+40.5=107.15$ B16　$L=16.18$ B18　$L=27.8+8.08=35.88$ B20　$L=16.28$ B22　$L=4.93$	上部通长筋　2B18 $L=(12+0.24-0.03\times2+0.55\times2+41\times0.018-0.03\times4)\times2=27.8$ 支座上部筋 1B22　$L=\frac{7.2-0.4}{3}\times2+0.4=4.93$

续表

序号	分项工程名称	单位	工程量	计算式
23	WKL1 钢筋	m	A8　$L=66.65+40.5=107.15$ B16　$L=16.18$ B18　$L=27.8+8.08=35.88$ B20　$L=16.28$ B22　$L=4.93$	下部钢筋 ①1B18　$L=7.2+0.4-0.03\times2+15\times0.018\times2=8.08$ 2B20　$L=(72+0.4-0.03\times2+15\times0.02\times2)\times2=16.28$ ②3B16　$L=(4.8+0.12-0.28-0.03+15\times0.016+34\times0.016)\times3$ $=16.18$ 箍筋 A8@100/200　①$L=[(0.25-0.03\times2)+(0.55-0.03\times2)]\times2+11.9\times0.008\times2=1.55$ $n=\left(\frac{0.55\times1.5-0.05}{0.1}+1\right)\times2+\frac{7.2-0.28-0.12-0.55\times1.5\times2}{0.2}-1$ $=43$(根) $\sum L=1.55\times43=66.65$ A8@100/200　②$L=[(0.25-0.03\times2)+(0.45-0.03\times2)]\times2+11.9\times0.008\times2=1.35$ $n=\left(\frac{0.45\times1.5-0.05}{0.1}+1\right)\times2+\frac{4.8-0.28\times2-0.45\times1.5\times2}{0.2}-1=30$(根) $\sum L=1.35\times30=40.5$
24	WKL2 钢筋 5 根	m	A8　$L=(66.65+40.5)\times5=535.75$ B16　$L=16.18\times5=90.9$ B18　$L=(27.8+2.91)\times5=153.55$ B20　$L=(9.87+7.6)\times5=87.35$ B25　$L=33.16\times5=165.8$	上部通长筋　2B18 $L=(12+0.24-0.03\times2+0.55\times2+41\times0.018-0.03\times4)\times2=27.8$ 支座上部筋 ①1B18　$L=\frac{7.2-0.4}{3}+0.4-0.03+15\times0.018=2.91$

续表

序号	分项工程名称	单位	工程量	计算式
24	WKL2 钢筋 5 根	m	A8 $L=(66.65+40.5)\times5=535.75$ B16 $L=16.18\times5=90.9$ B18 $L=(27.8+2.91)\times5=153.55$ B20 $L=(9.87+7.6)\times5=87.35$ B25 $L=33.16\times5=165.8$	②2B20 $L=\left(\frac{7.2-0.4}{3}\times2+0.4\right)\times2=9.87$ 2B20 $L=\left(\frac{7.2-0.4}{4}\times2+0.4\right)\times2=7.6$ 下部钢筋 ①4B25 $L=(7.2+0.4-0.03\times2+15\times0.025\times2)\times4=33.16$ ②3B16 $L=(4.8+0.12-0.28-0.03+15\times0.016+34\times0.016)\times3=16.18$ 箍筋 A8@100/200 ①$L=[(0.25-0.03\times2)+(0.55-0.03\times2)]\times2+11.9\times0.008\times2=1.55$ $n=\left(\frac{0.55\times1.5-0.05}{0.1}+1\right)\times2+\frac{7.2-0.28-0.12-0.55\times1.5\times2}{0.2}-1=43$(根) $\sum L=1.55\times43=66.65$ A8@100/200 ②$L=[(0.25-0.03\times2)+(0.45-0.03\times2)]\times2+11.9\times0.008\times2=1.35$ $n=\left(\frac{0.45\times1.5-0.05}{0.1}+1\right)\times2+\frac{4.8-0.28\times2-0.45\times1.5\times2}{0.2}-1=30$(根) $\sum L=1.35\times30=40.5$
25	WKL4 钢筋	m	A8 $L=29+87=116$ B16 $L=27.43+39.95=67.38$	上部通长筋 2B16 $L=(12+0.24-0.03\times2+0.5\times2+41\times0.016-0.03\times4)\times2=27.43$m

续表

序号	分项工程名称	单位	工程量	计算式
25	WKL4 钢筋	m	A8 $L=29+87=116$ B16 $L=27.43+39.95=67.38$	下部钢筋 3B16 $L=(12+0.24-0.03\times2+15\times0.016\times2+41\times0.016)\times3=39.95$ 箍筋 A8@ 100 ①$L=[(0.25-0.03\times2)+(0.5-0.03\times2)]\times2+11.9\times0.008\times2=1.45$ $n=\frac{2.4-0.4-0.05\times2}{0.1}+1=20$(根) $\sum L=1.45\times20=29$ A8@ 100/200 ②$L=[(0.25-0.03\times2)+(0.5-0.03\times2)]\times2+11.9\times0.008\times2=1.45$ $n=\left[\left(\frac{0.5\times1.5-0.05}{0.1}+1\right)\times2+\frac{4.8-0.48-0.5\times1.5\times2}{0.2}-1\right]\times2=60$(根) $\sum L=1.45\times60=87$
26	WKL5 钢筋	m	A8 $L=94.25$ B16 $L=13.32$ B18 $L=4.22+26.92=31.24$ B20 $L=27.76$	上部通长筋 2B20 $L=(12+0.24-0.03\times2+0.5\times2+41\times0.02-0.03\times4)\times2=27.76$ 支座上部筋 ①1B18 $L=\frac{4.8-0.4}{3}+0.4-0.03+15\times0.018=2.11$ ②1B18 $L=\frac{4.8-0.4}{3}+0.4-0.03+15\times0.018=2.11$

续表

<table>
<tr><th>序号</th><th>分项工程名称</th><th>单位</th><th>工程量</th><th>计算式</th></tr>
<tr><td>26</td><td>WKL5 钢筋</td><td>m</td><td>A8 $L=94.25$
B16 $L=13.32$
B18 $L=4.22+26.92=31.24$
B20 $L=27.76$</td><td>下部钢筋
1B16 $L=12+0.24-0.03\times2+15\times0.016\times2+41\times0.016=13.32$
2B18 $L=(12+0.24-0.03\times2+15\times0.018\times2+41\times0.018)\times2=26.92$
箍筋 A8@ 100/200
$L=[(0.25-0.03\times2)+(0.5-0.03\times2)]\times2+11.9\times0.008\times2=1.45$
$n=\left(\frac{0.5\times1.5-0.05}{0.1}+1\right)\times2+\frac{12-0.28\times2-0.5\times1.5\times2}{0.2}-1=65$(根)
$\sum L=1.45\times65=94.25$</td></tr>
<tr><td>27</td><td>KL16 钢筋</td><td>m</td><td>A8 $L=29+87=116$
B16 $L=27.43+39.95=67.38$</td><td>上部通长筋 2B16
$L=(12+0.24-0.03\times2+0.5\times2+41\times0.016-0.03\times4)\times2=27.43$
下部钢筋
3B16 $L=(12+0.24-0.03\times2+15\times0.016\times2+41\times0.016)\times3=39.95$
箍筋
A8@ 100 ①$L=[(0.25-0.03\times2)+(0.5-0.03\times2)]\times2+11.9\times0.008\times2=1.45$
$n=\frac{2.4-0.4-0.05\times2}{0.1}+1=20$(根)
$\sum L=1.45\times20=29$
A8@ 100/200 ②$L=[(0.25-0.03\times2)+(0.5-0.03\times2)]\times2+11.9\times0.008\times2=1.45$
$n=\left[\left(\frac{0.5\times1.5-0.05}{0.1}+1\right)\times2+\frac{4.8-0.48-0.5\times1.5\times2}{0.2}-1\right]\times2=60$(根)
$\sum L=1.45\times60=87$</td></tr>
</table>

续表

序号	分项工程名称	单位	工程量	计算式
28	WKL6 钢筋	m	A8 $L=410.35$ B18 $L=106.98+28.82+159.44=295.24$	上部通长筋 2B18 $L=(48+0.24-0.03\times2+0.5\times2+41\times0.018\times6-0.03\times4)\times2=106.98$ 支座上部筋 1B18 $L=\left(\frac{6-0.35}{3}\times2+0.35\right)\times7=28.82$ 下部钢筋 3B18 $L=(48+0.24-0.03\times2+15\times0.018\times2+41\times0.018\times6)\times3$ $=159.44$ 箍筋 A8@100/200 $L=[(0.25-0.03\times2)+(0.5-0.03\times2)]\times2+11.9\times0.008\times2=1.45\text{m}$ $n=\left(\frac{0.5\times1.5-0.05}{0.1}+1\right)\times16+$ $\frac{48-0.28\times2-0.4\times7-0.5\times1.5\times16}{0.2}-8=283$(根) $\sum L=1.45\times283=410.35$
29	WKL7 钢筋	m	A6 $L=37.8$ A8 $L=217.5+53.65+166.85=438$ B12 $L=71.28$ B16 $L=20.42+6.75+82.06+20.73=129.96$ B18 $L=13.7$ B20 $L=107.96$ B25 $L=8.01+18.36+9.15+97.69=133.21$	上部通长筋 2B20 $L=(48+0.24-0.03\times2+0.5\times2+41\times0.02\times6-0.03\times4)\times2=107.96$ 支座上部筋 1B16 $L=\left(\frac{6-0.25}{3}\times2+0.25\right)\times5=20.42$ 1B25 $L=\frac{12-0.33\times2}{3}\times2+0.45=8.01$ 3B25 $L=\left(\frac{12-0.33\times2}{4}\times2+0.45\right)\times3=18.36$ 2B25 $L=\left(\frac{12-0.33\times2}{3}+0.45-0.03+15\times0.025\right)\times2=9.15$

续表

序号	分项工程名称	单位	工程量	计算式
29	WKL7 钢筋	m	A6 $L=37.8$ A8 $L=217.5+53.65+166.85=438$ B12 $L=71.28$ B16 $L=20.42+6.75+82.06+20.73=129.96$ B18 $L=13.7$ B20 $L=107.96$ B25 $L=8.01+18.36+9.15+97.69=133.21$	下部钢筋 2B18 $L=(6+0.125-0.125-0.03+15\times0.018+34\times0.018)\times2=13.7$ 1B16 $L=6+0.125-0.125-0.03+15\times0.016+34\times0.016=6.75$ 3B16 $L=(6-0.25+34\times0.016\times2)\times3\times4=82.06$ 3B16 $L=(6+0.28-0.125-0.03+15\times0.016+34\times0.016)\times3=20.73$ 7B25 $L=(12+0.24-0.03\times2+15\times0.025\times2+41\times0.025)\times7=97.69$ 箍筋 A8@200 ①$L=[(0.25-0.03\times2)+(0.5-0.03\times2)]\times2+11.9\times0.008\times2=1.45$ $n=\frac{30-0.25-0.05\times2}{0.2}+1=150$(根) $\sum L=1.45\times150=217.5$ A8@100/200 ②$L=[(0.25-0.03\times2)+(0.5-0.03\times2)]\times2+11.9\times0.008\times2=1.45$ $n=\left(\frac{0.5\times1.5-0.05}{0.1}+1\right)\times2+\frac{6-0.125-0.12-0.5\times1.5\times2}{0.2}-1=37$(根) $\sum L=1.45\times37=53.65$

续表

序号	分项工程名称	单位	工程量	计算式
29	WKL7 钢筋	m	A6　$L=37.8$ A8　$L=217.5+53.65+166.85=438$ B12　$L=71.28$ B16　$L=20.42+6.75+82.06+20.73=129.96$ B18　$L=13.7$ B20　$L=107.96$ B25　$L=8.01+18.36+9.15+97.69=133.21$	A8@100/200　③$L=[(0.3-0.03\times2)+(0.9-0.03\times2)]\times2+11.9\times0.008\times2=2.35$ $n=\left(\frac{0.9\times1.5-0.05}{0.1}+1\right)\times2+\frac{12-0.66-0.9\times1.5\times2}{0.2}-1=71$(根) $\sum L=2.35\times71=166.85$ G6B12　$L=(12-0.66+15\times0.012\times3)\times6=71.28$ 拉筋 A6 $L=0.3-0.03\times2+2\times1.9\times0.006+2\times0.075+2\times0.006=0.42$ $n=\left(\frac{12-0.33\times2-0.05\times2}{0.4}+1\right)\times3=90$(根) $\sum L=0.42\times90=37.8$
30	WKL8 钢筋	m	A6　$L=37.8$ A8　$L=308.85+166.85=475.7$ B12　$L=71.28$ B16　$L=20.42+6.75+27.35+20.73=75.25$ B18　$L=106.98+13.7+55.79=176.47$ B25　$L=8.01+18.36+9.15+97.69=133.21$	上部通长筋　2B18 $L=(48+0.24-0.03\times2+0.5\times2+41\times0.018\times6-0.03\times4)\times2=106.98$ 支座上部筋 1B16　$L=\left(\frac{6-0.25}{3}\times2+0.25\right)\times5=20.42$ 1B25　$L=\frac{12-0.33\times2}{3}\times2+0.45=8.01$ 3B25　$L=\left(\frac{12-0.33\times2}{4}\times2+0.45\right)\times3=18.36$ 2B25　$L=\left(\frac{12-0.33\times2}{3}+0.45-0.03+15\times0.025\right)\times2=9.15$ 下部钢筋 2B18　$L=(6+0.125-0.125-0.03+15\times0.018+34\times0.018)\times2=13.7$

续表

序号	分项工程名称	单位	工程量	计算式
30	WKL8 钢筋	m	A6　$L=37.8$ A8　$L=308.85+166.85=475.7$ B12　$L=71.28$ B16　$L=20.42+6.75+27.35+20.73=75.25$ B18　$L=106.98+13.7+55.79=176.47$ B25　$L=8.01+18.36+9.15+97.69=133.21$	1B16　$L=6+0.125-0.125-0.03+15\times0.016+34\times0.016=6.75$ 2B18　$L=(6-0.25+34\times0.018\times2)\times2\times4=55.79$ 1B16　$L=(6-0.25+34\times0.016\times2)\times4=27.35$ 3B16　$L=(6+0.28-0.125-0.03+15\times0.016+34\times0.016)\times3=20.73$ 7B25　$L=(12+0.24-0.03\times2+15\times0.025\times2+41\times0.025)\times7=97.69$ 箍筋 A8@100/200　①$L=[(0.25-0.03\times2)+(0.5-0.03\times2)]\times2+11.9\times0.008\times2=1.45$ $n=\left(\frac{0.5\times1.5-0.05}{0.1}+1\right)\times12+\frac{36-0.4\times6-0.5\times1.5\times12}{0.2}-6=213$(根) $\sum L=1.45\times213=308.85$ A8@100/200　②$L=[(0.3-0.03\times2)+(0.9-0.03\times2)]\times2+11.9\times0.008\times2=2.35$ $n=\left(\frac{0.9\times1.5-0.05}{0.1}+1\right)\times2+\frac{12-0.66-0.9\times1.5\times2}{0.2}-1=71$(根) $\sum L=2.35\times71=166.85$ G6B12　$L=(12-0.66+15\times0.012\times3)\times6=71.28$ 拉筋 A6　$L=0.3-0.03\times2+2\times1.9\times0.006+2\times0.075+2\times0.006=0.42$ $n=\left(\frac{12-0.33\times2-0.05\times2}{0.4}+1\right)\times3=90$(根) $\sum L=0.42\times90=37.8$

续表

序号	分项工程名称	单位	工程量	计算式
31	WKL9 钢筋	m	A8　$L=311.75+87.4=399.15$ B16　$L=105.99+12.35+43.92=162.26$ B18　$L=120.96$ B20　$L=16.47$	上部通长筋　2B16 $L=(48+0.24-0.03\times2+0.5\times2+41\times0.016\times6-0.03\times4)\times2=105.99$ 支座上部筋 1B16　$L=\left(\frac{6-0.35}{3}\times2+0.35\right)\times3=12.35$ 1B20　$L=\left(\frac{6-0.35}{3}\times2+0.35\right)\times4=16.47$ 下部钢筋 3B16　$L=(3+0.24-0.03\times2+15\times0.016\times2)\times3\times4=43.92$ 3B18　$L=(6+0.24-0.03\times2+15\times0.018\times2)\times3\times6=120.96$ 箍筋 A8@100/200　①$L=[(0.25-0.03\times2)+(0.5-0.03\times2)]\times2+11.9\times0.008\times2=1.45$ $n=\left(\frac{0.5\times1.5-0.05}{0.1}+1\right)\times12+\frac{36-0.35\times6-0.5\times1.5\times12}{0.2}-6=215$(根) $\sum L=1.45\times215=311.75$ A8@100/200　②$L=[(0.25-0.03\times2)+(0.35-0.03\times2)]\times2+11.9\times0.008\times2=1.15$ $n=\left(\frac{0.35\times1.5-0.05}{0.1}+1\right)\times8+\frac{12-0.35\times4-0.35\times1.5\times8}{0.2}-4=76$(根) $\sum L=1.15\times76=87.4$

续表

序号	分项工程名称	单位	工程量	计算式
32	WLL1 钢筋 14 根	m	A6　$L=31.2\times14=436.8$ B14　$L=10.82\times14=151.48$ B16　$L=14.8\times14=207.2$	上部通长筋　2B14 $L=(4.8+0.125\times2-0.03\times2+15\times0.014\times2)\times2=10.82$ 下部钢筋　3B16 $L=(4.8-0.25+12\times0.016\times2)\times3=14.8$ 箍筋　A6@ 200 $L=[(0.25-0.03\times2)+(0.45-0.03\times2)]\times2+11.9\times0.006\times2=1.3$ $n=\frac{4.8-0.25-0.05\times2}{0.2}+1=24$(根) $\sum L=1.3\times24=31.2$
* *	二层板钢筋	m	A6　$L=2\ 859$ A8　$L=10\ 722.7$	
33	二层板 受力筋	m	A8 $L=(83.7+83.3)\times30+(79.3+82.5)\times8=6\ 304.4$	上、下　横 A8@ 180　$L=3+6.25\times0.008\times2=3.1$ $n=\frac{4.8-0.25-0.002\times2}{0.18}+1=27$ $\sum L=3.1\times27=83.7$ 纵 A8@ 180　$L=4.8+6.25\times0.008\times2=4.9$ $n=\frac{3-0.25-0.002\times2}{0.18}+1=17$(根) $\sum L=4.9\times17=83.3$

续表

序号	分项工程名称	单位	工程量	计算式
33	二层板 受力筋	m	A8 $L=(83.7+83.3)\times30+(79.3+82.5)\times8=6\ 304.4$	中　横 A8@ 180　$L=6+6.25\times0.008\times2=6.1$ $n=\dfrac{2.4-0.25-0.002\times2}{0.18}+1=13$(根) $\sum L=6.1\times13=79.3$ 纵 A8@ 180　$L=2.4+6.25\times0.008\times2=2.5$ $n=\dfrac{6-0.25-0.002\times2}{0.18}+1=33$(根) $\sum L=2.5\times33=82.5$
34	二层板 支座负筋	m	A6 $L=573+1\ 152+870+96+168=2\ 859$ A8 $L=641.76+2\ 391.36+1\ 113.6+124.16+147.42$ $=4\ 418.3$	①A8@ 200　$L=1+(0.1-0.02\times2)\times2=1.12$ $n=\left(\dfrac{3-0.25}{0.2}+1\right)\times27+\left(\dfrac{4.8-0.25}{0.2}+1\right)\times7=573$(根) $\sum L=1.12\times573=641.76$ A6@ 200　$L_1=3,L_2=4.8$ $n=\dfrac{1-0.23}{0.2}+1=5$(根) $\sum L=3\times5\times27+4.8\times5\times7=573$ ②A8@ 100　$L=2+(0.1-0.02\times2)\times2=2.12$ $n=\left(\dfrac{4.8-0.25}{0.1}+1\right)\times24=1\ 128$(根) $\sum L=2.12\times1\ 128=2\ 391.36$ A6@ 200　$L=4.8$ $n=\left(\dfrac{1-0.25}{0.2}+1\right)\times2\times24=240$(根) $\sum L=4.8\times240=1\ 152$

续表

<table>
<tr><th>序号</th><th>分项工程名称</th><th>单位</th><th>工程量</th><th>计算式</th></tr>
<tr><td>34</td><td>二层板
支座负筋</td><td>m</td><td>A6
$L=573+1\ 152+870+96+168=2\ 859$
A8
$L=641.76+2\ 391.36+1\ 113.6+124.16+147.42$
$=4\ 418.3$</td><td>③A8@ 150 $L=1.8+(0.1-0.02\times2)\times2=1.92$
$n=\left(\frac{3-0.25}{0.15}+1\right)\times29=580$(根)
$\sum L=1.92\times580=1\ 113.6$
A6@ 200 $L=3$
$n=\left(\frac{0.9-0.125}{0.2}+1\right)\times2\times29=290$(根)
$\sum L=3\times290=870$
④A8@ 200 $L=0.85+(0.1-0.02\times2)\times2=0.97$
$n=\left(\frac{2.4-0.25}{0.15}+1\right)\times8=128$(根)
$\sum L=0.97\times128=124.16$
A6@ 200 $L=2.4$
$n=\left(\frac{0.85-0.23}{0.2}+1\right)\times8=40$(根)
$\sum L=2.4\times40=96$
⑤A8@ 180 $L=1.5+(0.1-0.02\times2)\times2=1.62$
$n=\left(\frac{2.4-0.25}{0.18}+1\right)\times7=91$(根)
$\sum L=1.62\times91=147.42$
A6@ 200 $L=2.4$
$n=\left(\frac{0.75-0.125}{0.2}+1\right)\times2\times7=70$(根)
$\sum L=2.4\times70=168$</td></tr>
</table>

序号	分项工程名称	单位	工程量	计算式
* *	屋面板钢筋	m	A6 $L=3\ 456$ A8 $L=13\ 621.42$	
35	屋面板 受力筋	m	A8 $L=(83.7+83.3)\times32+(79.3+82.5)\times8=6\ 638.4$	上、下 横 A8@ 180 $L=3+6.25\times0.008\times2=3.1$ $n=\dfrac{4.8-0.25-0.02\times2}{0.18}+1=27$(根) $\sum L=3.1\times27=83.7$ 纵 A8@ 180 $L=4.8+6.25\times0.008\times2=4.9$ $n=\dfrac{3-0.25-0.02\times2}{0.18}+1=17$(根) $\sum L=4.9\times17=83.3$ 中 横 A8@ 180 $L=6+6.25\times0.008\times2=6.1$ $n=\dfrac{2.4-0.25-0.02\times2}{0.18}+1=13$(根) $\sum L=6.1\times13=79.3$ 纵 A8@ 180 $L=2.4+6.25\times0.008\times2=2.5$ $n=\dfrac{6-0.25-0.02\times2}{0.18}+1=33$(根) $\sum L=2.5\times33=82.5$

续表

序号	分项工程名称	单位	工程量	计算式
36	屋面板 支座负筋	m	A6 $L=576+1\ 440+96+24+168=3\ 168$ A8 $L=645.12+2\ 989.2+1\ 228.8+31.04+147.42$ $=5\ 041.58$	①A8@200　$L=1+(0.1-0.02\times2)\times2=1.12$ $n=\left(\frac{3-0.25}{0.2}+1\right)\times32+\left(\frac{4.8-0.25}{0.2}+1\right)\times4=576$(根) $\sum L=1.12\times576=645.12$ A6@200　$L=48\times2+4.8\times4=115.2$ $n=\frac{1-0.23}{0.2}+1=5$(根) $\sum L=115.2\times5=576$ ②A8@100　$L=2+(0.1-0.02\times2)\times2=2.12$ $n=\left(\frac{4.8-0.25}{0.1}+1\right)\times30=1\ 410$(根) $\sum L=2.12\times1\ 410=2\ 989.2$ A6@200　$L=4.8$ $n=\left(\frac{1-0.25}{0.2}+1\right)\times2\times30=300$(根) $\sum L=4.8\times300=1\ 440$ ③A8@150　$L=1.8+(0.1-0.02\times2)\times2=1.92$ $n=\left(\frac{3-0.25}{0.15}+1\right)\times32=640$(根) $\sum L=1.92\times640=1\ 228.8$ A6@200　$L=48\times2=96$ $n=\left(\frac{0.9-0.125}{0.2}+1\right)\times2=10$(根) $\sum L=96\times10=960$

续表

序号	分项工程名称	单位	工程量	计算式
36	屋面板 支座负筋	m	A6 $L=576+1\ 440+96+24+168=3\ 168$ A8 $L=645.12+2\ 989.2+1\ 228.8+31.04+147.42$ $=5\ 041.58$	④A8@ 200　$L=0.85+(0.1-0.02\times2)\times2=0.97$ $n=\left(\frac{2.4-0.25}{0.15}+1\right)\times2=32$(根) $\sum L=0.97\times32=31.04$ A6@ 200　$L=2.4\times2=4.8$ $n=\frac{0.85-0.23}{0.2}+1=5$(根) $\sum L=4.8\times5=24$ ⑤A8@ 180　$L=1.5+(0.1-0.02\times2)\times2=1.62$ $n=\left(\frac{2.4-0.25}{0.18}+1\right)\times7=91$(根) $\sum L=1.62\times91=147.42$ A6@ 200　$L=2.4$ $n=\left(\frac{0.75-0.125}{0.2}+1\right)\times2\times7=70$(根) $\sum L=2.4\times70=168$
37	屋面温度筋	m	A8 $L=(25.5+21)\times32+(20+26.4)\times8=1\ 859.2$	上、下　横 A8@ 200　$L=3-2+31\times0.008\times2=1.5$ $n=\frac{4.8-1+0.125-0.02-0.9}{0.2}+1=17$(根) $\sum L=1.5\times17=25.5$m 纵 A8@ 200　$L=4.8-1+0.125-0.02-0.9+31\times0.008\times2$ $=3.5$ $n=\frac{3-2}{0.2}+1=6$(根) $\sum L=3.5\times6=21$

<table>
<tr><th>序号</th><th>分项工程名称</th><th>单位</th><th>工程量</th><th>计算式</th></tr>
<tr><td>37</td><td>屋面温度筋</td><td>m</td><td>A8
$L=(25.5+21)\times32+(20+26.4)\times8=1\ 859.2$</td><td>中 横 A8@200 $L=6-1.5+31\times0.008\times2=5$
$n=\frac{2.4-1.8}{0.2}+1=4$(根)
$\sum L=5\times4=20$
纵 A8@200 $L=2.4-1.8+31\times0.008\times2=1.1$
$n=\frac{6-1.5}{0.2}+1=24$(根)
$\sum L=1.1\times24=26.4$</td></tr>
<tr><td>* *</td><td>独立基础钢筋</td><td>m</td><td>B12 $L=1\ 500.24$</td><td></td></tr>
<tr><td>38</td><td>独立基础
J1 钢筋
5 个</td><td>m</td><td>B12 $L=(46.24+46.4)\times5=463.2$</td><td>①B12@150 $L=2.8-0.04\times2=2.72$
$n=\frac{2.4-0.04\times2}{0.15}+1=17$(根)
$\sum L=2.72\times17=46.24$
②B12@150 $L=2.4-0.04\times2=2.32$
$n=\frac{2.8-0.04\times2}{0.15}+1=20$(根)
$\sum L=2.32\times20=46.4$</td></tr>
</table>

续表

序号	分项工程名称	单位	工程量	计算式
39	独立基础 J2 钢筋 6 个	m	B12　$L=(29.68+30.72)\times6=362.4$	①B12@150　$L=2.2-0.04\times2=2.12$ $n=\frac{2-0.04\times2}{0.15}+1=14$(根) $\sum L=2.12\times14=29.68$ ②B12@150　$L=2-0.04\times2=1.92$ $n=\frac{2.2-0.04\times2}{0.15}+1=16$(根) $\sum L=1.92\times16=30.72$
40	独立基础 J3 钢筋 9 个	m	B12　$L=(15.48+15.2)\times9=276.12$	①B12@200　$L=1.8-0.04\times2=1.72$ $n=\frac{1.6-0.04\times2}{0.2}+1=9$(根) $\sum L=1.72\times9=15.48$ ②B12@200　$L=1.6-0.04\times2=1.52$ $n=\frac{1.8-0.04\times2}{0.2}+1=10$(根) $\sum L=1.52\times10=15.2$
41	独立基础 J4 钢筋 6 个	m	B12　$L=(12.78+12.78)\times6=153.36$	①B12@200　$L=1.5-0.04\times2=1.42$ $n=\frac{1.5-0.04\times2}{0.2}+1=9$(根) $\sum L=1.42\times9=12.78$ ②B12@200　$L=1.5-0.04\times2=1.42$ $n=\frac{1.5-0.04\times2}{0.2}+1=9$(根) $\sum L=1.42\times9=12.78$

续表

序号	分项工程名称	单位	工程量	计算式
42	独立基础 J5 钢筋 2 个	m	B12 $L=(27.56+27.52)\times2=110.16$	①B12@ 150 $L=2.2-0.04\times2=2.12$ $n=\frac{1.8-0.04\times2}{0.15}+1=13$(根) $\sum L=2.12\times13=27.56$ ②B12@ 150 $L=1.8-0.04\times2=1.72$ $n=\frac{2.2-0.04\times2}{0.15}+1=16$(根) $\sum L=1.72\times16=27.52$
43	独立基础 J6 钢筋 2 个	m	B12 $L=(41.92+40.28)\times2=164.4$	①B12@ 150 $L=2.7-0.04\times2=2.62$ $n=\frac{2.2-0.04\times2}{0.15}+1=16$(根) $\sum L=2.62\times16=41.92$ ②B12@ 150 $L=2.2-0.04\times2=2.12$ $n=\frac{2.7-0.04\times2}{0.15}+1=19$(根) $\sum L=2.12\times19=40.28$
* *	地圈梁钢筋	m	A6 $L=1\ 020.8$ B14 $L=914.37$	
44	地圈梁钢筋	m	A6 $L=1\ 020.8$ B14 $L=914.37$	纵筋 4B14 $L=(226.88-27)\times4+(27+3\times1.2\times34\times0.014)\times4$ $=914.37$ 箍筋 A6@ 200 $L=(0.24-0.03\times2+0.25-0.03\times2)\times2+11.9\times0.006\times2=0.88$

续表

序号	分项工程名称	单位	工程量	计算式
44	地圈梁钢筋	m	A6 $L=1\ 020.8$ B14 $L=914.37$	$n=\left(\frac{6-0.23-0.175-0.05\times2}{0.2}+1\right)\times14=406$(根) $n=\left(\frac{3-0.23-0.175-0.05\times2}{0.2}+1\right)\times4=56$(根) $n=\left(\frac{4.8-0.28\times2-0.05\times2}{0.2}+1\right)\times12=264$(根) $n=\left(\frac{7.2-0.28-0.12-0.05\times2}{0.2}+1\right)\times2=70$(根) $n=\left(\frac{4.8-0.28-0.2-0.05\times2}{0.2}+1\right)\times4=92$(根) $n=\left(\frac{2.4-0.2\times2-0.05\times2}{0.2}+1\right)\times2=22$(根) $n=\frac{27-0.05\times2-0.25}{0.2}+1=135$(根) $n=\left(\frac{6-0.2\times2-0.05\times2}{0.2}+1\right)\times3=87$(根) $n=\left(\frac{3-0.2-0.125-0.05\times2}{0.2}+1\right)\times2=28$(根) $n_{总}=1\ 160$(根) $L=1\ 160\times0.88=1\ 020.8$
* *	雨篷钢筋	m	A6 $L=130.64$ A8 $L=222.64$	

续表

序号	分项工程名称	单位	工程量	计算式
45	YP1 钢筋	m	A6 $L=60.4$ A8 $L=109.6$	A8@ 150 $L=1+0.32+6.25\times0.008=1.37$ $n=\frac{12-0.15}{0.15}+1=80$(根) $\sum L=1.37\times80=109.6$ A6@ 200 $L=12+6.25\times0.006\times2=12.08$ $n=\frac{1-0.2}{0.2}+1=5$(根) $\sum L=12.08\times5=60.4$
46	YP2 钢筋 2 个	m	A6 $L=14.88\times2=29.76$ A8 $L=25.12\times2=50.24$	A8@ 150 $L=1.2+0.32+6.25\times0.008=1.57$ $n=\frac{2.4-0.15}{0.15}+1=16$(根) $\sum L=1.57\times16=25.12$ A6@ 200 $L=2.4+6.25\times0.006\times2=2.48$ $n=\frac{1.2-0.2}{0.2}+1=6$(根) $\sum L=2.48\times6=14.88$
47	YP3 钢筋	m	A6 $L=36.48$ A8 $L=62.8$	A8@ 150 $L=1.2+0.32+6.25\times0.008=1.57$ $n=\frac{6-0.15}{0.15}+1=40$(根) $\sum L=1.57\times40=62.8$ A6@ 200 $L=6+6.25\times0.006\times2=6.08$ $n=\frac{1.2-0.2}{0.2}+1=6$(根) $\sum L=6.08\times6=36.48$

续表

序号	分项工程名称	单位	工程量	计算式
* *	楼梯钢筋	m	A6 $L=79.32$ A8 $L=89$ B12 $L=158$ B18 $L=6.6$	
	TB1 钢筋（两块）	m	A6 $L=32.76+17.64+17.64=68.04$ B12 $L=78.28+26.98+24.51=129.77$	①号筋 B12@ 150 $L=\sqrt{(3.12+0.2+0.25-0.03)^2+2.1^2}=4.12$ $n=\left(\frac{1.3-0.02\times2}{0.15}+1\right)\times2=19$(根) $\sum L=4.12\times19=78.28$ 分布筋 A6 $L=1.3-0.02\times2=1.26$ $n=13\times2=26$(根) $\sum L=1.26\times26=32.76$ ③号筋 B12@ 150 $L=0.85\times\frac{4.09}{3.12+0.2+0.25-0.03\times2}+0.1-0.02\times2+31\times0.012=1.42$ $n=\left(\frac{1.3-0.02\times2}{0.15}+1\right)\times2=19$(根) $\sum L=1.42\times19=26.98$ 不加锚固净长$0.85\times\frac{4.09}{3.12+0.2+0.25-0.03\times2}=1.1$ 分布筋 A6 $L=1.3-0.02\times2=1.26$ $n=\left(\frac{1.1}{0.2}+1\right)\times2=14$(根) $\sum L=1.26\times14=17.64$ ④号筋 B12@ 150 $L=0.85\times\frac{4.09}{3.12+0.2+0.25-0.03\times2}+0.1-0.02\times2+20\times0.012=1.29$

序号	分项工程名称	单位	工程量	计算式
	TB1 钢筋 （两块）	m	A6　$L=32.76+17.64+17.64=68.04$ B12　$L=78.28+26.98+24.51=129.77$	$n=\left(\frac{1.3-0.02\times2}{0.15}+1\right)\times2=19$（根） $\sum L=1.29\times19=24.51$ 分布筋 A6　$L=1.3-0.02\times2=1.26$ $n=\left(\frac{1.1}{0.2}+1\right)\times2=14$（根） $\sum L=1.26\times14=17.64$
	TZ 钢筋 2 个	m	A6　$L=5.64\times2=11.28$ B12　$L=11.1\times2=22.2$	4B12 $L=(2.1+0.06+34\times0.014+12\times0.014-0.03)\times4=11.1$ 箍筋　A6 $L=(0.25+0.25-0.03\times4)+1.9\times0.006+0.075=0.47$ $n=\frac{2.1+0.006-0.05\times2}{0.2}+1=12$（根） $\sum L=0.47\times12=5.64$
	TL 钢筋	m	A8　$L=18$ B12　$L=6.6$ B18　$L=6.6$	上部筋　2B12 $L=(3-0.03\times2+15\times0.012\times2)\times2=6.6$ 下部筋　2B18 $L=(2.76+15\times0.018\times2)\times2=6.6$ 箍筋　A8@200 $L=(0.25+0.35-0.03\times4)\times2+15\times0.008\times2=1.2$ $n=\frac{3-0.24-0.05\times2}{0.2}+1=15$（根） $\sum L=1.2\times15=18$

续表

序号	分项工程名称	单位	工程量	计算式
	PB1 钢筋	m	A8 $L=22.05+35.72+8.82+4.41=71$	底筋　横　A8@150 $L=3-0.02\times2+11.9\times0.008\times2=3.15$ $n=\frac{1.23-0.2}{0.2}+1=7$(根) $\sum L=3.15\times7=22.05$ 纵 A8@200 $L=1.23+0.25+0.25-0.02\times2+11.9\times0.008\times2=1.88$ $n=\frac{3-0.24-0.15}{0.15}+1=19$(根) $\sum L=1.88\times19=35.72$ 面筋　⑧号筋 A8@200 $L=0.45+15\times0.008+0.1-0.02\times2=0.63$ $n=\frac{3-0.24-0.2}{0.2}+1=14$(根) $\sum L=0.63\times14=8.82$ ⑨号筋　A8@200 $L=0.45+15\times0.008+0.1-0.02\times2=0.63$ $n=\frac{1.23-0.2}{0.2}+1=7$(根) $\sum L=0.63\times7=4.41$

任务3　某市总装工房定额预算书

工程预算书

工程名称：总装工房

预算造价（大写）：壹佰零玖万玖仟贰佰贰拾捌元零壹分

（小写）：1 099 228.01

施工单位：______________________________

（单位盖章）

法定代表人
或其授权人：______________________________

（签字或盖章）

编制人：______________ 审核人：______________

（造价人员签字盖执业章）　　（造价人员签字盖执业章）

总装工房编制说明

①工程概况。

a. 工程名称:总装工房。

b. 建筑面积:1 180. 92m^2。

c. 建设单位:江西省国防工办六二零单位。

d. 设计单位:江西省国防工业设计院。

e. 编制内容:施工图上所有内容。

②编制依据。

a.《江西省建筑安装工程费用定额(2004年)》《江西省建筑工程消耗量定额及统一基价表(2004年)》《江西省装饰装修工程消耗量定额及统一基价表(2004年)》。

b. 主材材料价格按江西省南昌市建设工程造价信息(2016年5月)市场价格进行调整。

c. 人工价差调整依据江西省赣建价发〔2 013〕5 号文,综合工日为 60 元/工日,装修工日为 73 元/工日。按赣材综〔2 012〕5 号文规定,上级行业管理费不计。

③有关情况说明。

楼梯地面做法同楼面做法。

工程预(结)算表、土建价差汇总表、装饰价差汇总表、工程造价取费表见表 3~表 6。

表 3　工程预(结)算表

工程名称:总装工房　　　　建筑面积:1 180. 92m^2　　　　第 5 页　共 5 页

序号	定额编号	项目名称	单位	数量	单价/元		总价/元	
					单价	工资	总价	工资
1		2 016. 5 南昌信息价						
		第一章　土(石)方工程					13 274. 46	12 521. 11
2	A1-1	人工平整场地	100m^2	8. 484	238. 53	238. 53	2 023. 69	2 023. 69
3	A1-27	人工挖基坑 三类土深度 2m 内	100m^3	2. 674	1 647. 12	1 647. 12	4 404. 4	4 404. 4
4	A1-18	人工挖沟槽 三类土深度 2m 内	100m^3	2. 159	1 469. 22	1 469. 22	3 172. 05	3 172. 05

续表

序号	定额编号	项目名称	单位	数量	单价/元		总价/元	
					单价	工资	总价	工资
5	A1-181	回填土方 夯填	$100m^3$	3.965	832.96	642.96	3 302.69	2 549.34
6	A1-195	单(双)轮车运土方 运距 50m 内	$100m^3$	0.867	428.64	428.64	371.63	371.63
		第三章 砌筑工程					61 514.92	11 476.97
7	A3-1	砖基础	$10m^3$	4.982	1 729.71	301.74	8 617.42	1 503.27
8	A3-67 换	多孔砖墙(240×115×90)1 砖^水泥混合砂浆 M5	$10m^3$	31.149	1 625.56	308.79	50 634.57	9 618.5
9	A3-41	砌体 钢筋加固	t	0.608	3 721.92	584.21	2 262.93	355.2
		第四章 混凝土及钢筋混凝土工程					217 889.52	24 449.28
10	A4-13 换×a1.2	混凝土 垫层^现浇混凝土 C15 卵石 40mm丨32.5	$10m^3$	1.439	1 942.26	371.11	2 794.91	534.03
11	A4-16 换	现浇带形基础 混凝土^现浇混凝土 C25 卵石 40mm丨32.5	$10m^3$	2.723	2 100.87	241.35	5 720.67	657.2
12	A4-18 换	现浇独立基础 混凝土^现浇混凝土 C25 卵石 40mm丨32.5	$10m^3$	4.176	2 127.8	267.2	8 885.69	1 115.83
13	A4-29 换	现浇矩形柱^现浇混凝土 C25 卵石 40mm丨32.5	$10m^3$	4.036	2 373.52	546.38	9 579.53	2 205.19
14	A4-31 换	现浇构造柱^现浇混凝土 C25 卵石 40mm丨32.5	$10m^3$	0.252	2 473.72	646.96	623.38	163.03
15	A4-35 换	现浇圈梁^现浇混凝土 C25 卵石 40mm丨32.5	$10m^3$	1.361	2 430.77	608.65	3 308.28	828.37
16	A4-43 换	现浇有梁板^现浇混凝土 C25 卵石 20mm丨32.5	$10m^3$	18.963	2 272.32	329.94	43 090	6 256.65
17	A4-48 换	现浇楼梯 直形^现浇混凝土 C25 卵石 40mm丨32.5	$10m^2$	2.514	623.37	145.23	1 567.15	365.11
18	A4-50 换	现浇雨篷^现浇混凝土 C25 卵石 20mm丨32.5	$10m^2$	2.496	269.67	62.51	673.1	156.02
19	A4-63 换	现浇混凝土散水面一次抹光 垫层 60mm 厚^现浇混凝土 C20 卵石 40mm丨32.5	$100m^2$	0.943	2 646.97	760.46	2 496.09	717.11
20	A4-8 换	卵(碎)石 灌浆 垫层^水泥砂浆 M5	$10m^2$	1.414	1 161.03	205.86	1 641.7	291.09

续表

序号	定额编号	项目名称	单位	数量	单价/元		总价/元	
					单价	工资	总价	工资
21	A4-63 换	斜坡 垫层 150mm 厚^现浇混凝土 C20 卵石 40mm丨32.5	$100m^2$	0.356	4 084.28	760.46	1 454	270.72
22	A4-33 换	现浇单梁连续梁^现浇混凝土 C25 卵石 40mm丨32.5	$10m^3$	0.087	2 211.96	391.75	192.44	34.08
23	A4-60 换	现浇压顶^现浇混凝土 C25 卵石 20mm丨32.5	$10m^3$	0.408	2 676.69	668.58	1 092.09	272.78
24	A4-36 换	现浇过梁^现浇混凝土 C25 卵石 40mm丨32.5	$10m^3$	0.419	2 499.37	658.94	1 047.24	276.1
25	A4-445	现浇构件圆钢筋 ϕ10 以内	t	17.759	3 532.42	374.12	62 732.25	6 644
26	A4-447	现浇构件螺纹钢筋 ϕ20 以内	t	14.664	3 411.89	185.42	50 031.95	2 719
27	A4-448	现浇构件螺纹钢筋 ϕ20 以外	t	5.894	3 288.91	125.49	19 384.84	739.64
28	A4-477	电渣压力焊接 接头	10 个	57.6	27.33	3.53	1 574.21	203.33
		第五章 厂库房大门、特种门、木结构工程					3 698.94	399.49
29	A5-11	推拉钢木大门 一面板(一般型)门扇制作	$100m^2$	0.151	13 123.89	1 105.44	1 981.71	166.92
30	A5-12	推拉钢木大门 一面板(一般型)门扇安装	$100m^2$	0.151	3 259.53	1 540.19	492.19	232.57
31	A5-47	推拉钢大门 五金配件	樘	1	1 225.04		1 225.04	
		第七章 屋面及防水工程					29 459.82	14 271.35
32	B1-1	混凝土或硬基层上 水泥砂浆找平层厚度 20mm	$100m^2$	5.617	665.18	280.73	3 736.32	1 576.86
33	A7-49	聚氯乙烯防水卷材 铝合金压条空铺	$100m^2$	5.914	4 063.67	2 077.4	24 032.54	12 285.74
34	A7-82	屋面排水 PVC 水落管 ϕ110	10m	4.65	254.46	67.92	1 183.24	315.83
35	A7-81	屋面排水 铸铁弯头(含箅子板)	10 个	0.6	619.54	84.13	371.72	50.48
36	A7-84	屋面排水 PVC 水斗 ϕ110	10 只	0.6	226.66	70.74	136	42.44
		第八章 防腐、隔热、保温工程					21 570.08	3 900.86
37	A8-206 换	屋面保温 1∶6 水泥炉渣	$10m^3$	4.988	1 357.17	287.88	6 769.56	1 435.95

续表

序号	定额编号	项目名称	单位	数量	单价/元		总价/元	
					单价	工资	总价	工资
38	A8-223	屋面隔热 聚苯乙烯泡沫塑料板	$10m^3$	2. 247	6 586. 79	1 096. 98	14 800. 52	2 464. 91
		第十章　钢筋混凝土模板及支撑工程					60 288. 85	22 663. 75
39	A10-32	现浇混凝土基础垫层 木模板(木撑)	$100m^2$	0. 259	1 483. 84	314. 43	384. 31	81. 44
40	A10-17	现浇独立基础 钢筋混凝土九夹板模板(木撑)	$100m^2$	0. 951	1 856. 8	573. 64	1 765. 82	545. 53
41	A10-5	现浇带形基础 无筋混凝土九夹板模板(木撑)	$100m^2$	0. 908	1 749. 42	514. 89	1 588. 47	467. 52
42	A10-53	现浇矩形柱 九夹板模板(钢撑)	$100m^2$	1. 662	1 940. 13	754. 35	3 224. 5	1 253. 73
43	A10-61	现浇构造柱 木模板(木撑)	$100m^2$	0. 261	2 653. 44	1 096. 51	692. 55	286. 19
44	A10-53 换	现浇矩形柱 九夹板模板(钢撑)^高度 4. 2m	$100m^2$	3. 936	2 046. 4	831. 2	8 054. 63	3 271. 6
45	A10-62	现浇柱支撑高度超过 3. 6m 每增加 1m 钢撑	$100m^2$	0. 269	106. 28	76. 85	28. 59	20. 67
46	A10-79	现浇圈梁压顶 直形九夹板模板(木撑)	$100m^2$	1. 134	1 740. 17	722. 39	1 973. 35	819. 19
47	A10-73	现浇过梁 九夹板模板(木撑)	$100m^2$	0. 611	2 922. 93	1 164. 9	1 785. 91	711. 75
48	A10-99	现浇有梁板 九夹板模板(钢撑)	$100m^2$	17. 329	2 137. 11	785. 84	37 033. 98	13 617. 82
49	A10-117	现浇楼梯 直形 木模板(木撑)	$10m^2$	2. 514	561. 05	260. 38	1 410. 48	654. 6
50	A10-69	现浇单梁、连续梁 九夹板模板(钢撑)	$100m^2$	0. 161	2 401. 14	953. 4	386. 58	153. 5
51	A10-79	现浇圈梁压顶 直形 九夹板模板(木撑)	$100m^2$	0. 361	1 740. 17	722. 39	628. 2	260. 78
52	A10-119	现浇阳台、雨篷 直形 木模板(木撑)	$10m^2$	2. 852	466. 86	182. 13	1 331. 48	519. 43
		第十一章　脚手架工程					13 888. 5	4 529. 65
53	A11-5×j1. 4 换	钢管脚手架 15m 内双排	$100m^2$	11. 068	895. 18	276. 69	9 907. 85	3 062. 4
54	A11-4	钢管脚手架 15m 内(内墙架 $H>3.6m$)	$100m^2$	3. 354	503. 15	169. 2	1 687. 57	567. 5

续表

序号	定额编号	项目名称	单位	数量	单价/元		总价/元	
					单价	工资	总价	工资
55	A11-13	里脚手架 钢管(内墙架 $H<3.6$m)	100m^2	3. 795	113. 94	85. 54	432. 4	324. 62
56	A11-5	钢管脚手架 15m 内双排(柱架)	100m^2	2. 91	639. 41	197. 64	1 860. 68	575. 13
		第十二章　垂直运输工程					13 322. 91	
57	A12-12×j1. 04 换	垂直运输,20m 内卷扬机,多层厂房现浇框架	100m^2	11. 809	1 128. 2		13 322. 91	
		第一章　楼地面工程					119 337. 2	21 206. 64
58		一层地面						
59	A4-13	混凝土 垫层	10m^3	3. 197	1 754. 06	309. 26	5 607. 73	988. 7
60	B1-1 换	混凝土或硬基层上 水泥砂浆找平层厚度 20mm~厚度 15mm	100m^2	5. 202	530. 18	230. 14	2 758	1 197. 19
61	A7-124	涂膜防水 聚氨脂 涂刷二遍	100m^2	5. 202	3 684. 72	170. 14	19 167. 91	885. 07
62	B1-88 换	陶瓷地砖(彩釉砖)楼地面(周长在2 400mm 以内)水泥砂浆^水泥砂浆 1 : 2	100m^2	5. 232	7 473. 06	1 281. 38	39 099. 05	6 704. 18
63		二层楼面						
64	B1-1 换	混凝土或硬基层上 水泥砂浆找平层厚度 20mm~厚度 15mm	100m^2	4. 848	530. 18	230. 14	2 570. 31	1 115. 72
65	B1-88 换	陶瓷地砖(彩釉砖)楼地面(周长在2 400mm 以内)水泥砂浆^水泥砂浆 1 : 2	100m^2	4. 875	7 473. 06	1 281. 38	36 431. 17	6 246. 73
66		卫生间						
67	B1-4	细石混凝土找平层 厚度 30mm	100m^2	0. 252	918. 9	292. 12	231. 56	73. 61
68	3×B1-5	细石混凝土找平层 厚度每增减 5mm	100m^2	0. 252	442. 29	151. 76	111. 46	38. 24
69	A7-124	涂膜防水 聚氨脂 涂刷二遍	100m^2	0. 256	3 684. 72	170. 14	943. 29	43. 56
70	B1-85	陶瓷地砖(彩釉砖)楼地面(周长在1 200mm 以内)水泥砂浆	100m^2	0. 255	4 541. 87	1 006. 34	1 158. 18	256. 62

续表

序号	定额编号	项目名称	单位	数量	单价/元		总价/元	
					单价	工资	总价	工资
71	B1-91	陶瓷地砖(彩釉砖)踢脚线水泥砂浆	$100m^2$	1.038	5 661.66	2 280.01	5 876.8	2 366.65
72	B1-93	陶瓷地砖(彩釉砖)楼梯水泥砂浆	$100m^2$	0.265	8 309.3	3 319.18	2 201.96	879.58
73	B1-204	不锈钢管栏杆 直线型竖条式	100m	0.188	13 132.02	1 631.45	2 468.82	306.71
74	B1-232	不锈钢扶手 直形 φ60	100m	0.188	2 770.66	348.4	520.88	65.5
75	B1-253	不锈钢 弯头 φ60	个	6	31.68	6.43	190.08	38.58
		第二章　墙柱面工程					44 633.07	16 545.69
76	B2-22 换	墙面、墙裙抹水泥砂浆 14+6mm 砖墙^厚度(水泥砂浆 1：3) 12mm	$100m^2$	12.95	852.63	494.12	11 041.56	6 398.85
77	B5-310 换	仿瓷涂料 二遍^涂料遍数 3 遍	$100m^2$	12.95	466.03	301.5	6 035.09	3 904.43
78	A7-89 换	墙(地)外墙面^水泥砂浆 1：2.5	$100m^2$	10.429	809.65	352.5	8 443.84	3 676.22
79	B5-323	外墙喷丙烯酸无光外用乳胶漆 抹灰面	$100m^2$	8.875	1 973.15	134	17 511.71	1 189.25
80	B2-28	水泥砂浆 装饰线条	100m	2.435	657.44	565.48	1 600.87	1 376.94
		第三章　天棚工程					15 961.95	9 703.87
81	B3-1	混凝土面天棚 石灰砂浆现浇	$100m^2$	11.756	868.29	500.49	10 207.62	5 883.76
82	B5-310×a1.1 换	仿瓷涂料 二遍^涂料遍数 3 遍	$100m^2$	11.756	489.48	324.95	5 754.33	3 820.11
		第四章　门窗工程					49 249.71	4 081.67
83	B4-226	双扇地弹门制作、安装带上亮带侧亮	$100m^2$	0.072	17 263.06	2 790.89	1 242.94	200.94
84	B4-53	无纱胶合板门 双扇带亮门框制作	$100m^2$	0.18	1 351.49	208.37	243.27	37.51
85	B4-54	无纱胶合板门 双扇带亮门框安装	$100m^2$	0.18	665.56	371.52	119.8	66.87
86	B4-55	无纱胶合板门 双扇带亮门扇制作	$100m^2$	0.18	3 753.15	870	675.57	156.6

续表

序号	定额编号	项目名称	单位	数量	单价/元		总价/元	
					单价	工资	总价	工资
87	B4-56	无纱胶合板门 双扇带亮门扇安装	100m²	0. 18	702. 75	486. 76	126. 5	87. 62
88	B4-334	木门窗运输运距 10km 内	100m²	0. 18	364. 42	64. 32	65. 6	11. 58
89	B4-338	镶板、胶合板、半截玻璃门不带纱门 双扇有亮	樘	4	19. 32		77. 28	
90	B5-1	底油一遍、刮腻子、调和漆二遍 单层木门	100m²	0. 18	1 086. 19	623. 44	195. 51	112. 22
91	B4-57	无纱胶合板门 单扇无亮门框制作	100m²	0. 378	1 985. 45	284. 75	750. 5	107. 64
92	B4-58	无纱胶合板门 单扇无亮门框安装	100m²	0. 378	1 107. 37	608. 7	418. 59	230. 09
93	B4-59	无纱胶合板门 单扇无亮门扇制作	100m²	0. 378	3 932. 83	937. 33	1 486. 61	354. 31
94	B4-60	无纱胶合板门 单扇无亮门扇安装	100m²	0. 378	342. 71	342. 71	129. 54	129. 54
95	B4-334	木门窗运输 运距 10km 内	100m²	0. 378	364. 42	64. 32	137. 75	24. 31
96	B4-339	镶板、胶合板、半截玻璃门不带纱门 单扇无亮	樘	20	5. 48		109. 6	
97	B5-1	底油一遍、刮腻子、调和漆二遍单层木门	100m²	0. 378	1 086. 19	623. 44	410. 58	235. 66
98	B4-264	推拉窗安装	100m²	2. 155	19 981. 47	1 079. 71	43 060. 07	2 326. 78
		第九章　装饰装修脚手架					2 758. 35	1 743. 65
99	说明	改架工	100m²	3. 56	42. 88	42. 88	152. 65	152. 65
100	B9-12	满堂脚手架 钢管架基本层	100m²	5. 074	513. 54	313. 56	2 605. 7	1 591
		第十章　垂直运输					5 737. 69	
101	B10-37	多层建筑物 机械垂直运输高度 20m 内	100 工日	24. 226	236. 84		5 737. 69	
		合计					672 585. 97	147 493. 98

造价员盖执业章：　　　　编制日期：2016年 7 月 13 日

预算员签字：

表 4　价差汇总表

工程名称:总装工房　　建筑面积:1 180.92m²　　第 1 页　共 1 页

序号	定额编号	名称	单位	数量	定额价	市场价	价格差	合价
	* rg	人工价差(小计)						210 656.23
1	0 000 010	综合工日	工日	4 179.939	23.5	60	36.5	152 567.77
2	0 000 020	装饰人工	工日	1 470.594	33.5	73	39.5	58 088.46
	* cl	材料价差(小计)						27 186.06
3	0 000 200	螺纹钢筋 ϕ20 以内	t	14.957	3 025.69	2 530	-495.69	-7 414.04
4	0 000 210	螺纹钢筋 ϕ20 以外	t	6.012	2 984.61	2 520	-464.61	-2 793.24
5	0 000 230	钢筋 ϕ10 以内	t	18.74	3 014.85	2 600	-414.85	-7 774.29
6	0 500 010	粗砂	m^3	118.298	19.48	65	45.52	5 384.92
7	0 500 020	中(粗)砂	m^3	196.639	19.48	65	45.52	8 951.01
8	0 500 030	中砂	m^3	103.987	19.48	65	45.52	4 733.49
9	0 500 210	卵石 10	m^3	0.885	62	74	12	10.62
10	0 500 220	卵石 20	m^3	161.422	60	74	14	2 259.91
11	0 500 230	卵石 40	m^3	180.897	60	74	14	2 532.56
12	0 501 410	普通黏土砖	千块	36.676	228	480	252	9 242.35
13	0 501 560	生石灰	kg	8 488.19	0.16	0.24	0.08	679.06
14	1 001 175	松厚板	m^3	0.253	642	1 200	558	141.17
15	1 001 190	松木板方材	m^3	0.5	642	1 200	558	279
16	1 001 240	松木模板	m^3	12.494	642	1 200	558	6 971.65
17	1 500 320	小方	m^3	0.837	838	1 610	772	646.16

续表

序号	定额编号	名称	单位	数量	定额价	市场价	价格差	合价
18	1 500 340	小方(亮子料)	m^3	0. 079	838	1 610	772	60. 99
19	1 500 370	中方	m^3	0. 181	830	1 610	780	141. 18
20	1 500 380	中方(框料)	m^3	0. 93	830	1 610	780	725. 4
21	2 552 450	零星卡具	kg	4. 217	3. 21	3. 8	0. 59	2. 49
22	2 553 540	水	m^3	699. 436	2	3. 37	1. 37	958. 23
23	3 009 930	石油沥青 30#	kg	610. 767	1. 53	3. 6	2. 07	1 264. 29
24	3 011 920	中板	m^3	0. 434	838	1 260	422	183. 15
	* jx	机械价差(小计)						13 554. 35
25	00 000 030	机械人工	工日	371. 352	23. 5	60	36. 5	13 554. 35
		合计						251 396. 64

造价员盖执业章：　　　　　　　　　　　　　　　　编制日期:2016年7月13日

预算员签字：

表5　工程造价取费表(一)

工程名称:总装工房　　　　建筑面积:1 180. 92m^2　　　　第3页　共3页

序号	费用名称	计算式	费率/%	金额/元
	【土建工程部分】			
一	直接工程费	工程量×消耗量定额基价		377 834. 19
二	单价措施费	工程量×消耗量定额基价		87 500. 26
三	未计价材	主材设备费		
四	总价措施费	(1)+(2)(不含环保安全文明费)		15 960. 97
1	其中:临时设施费	[(一)+(二)+(三)]×费率	1. 68	7 817. 62

续表

序号	费用名称	计算式	费率/%	金额/元
2	检验试验费等六项	[(一)+(二)+(三)]×费率	1.75	8 143.35
五	价差	按有关规定计算		181 761.68
六	企业管理费	[(一)+(二)+(三)+(四)]×费率	6.057	29 152.06
七	利润	[(一)+(二)+(三)+(四)+(六)]×费率	4	20 417.9
八	估价	估价项目		
3	社保等四项	[(一)+(二)+(三)+(四)+(六)+(七)]×费率	5.35	28 401.3
AW	环保、安全、文明措施费	[(一)+(二)+(三)+(四)+(六)+(七)+(3)+(4)]×费率	1.2	6 711.2
FW	安全防护、文明施工费	AW+(1)		14 528.82
QT	其他费	其他项目费		
九	规费	(3)		28 401.3
十	增值税(进项税额)	(1)+(2)+(3)+(4)+(5)		47 207.15
1	其中:材料费的进项税额	分类材料费×平均税率÷(1+平均税率)		43 191.45
2	机械费的进项税额	根据机械费组成计算进项税额		2 155.17
3	系数计算项目的进项税额	扣人工按系数计算项目费×平均税率÷(1+平均税率)		
4	总价措施费的进项税额	总价措施费×平均税率÷(1+平均税率)		1 283.33
5	企业管理费的进项税额	企业管理费×平均税率÷(1+平均税率)		577.2
十一	增值税(销项税额)	[(一)+(二)+(三)+(四)+(五)+(六)+(七)+(八)+AW+(九)-(十)]×11%		77 058.57
十二	工程费用	(一)+(二)+(三)+(四)+(五)+(六)+(七)+(八)+AW+(九)-(十)+(十一)		777 590.98
	土建工程造价合计			777 590.98

造价员盖执业章：　　　　　　　　　　编制日期:2016年7月13日

预算员签字：

表 6　工程造价取费表(二)

工程名称:总装工房　　　建筑面积:1 180.92m²　　　第 3 页　共 3 页

序号	费用名称	计算式	费率/%	金额/元
	【装饰工程部分】			
一	直接工程费	$\sum$ 工程量×消耗量定额基价		198 755.48
1	其中:人工费	$\sum$(工日数×人工单价)		47 521.18
二	单价措施费	$\sum$(工程量×消耗量定额基价)		8 496.04
2	其中:人工费	$\sum$(工日数×人工单价)或按人工费比例计算		1 743.65
三	未计价材	主材设备费		
四	总价措施费	(4)+(5)(不含环保安全文明费)		6 005.38
3	其中:人工费	(四)×费率	15	900.81
4	其中:临时设施费	[(1)+(2)]×费率	5.19	2 556.84
5	检验试验费等六项	[(1)+(2)]×费率	7	3 448.54
五	价差	按有关规定计算		69 634.93
六	企业管理费	[(1)+(2)+(3)]×费率	15.33	7 690.39
七	利润	[(1)+(2)+(3)]×费率	12.72	6 381.07
八	估价部分	估价项目		
6	社保等四项	[(1)+(2)+(3)]×费率	26.75	13 419.31
AW	环保、安全、文明措施费	[(一)+(二)+(三)+(四)+(六)+(七)(6)+(7)]×费率	0.8	1 925.98
FW	安全防护、文明施工费	AW+(4)		4 482.82
九	规费	(6)		13 419.31
十	增值税(进项税额)	(1)+(2)+(3)+(4)+(5)		22 545.49

续表

序号	费用名称	计算式	费率/%	金额/元
1	其中:材料费的进项税额	分类材料费×平均税率÷(1+平均税率)		21 017.52
2	机械费的进项税额	根据机械费组成计算进项税额		931.88
3	系数计算项目的进项税额	扣人工按系数计算项目费×平均税率÷(1+平均税率)		
4	总价措施费的进项税额	总价措施费×平均税率÷(1+平均税率)		448.94
5	企业管理费的进项税额	企业管理费×平均税率÷(1+平均税率)		147.15
十一	增值税(销项税额)	[(一)+(二)+(三)+(四)+(五)+(六)+(七)+(八)+AW+(九)-(十)]×11%		31 873.94
十二	工程费用	(一)+(二)+(三)+(四)+(五)+(六)+(七)+(八)+AW+(九)-(十)+(十一)		321 637.03
	装饰工程造价合计			321 637.03
	土建装饰总计	壹佰零玖万玖仟贰佰贰拾捌元零壹分		1 099 228.01

造价员盖执业章: 编制日期: 2016年7月13日

预算员签字: